春风油田地质工程一体化高效建产模式实践

刘小波　董臣强　王其玉　王　波　著

中国石化出版社

·北京·

图书在版编目（CIP）数据

春风油田地质工程一体化高效建产模式实践 / 刘小波等著．—北京：中国石化出版社，2024.5
ISBN 978-7-5114-7528-2

Ⅰ.①春… Ⅱ.①刘… Ⅲ.①油田建设-研究-克拉玛依 Ⅳ.① F426.22

中国国家版本馆 CIP 数据核字（2024）第 097791 号

中国石化出版社出版发行

地址：北京市东城区安定门外大街 58 号
邮编：100011 电话：(010) 57512500
发行部电话：(010) 57512575
http：//www.sinopec-press.com
E-mail：press@sinopec.com
北京科信印刷有限公司印刷
全国各地新华书店经销

*

787 毫米 ×1092 毫米 16 开本 22.25 印张 492 千字
2024 年 5 月第 1 版 2024 年 5 月第 1 次印刷
定价：198.00 元

序

准噶尔盆地胜利探区资源量43.79×10^8t，探明地质储量1.37×10^8t，动用储量6557×10^4t，资源潜力大，开发前景广阔，由于准噶尔盆地石油地质条件的复杂性和特殊性，造成开发面临诸多难题，新区建产难度大，老区缺乏有效的开发稳产技术。

目前，中石化新疆新春石油开发有限责任公司（以下简称新春公司）开发的主力区块是春风油田，油藏类型是超稠油。该类型稠油为优质环烷基稠油，是炼制火箭煤油、特种润滑油、高端白油等国家重大工程和国防尖端装备等急需产品的稀缺资源。此类油藏的高效开发技术对于国家"一带一路"倡仪的实施，提高资源利用率，保障国家能源安全具有重要意义。

"十二五"期间，针对春风油田油藏埋藏浅（300~600m），地层温度低（23~32℃），有效厚度薄（4~6m），原油黏度高［（5~9）$\times10^4$mPa·s］的薄浅层超稠油油藏，采用HDNS(蒸汽＋降黏剂＋氮气)等多元热复合技术，建成了百万吨超稠油生产基地。"十三五"以来，随着老区吞吐轮次增加，吞吐后地层亏空大（地层能量下降3~5MPa）、周期递减大（自然递减20%以上）；新区动用储量更浅（180~300m）、更薄（2~4m）、更稠［（9~16）$\times10^4$mPa·s］，薄储层超稠油开采技术面临着新的开发难题。基于此，新春公司作为准噶尔盆地高质量发展的责任和管理主体，亟须统筹一体化运行措施，建立健全一体化激励机制，加快基础研究、成果转化及推广应用，实现规模优质储量发现及高效动用是一项重要课题。为此，新春公司在勘探开发、地质工程等方面一体化统筹运行，更加注重投资质量和效益，尤其在勘探部署、产能方案编制、新工艺技术应用、现场施工衔接等方面，强化统筹谋划、提升技术管理、突出油藏经营理念，全方位提质、提速、提效。创新提出高效开发工作主要围绕"七场建设”展开，围绕新区增储建产开拓“新战场”、老区效益开发紧扣“渗流场”、钻井工程效率构建“提速场”、注采均衡动用助力“效益场”、地面工程“五化”打造“示范场”、智能油田建设发展“数字场”、安全过程管理形成“保障场”。结合发展目标，新春公司充分考虑区域、层系和井网的差异，方案部署和井位优选统筹兼顾，实现整体评价、规模探明、整体开发，持续推进七个一体化，做到新区增储建产地震地质一体化、老区效益开发油藏工艺一体化、钻井工程效率提速提效一体化、注采完井举升均衡动用一体化、地面系统“五化”工程工厂一体化、智能油田建设发展数字一体化、安全生产全过程管理一体化。一体化高效开发的做法实现了春风油田百万吨原油生产基地，持续稳产上产态势，打造薄储层超稠油的高效开发示范样板工程。

本书汇集了近些年石油勘探开发科技工作者的成果和智慧，“路漫漫其修远兮，吾将上下而求索”，希望此书能给从事准噶尔盆地油气勘探开发的科技工作者提供支持和帮助，从而为胜利油田西部的快速发展，端牢能源饭碗，保障国家能源安全的战略实施做出新的更大的贡献。

刘小波

2024年3月

前言

《春风油田地质工程一体化高效建产模式实践》是一本关于准噶尔盆地西缘春风油田稠油高效开发的专业书籍。

准噶尔盆地作为中国石化在西部的重要探区，已登记勘探区块18块，总面积$5.86\times10^4km^2$，预测资源量20×10^8t以上。其中春风油田是探明储量规模近亿吨的整装油田，属于浅薄层、特超稠油油藏，由于油藏埋藏浅、油层薄、特超稠油给高效开发带来诸多难题。

本书系统总结了春风油田高效建产过程中着重贯穿地质工程一体化的理念，将地质学、工程学、油田化学、环境科学等多个专业知识与技术有机结合，综合运用在地质工程领域的一种新的理念。通过对地质的综合分析、过程管理、组织规范、科学运作等全过程的协同管理，实现地质工程一体化的可持续发展，满足油田开发的需求，同时实现整个系统的完整性和稳定性。

结合地质工程一体化的主要特点着重表现在以下几个方面。

（1）多学科综合应用。地质工程一体化将地质学、工程学、油田化学、热力学、环境科学、经济学等多个学科的知识和技术相互融合，形成一个综合而完整的工程体系。

（2）全过程管理。地质工程一体化的实施需要对地质环境的各个阶段进行综合分析和管理。从方案前期研究、规划部署、中期设计，到后期施工、安全管控，都需要全过程管理，确保整个油田开发的稳定与发展。

（3）可持续发展。地质工程一体化的目标是实现油田效益开发的可持续。在方案实施过程中，应充分考虑储量动用率与油田提高采收率等综合因素，科学合理开发，确保油田开发过程的可持续性。

（4）风险管理。地质工程一体化在工程实施过程中需要考虑油藏地质变化、现场施工、社会风险等因素，需制订相关HSE风险管理预案，在减少工程风险的同时，保障方案的成功实施。

在本书的编写过程中，得到了中国石化石油勘探开发研究院有限公司、胜利油田勘探开发研究院、胜利油田石油工程技术研究院、中石化胜利石油工程有限公司钻井工艺研究院、中石化石油工程设计有限公司的大力支持和帮助，在此谨向所有关心和支持本书编撰的领导、专家、同行致以衷心的感谢！

由于笔者水平有限，书中疏漏和不妥之处在所难免，恳请读者斧正。

刘小波

2024年3月

目录

第一章 >>>
地质工程高效开发重点工作任务及一体化理念

地质工程一体化实施具有多学科互动、多专业交叉作业的特点，通过团队组织协同，形成网式连通、多向沟通的项目框架，以实现顶层设计、智能融合、协同管理，从传统的接力式结构变成并联式架构，发挥地质工程不同专业各自优势和特点，建立多专业相互结合、融合应用的一体化概念方案，从理念、管理和技术方面，统领地质工程一体化各个方面的工作。整体概念方案围绕提产能、降成本的基本目标，基于一体化协同决策支持平台，在对油藏构造、储层、产能及储量动用状况综合分析的基础上，针对制约区块效益建产的关键技术难题，突出地震资料基础，聚焦各专业的技术瓶颈及交叉融合点，创新一体化关键技术，以油藏模型为核心，通过地震、地质、油藏、钻井、完井等多专业一体化结合，实现井网部署、钻井提速提效、完井提效等一体化优化、动态优化建产方案，形成贯穿方案优化设计及实施全过程的地质工程一体化技术。结合新春公司的特点，将油藏评价、新区建产、老区调整作为重要载体，针对管理层人员少、机构精的实际，探索了宏观调控、分级授权、分层控制的项目化管理模式，将各个项目作为投资主体，充分应用生产运行和质量监控体系，承担施工现场的生产运行和组织工作。公司一体化项目组以宏观管理为手段，统筹组协调管理，着重强化现场实施标准、生产管理信息提升。通过“项目管理化、团队组织协同化、研究设计平台化、现场实施标准化、生产管理信息化”五化协同的地质工程一体化运行管理模式，实现了规范化管理、科学化运作，明确分工，实施到位，形成了人人有职责、千斤重担人人挑的局面。基于此，围绕创新开发工作，提出了“七场建设”顶层设计开展，实现了新区增储建产开拓“新战场”，老区效益开发紧扣“渗流场”，钻井工程效率构建“提速场”，注采均衡动用助力“效益场”，地面工程“五化”打造“示范场”，智能油田建设发展“数字场”，安全过程管理形成“保障场”（图 1－1）。

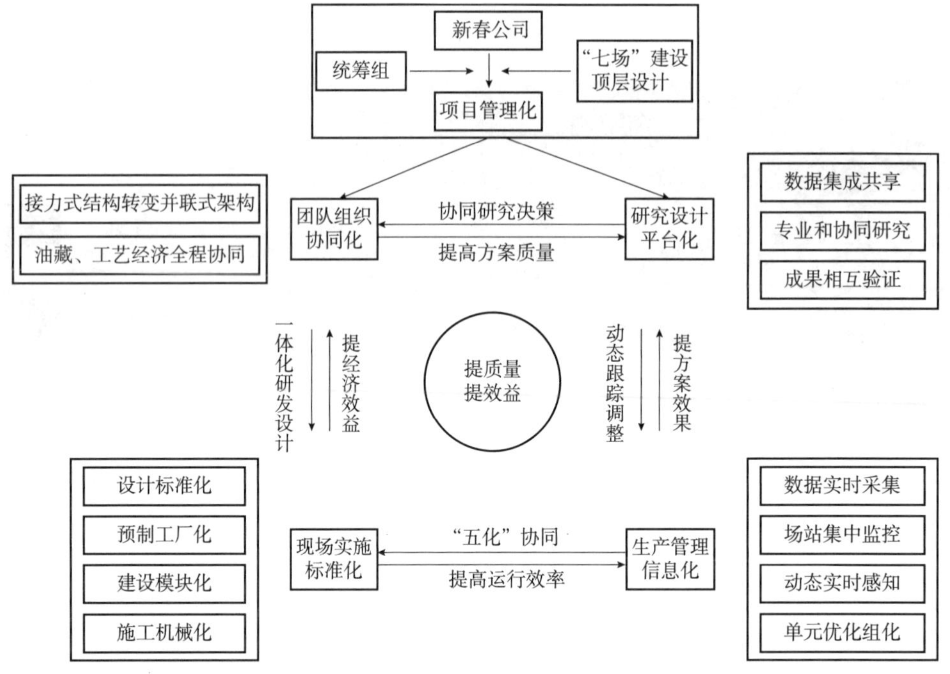

图 1－1　地质工程一体化管理模式

第一节　新区增储建产开拓"新战场"

胜利西部准噶尔探区经过数十年勘探，相继发现了春风、莫西庄、春晖、阿拉德、永进等五个油田，探明石油地质储量 1.99×10^8t，通过集成创新 HDNS 开发技术，建成浅薄层超稠油百万吨产能阵地。经过多年评价建产，春风富油区带已全部动用，扩边薄储层、底水稠油、浅层特超稠油等低品位油藏将成为新的"接替战场"。聚焦持续推动新区高效建产，新区以提高单井产能为核心，统筹方案编制和效益优化，加强地质工程一体化攻关，"吃干榨净"的地震资料，不断提升建产的质量和效益。

一、管理职能集合化，突出统筹管理

从探矿管理到实现效益建产，需要经过预探发现、评价产能和整体方案实施三个阶段，周期长、效率低，近年来新春公司通过勘探开发一体化，创新增储建产一体化生产组织模式，现从"追求地质储量"向"增加经济可采储量"转变，做到高效勘探与效益建产统筹考虑。预探阶段重在发现，为增储提供方向，评价阶段重在落实，兼顾产能需要，预探与评价联合部署、整体优化，注采井网按照产能方案部署一次成形，有效缩短从预探到建成的产能周期。

二、方案部署同步化，明确建产目标

围绕滚动勘探发现、未动用储量评价重点方向，聚焦规模增储区带，深化地震地质一体化、勘探开发一体化、地质工程一体化，加快落实规模建产阵地。通过部署预探井积极探索新区带，落实新的含油气区，针对相对落实潜力区同步编制试验区方案，按照边试验、边探索、边建产的思路，整体部署评价井，同步编制试油试采方案，落实主导开发技术与提产工艺措施，按照方案编制需求，同步编制资料录取方案，做好开发前期准备工作。

三、井位研究统筹化，提高设计效率

按照“系统研究、整体部署、试验先行、分批建产、迭代提升”的思路，开展井位研究与部署，充分发挥“院厂”一体化技术攻关优势：地质院精细地质研究，做好地质基础与开发技术论证；物探院加强目标资料处理与有利储层预测；采油院做好完井、防砂、提产等配套工艺提升、服务于油井长寿命生产；勘探管理部、开发管理部、采油工程管理部做好协调、组织、运营工作，从井位研究、方案优化到井位实施提前介入、强化攻关，快速推进储量转化。

四、地震地质一体化评价，实现规模增储

地震地质一体化是将精细地震解释技术与地质综合分析技术深度融合，以解决复杂油气藏勘探、评价中面临的构造复杂、圈闭隐蔽性强、储层可描述性差等难题的有效手段。其优势在于，以地质思维指导地震解释，最大限度地降低地震解释的多解性，验证地震资料的可靠性，地震资料逐步完善地质模型建立，大幅提高复杂圈闭解释的有效性。图1－2为新区增储建产一体化管理模式。

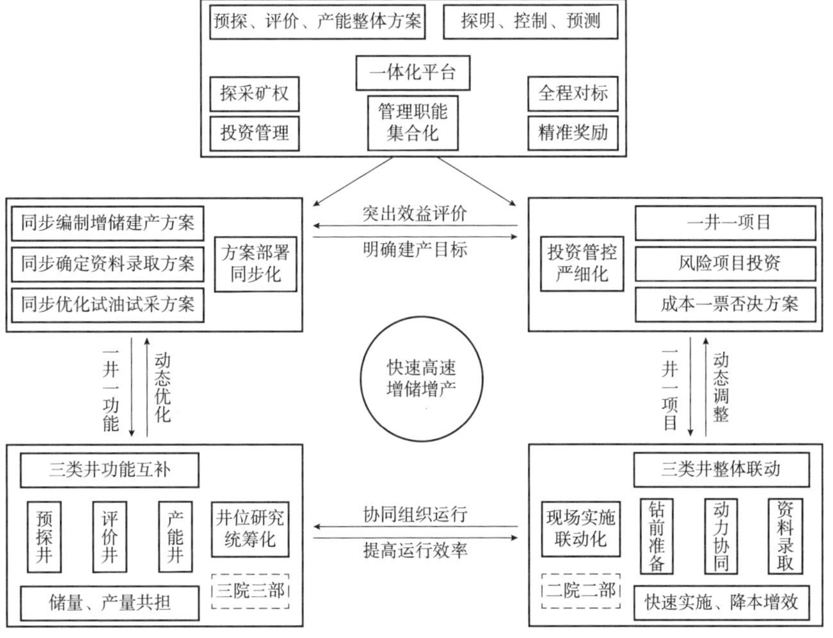

图1－2　新区增储建产一体化管理模式

第二节 老区效益开发紧扣“渗流场”

春风油田经历了近10年的高速高效开发，主力单元递减快、汽窜频繁、油汽比低、效果差，如何实现老区的高效益稳产，紧扣“地下渗流场”，必须以集约化油藏经营管理为核心，把开发主导技术创新和工艺技术配套紧密结合，将提高原油采收率作为突破口，集成创新了西部特色的多元复合采油、热采泡沫分级采油技术序列，实现堵、调、控相结合的高效开发接替技术。

一、构建多元热复合采油技术，实现老油田换新春

创新高轮次后期多元复合主导采油技术，再一次实现高效开发。针对薄储层超稠油已有热力采油方法储层薄散热快、降黏能力差、动用半径小、驱动力不足的问题，利用化学剂、气体等弥补注蒸汽热力采油的不足，创建了热(蒸汽)+剂(化学剂)+气(氮气)组合的稠油多元热复合采油技术，研究了热/剂/岩的相互作用，阐释了蒸汽的加热降黏、化学药剂的解聚降黏(分散胶质、沥青质片状结构)协同作用，即“汽剂耦合降黏”。

研究了氮气对注蒸汽热采效果的影响，高温高压条件下蒸汽与氮气混合后，蒸汽的分压下降，蒸汽腔体积和蒸汽干度增加，提高了地层能量、扩大动用半径；蒸汽冷凝后，氮气扩散到油层顶部，导热系数降低1~2个数量级，大幅降低储层热损失，延长高温生产时间，为“氮气增能保温”。加热区温度与化学剂对剩余油的作用，热、剂协同扩大波及，降低残余油饱和度，提高驱油效率，氮气泡沫等化学剂多级调驱，降低气及水相流度，发挥高温驱油作用，低温区降黏剂提高原油流度接替驱油，驱油效率整体提高22%，实现了“热剂接替助驱”。

二、创新热采泡沫分级调剖技术，流场重构提高采收率

(一)配套热采泡沫分级调剖技术

汽窜是制约蒸汽热采开采效果的重要因素，高温氮气泡沫调剖技术在封堵汽窜、封堵边底水方面得到广泛应用，取得显著效果。开发中存在的问题主要有：多轮次吞吐后效果变差，封堵强度有待提高，高温氮气泡沫堵调成本高。针对氮气泡沫调剖存在的问题，攻关热采泡沫分级调剖工艺。

研究了分级调剖影响因素，主要包括以下几个方面：①油藏非均质性，分级泡沫调剖开采适合非均质性较强的油藏，适用的渗透率级差范围不高于6。②剩余油含油饱和度，泡沫具有遇油不稳定的特性，注泡沫的原油产量都有大幅度的提高。研究表明，含油饱和度较小时，由于泡沫作用增强，气相视黏度增大，很好地抑制了汽窜及重力超覆

现象，并且抑制了指进现象的发生，从而提高了剩余油的动用程度。但随着含油饱和度的增大，增油幅度越来越小，衰减非常迅速。③当油藏发育边底水，且边底水已经突破或开始突破时，泡沫作用比较明显。这是因为无边底水影响吞吐开发，油井附近含油饱和度分布比较有规律，也比较均匀，泡沫作用不明显，而在边底水的影响下，含油饱和度分布不均，或者存在大通道等，在这种情况下有利于泡沫发挥遇水稳定、遇油不稳定的特性，可以很好地扩大蒸汽波及体积，产量有明显的增加。④阻力因子随时间的变化趋势与压差基本一致，但由于超稠油的基础压差也是最大，特稠油次之，普通稠油最小，最后稳定时得到的泡沫驱阻力因子是普通稠油最大，特稠油次之，超稠油最小。

在充分研究的基础上，优化了传统泡沫调剖、分级泡沫调剖、不注泡沫三种注入方式，另外，泡沫剂浓度进行了优化。最后，研制前置用适合温度场前缘的中高温的高阻力因子泡沫剂体系，并优化完善伴注用高温泡沫体系，将传统单一的高温泡沫剂伴注模式转变为“前置 + 伴注”的分级调剖模式，在大幅提高泡沫体系封堵性能的基础上，降低药剂成本，实现氮气泡沫调剖技术降本增效实施，提高稠油注蒸汽热采开发效果。

（二）强化油藏管理，实现多元热复合采油 + 泡沫分级调剖技术落地

将集成技术开发效果与油藏管理紧密结合，持续提升高轮次吞吐后期开发效果。一是在精细油藏描述的基础上，进一步细化管理单元，量化考核指标，实施单元产量目标化管理。细化管理单元是把管理对象尽可能细化到最小工作单元，管理措施具体到最小工作单元，不断落实责任；量化考核指标是指不同的管理层次和管理单元都要有明确的、量化的、科学的、经过努力才能实现的考核指标。二是实施油藏分类管理，综合考虑油藏地质特点及开采特征，分为高速、中速、低速等三类开发单元，分块进行原油生产任务和分类治理，同时进行产量风险性评价。三是加强开发井区管理，主要由区块技术人员负责。开发井区是根据开发单元不同区域的地下动态和潜力状况而划分的，除绘制常规图件外，还需绘制井区范围图、开发综合曲线、开发数据表，进行地质储量和可采储量分配计算，生产动态分析时，必须将动态变化分析落实到井区，对产量下降的井区，要分析原因，提出完成井区产量达标的措施。

总之，以提高采收率为目标，解放思想，转变观念，开发思路上由“重油轻汽”向“油汽并重”转移。开发方式将单一注蒸汽向多元复合转的同时，创新性地实施热复合采油 + 分级堵调集成流场调控技术，解决了西部汽窜频繁、蒸汽腔扩展难、油藏剩余油高效动用难的技术难题，构建了适合西部油藏特点、高轮次吞吐后期、高效开发接替技术。

第三节　钻井工程效率构建“提速场”

新春公司稠油钻井主要以水平井为主，水平井钻井数量出现逐年递增现象，产量贡献率占比也随着持续上升。如何保障井打得快，提高新井当年产量贡献率，如何保障井打得

好，提升储层的钻遇率对产能的贡献显得尤其重要。围绕井打得快，新春公司建立了围绕井位转、加快见产的高效运转机制，大幅提升了新井运行效率，围绕水平井的产量提升，建立了围着储层钻、大幅提产的增产新模式，实现了单井产量翻倍增加。

储层钻遇率除与油藏地质环境有关外，钻完井质量的优劣对其影响也较大，水平井的轨迹控制必须基于完井筛管能下入的前提下，最大限度地满足地质需求，实现砂岩储层钻遇率和油层利用率的最大化，这要求工程与地质的有机结合。在水平井施工过程中，钻井工程技术人员与地质技术人员经过不断的实践和摸索，逐渐形成了独具新春特色的工程与地质相互协调、密切配合的水平轨迹调整技术，即一体化钻井工程技术，包括精准卡层预测技术、近钻头地质导向技术、高造斜率轨迹控制技术、水平段一趟钻技术等，为钻井提速、提高效益质量奠定基础。

一、建立围绕井位转、加快见产新机制，实现新井产量贡献率最大

为解决春风油田开发后期品位变差、产量上涨、效益提升的需求矛盾，新春公司开展节点分析，搭建运行机制，分钻井周期、建井周期、见产周期三个阶段逐级打开影响生产运行效率的二十多个节点，明确时间要求，建立了“三超前 + 四同时 + 六不等”日度运行机制，合理优化坐标发放到投产见油的时间，运行效率提升 30%。按照“打一口备二口看三口”的井位与钻机匹配运行原则，年钻井 120 ~ 150 口，适配钻机数量 5 ~ 11 部，钻机动用率维持在 90% 以上。同时，不同区块进行立标追标，建立标杆数据库，分析标杆井所取得的技术与管理举措，形成标准模式并加以推广，通过螺旋式迭代提升，超浅层短半径水平井钻完井周期由 13.5 天缩短到 5 天，见产周期由 250 天降至 130 天，实现了新井产能贡献率的大幅提升。

二、建立围着储层钻、大幅提产新模式，实现新井产能贡献率最大

新春公司树立全生命周期大幅提产理念，围绕提产目标，主攻储层钻遇率，工程、地质技术人员通力配合，迭代升级，形成了一体化钻井工程技术。

(一)深化油藏描述，控制水平井轨迹

通过地质建立密井网条件下储层沉积模式。描绘刻画储层内部结构，探索应用构型控制下的精细三维建模技术，为定量研究剩余油随时空变化打下基础。通过建立精细三维模型的数值模拟研究，揭示剩余油空间富集规律。加强进行水平井地质参数研究。通过以上地质方面分析，工程技术人员必须领会油藏设计精神，才能更好地进行轨迹调整。归结起来，必须了解和要求做到以下几方面：了解油藏类型(砂岩油藏、石炭系油藏、边底水油藏等)；了解沉积类型，砂体展布，隔、夹层分布状况，油层厚度，动用状况，靶前位移，水平段长，靶点距顶位置，靶点确定依据；去现场前准备好轨迹设计油藏剖面图、目的层微构造图、标准井位图、靶点周围邻井测井图。

(二)加强各方协调，提高水平井成功率

水平井钻井需要工程、地质、安全等多部门的联动配合，为了保证水平井高效储层钻遇率，公司成立了水平井钻井现场技术管理项目组，由开发管理部负责地质预测和卡层控制，钻完成管理部负责技术实施和现场协调。项目组的职责主要是做好水平井的卡层和轨迹调整工作，目前平均储层钻遇率达到95%，高效储层占比85%以上，单井产量5~20t，主要得益于以下两个方面，一是多方参与，联合开发、钻井技术人员现场驻井，落实轨道、显示情况，全程跟踪气测、电阻、伽马、返砂情况，地质导向技术将水平段轨迹控制在垂向误差小于0.5m范围内，大大提高水平井储层钻遇率。二是加强储层保护，进行提速，通过实施水平段一趟钻技术，快打快完快替技术，大幅缩短储层浸泡时间，减少储层在泥浆中的污染，实现提速提产。

(三)技术升级改造，提升水平段钻井长度

随着春风油田开发进入后期，新建区块品位越来越差，油层厚度薄(2~5m)，单支水平井无法满足效益开发，新春公司运用鱼骨状分支井技术，实现水平段长度的极限延伸。如排634-平46井完井深508m，水平段长574m，实现了水平段长超过井深的突破，2023年，累计实施10口井，平均水平段钻遇长度721m，通过分支井眼快速分离技术、分支井眼轨迹控制技术、分支井完井工具攻关等，形成了多分支水平井提产配套技术。2023年实施的排614-10井利用3分支水平井技术，实现了上翘型储层(高差5m)精准卡层、精准钻进、精准完井，投产日油20t，是区块平均日油的2倍。

第四节 注采均衡动用助力“效益场”

随着春风油田稠油区块进入开发中后期，原油产量递减加快，新增探明储量的丰度和品位明显下降，老区稠油开发比重越来越大。由于稠油具有原油黏度高、凝固点高、密度大、胶质沥青质含量高等特点，稠油热采显示出越来越重要的作用。

新春公司以提高单井经济效益为核心，构建了以甜点选择、分段完井设计、举升工艺设计、均匀注汽优化、监测评价为基础的全生命周期一体化流程，建立非均质性油藏地质工程一体化评价方法，形成了水平井均匀动用的热采配套技术，扩大蒸汽的波及范围和半径，有效提高了油田的开发效益。同时，在开发过程中，坚持做到“三个优化”(优化措施选井、优化工艺创新、优化措施效果)、“三个结合”(地质与工程结合、地下与地面结合、地层与井筒结合)的原则，按照“地质上有潜力、工艺上可实施、经济上能高效”的原则，合理安排转周工作量，实现稠油热采的经济高效。

一、创新水平井均衡动用全生命周期一体化流程，实现开发效果最大化

针对开发过程的矛盾突出问题，创新水平井均衡动用全生命周期一体化流程，主要在如何实现分段完井设计、举升工艺改进、均匀注汽、监测评价等方面深入研究和探索。

目前热采水平井主要以裸眼防砂管（占98%）或笼统充填完井为主，无法解决油藏非均质性导致的蒸汽绕流进入高孔、高渗层段问题；热采水平井尚无有效热采套管保护措施，直斜井段无法拉预应力、造斜段套管不居中、筛管段补偿距离未优化等问题导致热采水平井套损井数量逐年增长。针对以上问题，研发了热采水平井一次多段防砂完井技术和热采水平井全井段应力安全完井技术，成功解决了制约热采水平井高效开发的难题。

随着油田开发开采程度加剧，稠油热采油田开发已处于中后期，地层能量普遍偏低，动液面低，同时伴随着严重出砂。常规有杆泵开采通常采用将抽油泵泵挂位置设置于油层之上，只能采用间隙式工作制度或低泵径排液方式，导致油井整体排液不充分，影响采收效率。为此，开展了生产井井下杆管柱优化、稠油热采水平泵结构设计及参数优化、举升系统参数优化等方面的设计优化，形成了适用于稠油热采油井的举升新技术。

由于油藏非均质性和水平井段长度的影响，笼统注汽时普遍存在水平段油藏动用不均的问题。室内模拟和现场测试资料表明，动用较好井段长度仅占总井段的1/3～1/2，且随着吞吐轮次增加，水平段油藏动用不均的矛盾将不断加剧，严重影响水平井的产量。为此，开展了水平井水平段吸汽剖面影响因素分析、配套完善基于存储井温为主的测试装置、水平井分段注汽管柱设计，以有效调整水平段油藏吸汽剖面，改善油藏动用不均的状况，为现场高效注汽提供指导。

二、优化转周方案，实现开发效益最大化

正确的方案设计，可以收到事半功倍的效果。因此，在转周作业过程中，工程方案设计的合理与否，直接影响措施后的经济效益。所以，在转周方案设计过程中，如何精简施工工序，降低成本，实现措施经济效益最大化是我们必须考虑的问题。

在转周方案设计时，要认真查明井史资料和历次作业情况，尽量减少检泵、防砂等作业措施。要充分发挥注采一体化管柱注汽和采油不动作业的优势，尽可能降低作业造成的冷伤害力，争取做到最简单化、最实用化，实现较低的成本投入。注汽量，要根据各井的具体情况来定，真正做到设计方案合理，实现投入产出比较大化。

为了达到转周措施方案最优化，新春公司工程技术人员在措施选井工作中做到了早期参与，在地质设计出来之前，首先组织工程、地质人员，对措施选井的完井基础资料，测井，监测资料，井下技术状况，地质构造，生产剖面，剩余油气潜力，生产历史及现状等资料进行详细的调查分析，对转周井的措施和注汽量进行可行性评价，上下人员达成共识。对于在研究中发现工艺上无法实施或实施风险、实施难度较大，或者措施潜力比较小的措施井，早期给予否决，达到注足汽、注好汽、注经济有效汽的目的。

三、加强热采保障措施，实现开发成本最优化

建立稠油热采成本管理机制。天然气价格高时，导致注汽成本上升，稠油整体注汽量逐步下降。结合"十四五"打造稠油规模产量增长阵地，围绕"外购气清零" 目标，新春公司主动出击，一是和新疆油田开展"中中合作"，利用新疆油田的政策气，降低新春公司的购气成本。二是挖掘自身潜力，寻找自产气源。通过老区反复排查、地震资料对比，在春风油田发现浅层气井 4 口，满足了 6 ~ 8 台锅炉的用气。三是"以气换气"。新春公司二区稀油井，油气比高，能够产出质量好的 LNG/CNG，但是距离春风油田距离远，通过"中中合作、以气换气"政策，新春公司和新疆油田双方就近换气使用，大大节约了双方的运费，实现了合作共赢。

第五节 地面工程"五化"打造"示范场"

春风油田位于新疆维吾尔自治区车排子地区，距克拉玛依市约 70km。产能规划区域位于国家重点公益林区，部分为农田。地面原油生产温度低(40℃)，冬季新疆温度低(-40℃)，地广偏远、无已建设施及社会依托等导致的原生性管输劣势带来的对一次投资和运行能耗的高需求，也即传统计量、枝状双管集输和三级布站方式，急需涉及产能区域的新的技术突破及创新来实现效益开发。尤其是产能区块位于当地重点公益林保护区，而新疆气候干燥，生态系统简单且极为脆弱。如何在确保建产后经济、安全运行的前提下，解决好投资与环保、效益开发与可持续发展之间的矛盾，亦成为地面工程设计中的难点和重点。因此，"五化"是地面工程建设企业顺应历史发展潮流，结合自身实际需要的一项对工程建设业务的变革。近年来，地面工程建设在"五化"建设及实施过程中已取得了丰硕的成果，但面临快速发展的社会形势，结合新春实际依然存在一些需要长期研究及持之以恒进行解决的问题。"五化"是石油工程建设模式的一种创新，内容包括标准化设计、工厂化预制、模块化施工、机械化作业、信息化管理。"五化"之间紧密相连，环环相扣，是一个有机的整体。"五化"是甲乙双方工程建设"降本增效"的迫切要求。推行"五化"是建设企业立足当前、谋划长远、高瞻远瞩的策略。通过标准化设计、模块化建设，能够节省占地、缩短项目工期，有利于降低建设成本、缩短建设工期目标的实现；通过数字化移交，还可以提高运营管控水平，降低运营成本，指导已投运的生产装置保持在低能耗、高安全性、工艺平稳及长周期运行，实现投资利益最大化。从长远来看，对地面工程建设施工企业在节约成本、增加效益，推进施工生产模式向现代化规模型改革转变注入了强大的生命力，"五化"工作符合现代新型建造模式发展趋势，"五化"能使模块化、一体化装置的集约程度更好、功能更全、安全环保性能更稳定、更加智能化，以及进一步增强模块化安装和机械化作业能力。实践证明，通过"五化"工作，能够更好地保证工程建设质量，缩短工

程建设周期，提高综合效益。

一、标准化设计

设计思路：列装化、模块化设计。站场无人值守、远程控制等。按照功能性、通用性、互换性、可运输性的原则，以造得了、运得走、装得上、用得好为目的，将各类功能模块单元划分为子模块。

二、工厂化预制

利用标准化设计成果进行预制和模块制造，将现场工作量转到工厂完成。以三维生产设计、数字化施工等六大技术为依托，通过开展工厂化预制，多专业同步开展，形成“四个改变”，实现“四个预期”，达成“七个指标”，设备工厂化预制的标准化体系。

三、模块化施工

处理单元整体模块化，模块内部橇装化。为实现运输及现场快速组装，设置多个子模块拆分、运输到现场拼装。结合运输车辆的情况和施工单位现场吊具情况，确定单个子模块的尺寸进行限制。

四、机械化作业

在预制和施工过程中大力推广和采用先进机具，达到厂内预制机械化与现场施工机械化的效果，完成由传统的人海战术向机械作业的转变，实现“三个目标”，为工厂化预制和模块化施工提供强有力的保障与支撑。实现项目机械化作业率达到 80%；储罐自动焊接机械化率 90%，一次合格率 98% 以上；项目现场人工时节约 30%。

五、信息化管理

以建设期的地面工程数字化交付为先导，以运维期的数字化运营为依托，实现油气田地面工程建设期和运营期的“数字化、可视化、自动化、智能化”。通过数字化交付的手段，实现设计—采购—施工—运营的无缝衔接，确保采购、施工、试运等基础数据的完整性、准确性、一致性，实现管理的精细化、数字化、可视化；实现全生命周期内的数据管理。同步建立数字孪生工厂，实现工艺流程模拟、技改数据维护、后期员工操作培训。

“五化”建设模式实现适合胜利西部异地协同作战、提高生产效率、管理更为有序、建设质量更高、建设公司更短、安全性更好、总投资更可控，提升整体效益。实现了由现场施工转变为厂内预制，工作效率提高 1 倍以上，解决现场条件差、工人短缺等问题。预制化率 85%。由现场分散管理转变为工厂内集中组织，界面清晰，管理有序。由现场质量控制转变为工厂质量控制，模块制造厂生产条件更可控、生产设备更先进，生产工人更稳定。工厂作业环境优于现场作业，减少安全风险点。由一地作业转变为多地协同，预制和

施工同步开展，交叉作业，缩短工期30%。由现场转移到工厂，管理更精细、工期更可控、开料更准确，投资降低3%。

第六节 智能油田建设发展“数字场”

智能油田通过信息化的应用，全面感知油藏开发状况、实时监控生产经营全过程，构建起油田运行的“数字场”，有力地协助技术层进行开发生产决策，减少现场操作层人员重复性工作，提高领导层工作效率和决策准确性。智能油田已成为当前国内外油田企业发展的趋势，新春公司分布较散，多数位于人烟稀少、交通不便、地貌恶劣的环境，冬季严寒、夏季酷暑，室外现场操作条件艰苦，且由于采用油公司模式，用工人员比较精简，更需要迫切发展智能油田，启动构建智能发展的数字化油田相关工作。

一、智能数字场的搭建

智能油田首先实现的是生产信息化、数字化。现场通过在单井井口、管线、集输站场等位置安装自动化数据(温度、压力等)采集远传装置、视频摄像头，安装载荷装置，配套相应网络，设置专门的服务器，配套专业的数据管理系统和视频管理系统，实现了生产流程及生产数据的采集、远程控制、预警处置与趋势分析等功能。

新春公司于2011年开展区块的信息化建设，经过不断的信息化改造和提升，建成了覆盖油气田井场、各类站场、油气管网及生产辅助系统，包含数据采集与控制、网络、视频监控、生产管控平台，已实现油井、注水站、接转站的主要生产参数监控、现场视频监控及通信网络，正在通过不断完善，逐步配套动液面、功图计量、智能调优、无效报警治理、抽油机实时工况诊断等相关功能建设。

在网络建设方面，新春公司增加了工控网建设，按照加强网络安全性、可靠性、管理性的工作要求，进行了互联网、办公网的分离工作。新春公司实施了东西部网络升级改造工程，优化了链路冗余设计及均衡负载，进行了网络安全隔离，建设了网络管理平台。

二、智能生产模式的建立

油田的智能发展，使得现场采油工工作方式发生重大变化。采油工的工作由以前的现场巡井、资料录取、异常处置等，变为单纯的异常处置，资料录取工作已通过信息化系统自动实现采集、传输、存储，巡井改进为在生产指挥中心采用远程巡井，初步实现了场站井场、自动采集设备的无人值守。智能化应用将部分室外工作改造为室内工作，大幅减少了现场的工作量，提高了数据的准确性、精确性、完整性。

基于稠油生产指挥系统的信息化，充分利用信息数字场，从生产运行指挥、运行监控调度角度出发，建立了生产运行一体化管理模式，实现全过程、全领域的集中监控、集中调度、集中指挥和集中管理，实现高水平的资源整合、信息共享和智能化管控，实现集中统一的生产运行调度指挥。油气产能建设、井站、管线、环境敏感区等生产视频，供用电、道路及通信等业务整体状况和生产细节的实时监控，采油、注汽、注水和集输等系统生产实时数据跟踪，从而实现对生产业务的全面监控。

三、智能数字场应用效果

生产经营组织模式由传统的“职能部门分工负责 + 现场值守”向“共享技术、资源 + 专业化运营”转变，使业务的组织方式从独占资源、各负其责的自留地模式转变为大平台、大调度的共享资源模式，推进车辆、物资、服务队伍等生产资源共享，推进供应商市场化运行，充分增强资源整合能力，推动生产运行效益优化。当应急事件发生时，相关业务部门可及时全面获得事故现场信息及与应急相关的环境、现场、预案、车辆和物资等信息，保证实时根据现场情况提出最合理的救援方案，提高应急反应的决策质量。

生产运行一体化管理模式纵向减少指挥层级、横向畅通指挥关系，横向一体、纵向扁平的运行状态，让现场掌控更有力、指令下达更快速、信息传递更完整、任务执行更高效。纵向从公司延伸至管理区、生产班组，横向联动公司机关相关部门，跨业务、跨部门协同办公，实现生产运行业务全过程在线闭环管理，全程跟踪和留痕处置，确保生产经营受控运行。

目前现场公司单井用人 0.18 位，人均管井 4.45 口，公司管理区在集团公司名列前茅。

第七节　安全过程管理形成“保障场”

安全过程管理是新春公司高质量发展的必要条件。公司着重在建立“132”QHSE 管理模式的安全管理机制、搭建 QHSE 综合管理平台、强化采油现场安全管控等方面工作。

一、建立“132”QHSE 管理模式的安全管理机制

建立以落实全员安全生产责任制为主线。抓好关键点，突出领导引领力和员工执行力，打好安全责任落实的“组合拳”行动。把安全业绩作为衡量企业综合管理水平的体现；把安全工作成效作为衡量领导干部“治企有方，兴企有为”的重要标尺。

建立基础管理统一，过程控制分级，综合监管落实等三项重点工作措施。通过搭建新春公司 QHSE 管理信息平台，加强 QHSE 管理体系的信息化建设，以信息保障为支撑，通过信息化手段实现甲乙双方日常基础管理资料的高度统一（无论甲乙基础制度都要统一，实现基础的统一管理）。通过突出专业委员会“三管三必须”的作用，找到管理的责任，做到“责任归位”。如采油、作业、试油、注汽、注氮、注水、电力、运输、维修、后勤、钻

井、测井、录井、固井。通过发挥业务部门“谁主管，谁负责”的作用，确保措施落实，做到“闭环管理”。如采油井场的标准化不仅仅是无杂草、无油污等。更重要的是关注产生油污的去向、井场用电的标准、废弃物资的去向、责任人是谁等，即每项工作都有闭环管理。定期、不定期进行安全评估。确定需要评估的内容（如对浓硫酸、氯酸钠的采购、管理流程等依法合规性的评估），需要评估的区块、单位、场站。通过直接作业环节的管理，如作业票确定安全措施等及相对具体的指标（按照人、机、环、管来设立，也可把质量、节能管理的措施融合进来）。通过以上措施实现过程控制、分级管理。通过组织成立安全（QHSE）专家组，安全培训的重点要放到这里，成立 QHSE 委员会办公室专家组，牵头组织对法律法规、制度规章、标准规范、措施办法等进行系统性地解读。加强培训方法的融合，多方融合，可借助外力，建立安全“移动培训教室”。在管理层面实现综合监管落实建立制度规范、标准衡量两个保障措施。通过制度规范。用制度来规范各级管理人员的行为，抓各级岗位 QHSE 责任制的落实，规范检验 QHSE 履职履责能力。通过标准来衡量各项措施的落实情况，抓各级各项目 QHSE 措施的落实，检验 QHSE 责任制落实到位情况。

二、搭建 QHSE 综合管理平台

搭建起支撑新春公司安全高质量发展的综合管理工作信息化平台，在平台上公示的共享的资料都是经过各要素责任人审核的最终审核稿，这是实现“基础管理统一”的支撑和抓手，为“过程控制分级”工作提供基础数据。通过管家服务团队，解读制度规范，对标对表分析，实现基础工作模板化。解决岗位职责不明确、工作标准不清晰、操作规程不固定、应急响应不理想的“四不现象”，以“生产操作精细，异常处理精准，应急响应精练”为目标，建立起《基层管理手册》《岗位操作卡》《异常处置卡》《应急处置卡》等“一册三卡”标准模板。通过 QHSE 管理体系的信息化建设，将体系的各个要素落实到公司各部门的每个岗位，而不是每一个人的身上。即使公司 QHSE 管理系统内部管理人员调整、离开，也不会造成基础管理工作的停滞，新调整的岗位人员即可借助平台、通过管家管理团队，推动公司基础工作的有序开展。对照 QHSE 体系，组织编辑《平台要素管理的指导手册》，明确每个要素都有明确的工作清单和工作完成标准，指导要素责任部门的各岗位人员对照落实后填报。同时，随着系统的逐步完善，按照各要素节点的时间录入和上报情况，赋予提醒功能和考核功能，提醒岗位人员及时上传信息，系统自动汇总考核结果。通过建立“功能平台 + 管家式服务”模式，看似在规范系统节点的技术要求，实则在管理岗位人员责任的落实，使每个岗位的人员对照《平台要素管理的指导手册》进行履职履责，使各单位各部门实现基础工作模板化，确保体系要素运行不走样，基础管理工作不走形。

三、强化采油现场安全管控

为实现公司现场安全管理全面提升，需提升采油现场的监管强度，了解管理者的岗位需求，确定其工作内容，深化管理者对现场安全的高度重视，推进安全生产管理工作的进行。针对采油系统中的企业而言，首先，它们应当结合现场的实际情况审核企业安全制度状况，将管理制度进一步完善化，支持采油现场管理工作，对于当前已经完成构建体系的采油企业来说，必须做到落实制度，避免产生制度执行浮于表面的状况。其次，采油企业在进行企业生产安全问题改进环节中必须从多个角度出发，包括思想层面和现实的安全生产管理层面，结合各个层面遇到的问题剖析企业生产当中出现的实际问题，定期举行座谈会，学习其他采油企业的成功经验，养成良好的自查和监督机制，提升采油现场安全管理工作的规范性。最后，企业应当从现场工作出发强化采油安全宣传的力度，并重视基层人员培训，让基层生产人员的岗位责任和安全生产意识进一步强化，激励员工落实基层油管生产目标，从而达到让生产效率更高提升的目的。采油作业施工之前，需要对现场的实际情况进行勘察，制定科学合理的安全防范措施，针对采油作业施工中可能出现的问题，监督管理人员也要高度重视，对可能出现的安全隐患要多次强调，监督管理人员也要对采油施工现场的监督管理工作负起责任，严格要求施工人员按照安全作业标准作业，加强监督管理工作，对施工人员存在的不佩戴安全帽、不系安全带等违章行为一定要第一时间制止，对情节严重的给予适当的处罚。采油作业施工过程中，施工人员杜绝向井上、井下投掷物品，包括杂物、工具、材料等，避免出现物品伤人事件。采油作业施工过程中，使用的机械设备、材料种类是比较多的，要整齐、合理地将材料、设备进行摆放，在摆放的区域设置警戒线，非工作人员请勿靠近，同时安排专业的施工人员上罐作业，避免人多产生安全隐患，如果需要多人上罐操作，一定要分工合作，制定相应的操作方案，制定好科学合理的保护措施，如护栏、扶梯、安全带、操作平台等，对防护措施一定要检查仔细，保障防护措施的安全性、可靠性。

安全工作永远在路上，只有起点，没有终点。新春公司增强“居安更要思危”的安全工作意识，思想上不放松、不懈怠，细致排查治理安全隐患，精准防控生产安全风险。警钟长鸣，预防在前，消除一切安全隐患，保障公司生产经营工作安全、健康、稳定、有序地开展，不断推动 QHSE 高质量发展。

第二章 >>>

新区增储建产地震地质一体化

地质工程一体化的关键是多专业的协同式综合研究。基于地震地质一体化，实现地质甜点、工程甜点空间展布特征的精细描述和优化。基于地质油藏一体化，开展油藏与工程设计匹配优化，确保开发井网与钻井轨迹、地面管网适应性。基于油藏钻井一体化，结合井网部署、地应力分析及邻井井身轨迹参数，优化井身轨迹、井身结构及油层保护体系，实现优快钻井。基于地面管网一体化，以提高单控储量为核心，结合油藏开发需求，形成以地面井工厂设计为基础的一体化流程，实现生产开发全生命周期迭代优化。浅层油藏平面及垂向分布的复杂性决定了很难一次性准确描述地下油藏的三维空间特征，需要根据不断更新的地震、地质、测井及动态信息，实现油藏模型的实时更新，动态优化井网井型、钻井轨迹及地面布局，提高储层钻遇率和钻完井效果。

第一节　技术现状及难点

春风油田位于车排子凸起东北部，是一个受构造和岩性双重因素控制的复杂油气富集区。自2009年经过中国石化区块调整以来，重新对老井复查及油藏精细描述后，相继部署完钻探井及滚动井70余口，一举获得了该区勘探的较大突破，截至目前共上报探明含油面积40.92km^2，石油地质储量5128.12×10^4t，从而发现了春风油田。随着勘探、开发工作的不断深入，油藏整体分布情况已基本掌握，但部分区块油藏地质认识有待加强，这部分油藏埋深浅、沉积压实较差、地震反射不清晰，直接影响了含油边界的精细刻画及砂体内部相互交错边界的描述，制约着油田的发展，因此需要进一步深化储层精细描述，落实有利建产区带。

我国大部分地区含油气盆地具有断裂系统复杂、沉积体系多变、储层展布规律不清等特点，制约了油气的高效勘探与开发，尤其是稠油储量丰富，储层精细描述对稠油热采起着至关重要的作用。

调研了国内外储层精细描述技术，储层精细描述起步于20世纪70年代，最早由斯伦贝谢公司提出，储层精细描述经历了由一维、二维到三维发展。国外常常将精细储层描述成储层表征，多位学者进行了大量的研究，国外Lake、Stoudt等先后提出了储层表征方法，拉开了储层描述的序幕，随后建模技术的兴起，将地层、断裂、裂缝及储层物性三维空间展布进行了精细刻画，推动了储层精细描述技术的进步。国内最早由裘怿楠教授引入储层描述技术，后期经过多位专家学者借助地质建模、地震预测、测井技术以及数学分析方法开展了相关研究，取得了阶段性成果。

程继蓉等以枣园油田枣35断块火山岩稠油油藏为例，对稠油油藏的开发方式进行了探讨。王志高等对稠油剩余油形成分布模式及控制因素进行了分析，确定了5个级次的剩余油分布模式，包括微观级、单井单层级、井间单层级、层间级和平面级。提出了剩余油形成的三大控制因素，包括油藏地质类、油藏工程类和井网部署等。霍进等对油藏描述在浅层稠油油藏开发中的应用进行了分析，结果表明，通过精细油藏描述，扩大了找油领域和滚动开发范围，为开发调整方案部署提供科学依据。研究内容方面目前主要集中在地层的精细划分与对比、沉积微相研究、储层隔夹层发育规律描述、储层综合分类评价、地质建模研究等。宋社民等以华北油田赵108断块为多层普通稠油油藏为例，对早期可动凝胶调驱注水开发普通稠油油藏的方法进行了研究，结果表明该方法可以改善普通稠油油藏开发效果。黄琴等对国内外稠油油藏二氧化碳吞吐提高采收率的应用现状进行了总结，结果表明，二氧化碳吞吐工艺是一种单井提高原油采收率的有效方法。翟营利以欢喜岭油田齐40块为例，对稠油水淹测井解释方法进行了研究，分析了利用激发极化电位、地层测试、碳氧比测井技术特征，有效进行了水淹层识别及解释，为稠油油藏开发中、后期的解释评价提供有效方法和手段。Vasheghani Fereidoon等对黏性和质量因子在重油储层描述中的应用进行了分析。Satinder Chopra等主编了《重油：储层表征和生产监测》，该专著主要利用各种地震技术和方法对加拿大北部重油储层进行描述，系统介绍了加拿大重油研究方面成果。牛保伦等对超稠油油藏蒸汽吞吐末期剩余油分布规律进行了研究，同时结合动态监测资料、地球物理测井技术和密闭取芯等多种方法进行了验证，效果较好。总体上看，国外对于稠油油藏精细描述已经形成了较完善的方法和技术体系，特别是利用地震技术开展油藏开发过程研究和剩余油监测研究等方面，已经具有相当高的水平。纵观国外对于重油等油田的精细油藏描述研究，加拿大水平最高，可对我国类似油田相关研究提供一定的参考和借鉴。国内辽河油田和新疆油田稠油油藏精细描述研究水平较高，多处于蒸汽吞吐转蒸汽驱热采方式转换阶段，在储层单砂体的精细刻画、隔夹层研究以及储层在热采过程中的变化规律等方面做了大量的研究工作，也取得了一些进步。

第二节　储层精细描述技术

一、地层对比

地层对比是指建立研究区域及层段内的等时地层关系。按研究范围，地层对比可分为世界的、大区域的、区域的和油层的四类。世界地层对比为全球范围的地层对比，大区域地层对比为跨盆地的地层对比，主要应用古生物群、岩石绝对年龄测定和古地磁、全球海平面变化等进行对比，属于地层学的研究范畴。区域地层对比是指在一个油区范围内进行全井段的对比，而油层对比是指在一个油田内含油层段的对比；油层对比提供了含油地层的空间格架，是油田地质研究的基础。

地层作为一个地质体具有多方面的特征，如矿物成分、化学组分、岩石的结构构造、层理层面特征、地磁性质、对地震波反射吸收性质、导电性、同位素年龄以及化石种类等。因此，能够根据这些不同的特征认识地层，划分、对比地层。

由于地层划分、对比方法的不同，可以产生不同的地层单位。如根据古生物组合可将地层划分为生物带、亚带等；根据岩性将地层划分为群、组、段、层等；综合古生物组合及岩性，可划分不同级别的时间－地层单元，如界、系、统、组、段等；应用层序地层学方法则可将地层划分为层序、准层序组、准层序、层组、层、纹层组、纹层等。

（一）生物地层学方法

生物地层学主要采用的方法如下。

1）标准化石法

在一个地层单位中，选择少数特有的生物化石，这种化石只在该段地层中出现，上、下邻层中不存在，也是特定地质时代的产物，这些化石就叫作标准化石。根据标准化石进行地层划分和对比的方法叫作标准化石法。所谓标准化石也是相对的，但具有明显的特征：生存时代短、分布范围广、数量多、易于发现及鉴定、保存完好。

2）化石组合法

在地质历史中，同一生活环境中不止一类生物，而是多种生物共生并形成一个生物群体。生物的演化决定于生物本身，外界环境是条件。在不同时代不同生活环境中，由于各种生物的适应能力不同，产生的组合不同。生物群及其变化，在一定程度上反映了该地层形成时期生物群的总体面貌。生物群随着地质历史发展而不断演化，特别在地史转变时期，地理环境也随之改变，生物群也需要重新组合。生物界的发展阶段，与地表自然地理环境的变化吻合。因而，利用生物群组合划分地层界线，可以客观地反映地质演变的界线。

3)种系演化法

每一物种最初都只在一个地方产生，其后按其迁移及生存能力，再向外迁移。应用到地层对比中，即不同地点保存同一种演化谱系中某个过渡类型个体，那么这些个体应该是同一时代的产物，即应该是等时的。

生物地层学方法不仅在一个盆地内部的地层对比中有重要意义，而且在互不连通的远隔盆地间的地层对比中更有其独特的作用。

然而，生物地层对比也存在一定的局限性，如化石鉴定的分歧，地质环境复杂多变引起的古生物化石的穿时性，以及出现无化石的“哑”层，这都不同程度地造成了地层划分对比的差错。因此，生物地层对比应与其他方法进行结合。

(二)岩石地层学方法

岩石地层学方法以岩性作为主要分层依据。这种方法在化石少、岩性变化大和钻井多的地方常常使用，有重要的实际意义。

主要采用的方法如下。

1)标志层

标志层是指地层剖面上岩性特征突出(容易识别)、分布较稳定且厚度变化不大的岩层，为某一特定时间在一定范围内形成的特殊沉积。由于其在一定范围内的稳定性及等时性，因此可用于进行地层对比。常见标志层有：

①碎屑岩中夹有的致密薄层灰岩、稳定泥岩、油页岩或化石层；

②碳酸盐岩剖面中某些石膏夹层或泥岩夹层；

③冲积及沉积中的煤层、古土壤层、火山灰等；

④含有特殊矿物的地层；

⑤上、下层段间某种特征(地层水矿化度、放射性物质含量等)的差异。

在地下地层对比中，常用测井曲线进行地层对比，因此，要求上述特殊岩性在测井曲线上具有明显的容易识别的特征。在电测曲线上具有明显响应且易于识别的标志层则称为电性标志层。

在标志层确定后，应分析各标志层在剖面上出现的部位和顺序、邻近岩层的岩性和电性特征，以及各标志层之间的厚度关系等，并编绘各标志层的岩性与测井曲线响应的剖面图。

地层对比首先是标志层的对比。显然，在剖面上标志层越多，分布越普遍，对比越容易。根据标志层分布稳定程度及可控制对比范围，可将标志层分为二级。①一级标志层：在油田范围可进行对比的标志层；②二级标志层：为局部范围内可用的对比标志，亦可称为辅助标志层。在实际应用中，一般要求标志层稳定率(出现标志层井数/统计总井数)大于60%。若为局部分布的标志层要圈出其分布范围，达到上述稳定率可在该范围内使用。

特别重要的是，在应用标志层进行地层对比时，需要分析标志层的等时性及等时范围。如大型湖侵形成的湖泛泥岩可作为等时层，但其等时范围是在湖侵影响范围内；冲积环境中的煤层，在小范围内是等时的，大范围内则会发生相变。另外，标志层本身也存在着相变问题。例如，辽河断陷沙河街组一段中部顶有一层分布较广泛的油页岩，无论岩性及其在视电阻率曲线上都易于辨认与对比，不失为井下对比的标志层。但这个层在西部凹陷的西斜坡上相变为浅水相的富含腹足类、介形类的泥灰岩，俗称“螺灰岩”，由此相变为另一个标志层。因此，利用标志层法进行地层对比时，必须掌握标志层在空间上的变化规律，避免出现此类失误。

2)岩性及岩性组合

当地层剖面上难以寻找到标志层或标志层较少时，往往会用岩性及岩性组合特征作为地层对比的重要依据。岩性组合是指地层剖面上的岩石类型及其纵向上的排列关系。岩性组合包括：单一岩层纵向上规律变化；两种或两种以上岩石类型组成的互层；以某种岩石类型为主，包含其他夹层；岩石类型有规律地重复出现等四种类型。不同的岩性组合类型是不同沉积环境中不同沉积阶段的产物，一些横向分布相对稳定的特殊岩层组合，常常会形成特征突出，且易于识别的岩性组合段(图2-1)。该岩性组合相当于标志层，并用于油层对比。如四川盆地川中地区的大安寨地层，薄层灰岩与暗色泥岩呈不等厚互层，其特征十分突出，成为一个良好的岩性组合标志层。

然而，岩性及岩性组合毕竟是沉积环境的产物。

在不同时代的相同环境中，可出现岩性相似的地层。因此，仅根据岩性对比，有可能误把不同时代岩性相似的地层当作同一时代的沉积物，甚至有时还会误将穿时的岩相界面当作等时的地层界线。例如，20世纪70—80年代，对辽河油田井下古潜山油藏的研究中，仅仅依据碳酸盐岩的岩性、颜色等特点，将地层划归中、上元古界。直至90年代中期，从古潜山地层岩石薄片中见到化石壳体碎片，以及丰富的牙形石、微古植物化石，才证实了曙光地区高、中、低古潜山带均存在下古生界。

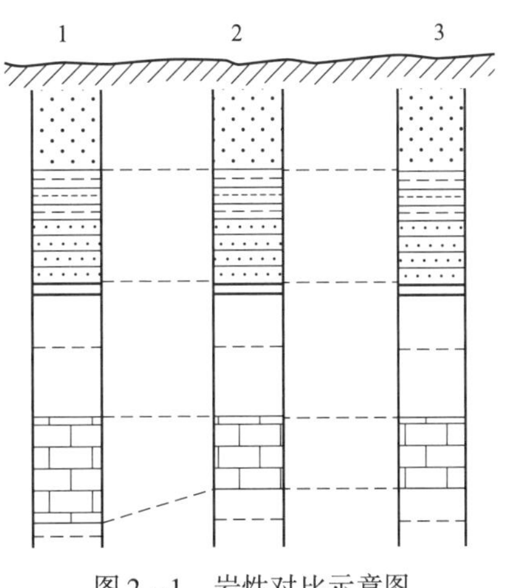

图2-1　岩性对比示意图

3)沉积旋回

沉积旋回是指在纵向剖面上一套岩层按一定生成顺序有规律地交替重复。这种有规律的重复，可以在岩石的颜色、岩性、结构、构造等各方面表现出来。形成沉积旋回的原因很多，但最主要是由地壳周期性的升降运动所引起的。一般情况下，地壳下降，发生水进，在剖面上形成自下而上由粗变细的水进序列，称为正旋回；地壳上升，发生水退，在剖面上形成自下而上由细变粗的水退序列，则称为反旋回；而完整旋回是指地壳下降而又上升，在剖面上形成自下而上由粗变细再变粗的水进水退序列。

地壳的升降运动是区域性的，在同一个沉积盆地内，同一次升降运动所表现出的沉积旋回特征是相同或相似的，这就是利用沉积旋回划分对比地层的理论依据。地壳的升降运动是不均衡的，表现在升降的规模(时间、幅度、范围)有大有小，且在总体上升或下降的背景下还有小规模的升降运动。因此，地层剖面上的旋回以不同级呈现，即在较大的旋回内套有小的旋回(图2－2)。利用旋回对比地层时，可以从大到小分级次进行对比，这就是“旋回对比、分级控制”的原理。

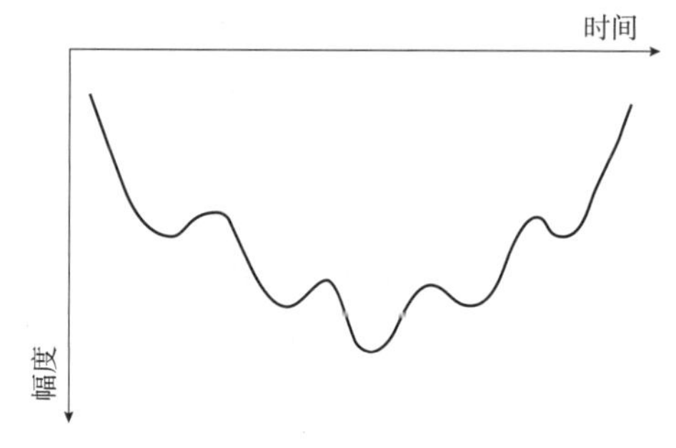

图2－2　地壳升降运动振幅曲线

在油田范围内，沉积旋回级别一般从小到大分为四级。

(1)四级沉积旋回(或称韵律)。

四级沉积旋回包含一个单砂层在内的不同粒度序列岩石的一个组合，其厚度、结构及层理随沉积相带的变化而有所不同。

(2)三级沉积旋回。

同一岩相段内几种不同类型的单层或者四级旋回组成的旋回性沉积。集中发育的含油砂岩有一定的连通性，上下泥岩隔层分布比较稳定。

(3)二级沉积旋回。

由不同沉积的岩相段组成的旋回性沉积，包含若干三级旋回。油层分布状况与油层特征基本相近，是一套可以组成开发单元的油层组合。

(4)一级沉积旋回。

一级沉积旋回包含若干二级旋回，相当于一个含油层系。一般都有古生物或微体古生物标志层控制旋回界线。

沉积旋回分级是相对概念，各级沉积旋回反映盆地构造活动、气候变化、碎屑物供应量的变化、水进水退、沉积体的废弃转移、各沉积事件能量的差异，以及每次沉积事件本身能量的变化过程。应根据油田的实际情况确定沉积旋回级次及成因意义。

4)重矿物法

沉积岩中矿物按其相对密度可以分为两类：相对密度大于2.09的叫重矿物，小于2.09的叫轻矿物。重矿物如锆英石、磷灰石、电气石、金红石、钛铁矿等。在不同的地层中重矿物组合和含量是变化的。在同一物源区，可作为地层划分、对比的依据。我国中、新生界以陆相为主，一个沉积区往往受到多个沉积物源的影响，地层对比成效不很明显，一般情况不常使用此法。

(三)层序地层学方法

层序地层学是20世纪80年代在地层学基础上新发展起来的一门沉积地层学分支学科，是根据地震、钻井、露头资料以及有关的沉积环境和岩相对地层形式进行综合解释的科学，是划分对比和分析沉积岩的一种新技术和新方法。这一学科发源于海相地层的研究。层序地层学认为，地层单元的几何形态和岩性受到构造沉降、全球海平面变化、沉积物供给和气候四大因素的影响。

1. 层序地层单元

层序是一套相对整一的成因上有联系的顶底以不整合面或与之相应的整合面为界的一套地层(Mitchum, 1977)。每个层序均由一系列体系域(如低水位体系域、海进体系域、高水位体系域等)组成，每个体系域又包含一系列同时形成的沉积体系。体系域是以其在层序内的位置及以海泛面为界的准层序组和准层序的叠置方式定义的。低水位体系域以层序边界为底界，其顶以第一次较大的海泛面(称为海进面)为界，可能由盆底扇、陆坡扇和低水位楔组成(Van Wagoner 等, 1987, 1988; Posamentier 和 Vail, 1988)。海进体系域为下部以海进面为界、上部以下超面或最大洪泛面为界的体系域。一般地，该体系域表现为向上变深变细的沉积序列。高水位体系域为一以下超面为下部边界、以下一个层序边界为上部边界的体系域。高水位体系域的早期一般由一个加积准层序组构成；高水位体系域晚期一般由一个或多个前积准层序组构成(Van Wagoner 等, 1987, 1988; Posamentier 和 Vail, 1988)。另外，在层序内还可识别出陆架边缘体系域、下降阶段体系域等，在此不拟详述。

层序地层单元可进一步划分为更细的级次，如准层序组、准层序、层组、层及纹层等。一个准层序是以海(湖)泛面或者其对应面为界的成因上有联系的相对整一的岩层或层组序列(Van Wagoner, 1985, 1987, 1988, 1990)。而准层序组是以较大海(湖)泛面及其对应面为界的成因上有联系的准层序所构建的一种特定叠置型式(退积、加积或前积)。层组则是由一套相对整一的成因相关的层组成，其边界面为侵蚀面、无沉积作用面或与其对应的整合面(Campbell, 1967)。层组还可进一步分为纹层组和纹层。

一般地，层序和体系域厚度较大(数十至数百米)，分布范围相对较广(数十至数百平方千米)，一般在地震剖面上可以进行识别。这一研究范畴主要适用于油气田勘探，即在盆地或凹陷内，利用少数探井和大量的地震剖面进行层序、体系域的划分、对比，建立大规模的层序地层格架，预测有利的生、储、盖组合，优选有利的油气富集区。而一个准层序的厚度范围相对较小(数米至数十米)，一般在常规地震剖面上难以识别，大多数情况下只能借助于岩芯、测井或露头资料进行识别。这一地层单元(有时包括准层序组)及次一级地层单元的划分、对比及其在油田(或油藏)范围内的时空分布则是高分辨率层序地层学研究的主要内容。另外，高分辨率层序地层学研究还可通过层序内地层单元的几何形态、叠置型式、分布位置与岩石性质的关系，预测岩石性质及岩石物理性质(Cross 等, 1993; O Byrne 和 Flint, 1993)。

2. 高分辨率等时地层对比

高分辨率层序地层学研究的主要任务便是划分、对比高频异旋回形成的等时沉积地层单元。目前有两种主要途径，其一是关键界面的识别和对比，其二是高频基准面转换旋回分析。

1)关键界面，如不整合面、洪泛面(海泛面、湖泛面)等，主要由异旋回作用过程(如构造沉降、海平面或湖平面升降、气候旋回等)形成。这些面基本上是在同一时间或大体上同一时间形成的，因此具有等时性。准确地识别这些界面，对于高分辨率等时地层对比具有很大的意义。这些关键界面的识别和对比方法包括岩芯观察、露头调查、测井资料分析、流体或岩石性质测量、储层压力测量、反射地震资料分析等。

2)高频基准面转换旋回分析是 Cross T A 近年来提出的一种高分辨率层序地层学的研究方法。其理论核心是：在基准面旋回变化过程中，由于可容纳空间与沉积物供给速率的变化，导致沉积物保存、地层堆积样式、相序、相类型及岩石结构等发生变化，这些变化是基准面旋回中所处的位置和可容纳空间的函数。因此，通过研究控制沉积层序发育的基准面旋回变化，可以预测等时地层单元内部地层的结构型式。基准面上升、下降旋回在较大范围内具有等时意义，因此识别并对比基准面旋回即可进行等时地层对比。基准面旋回及其产生的可容空间的变化，主要通过地层旋回识别。一个完整的基准面旋回在地层记录中由代表二分时间单元(分别代表基准面上升和下降)的完整地层旋回组成，有时仅由不对称的半旋回和代表侵蚀作用或非沉积作用的界面组成。不同级次的地层旋回，记录了不同级次的基准面旋回。在钻井或露头剖面上，岩石物理性质的垂向变化、相序和相组合的垂向变化、旋回的叠加样式，以及地层几何结构关系是识别地层旋回及其对称性的主要标志，也是高分辨率层序划分与对比的基础。如在海岸平原－浅海沉积环境中，沉积环境向上变浅的相序代表基准面下降半旋回的地层旋回，沉积环境向上变深的相序代表基准面上升半旋回的地层旋回。一个长期半旋回，又由若干个短期旋回组成，如长期基准面下降半旋回由总体向上变浅的相序组成，其中包括若干个反映短期基准面上升和短期基准面下降旋回的地层旋回(向上变浅和向上变深旋回)。Cross 认为，基准面旋回的转换点，即基准面下降到上升或由上升到下降的转变位置(二分时间单元的分界线)，是时间地层对比的优选位置(图 2－3)。在垂向上，根据不同地层旋回转换点位置的水深变化，可确定各旋回的堆积样式(向上变浅代表向海进积，向上变深代表向陆退积，水深不变代表垂向加积)，结合旋回对称性和旋回加厚/变薄样式，即可进行时间地层单元对比。转换点在地层记录中某一些位置上可能对应地层的不连续面，某些位置则对应连续的岩石序列。在地层对比中，岩石与岩石对比、岩石与界面对比或界面与界面对比三种情况均可出现，究竟是哪种情况，取决于可容纳空间变化与沉积物供给速率变化的相对关系，需要通过地层沉积过程的分析加以判断。

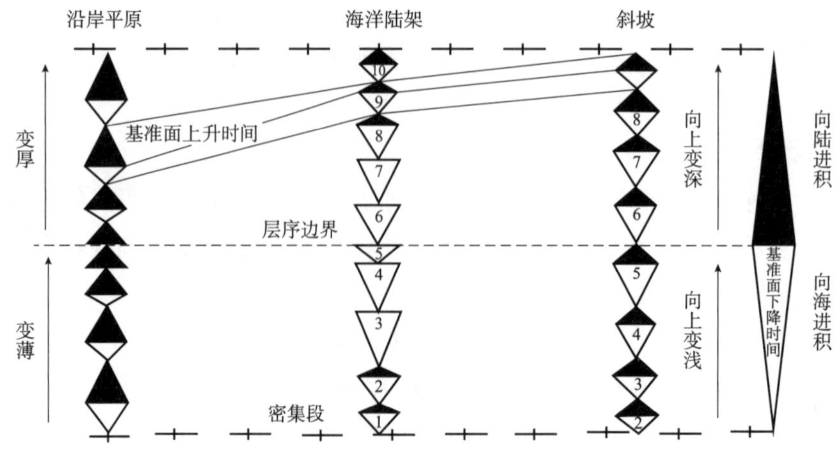

图 2－3　浅海沉积环境成因地层动态对比概念图(据 Cross，1994)

3. 地层记录的地球物理响应

在油气勘探开发中，广泛采用地震、测井等地球物理学方法进行地层对比。

1)测井

在油田地质研究中，因取芯成本高且速度慢，油田的取芯井往往较少，而测井曲线能提供全井段的连续记录。因此，在油气田内，通常是利用测井曲线进行地层对比。

在一定范围内，由于某一地层的沉积环境是相同或相似的，必然具有相同或相似的岩性特征。而岩石的地球物理特征，主要是由岩性、物性及含流体性质所决定的。因此，一般情况下，局部范围内的同一地层，其测井曲线(如自然伽马、视电阻率等)也出现相同或相似的特征，这正是应用测井曲线划分、对比地层的依据。常见的对比曲线有电阻率、自然电位、微电极、自然伽马和中子测井等曲线。

当然，测井资料是第二性资料，需要应用岩芯及其他地质资料进行标定，即建立标志层、岩性组合的岩—电图版，用以指导非取芯井的油层对比。

2)地震

地震测量的反射波资料是地层的响应。同一反射界面的反射波具有相同或相似的特征，如反射波振幅、波形、频率、反射波波组的相位个数等。根据这些特征，沿横向对比追踪同一反射界面的反射，则可实现同一地质界面的对比。而反射波组对应的地质层位是根据钻井资料和地质资料标定的，由此可间接地实现地层对比。

利用地震资料对比地层有其不可取代的重要作用，许多实例表明，在一定条件下，能够正确地揭示出岩石地层学与生物地层学方法的缺陷与弊端，并予以修正。另外，由于地震资料的品质，以及处理方法的局限性，并不能完全取代别的方法，但在区域地层对比中具有举足轻重的作用。

除上述地层对比的常规方法外，在含油气盆地内的区域地层对比，以及复杂地区的地层对比中，也使用稳定同位素、磁性地层及事件地层学的方法，并取得了良好的效果。另外，在具体的对比方法上，针对不同地区、不同地质条件等因素，还应用了黏土矿物及微量元素等方法。目前，地层对比的方法正在向多学科、综合应用及高精度方向发展。

二、油层对比

油层对比与区域地层对比无论在对比依据还是在对比方法上都没有本质的区别。油层对比实质上是地层对比在油层内部的继续和深化，但油层对比要求的精确度更高，对比单元划分得更细，用于对比时的资料更丰富，选用的方法综合性更强。

(一)油层对比的单元

由于油层对比的主要对象为油田内的含油层段，因此，其对比单元较小。在划分各级油层对比单元时，主要考虑油层特性(岩性、储油物性)的一致性和隔层条件(隔层的厚度和分布范围)，油层对比单元级别越小，油层物性的一致性越高，纵向上的连通性越好。油层对比单元一般划分为 4 级。

1. 单油层

单油层为岩性、储层物性基本一致，具有一定厚度、上下为隔层分开的储油层(相当于一个砂岩层)。单油层具有一定的分布范围，层间隔层所分隔开的面积大于其连通面积，是储存油气的基本单元。相当于四级沉积旋回。

2. 砂层组(或称复油组)

砂层组是由若干相邻的单砂层组合而成。同一砂层组的岩性特征基本一致，砂层组间的顶、底界有较稳定的隔层分隔。相当于三级沉积旋回。

3. 油层组

油层组由若干油层特性相近的砂层组组合而成。以较厚的泥岩作为盖或底层，且分布在同一岩相段内。岩相段的顶底即为油层组的顶底界。相当于二级沉积旋回。

4. 含油层系

含油层系为若干油层组的组合，同一含油层系内油层的沉积成因、岩石类型相近，油水特征基本一致。含油层系的顶、底面与地层时代的分界线基本一致，相当于一级沉积旋回。

在单油层由复合砂体形成且横向出现分叉或合并时，可对单油层进一步细分，这在油田开发中后期的油藏研究中十分必要。此时，单油层称为小层，而在小层内进一步划分若干单层。因此，对于复杂的含油地层，油层对比单元可划分为 5 级，即含油层系、油层组、砂层组、小层、单层。

(二)油层对比的一般方法

油层对比主要是在区域地层对比的基础上，在含油层系内对油层组、砂层组、单油层进行分级对比。由于对比范围较小，层段较薄，一般不宜采用生物地层学方法。主要是在层序地层学原理指导下，采用岩石地层学方法进行对比，充分应用标志层、旋回性、岩性组合等，采用“旋回对比、分级控制”的原则。具体对比步骤如下。

1. 建立典型井剖面

典型井的条件是位置居中、地层齐全、具有较全的岩芯录井资料和测井资料。由其建立油田综合柱状剖面，确定对比标志，建立岩性和电性关系图版。然后，应用地球物理测井曲线开展油层的分层对比。在断层发育的地区，典型井剖面也可由几口资料齐全的井分段组合而成。

2. 建立对比剖面

首先建立过典型井的骨架剖面，此剖面一般选择沿岩性变化小的方向展开，这样容易建立井间相应的地层关系，然后从骨架剖面向两侧建立辅助剖面以控制全区。如果在一个三级构造上，为了掌握横向上油层变化规律，首先挑选沿构造轴线的井进行对比，然后适当选几条垂直构造轴线的剖面参与对比，最后以骨架剖面上的井作控制，向四周井作放射井网剖面对比。

3. 选择对比基线

由于构造运动的影响，含油气岩系中的各油层单元在各井剖面上的位置相差往往较大。选择水平对比基线就是消除构造等因素的影响，使各井剖面中的油气层都处于沉积状态，以便观察油、气层在纵横向上的变化。在实际工作中，一般选择标志层的顶面或底面作为对比基线，或者以已有的、多井共有的确定性地层界线为对比基线。

4. 井间对比，多井闭合

纵向上按沉积旋回的级次，由大到小逐级对比，由小到大逐级验证。横向上由点(井)到线(剖面)，由线到面(全区)的对比，反过来再由面到线、由线到点验证。多次反复，使得各井地层界限平面闭合，以确保油层对比的精度。对于相对稳定的沉积地层，可按以下方法对比各级地层。

1)利用标志层划分油层组

通过油层剖面的分析，在掌握油层岩性、岩相变化，旋回性特征及电测曲线组合特征、油层组厚度变化规律的基础上，用标志层确定油层组的层位界线。如图 2－4 所示，在地层剖面上存在 3 个标志层，顶部①号标志层为灰黑色泥岩和介形虫泥岩，属区域对比标志层。底部③号标志层 20～30cm 厚，为深灰色介形虫泥岩，该层在三级构造内普遍存在，可作为标志层。②号标志层在剖面中下部，为灰黑色泥岩，层位稳定，但因邻井电性不稳，该层只能作为辅助标志层。剖面上油层组数量的多少取决于二级旋回的数量，每个二级旋回就相当于一个油层组，二级旋回的性质要参考一级旋回的性质而定。由于该区整个含油层系是在一个一级正旋回背景上沉积的，因此该剖面以②号标志层为界上下可划分为两个二级正旋回，即分成两个油层组。

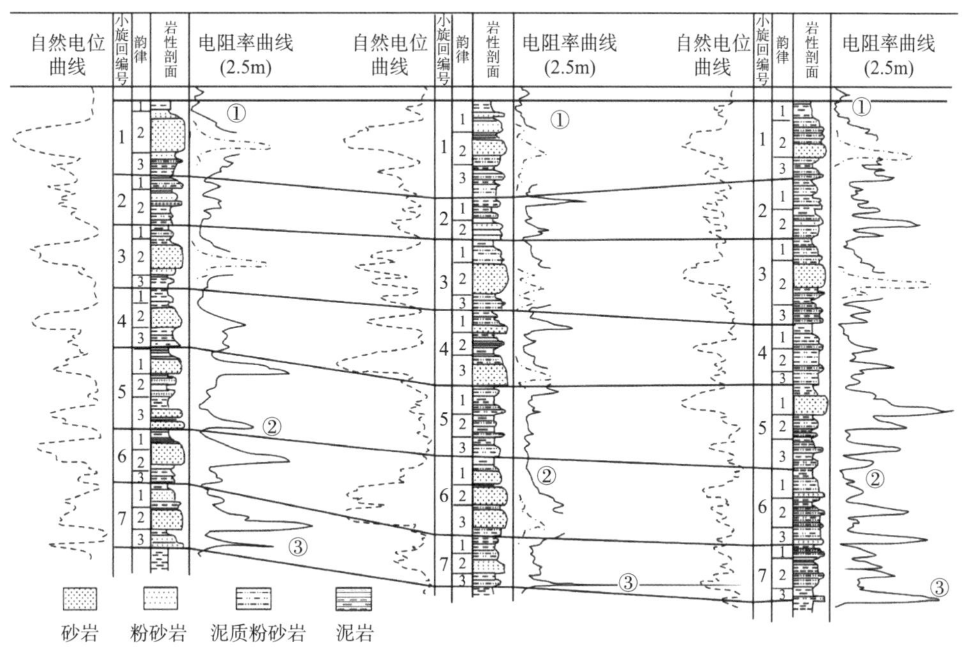

图 2－4　油层组及砂岩组对比示意图

2)利用沉积旋回对比砂岩组

在油层组内，根据岩性组合规律进一步划分若干次一级旋回，次级旋回内粗粒部分的顶部均有一层分布相对稳定的泥岩层，它可以作为砂层组的分层界面。

3)利用岩性和厚度对比单油层

在油田范围内，同一沉积时期形成的单油层，不论是岩性还是厚度都具相似性。在划分和对比单油层时，砂层组内较粗的含油部分即为单油层。

在进行单油层对比时，尚需考虑油水关系、动态信息等因素。在地层对比过程中，需要充分考虑构造和沉积地质因素对地层对比的影响，如地层超覆、剥蚀、相变、缺失、重复等，如图2－5(图中a、b、c、d为地层代号)所示。在地层对比过程中，若发现这些异常井段，则需要分析其是由分层错误，还是由地质现象造成的，并分析是什么地质因素造成的。对于厚度变小甚至缺失的情况，应分析是超覆、剥蚀还是断失的原因。如果是由超覆或剥蚀(不整合)引起的异常，则其厚度变化是有规律的，而且具有区域性特征；如果只出现于个别井或个别井段时，则可能与断层有关，此时，可采用由正常井段逼近异常井段的方法，找出断缺或重复井段。并分析断层对地层缺失和重复的影响。

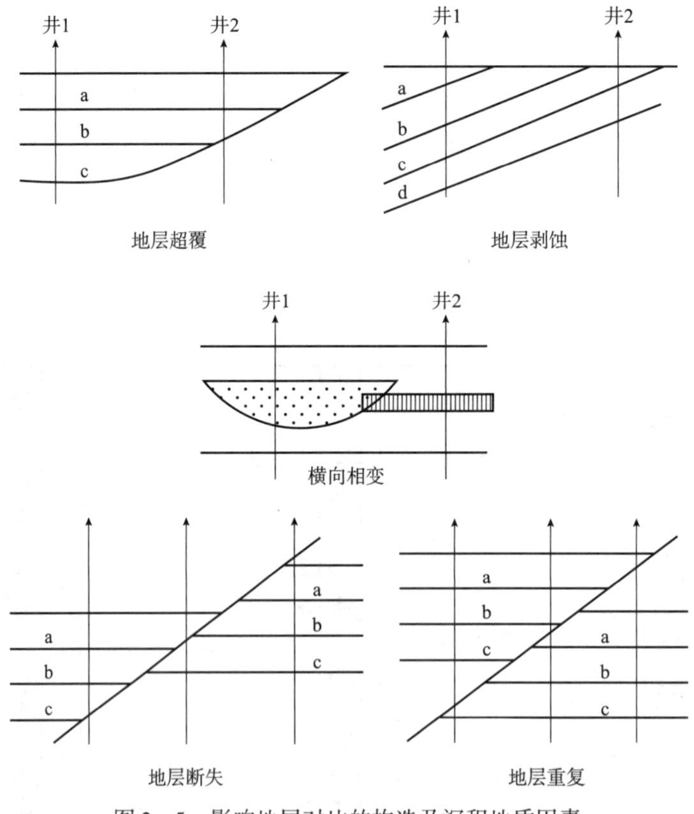

图2－5　影响地层对比的构造及沉积地质因素

5. 连接对比线

油层对比后，应连接地层对比线。连接过程中，不仅需要确定地层的层位关系，而且还要考虑砂层的厚度变化及连通状况。因此，除在地层对比剖面图上连接地层界线外，尚需连接井间砂体对比线。由于砂层的连续性和厚度稳定性的变化很大，因此，用简单方法很难将砂层的真实面貌表示出来，常用的对比线连接形式如图2－6所示。

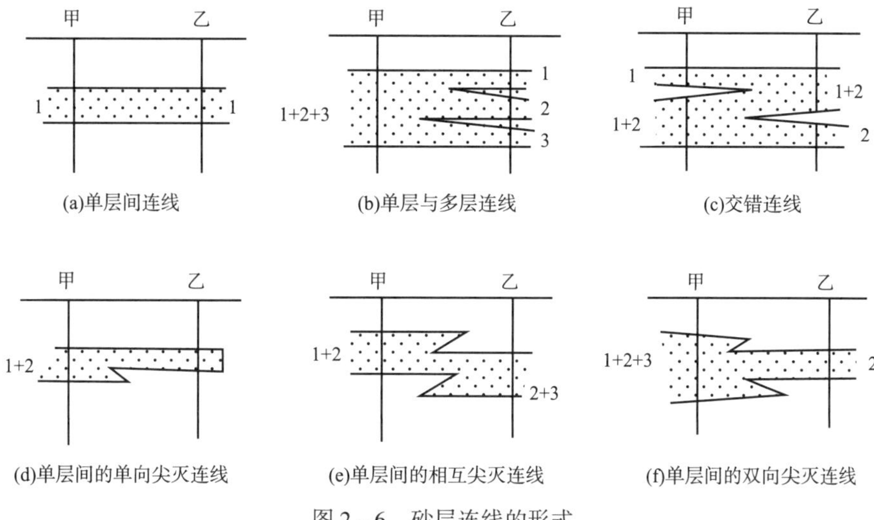

图 2-6 砂层连线的形式

6. 油层对比成果表

根据油层对比成果，可以得到每一口井的分层数据表(表 2-1)，称为小层划分数据表或小层数据表。这是油层对比的最基本的成果表。在该表中，应记录各级地层单元的顶底深度、小层内的砂体顶底深度(若小层内含有多个砂层，需分别记录各砂层顶、底深度)、砂岩厚度、有效厚度、有效孔隙度及渗透率等。对于缺失或重复的地层，需注明。若有试油资料，亦可记录。该成果表是油层研究的最重要的基础资料，如用于编制各种剖面图、栅状图。

表 2-1 ××油田××区××层小层划分数据表

油层组	砂层组	小层	小层井段/m	砂岩井段/m	有效厚度/m		有效孔隙度/%	渗透率/$10^{-3}\mu m^2$
					一类	二类		

在小层数据表的基础上，还可以小层为单元，将其转换为小层(或单层)对比数据表(表 2-2)。该表是油田地质平面研究的基础资料，可用于编制各种油层平面图等，也可作为计算油气储量、动态分析和制定开发方案的依据。

表 2-2 ××油田××区××层小层对比数据表

项目	对比井号									
	1	2	3	4	5	6	7	8	9	10
小层井段/m										
砂层井段/m										
砂层厚度/m										
含流体性										

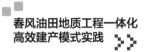

续表

项目	对比井号									
	1	2	3	4	5	6	7	8	9	10
有效厚度/m										
孔隙度/%										
渗透率/$10^{-3}\mu m^2$										
纵向连通性										

(三)河流沉积的油层对比

在河流相及三角洲平原分流河道沉积地层中，沉积环境侧向变化大，河流切割、充填作用较强，地层的岩性和厚度变化剧烈，标志层少，而且沉积作用导致的自旋回容易掩盖构造等作用形成的异旋回，因此，地层对比有较大的难度，对比方法与稳定沉积具有较大的差别。油田生产部门常采用切片对比、等高程对比等方法。

1. 切片对比

河流沉积中由于河道随机地频繁摆动改道，使得河道砂体在泛滥沉积中随机出现，任何一个等时单元在侧向上总是出现河道砂体与泛滥沉积的交互相变。切片对比法是简单的沉积补偿原理，以平行于标志层而遵循区域厚度变化趋势的层段切片，取其界面作为等时线控制对比。具体包括以下做法。

(1)在两个标志层间控制的大套河流连续沉积带内，等分或不等分地按总厚度变化趋势切成若干个片(相当于砂组或小层)，切片界线就是对比的界线(图2-7)。

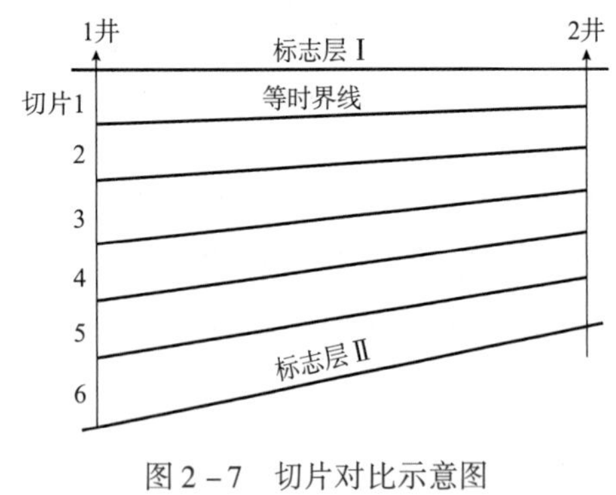

图2-7　切片对比示意图

(2)切片厚度不宜太小，一般要求绝大多数井有一定层数的河道砂体与泛滥沉积相组合，以防止部分井以河道砂体为主，部分井则几乎全为泛滥沉积，以消除砂、泥岩差异压实的对比误差。各井的切片界线并不一定是合理的旋回界线。

(3)区域厚度变化较大时，利用地震剖面，选择连续性较好的反射同相轴，大体判别区域性厚度变化趋势。切片时应遵循这一基本趋势，切片界线尽可能参照相对连续性较好的同相轴。

2. 等高程对比

河道内的全层序沉积厚度反映古河流的满岸深度，其顶界反映满岸泛滥时的泛溢面，同一河流内的河道沉积物其顶面应是等时面，而等时面应与标志层大体平行，也就是说同一河道沉积，其顶面距标志层(或某一等时面)应有大体相等的高程。反之，不同时期沉积的河道砂体，其顶面高程应不相同。该方法可用于在砂组内细分小层或单层。其做法为：

①在砂层组上部(或下部)选择标志层，并尽量靠近砂层组顶(或底)界面；

②分井统计砂层组内的主要砂层(单层厚度大于2m)的顶界距标志层的距离；

③在剖面上按深度统计主要砂岩层顶面与标志层的距离，并确定主要的时间段，将与标志层不同距离的砂岩划分为若干沉积时间单元(图2-8)；

④全区综合对比统一时间单元，然后进行对比连线。

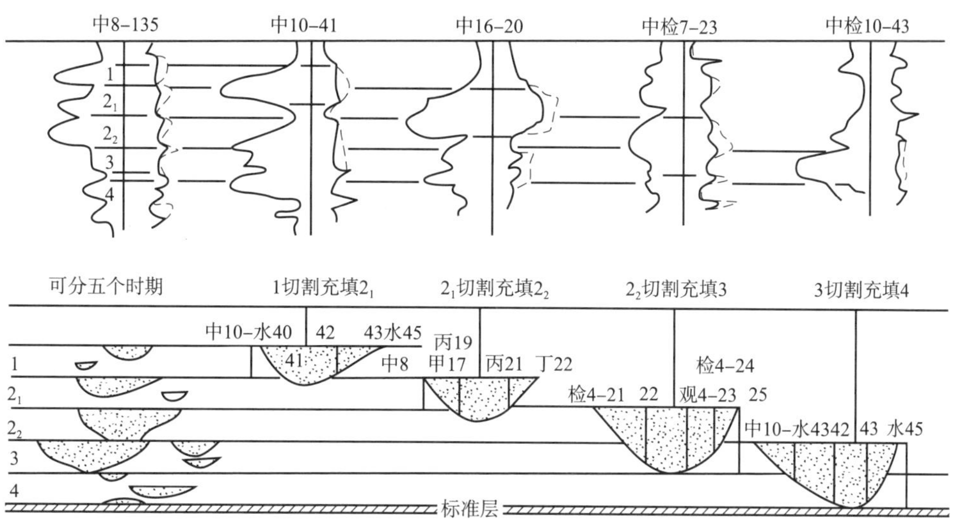

图2-8 划分沉积时间单元

对于跨时间单元的厚砂层的处理，应分析是一个沉积时间单元河流下切作用形成的，还是两个沉积时间单元的砂层叠加而成的，或是既有河流的下切，又有叠加综合而成的(图2-9)。大庆油田采用的方法如下。

①综合判断沉积韵律，若砂层只有一个完整的韵律，说明是河流下切作用形成的，应为一个沉积时间单元；

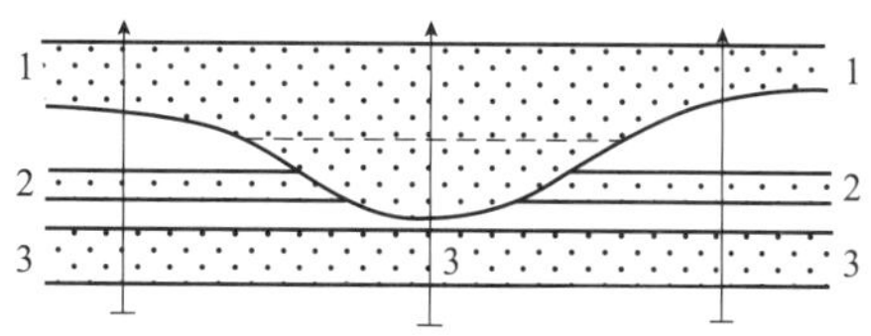

图2-9 砂层厚度不同劈分示意图

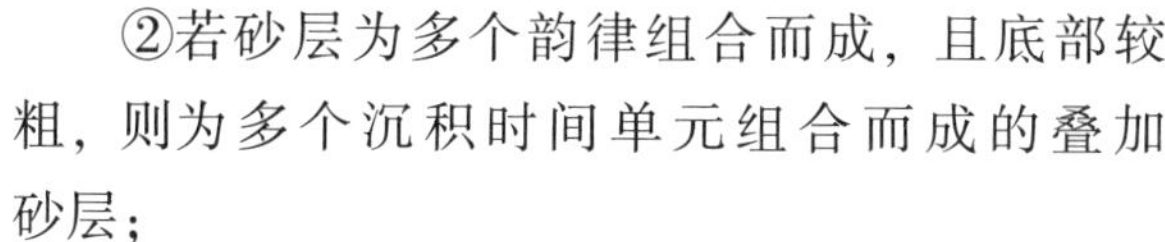

②若砂层为多个韵律组合而成，且底部较粗，则为多个沉积时间单元组合而成的叠加砂层；

③若砂层中存在稳定的薄层泥岩夹层，可将砂层划分成不同的沉积时间单元；

④通过邻井对比，以多数井的划分为准；

⑤可用动态资料进行验证，如见水层位、见水特征等。

除此之外，目前尚在探索应用古土壤成熟度进行旋回划分和对比的方法。

三、沉积微相分析

所谓沉积相，是指沉积环境及其在该环境中形成的沉积岩(物)特征的组合。在勘探阶段，沉积相的研究主要针对大相和亚相，而在油田开发阶段，即在开发井网完成后，沉积

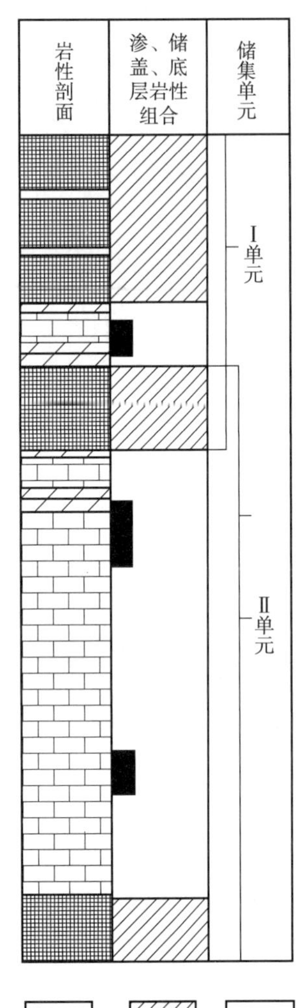

图 2－10　储集单元模式图

相研究必须落实到沉积微相。沉积微相对于油田开发具有重大的意义，决定储集砂体与渗流屏障的宏观分布，同时控制储集砂体内流体的渗流差异(图 2－10)。因此，在油田开发阶段，沉积微相研究是一项不可缺少的地质研究工作。

沉积微相研究所应用的资料主要包括区域沉积背景资料、岩芯资料、测井资料和地震资料。

(一)岩芯相分析

岩芯相分析是确定沉积微相类型最重要的方法。岩芯是沉积相研究乃至整个油藏地质研究的第一性资料，岩芯相分析则是沉积相研究最重要的基础。

岩芯分析，主要是挖掘岩芯中所蕴含的相标志信息。岩芯相标志包括以下几个方面。

1)岩石颜色

泥岩和页岩的颜色是恢复古沉积环境水介质氧化还原程度的地化指标。一般地，红色、棕红色等代表氧化环境，绿色代表弱氧化环境，浅灰色、灰色代表弱还原环境，灰黑色、黑色代表还原环境。在应用颜色恢复古沉积水介质氧化还原程度时，要注意成岩作用对原始颜色的改造。

2)岩石类型

陆相环境的岩石类型主要包括三类，即正常碎屑岩、火山碎屑岩和煤岩。其中正常碎屑岩包括砾岩、砂岩、粉砂岩、黏土岩等，火山碎屑岩包括集块岩、火山角砾岩、凝灰岩、沉凝灰岩、熔结凝灰岩等。

岩石类型反映沉积体形成过程中的水动力条件，如砾岩、砂岩、粉砂岩、粉砂质泥岩、泥岩反映古水动力能量由强至弱的沉积产物。不同沉积微相的水动力条件不同，因而具有不同的岩石相组合，如对于河流相而言，河道岩性较粗，多为砂岩，底部含砾，而溢岸岩性相对较细，以粉砂岩为主。在正常湖相中，大套深灰—灰黑色泥岩指示较深水环境；煤岩、碳质泥岩则指示沼泽环境等。

3)碎屑颗粒结构

碎屑颗粒的粒度、圆度、球度、表面特征、沉积优选组构等均具有一定指相意义。

(1)粒度分析。

粒度分析资料是鉴别沉积相的重要相标志之一，其中常用的是粒度概率曲线和 CM 图。粒度概率曲线是表示各种粒度碎屑含量及搬运方式的图解。一般在曲线中表现三个次总体，分别代表样品中的悬浮搬运组分、跳跃搬运组分和滚动搬运组分。利用三种组分在图上的分布、斜率等特点，解释碎屑沉积物的成因。CM 图是应用若干样品粒度概率曲线中 1% 处对应的粒径（C 值）和 50% 处对应的粒级（M 值）所编制的粒度统计图。

（2）结构成熟度。

结构成熟度是指碎屑物质在风化、搬运和沉积作用的改造下接近终极结构特征的程度，其主要标志是杂基含量、分选性和磨圆度。结构成熟度的高低表示碎屑物质分洗和分选作用的强弱，与沉积相有一定的关系。如滩坝沉积一般结构成熟度很高，冲积扇和浊积扇的结构成熟度很低，河流－三角洲的结构成熟度中等。

（3）颗粒定向性。

砾石的沉积优选组构及长形颗粒的定向排列具有一定的指相意义及水流方向的指示作用。各种环境的砾石方位有所差异，如冰碛砾石长轴平行流向，高角度向源呈叠瓦状（20°～40°）；陡坡河流砾石长轴平行流向，中角度向源呈叠瓦状（15°～30°）；缓坡河流砾石长轴垂直于流向，中角度向源呈叠瓦状（15°～30°）；滨海砾石长轴平行岸线，与波浪传播方向垂直，低角度向海呈叠瓦状（＜15°）。

（4）支撑结构。

颗粒支撑结构是指基质（或杂基）含量少于 10% 或 15% 时的岩石结构，一般指示牵引流沉积机制产物，如滩坝、河流－三角洲砂岩等；杂基支撑结构是指基质（或杂基）含量大于 10% 或 15% 时的岩石结构，当这种结构与岩石中的“漂砾”（如含砾泥岩）和长形砾石直交、斜交层面等现象共生时，是沉积物重力流机制的良好标志。

4）沉积构造

碎屑岩中的物理成因构造具有良好的指相性，其次是生物成因构造。物理成因构造包括各种层理、层面构造及同生变形构造；生物成因构造包括生物扰动构造及痕迹化石等。表 2－3 概述了我国中－新生代陆相碎屑岩中常见的沉积构造及其指相意义。

沉积构造特征和结构特征（岩石类型）结合起来，可称为“能量单元”，亦可称为岩石相，如平行层理砂岩相、槽状交错层理砂岩相、波状层理粉砂岩相。Miall（1985，1996）则直接称其为岩相（lithofacies），并用代号表示不同的岩相类型。在不同的沉积相或微相中，具有一定的岩相或岩相组合。

5）沉积韵律

沉积韵律为粒度和沉积构造规模的垂向变化，反映沉积体形成过程中的水动力条件的垂向变化。如对于三角洲前缘，分流河道一般具有正韵律，反映水动力条件向上减弱；而河口坝一般具有反韵律，反映水动力条件向上增强（与向湖或向海推进有关）。沉积韵律可分为正韵律、反韵律、复合韵律、相对均质韵律等。

6）单砂体厚度

在一个亚相范围内，不同的微相一般具有不同的厚度范围，因而亦可作为微相标志。如对于河流相而言，河道砂体较厚，而溢岸砂体较薄。

除上述相标志外，应用岩芯资料尚可取得具有一定指相意义的古生物标志和地球化学标志，但这些标志仅用于鉴别一级、二级相，即用于划分海相、陆相或过渡相，这属于盆地分析及小比例尺岩相古地理研究的范畴，而在沉积微相研究中意义不大，仅起参考作用。

表2－3　我国中－新生代陆相碎屑岩中常见的沉积构造及其指相意义

沉积构造			水流机制或沉积环境
物理成因构造	层理构造	①递变层理	常见于浊积体系
		②平行层理	浅水急流态环境或浊积体系
		③槽状交错层理	浅水牵引流(河道中常见)，高密度流向低密度流转化
		④板状交错层理	浅水牵引流，河道中常见
		⑤丘状交错层理	风暴沉积
		⑥前积爬升层理	浅水－半深水，水流稳定，强补偿
		⑦波状－透镜状－压扁状	浅水－半深水环境的各种水流机制
		⑧斜坡状层理	弱牵引流水流体系或浊积岩C段
		⑨块状层理	快速沉积、生物扰动
		⑩水平层理	静水或深水沉积环境
	层面构造	①冲刷－充填构造(砂/泥)	强水动力条件，一般为浅水环境
		②截切构造(泥/砂)	风暴沉积
		③再作用面(层系间)	浅水环境中丰富
		④波痕(对称、不对称)	牵引流
		⑤渠模、钵模、口袋构造	风暴沉积
		⑥槽模、沟模	浊积岩相
		⑦泥裂、雨痕	水上沉积
	同生变形构造	①重荷构造、砂球或砂枕构造、包卷层理、火焰构造	前三角洲或深水环境
		②滑塌构造	沉积底形具有一定坡度，一般为深水环境
		③水下岩脉	多见于三角洲环境
生物成因构造	生物扰动构造	①潜穴	浅水环境
		②爬迹	静水水底或深水环境(如始网迹、古网迹)
		③栖息迹	浅水－深水环境
		④植物根迹	水上沉积或极浅水

(二)岩芯微相分析

通过岩芯观察和描述，建立岩芯相分析剖面。

1. 岩芯观察和描述

1)岩石学描述

①颜色、岩性、粒度、含油气产状；②碎屑矿物成分的定性估算，着重描述特殊矿物及岩屑；③胶结程度的定性估算，着重描述特殊胶结物；④含有砾石时，砾石的成分、大小、圆球度；⑤特殊岩层、碳酸盐岩、蒸发岩、火山岩等。

2)沉积学描述

①岩层层面的接触关系、层理类型及规模；②层面构造，如干裂、雨痕、沟模、槽模

等，以及其他原生沉积构造；③砾石（首先区别是外生砾石还是内生砾石）的形状、砾石产状与层理的关系，叠瓦状砾石排列的倾斜方向以及砾石的支撑机理等；④古生物类型、个体大小、丰富程度、保存完好程度、产状、排列方向、尖头指向、剖面演化等；⑤生物扰动构造、遗迹化石等；⑥其他含有物，如结核、鲕粒、碳化植物碎屑等；⑦古土壤的颜色、铁、锰结核、植物根系，有机质丰富程度，黏土化程度等；⑧特殊岩层产状，厚度与碎屑岩接触关系等。

2. 岩芯相的实验室分析

各种单项指标的相分析是微相分析的重要组成部分，应根据需要和条件贯穿于整个相柱子分析过程，常用的单项指标有以下几种。

1）粒度分析

包括各种粒度参数交绘图和判别公式，概率分布图，CM 图等。

2）微量元素分析

各种元素绝对值比值和经验公式，用以判别水介质盐度和地化条件等。

3）孢粉古气候分析

优势植物属种结合蒸发盐类矿物，泥岩地化指标是判别古气候条件及演变的常用手段。

3. 微相分析

“微环境”是指在沉积亚相带内具有独特的岩性、岩石结构和构造、厚度、韵律性等沉积特征及一定的平面分布配置规律的最小沉积单元，也可简要概括为控制成因单元砂体——具有独特储层性质的最小一级砂体的环境。如曲流河环境沉积的砂体，应进一步细分为点坝、决口扇、天然堤、串沟和废弃河道等微相，但不同沉积微相的储层特性完全不同。

1）划分岩石相

①在岩芯观察和实验分析的基础上首先进行岩石相分类；

②划分岩石相不仅要区分岩石类型，而且要反映沉积时水动力、地化及生物作用条件，所划分的岩石相尽可能与能量单元（Energy Units）统一；

③对各种岩石相或能量单元作出沉积环境意义上的解释。

2）垂向层序分析

岩石相垂向层序分析是沉积相分析的重要依据。一定的微相有一定的垂向层序，但一种垂向层序可能有几种微环境成因，所以垂向层序是很重要的相标志，但不是绝对标志，需要结合其他相标志综合判断。

垂向层序，是自下而上岩石相的组合序列表示，以最基本的沉积旋回为单元进行组合，可用马尔可夫链进行统计。垂向层序又是层内非均质性的决定性因素，也可以说确定各种微相砂体的典型垂向层序是储层描述中必不可少的内容。垂向层序的分类和描述要满足微相解释的要求。并对每类垂向层序要作出沉积微相的判别，且对其沉积过程作出分析和解释。每类垂向层序应选择具有代表性的取芯井段分别作出微相柱状图，除沉积微相描

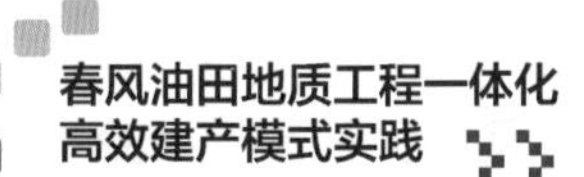

述外，还应包括储层物性及典型测井曲线。

3）沉积旋回分析

沉积旋回分析的目的是研究垂向上的微相演化，进一步确认亚相（大相），并从相组合上检验微相，应用相标志对全剖面进行综合分析。

沉积旋回分析应从小到大，从大到小反复进行，从各级旋回的岩石相组合和演化规律上相互检验相分析的合理性。沉积旋回界线应是确定性的时间界线。岩芯单井划分沉积旋回有待全区平面上对比后修正确认。

4）建立岩芯剖面标准微相柱状图

综合上述微相分析工作基础上，编制本油田含油气层系的全剖面微相柱状图，内容格式如图 2－11 所示。

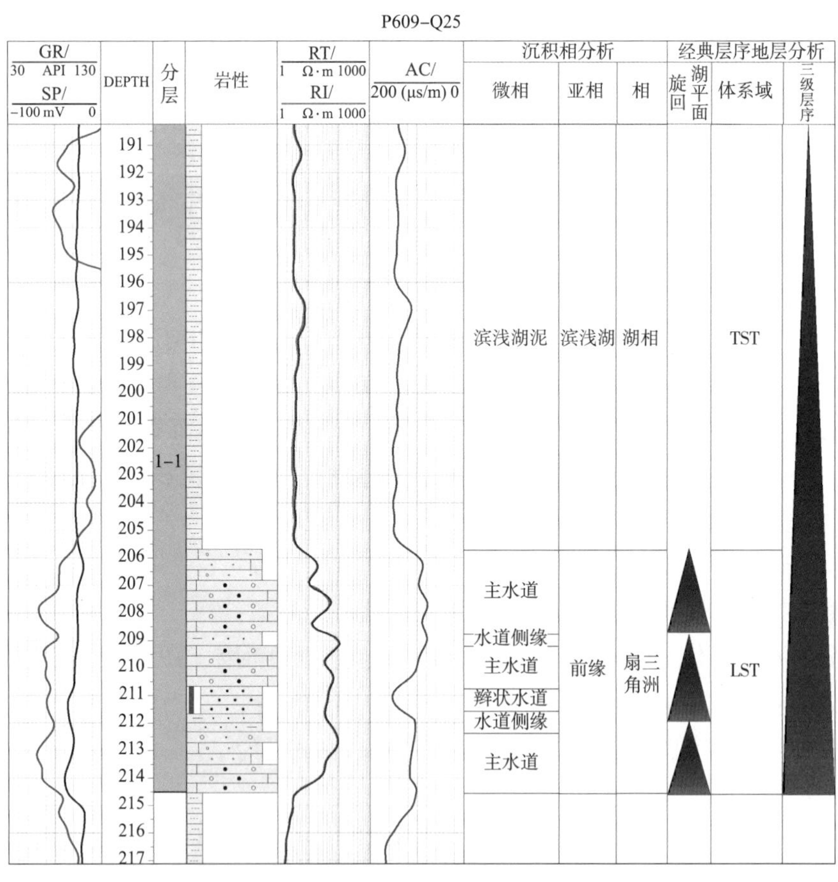

图 2－11　春风油田排 609 区块典型沉积相综合柱状图

（三）测井相分析

由于油田取芯井较少，往往难以直接应用岩芯资料进行沉积微相划分，必须充分应用测井信息。测井相分析就是利用各种测井响应技术识别微相，这是划分油层沉积微相必不可少的手段。

测井相分析的基本原理就是从一组能反映地层特征的测井响应中，提取测井曲线的变化特征，包括幅度特征、形态特征等，以及其他测井解释结论(如沉积构造、古水流方向等)，将地层剖面划分为有限个测井相，用岩芯分析等资料对这些测井相进行刻度，用数学方法及知识推理确定各个测井相到沉积相的映射转换关系，最终达到利用测井资料来描述、研究沉积相的目的。

1. 测井组合及其地质解释

目前，用于测井相分析的测井曲线有三电阻率三孔隙度系列，以及自然电位、自然伽马、井径、地层倾角测井、能谱测井、地球化学测井和微电阻率成像测井等，特殊测井信息只能在少数井中应用。不同的测井曲线对岩石特征具有不同的灵敏度。

1)岩石组分的解释

岩石矿物组分可以由能谱测井、地球化学测井取得，也可用孔隙度测井交绘图来判断。

2)沉积结构的解释

自然伽马、自然电位、电阻率曲线均可以反映粒序变化和韵律特征：向上变细、向上变粗、均匀变化等；层间接触关系：冲刷、突变、渐变等；旋回性：正旋回、反旋回、复合旋回等；岩性比：砂泥比、砂地比、净毛比等；砂岩密度(砂岩总厚度与地层厚度之比)；加积方式：进积、退积、垂向加积等。

3)沉积构造的解释

识别沉积构造的测井主要有高分辨地层倾角仪测井(SHDT)和微电阻率扫描测井(FMS)。其中 SHDT 测井资料可以了解层面连续性、成层性、平整性及上下平行性等。FMS 图像可识别双向交错层理、递变层理、虫孔、生物扰动构等。

2. 测井相分析方法

测井相分析的方法主要有两类：一类是根据测井曲线的形态特征进行相分析，另一类是根据测井曲线的定量特征与岩性的关系进行相分析。

1)利用曲线形态进行相分析

测井曲线的形态可以定性地反映岩层的岩性、粒度和泥质含量的变化以及垂向序列，常用的测井曲线有自然电位、自然伽马、电阻率、地层倾角等。以下着重说明自然电位曲线的应用。

(1)曲线形态特征。

这里指单层曲线形态，可以反映粒度、分选及垂向变化，以及砂体沉积过程中水动力和物源供应的变化。

钟形曲线反映正粒序结构或水进层序，是曲流河、点砂坝及河边沉积的曲线特征；漏斗形曲线反映反粒序结构或水退层序，代表岸外砂坝或三角洲前积砂体；箱形曲线反映沉积过程中物源供给和水动力条件稳定；齿形曲线反映沉积过程中能量的快速变化，可以分为正齿形、反齿形及对称齿形，为辫状河、冲积扇和浊积扇所具有。

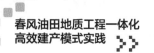

(2)主要沉积相的测井曲线特征。

由于沉积微相类型不同，其沉积岩石的类型及组合等特征也存在差异，因此，可以利用上述形态特征与岩芯相进行分析和对比，就可以划分沉积微相。图 2－12 为主要砂岩环境的自然电位和自然伽马测井曲线的典型响应。

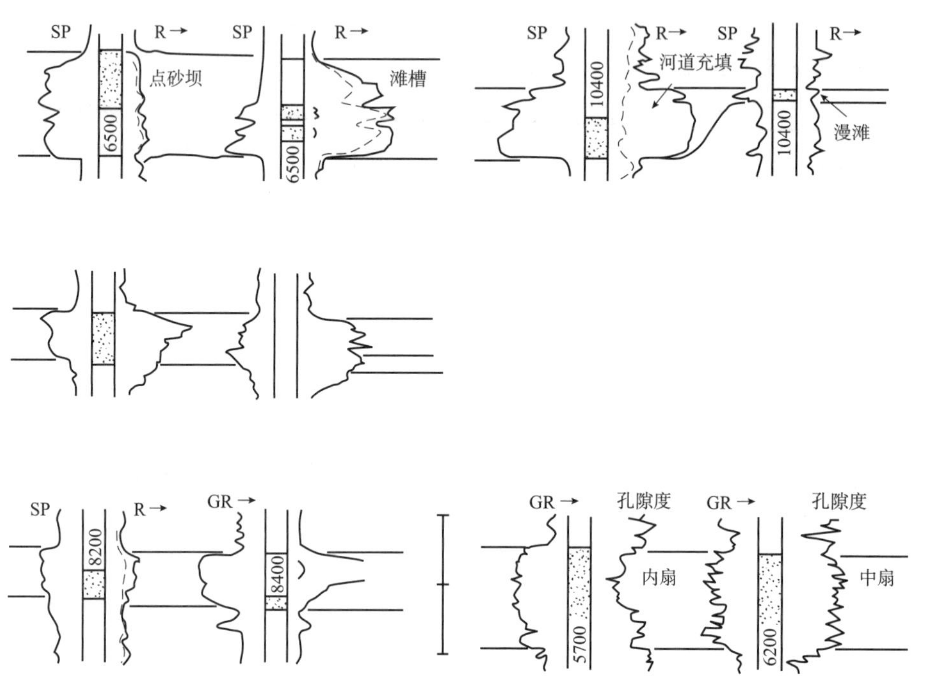

图 2－12　主要砂岩环境的自然电位和自然伽马测井曲线的典型响应(据 R R Berg，1986)

2)利用梯形图或星形图进行相分析

用岩性、结构、沉积构造及古生物等一组相标志可识别和确定沉积相，同样也可利用同一深度的一组测井参数划分测井相，其目的主要是提高解释的精度。梯形图或星形图正是在这种思想指导下发展起来的一种相分析方法。其步骤如下。

(1)选择一组测井曲线(自然电位、电阻率、自然伽马、声波、密度、中子等)，并在目的层段进行分层。

(2)分别将测井参数数据标在放射状或平行状坐标上，并将各测井参数值的顶点连接起来，这就构成了一口井目的层的星形图或梯形图(图 2－13)。

(3)对所有的井进行同样处理，并标在井位图上比较其形状，将具有相同或很相近的图形(各轴上数值相同或很相近)归为同一测井相，再将归纳出的测井相与相应的沉积相进行对比，用岩芯资料对这些测井相进行标定。

(4)在一个地区应选择几口取芯井进行上述分析，建立区域性电相模式。

上述过程用人工的方法实现较费时，目前可在计算机上用专门的程序对各种测井曲线进行预分层，并进行深度和环境校正，将原曲线改造为“方形”曲线，绘出各层的星形图与梯形图，最后对这些成果图进行分析归类。

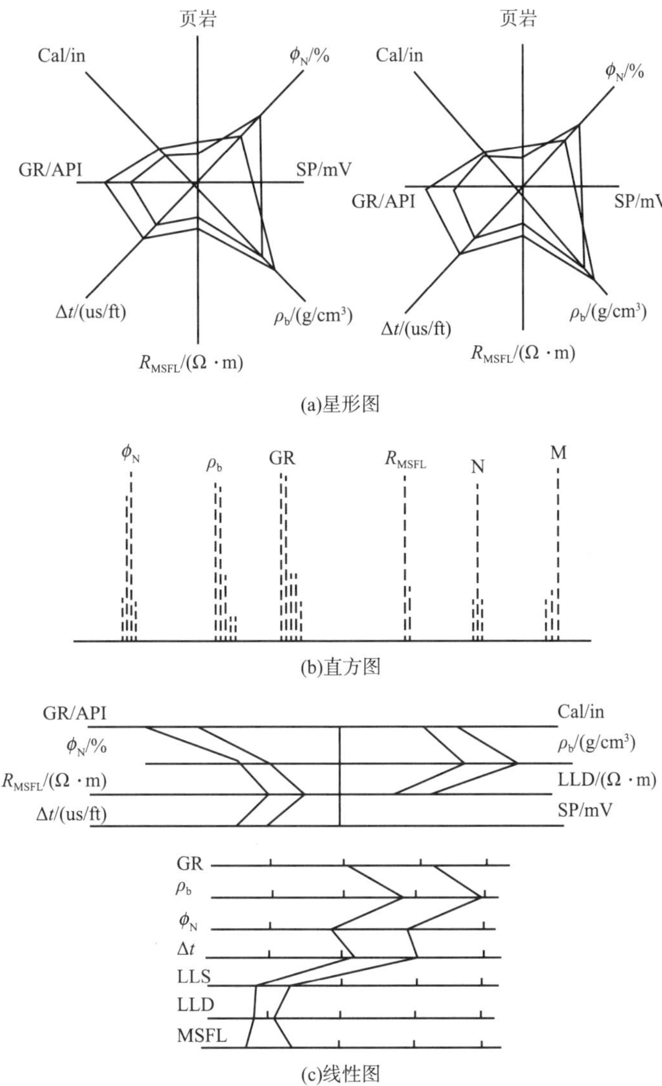

图 2-13　表示测井相的星形图、直方图和梯形图(线性图)
(据 Schumberger，1979；Oberto Serra，1980)

3)利用地层倾角测井进行相分析

高分辨率地层倾角测井资料可以提供沉积构造的信息。沉积构造包括沉积期的和同生期的构造，包括许多类型，如波浪、层理、泥裂、变形构造等，其中层理是极为重要的。在特定的沉积环境下能产生水流层理的倾角随深度变化的特征模式，而在地层倾角图上则可观察到这种模式，于是便可用来识别沉积环境。如大部分砂坝的上部地层倾角大，而在其底部地层倾角变缓。

地层倾角资料能够反映出主要层理的类型(图 2-14)。其特征为：水平层理倾角近于0°，倾向不定，倾角稍大可为绿色模式；波状层理倾角在10°以内不定，倾向也不定；直线斜层理或板状层理为多组绿色或蓝色模式，倾角大；波状交错层理为红色或蓝色模式，

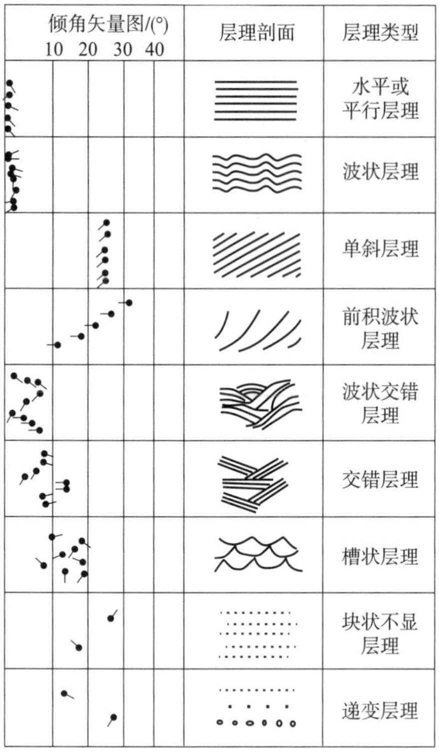

倾角矢量图/(°) 10 20 30 40	层理剖面	层理类型
		水平或平行层理
		波状层理
		单斜层理
		前积波状层理
		波状交错层理
		交错层理
		槽状层理
		块状不显层理
		递变层理

图 2－14　各种层理的理想倾角模式图
（据何登清，1984）

倾角变化大；槽状交错层理倾角及倾向均变化大且杂乱。

地层倾角测井资料还可以提供古水流方向、沉积环境能量及砂体加厚或减薄方向等信息，利用上述信息可确定出各种沉积环境的倾角模型，根据这些倾角模型则可推断沉积环境。

随着数学和计算机技术的不断发展，目前正在发展应用计算机技术自动识别测井相的方法。测井相自动分析主要包括深度及环境校正、自动分层、主成分分析(优选主控测井参数)、聚类分析(测井相分类)、岩相－电相及判别分析等几个部分。在此不拟详述。

(四)地震相分析

地震相分析以地震信息为主，综合地质、测井、分析化验等资料研究盆地中各种沉积体系的配置和空间展布，进而达到划分地震相的目的。地震相是由特定的地震反射参数所限定的三维地震单元，是地震层序或亚层序的次级单元，这些单元往往是沉积相的地震响应。

在勘探阶段(包括油藏评价阶段)，沉积相研究的地层单元大，多为组、段、油组，层段内包含多个同相轴，因此，可以应用地震相外形(席状、席状披盖、楔状、滩状、透镜状、丘状和充填型等)、反射结构(平行、亚平行、乱岗状、发散、前积、杂乱等)及定性或半定量的属性参数(反射连续性、振幅、频率等)进行相分析，研究大相和亚相的宏观变化趋势，并通过速度－岩性分析，研究砂岩百分含量分布。

而在开发阶段，以小层甚至单层研究为主，在地震剖面图上相当于或小于一个同相轴，属于地震相反射结构的内部单元。因此，难于应用地震相外形和反射结构的方法进行相分析，而往往是在标定的层段内进行波形结构、相干体和定量地震属性分析。

1. 波形结构分析

地震波形结构是指每一地震道离散数据点按时间顺序排列所显示的波形特征。波形结构分析主要研究地震数据的结构，而不是研究地震数据的数值。应用神经网络技术，对地震数据体进行沿层波形分类，得到研究层段的波形类型分布图。通过井点沉积微相的标定，即可获得研究层段沉积微相的分布。

2. 相干体分析

地震相干性反映地震道纵向和横向上局部的波形相似性。通过三维相关属性体提取，将三维反射振幅数据体转换成三维相似系数或相关值的数据体。在出现断层、地层岩性突变、特殊地质体的小范围内，地震道之间的波形特征发生变化，进而导致局部的道与道之间相关性的突变。在排除构造因素影响的情况下，可充分应用相干体进行岩性空间变化的分析。

3. 定量属性分析

地震属性参数振幅、频率、速度等与地层岩性有一定的关系。通过优选与砂体厚度相关性强的属性参数，建立属性参数(单属性或多属性)与砂体厚度的相关关系，确定砂体厚度分布范围，进而进行沉积相分析。如在河流相分析中，可通过幅度等参数确定砂体的厚度分布范围，继而圈定河道砂体的分布范围。

4. 测井约束反演

随着地震反演理论与技术的发展，反演后波阻抗(或层速度)剖面的可靠性和分辨能力越来越高，如果能够通过地震反演获得分辨率较高的反映层信息的波阻抗或速度剖面(数据体)，通过标定后，则可直接拾取储层的顶、底界面反射时间，并由时差和层速度求取储层的厚度，继而通过厚度结合井点数据进行沉积微相分析。

应用地震数据进行微相分析，其优点是横向分辨率高，这是其他资料所不能比拟的。但是，地震资料同时具有垂向分辨率低、多解性强的不足。如何提高分辨率并降低多解性是地震资料用于地质解释的关键。

(五)沉积微相综合研究

沉积相研究是一项综合性很强的工作。综合性表现在两个方面：一是综合各种信息正确识别研究区微相类型，建立微相模式；二是在微相模式指导下，综合研究区各种资料，研究沉积相的时空展布，建立沉积微相模型。

1. 确定微相类型，建立微相模式

沉积微相类型的确定是沉积微相研究的第一步，也是十分重要的一个环节。在具体研究时，要充分注意以下几点。

1)了解区域沉积背景，落实大相、亚相

沉积微相属于大相和亚相之下的次级沉积单元，因此，识别微相必须在识别大相、亚相的前提下逐级进行。因为沉积相分析总是在一个油田范围内进行的，若脱离大相控制，直接进行微相分析容易发生“串相”。必须首先清楚该区的岩相古地理背景，即了解储层所处的地层层序；储层处在沉积盆地哪一个沉积体系，是何种沉积环境下的产物；在垂向剖面上所处的位置；沉积物源方向及古坡降，沉积水动力条件，水介质条件；古气候条件以及古生物发育情况。

2)确定微相类型，建立微相模式

通过岩芯观察描述，进行岩芯相标志分析(岩石颜色、岩石类型及组合、碎屑结构、沉积构造、沉积韵律、单砂体厚度、孔隙度、渗透率等)，结合测井相分析，确定微相类型，并建立相应的微相模式，包括不同微相的空间组合模式，以及不同微相的测井相模式(曲线形态特征、梯形图或星形图模式等)。

在确定微相类型时，充分考虑微相级别的界定是相对的。如河流相中的河道(或河床)，在大型曲流河中一般作为亚相，其内可进一步分为点坝、滞留沉积等微相；而在分叉型河流中，河道又常作为微相(与天然堤、决口扇并列)，尽管河道内发育小型点坝。因此，在河流相储层的微相分析中，河道既作为亚相，又作为微相。这与河型有关，还与测井曲线的分辨能力及井网密度有关。当难以对河道内部进一步细分时，可将其作为微相处理。

2. 微相展布分析

在各井沉积相解释的基础上，对微相的侧向(剖面及平面)展布进行综合研究。

1)单井相解释

根据岩芯相标志和测井相模式，对研究区内所有井进行单井相解释。在进行单井解释时，由于测井曲线的局限性，有时无法识别某些微相，可合并一些微相，如在单井解释时，难以区分天然堤和决口扇，可合并为溢岸。

2)剖面相分析

在单井相解释的基础上，分别沿物源方向和垂直物源方向进行连井相剖面分析，以了解井间的微相变化。

3)平面相展布

以小层或单层为作图单元，研究沉积微相的平面分布。平面相分析一般要考虑以下几个方面：

①在标准井位图上标注每口井的微相编码或符号，尽量附上测井曲线。

②应用井点砂体厚度(如果可能，结合地震解释的砂体厚度)，进行初步的砂体厚度平面分布分析，以便为井间微相分析提供依据。

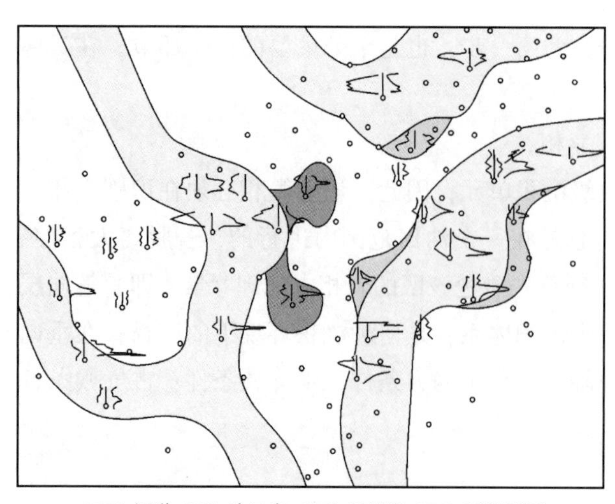

图2-15　某区块沉积微相平面分布图

③在已进行地震波形结构和(或)相干体分析的情况下，综合井点资料进行沉积微相分析。

④以微相模式为指导，综合多井及地震信息，进行单井相-剖面相-平面相的互动分析，编制沉积微相平面分布图(图2-15)。

⑤检验平面微相的地质合理性，研究平面微相分布与垂向微相演化的关系，通过不断完善，使微相展布符合沉积规律。

第三节 地震储层预测技术

一、地震反演方法

由地下地质信息得到地震信息的过程，称为地震正演；反过来，由地震信息得到地下地质信息的过程称为地震反演。

地震反射波法勘探的基础在于地下不同地层存在波阻抗差异，当地震波传播到有波阻抗差异的地层分界面时，会发生反射从而形成地震反射波。地震反射波等于反射系数与地震子波的褶积，而某界面的法向入射反射系数等于该界面上下介质的波阻抗差与波阻抗和之比。也就是说，如果已知地下地层的波阻抗分布，可以得到地震反射波的分布，即地震反射剖面。将由地层波阻抗剖面得到地震反射波剖面的过程称为地震波阻抗正演；反过来，由地震反射剖面也可以换算出地层波阻抗剖面，与地震波阻抗正演相对应，将由地震反射剖面得到地层波阻抗剖面的过程称为地震波阻抗反演。

从不同的角度和思路考虑，可将地震反演方法分为不同的类型，如表2－4所示。

表2－4 地震反演方法分类表

分类依据	反演类型	反演方法
反演使用的地震资料类型	叠前地震反演	AVO反演、遗传算法
	叠后地震反演	道积分、递推反演、测井约束反演等
反演利用的地震信息	地震旅行时反演	CT成像
	地震波振幅反演	AVO弹性反演、递推反演等
反演使用的方程	几何地震学反演	褶积方法
	物理地震学反演	波动方程反演
	地质统计学反演	神经网络，(协)克里金法
反演的地质结果	构造反演	CT成像，深度偏移
	波阻抗反演(声阻抗/弹性阻抗)	多数的反演方法
	储层参数反演	地质统计学反演、AVO反演
测井资料在反演中所起的作用	无井约束的地震直接反演	
	测井约束地震反演	
	测井－地震联合反演	
	地震控制下的测井内插外推	

续表

分类依据	反演类型	反演方法
反演实现方法	道积分反演	
	递推反演	积分运算，递推运算
	基于模型的反演	测井约束反演、岩性模拟等

上述关于地震反演的分类及方法互有交叉和重叠，这主要是由于考虑问题的出发点不同。例如，从反演使用的地震资料类型的角度考虑，AVO 反演属于叠前反演；从反演的地质结果考虑，AVO 属于储层参数反演。递推反演、测井约束反演等反演方法均为叠后反演方法，但从其实现角度考虑，递推反演方法采用的是递推算法，测井约束反演则属于基于模型的反演。有些方法如遗传算法，既可用于叠前反演，又可用于叠后反演。

随着地震反演技术的发展，新的计算方法和新的反演思路不断涌现，各种称谓的地震反演方法也会层出不尽，但归根结底，从地震资料的来源上看，地震反演可分为叠前反演和叠后反演两大类。

二、主要地震反演技术

1. 道积分反演方法

1）原理

道积分是利用迭后地震资料计算地层相对波阻抗（速度）的直接反演方法。因其是在地层波阻抗随深度连续可微条件下推导出来的，因而又称连续反演。

道积分就是对经过高分辨处理的地震记录，从上到下作积分，并消除其直流成分，最后得到一个积分地震道。众所周知，反射系数表达式为：

$$R=\frac{\rho_2\nu_2-\rho_1\nu_1}{\rho_2\nu_2+\rho_1\nu_1} \tag{2-1}$$

假设 $\rho_2\nu_2-\rho_1\nu_1=\Delta\rho\nu$，当波阻抗反差不大时，$\rho\nu$ 可近似为 $\rho_2\nu_2$ 与 $\rho_1\nu_1$ 的平均值。则有：

$$R\approx\frac{\Delta\rho\nu}{2\rho\nu} \tag{2-2}$$

因此，对反射系数积分，得：

$$\int R\mathrm{d}t\approx\frac{1}{2}\int\frac{\Delta\rho\nu}{\rho\nu}\mathrm{d}t=\frac{1}{2}\ln\rho\nu \tag{2-3}$$

上述公式中，R 为反射系数，ρ 和 ν 分别为岩石密度和岩石波速，所以反射系数的积分正比于波阻抗 $\rho\nu$ 的自然对数，这是一种简单的相对波阻抗概念。当然，有条件作绝对波阻抗更好，但相对来说，时间和精力要花费更多。

2）适用条件及优缺点

与绝对波阻抗反演相比，积分地震道的优点是：①递推时累计误差小。②计算简单，不需要反射系数的标定。③无须钻井控制，在勘探初期即可推广使用。缺点是：①由于这种方法受地震固有频宽的限制，分辨率低，无法适应薄层解释的需要。②要求地震记录经过子波零相位化处理。③无法求得地层的绝对波阻抗和绝对速度，不能用于定量计算储层参数。④这种方法在处理过程中不能用地质或测井资料对其进行约束控制，因而其结果比较粗略。如图2－16所示，在纵向上2700～2800ms内只有三个轴（包括波谷），与原始地震反射剖面的分辨率相当。

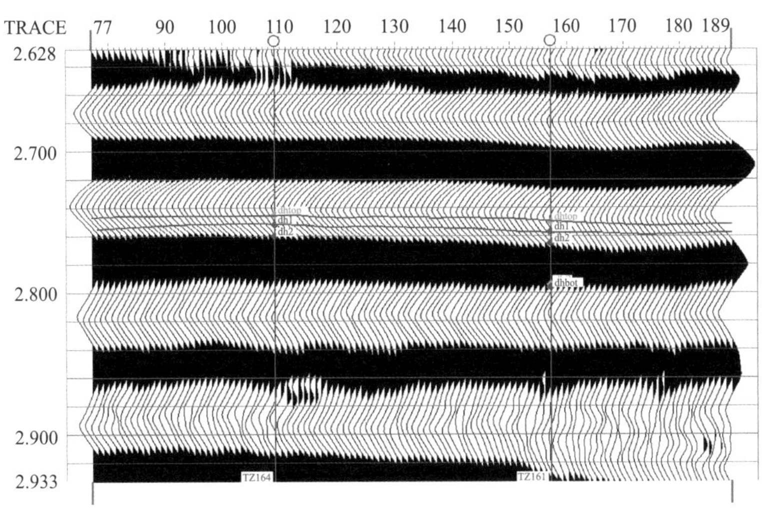

图2－16　联井测线道积分剖面

2. 递推反演方法

1）原理

递推方法是根据反射系数递推计算地层波阻抗或层速度的方法，其关键在于由原始地震记录估算反射系数和波阻抗，测井资料不直接参与反演，只起到标定和质量控制的作用，因此又称为直接反演。

如前所述，地震记录为反射系数和子波的褶积，通过反褶积处理，得到地层的反射系数。地层的反射系数和波阻抗之间存在如下关系：

$$R_i = \frac{\rho_{i+1}V_{i+1} - \rho_i V_i}{\rho_{i+1}V_{i+1} + \rho_i V_i} = \frac{Z_{i+1} - Z_i}{Z_{i+1} + Z_i} \tag{2-4}$$

式中，R_i 为界面反射系数；ρ_{i+1} 和 ρ_i 为界面两侧介质的密度，g/m³；V_{i+1} 和 V_i 为界面两侧介质的速度，m/s；Z_{i+1} 和 Z_i 为界面两侧介质的波阻抗，kg/s · m²。由上式可以得到：

$$Z_{i+1} = Z_i \frac{1 + R_i}{1 - R_i} \tag{2-5}$$

这样即可由递推的方法通过反射系数计算出地层各层的波阻抗（或层速度）：

$$Z_{i+1} = Z_0 \prod_{j=1}^{i} \frac{1 + R_j}{1 - R_j} \tag{2-6}$$

式中，Z_0 为初始波阻抗，kg/s · m²；Z_{i+1} 为第 $i+1$ 层地层波阻抗，kg/s · m²。

利用式（2－6），可以从声波时差曲线及密度曲线上（没有密度测井时可利用Gardnar公式，$\rho = 0.31V^{0.25}$ 换算）选择标准层波阻抗作为基准波阻抗，将反褶积得到的反射系数转

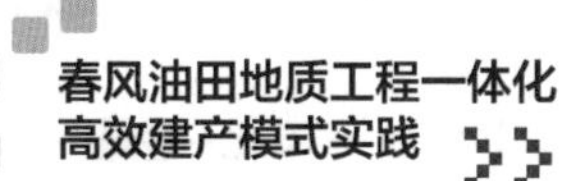

换为波阻抗。

递推反演是对地震资料的处理过程，其结果的分辨率、信噪比以及可靠程度主要依赖于地震资料本身的品质，因此用于反演的地震资料应具有较宽的频带、较低的噪声、相对振幅保持和准确成像。测井资料，尤其是声波测井和密度测井资料，是储层地震预测的对比标准和解释依据，在反演处理之前应仔细校正，使其能够正确反映岩层的物理特征。

2)主要方法

递推反演的技术核心在于由地震资料正确估算地层反射系数(或消除地震子波的影响)，比较典型的实现方法有基于地层反褶积方法、稀疏脉冲反演、测井控制地震反演、频域反褶积等。

地层反褶积方法是根据已有测井资料(声波和密度)与井旁地震记录，利用最小平方法估算数学意义上的最佳子波或反射系数。这种方法的优点是把子波求解的欠定问题变成了确定问题，在井点已有测井段范围内可获得与测井最吻合的反演结果。局限性主要有：①完全忽略了测井误差和地震噪声，这些因素尤其是前者的客观存在使子波确定更加困难；②地层反褶积因子的估算是在计算时窗内数学意义上的最佳逼近，实际处理范围与该时窗的不同已超出了该方法的适用范围，即便是在井点位置，得到的反演结果已不可能是误差最小。不难看出，影响基于地层反褶积递推反演效果的主要因素是测井资料的质量和地震资料的信噪比以及地震噪声的一致性。

稀疏脉冲反演是基于稀疏脉冲反褶积基础上的递推反演方法，主要包括最大似然反褶积，L1 模反褶积和最小熵反褶积。这类方法针对地震记录的欠定问题，提出了地层反射系数为一系列迭加高斯背景上的强轴的基本假设，在此条件下以不同方法估算地下强反射系数和地震子波。这种方法的优点是无须钻井资料，直接由地震记录计算反射系数，实现递推反演，其缺陷在于很难得到与测井曲线相吻合的最终结果。

基于频域反褶积与相位校正的递推反演方法，从方法实现上回避了计算子波或反射系数的欠定问题，以井旁反演结果与实际测井曲线的吻合程度作为参数优选的基本判据，从而保证了反演资料的可信度及可解释性，是递推反演的主导技术，其主要技术关键有：恢复地层反射系数振幅谱的频域反褶积，使井旁反演道达到与测井最佳吻合的相位校正以及反映地层波阻抗变化趋势的低频模型技术。

3)适用条件及优缺点

递推反演方法具有较宽的应用领域。在勘探初期只有很少钻井的条件下，通过反演资料进行岩相分析确定地层的沉积体系，根据钻井揭示的储集层特征进行横向预测，确定评价井位。开发前期，在储集层较厚的条件下，递推反演资料可为地质建模提供较可靠的构造、厚度和物性信息，以优化方案设计。在油藏监测阶段，通过时延地震反演速度差异分析，可帮助确定储集层压力、物性的空间变化，进而推断油气前缘。由于受地震频带宽度的限制，递推反演资料的分辨率较低，不能满足薄储集层研究的需要。

基于地震资料直接转换的递推反演方法较完整地保留了地震反射的基本特征(断层、产状)，不存在基于模型方法的多解性问题，能够明显地反映岩相、岩性的空间变化，在岩性相对稳定的条件下，能较好地反映储集层的物性变化。缺点是算法相对复杂，而且在具体实现过程中存在着一些困难。

(1)反射剖面的极性问题：地震反射波的极性是正还是负直接影响到反演波阻抗后速度变高还是变低，根据 SEG 标准规定反射剖面应为负极性，但是，由于野外采集的因素、子波的混合相位因素、处理的因素等，会使反射剖面的极性发生变化。

(2)标定问题：地震反演中对反射系数的标定，通常是根据井中反射系数标定反褶积后的振幅值。但是，求波阻抗是一个积分的过程，反褶积后的地震道振幅实际上还不是反射系数，而是相当于反射系数再褶积一个剩余子波。这个剩余子波一般在浅层主频高，深层主频低。频率低的波积分后数值偏大，会使深层产生偏大的波阻抗值。因此标定时，除考虑时变的振幅因素外，还要考虑时变的主频变化。

(3)低频分量的补偿问题：在有井的情况下，以井为控制，能够得到该点的低频分量，但是井与井之间低频分量的内插又是一个难题，简单的线性内插只有在地层等厚且产状平缓时才行。即使利用地层产状起伏控制内插，还有高低频带的衔接问题。因为低频成分一定要与子波的谱互补。在无井区，波阻抗反演往往要从叠加速度谱中提取低频分量，又存在着速度谱的质量和分辨率问题，这些问题解决得好坏直接影响着地震反演结果的可靠性。

3. 基于模型的反演方法

1)原理

基于模型的反演方法的基本思路是：先建立一个初始地层波阻抗模型，然后由此模型进行地震正演，求得合成地震记录，将合成地震记录与实际地震记录相比较，根据比较结果，修改地下波阻抗模型的速度、密度、深度及子波，再正演求取合成地震记录，与实际地震记录比较后，继续修改波阻抗模型，如此多次反复，从而不断地通过迭代修改，直至合成地震记录与实际地震记录最接近，最终得到地下的波阻抗模型。

模型反演的优点是反演结果的分辨率较高，缺点在于模型对反演结果起着控制作用，关键在于如何构建合理的地质模型。

2)主要方法

基于模型的反演方法主要有测井约束反演、地震岩性模拟、广义线性反演、多道反演、地质统计学反演、波阻抗多尺度反演、遗传算法反演、混沌反演等。

(1)测井约束反演。

测井约束反演是目前广泛采用的基于模型的地震反演方法，该方法把地震和测井有机地结合起来，突破了传统意义上的地震分辨率的限制，理论上可以得到与测井资料相同的分辨率，是多井的勘探后期和油田开发阶段精细描述的关键技术。其基本思想：综合地震横向可对比性和测井纵向高分辨率的优势，建立初始地质模型，采用迭代的计算方法，通过不断修改地质模型，使模型正演合成地震数据与实际地震数据的误差达到最小，最终的模型数据即为反演结果。其技术流程如图 2－17 所示。

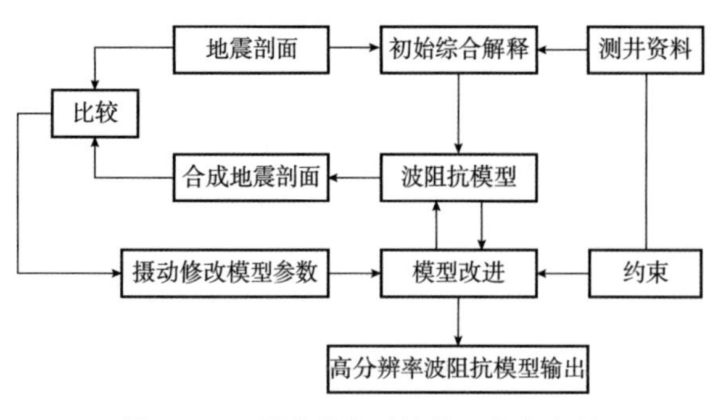

图 2－17　测井约束反演处理技术流程

测井约束地震反演结果较低，高频信息来源于测井资料，构造特征及中频段取决于地震数据。多解性是测井约束地震反演的固有特性，减小多解性的关键在于正确建立初始模型。测井约束地震反演结果的精度不仅依赖于研究目标的地质特征、钻井数量、井位分布以及地震资料的分辨率和信噪比，还取决于处理工作的精细程度，如测井资料的环境校正、层位的精细标定、子波提取等。

地震资料在基于模型反演中主要起两方面的作用：一是提供层位和断层信息指导测井资料的内插外推建立初始模型，二是约束地震有效频带的地质模型向正确的方向收敛。地震资料分辨率越高，层位解释越细，初始模型越接近实际情况，有效控制频带范围越大，多解区域相应减少。因此提高地震资料自身分辨率是减小多解性的重要途径。在基于模型地震反演方法中，不适当的强调以下两个概念容易给人造成误解。一是强调分辨率高，因为这种方法本身以模型为起点和终点，理论上与测井分辨率相同，问题的实质在于怎么更好地减少多解性。二是强调实际测井与井旁反演结果最相似。建立初始模型过程的第一步就是测井资料校正，使合成记录与井旁道最佳吻合，用校正后的测井资料制作模型，实际运算中对井附近模型不可能有大的修改，因此这种对比并无实际意义，很容易误导。

(2)地震岩性模拟。

西方地球物理公司的 SLIM(地震岩性模拟)程序也可以把地震剖面反演成很详细的波阻抗剖面。将模型正演的结果与实际地震记录进行比较，然后根据比较结果，反复修改地下波阻抗模型的速度、密度及深度数值(同时也修改子波)，从而不断地通过迭代修改，找到一个详细的地下波阻抗模型。

该方法避免了一般反褶积方法对子波的最小相位假设，也不需假设反射系数是白噪，这是其优点。并且，该方法还可以使随机干扰不参与反演。这是因为该方法要求在一条剖面上选择少数“控制道”。迭代修改厚度、速度、密度及子波等参数，只在这些“控制道”上进行。有了“控制道”参数之后，模型就在这些“控制道”之间作内插，再用内插结果进行正演。这样一方面加快了运算速度；另一方面更重要的是：程序并不要求每一个道都与正演结果完全吻合，而只要求整个段上的正演结果与实际地震叠偏资料数据的均方误差最小(或绝对值误差最小)。最终的正演结果减去叠偏剖面所得到的仅仅是一些随机噪声。如果采用 lms 采样率，增加迭代次数，可以分辨出 2m 的砂层。也只是一种可能的解答，不一定真实。

(3)广义线性反演。

广义线性反演(Generalized Linear Inversion，GLI)，是另一种建立在模型基础上的反演技术。也是通过模型正演与实际地震剖面进行比较，根据误差的情况，在最小二乘意义上，或者在误差绝对值之和最小的意义上，最佳地逼近实际数据。从而迭代反复修改模型，直到满意为止。该算法将模型看作一个线性系统，其反演问题归结为求解一组线性联立方程组(例如用矩阵表示的误差方程组)。由于观测数据一般多于模型参数数目，因此方程组是超定的。广义线性反演即通过奇异值分解的算法对超定方程组进行求解。

(4)多道反演。

多道反演包括无井多道反演和有井多道反演。

①无井多道反演。

无井多道反演的实现步骤：a. 采用频域归一化滤波算子将中、低频分量相加，形成无井多道反演的初始模型；b. 采用常规最小平方法提取最小相位子波，求出子波，然后转换成零相位子波；c. 对数据拟合质量差的剖面进行信噪分离或做压制噪声处理。无井多道反演方法的每一次迭代都需要从残差剖面中提取规则信号。由于利用了多道信息，因此能有效去除或减少噪声对反演结果的不良影响，改善反演的稳定性，提高解的精度。

②有井多道反演。

在无井多道反演的基础上，结合已知井的资料建立初始模型和提取子波，将多道反演的思路应用于宽带约束反演，便是有井多道反演方法的基本思想。该方法保持了宽带高分辨率的特点，与测井的吻合性也较好，可以较好地压制随机噪声，但对规则噪声不适用。另外，在断层或复杂构造处，是否应该适当地减少多道统计的道数，还有待进一步研究。

(5)地质统计学反演。

利用地质统计学反演技术，在地质和地层模型中对一个三维地震数据集进行转换，得到一些储层尺度的波阻抗数据体，并且通过这些三维数据体进行统计学计算，以量化其不确定性。把这些统计量与储层参数的克里金插值相结合，利用测井资料可以把波阻抗转换为储层参数，这一结合过程类似于对波阻抗进行克里金运算。

地质统计学反演首先在地震时间域内建立储层的地质模型，层面由拾取的地震层位决定，地层网格的结构(上超、剥蚀或成比例)取决于地质情况，并将井位处的原始波阻抗曲线放置于地层网格内。利用井和地震数据确定地质统计学参数，然后开始地质统计反演过程。模拟过程沿一个随机路径进行，并且在每一个随机拉伸道位置，通过序贯高斯模拟产生波阻抗值，并计算出相应的反射系数。反射系数与子波褶积后，与实际地震资料拟合最好的波阻抗道得以保留，并且与井数据及以前的模拟波阻抗道合并。

地质统计学反演技术综合利用地震资料、地质知识和测井资料，通过高斯模拟、高斯协模拟和随机反演技术反演出各种储层参数，这一技术适用于各类复杂储层的地震预测和描述，尤其是钻井资料较多、需要进行精细储层描述的地区。这一技术由于应用了地质统计概念，预测结果更加符合实际情况。但是由于反演技术所涉及的算法运算量大、速度太慢，影响了这一技术的大面积推广应用。

(6)波阻抗多尺度反演。

波阻抗多尺度反演是近几年才提出的一种加快收敛速度、克服局部极值影响、搜索全局最小点的反演策略。采用小波变换，把目标函数分成不同尺度的分量，根据不同尺度上目标函数的特征逐步搜索全局最小点。一般情况下，大尺度(或低波数)上，目标函数极值点较少，且分得开，用通常的线性化方法很容易搜索到该尺度。在相对较小尺度(稍大波数)上，目标函数极值点多，直接寻找全局极值点较困难。但是，如果以大尺度上搜索到的总体背景上的“全局极小点”为起始点，则能容易地在其附近搜索到对应尺度(中等尺度)上的“全局极小点”。依此方法，逐步缩小尺度，调整“全局极小点”。最终，当尺度降至目标函数的原始尺度时，对应搜索出的“全局极小点”就是目标函数的全局最小点。

这种做法的优点是，在大尺度(或低波数)上，反演稳定，反演结果不受选定的初始点影响，从而能避免其后的反演落入错误的领域，并且收敛速度加快。多尺度反演方法较常规线性反演能跳出局部极小点，收敛到“全局极小点”。并且，在相同的状态下，多尺度反演方法收敛速度较快，理想情况下比广义线性反演方法约快2倍。实际结果表明，多尺度反演方法能稳定地给出可信的波阻抗反演值，能够较准确地反映地下岩层的物性特征。但是该方法也有一定的缺点，在对目标函数由大到小的多尺度分解过程中，总是假定上一尺度(较大尺度)的迭代终止点即是下一尺度的“全局极小点”。这种假设直觉上是可行的，但是无法严格保证，因此，多尺度反演方法在极端复杂的情况下有可能得不到理想的结果。

(7)遗传算法反演。

遗传算法是一种统计优化方法，采用了类似于自然界生物演化的技术。由模型参数的先验信息和正演问题的物理特性计算合成数据，然后将合成数据与观测资料进行匹配，获得模型空间内的边缘后验概率密度函数的近似估计。遗传算法把定向搜索与随机搜索相结合，显著提高了空间搜索的效率。遗传算法是求解非线性优化问题的全局极小的一种具有特色的方法。遗传算法既可用于叠前资料(例如进行叠前波形反演)，也可用于叠后资料。但是，目前用遗传算法作反演的计算成本太高。实际上，为了加快计算，不仅要改进反演技巧和传代的控制技术，还要大幅提高正演计算的速度，因为对遗传算法大量的计算花费在正演合成上。

(8)混沌反演。

严格说来，地震反演问题属于非线性问题，非线性问题的特征之一即为混沌。混沌是指非线性系统演化的一种不确定和无规则状态。混沌运动的特征包括：①不可预测性，即初始条件的微小差别将导致最终结果的迥然不同；②整体行为的有规律性；③形式的周期性，即混沌状态的发生有时会重复，但这种重复是不确定的。这些规律总称为混沌理论。介质的非均匀性是造成反问题非线性的主要原因，因为均匀介质中小扰动的反演可以化为线性问题求解，分维是处理非均质的一种方法，因此与非线性科学有密切的关系。在迭代过程中，首先计算波阻抗输出的分维数，然后求相邻两次迭代分维数的相对变化。分维数对迭代的阶段性也比较敏感，同时用井旁道声波测井结果的分维数作为停止迭代的准则，即在输出波阻抗的分维数等于测井分维数时即可停止迭代。杨文采等经研究证明，非线性反演远比线性反演遵循与混沌理论相似的规律。如果不考虑计算成本，非线性反演可以获得分辨率更高的波阻抗反演结果，在油气储层综合解释中会具有更好的应用前景。

4. 波动方程反演

波动方程(Born)反演是反演方法之一，是在小扰动的假设下将波动方程线性化，并将全波场分成背景场和散射场两部分，相应地将地下介质参数看成缓慢变化的低频背景和小幅度的高频扰动两部分。由 Born 近似的线性假设建立散射场(一次反射波场)与介质参数扰动的关系，再由射线追踪求解格林函数，从而得到散射场与介质参数扰动的解析表达式。由地震记录(散射场)就可以直接求取地下介质参数的变化情况(通常以反射系数表示)。并可由反射系数进一步计算波阻抗或速度场。1981 年，Clayton 介绍了利用声波反射数据的 Born 反演方法。这种方法不受维数、道集形式、叠前或叠后的影响，特别适合叠前数据和积分算法。

5. 人工神经网络反演

人工神经网络(ANN)是 20 世纪 80 年代迅速发展起来的一门非线性科学。神经网络技术在地震反演中的应用，是通过建立地震资料特征和储层参数特征之间的关系实现的。也就是说，将地震特征输入，通过神经网络的学习，建立地震特征参数和储层参数之间的函数关系，从而实现储层参数的反演。神经网络具有很强的自适应能力、学习能力和容错能力。神经网络本身有大量可调参数，具有高度的灵活性和高速并行的运算能力。但也存在几个难题：第一，在神经网络进行学习的过程中，如何最佳选取学习因子和动量因子，使之有明确的数学表达式；第二，神经网络是非线性问题的求解，寻优方法采用最陡下降法，收敛过程常存在局域极值问题；第三，如何确定理想输出与隐层数及各隐层结点数之间的关系，一直是该方法在实际应用中的一个难题。

三、叠后地震反演存在的问题、对地震资料的要求及技术关键

1. 叠后地震反演存在的问题

近 20 年来地震反演技术获得了长足的进展，新方法和新软件不断涌现。然而，波阻抗反演技术在实际应用中，往往难以获得较高的精度和可靠性。这主要是因为波阻抗反演实施中存在着许多问题。了解这些可能存在的问题及解决问题的思路，对做好地震储层预测工作具有重要的意义。叠后地震反演存在的问题主要表现在以下几个方面。

1)噪声干扰

在前文讨论的地震反演的理论基础——褶积模型公式中没有考虑噪声的影响，而实际资料是存在噪声干扰的。噪声的存在会对子波提取、反褶积及波阻抗递推产生一系列影响。当然，剖面中信噪比越高，噪声的影响越小，反之亦然。因此，在地震反演前应检查地震资料的质量，尽可能使用信噪比高的资料。

2)假设条件难以满足

反射系数递推公式，是在平面波入射、反射界面水平、介质内部为各向同性和垂直入射条件下的反射系数表达式。在实际应用中，这些条件都难以满足。实际的地震波为球面波，地层界面常常倾斜，岩层或储层内存在不同程度的各向异性。实际的地震道为一定炮检距范围内共中心点道集的叠加，并非真正的零炮检距反射时间记录。这都与假设前提不符，因此会造成波阻抗反演的误差。在地层倾角较大的地区，应尽可能地做弹性反演。如果没有条件做弹性反演，只能做叠后反演，则在对反演结果解释时应考虑到可能存在的陷阱。

3）子波提取

子波提取方法不同，会导致反演结果的不同。波阻抗反演中最常用的子波提取方法有两种：一是井旁道提取方法；二是多道统计方法。对于井旁道提取方法，存在测井资料的环境校正、声波测井资料的深时转换、截断误差、地震道噪声等对子波的影响问题；而对于多道统计方法，同样存在地震道噪声、子波相位确定不准等问题。同时，提取的子波不能兼顾地震道从浅到深频率和相位的变化。这些都会造成反射系数求取的错误，进一步导致波阻抗反演的错误和岩性反演与解释的错误。

4）测井资料深时转换

声波测井资料在从深度域转换到时间域时，由于采样间隔的限制或储层太薄，将会漏掉薄层信息。这种薄层信息漏掉后，会导致人工合成地震记录与实际地震道不匹配，井旁道提取的子波不准确，低频分量构建不准。

5）低频分量的求取

利用反射系数序列求取波阻抗，只能获得相对波阻抗剖面。还需要加上低频分量，才能获得绝对波阻抗信息。而低频分量的求取，不容易把握准确。在整个剖面只有一口井时，低频分量可以从井点推向整个剖面。此时，距井点越近，低频分量越可靠，反演出的波阻抗也越准确。而距井点越远，低频分量也越不可靠。尤其在构造复杂或岩性横向变化较大时，低频分量的横向递推就更难以把握。当剖面或工区有两口或多口井时，一方面利用每一口井都可以提取一个子波，提取的子波不统一；另一方面，低频分量横向的外推如何去利用多口井的信息，一口井应当控制多大范围，两口井低频分量的衔接处如何去拼接等，均需要考虑，需要结合具体的地质情况选用合适的方法。即使是采用广义线性反演方法求解褶积模型，低频分量的求取也是反演至关重要的因素。低频分量可以作为广义线性反演的初值，这个初值选择得好，迭代反演收敛得就快，反之迭代反演的速度就慢，甚至结果会发散。

6）约束条件

对于反问题的求解，目前已经发展了许多的方法。无论哪种方法，对于含噪声的褶积模型，没有约束条件的限制，都会得到多个极值点，难以计算出正确的结果。而约束条件怎样建立和应用，同样存在很多问题。约束条件范围越宽，反演的多解性越强，运算速度越慢。约束条件限制的范围小，反演结果又过分依赖约束条件。一般来说，距井点越近，约束条件构建得越可靠，反演结果也较准确。距井点越远，约束条件构建也越不准确，反演结果的可信度也越低。

7）振幅、频率保真

地震道反演的成败，主要依赖于地震资料处理过程中频率和振幅的保真程度。地震资料采集和处理的许多环节，都可能造成地震资料频率和振幅的损失。比如采集时的检波器耦合、组合检波，处理时的静校正、动校正、去噪、叠加、DMO、偏移等环节，目前还很难做到频率和振幅的真正保真处理。但是，保真处理是确保反演正确可靠的首要因素。此外，还有一些反演方法，不采用褶积模型，仅仅利用地震道的相似性从井点外推测井曲线，或采用地震属性信息、解释层位等地震信息控制，进行测井曲线的内插外推。这些方法可以较常规地震反演获得更高的分辨率，但从某种意义上说，这是一种地质上的小层对比或油藏剖面的制作，是一种猜测、一种艺术创作，而不是具有可靠物理意义的地震反演。这种测井曲线的内插外推，在储集层较厚和岩性横向变化不大时，与实际结果吻合较好。而在储集层为薄互层和复杂构造情况下，很难获得好的结果。这种测井曲线的内插外推，同样在远离井点处可靠性很差。在有多口井控制的情况下，每口井控制多大范围，两井控制范围的衔接处如何拼接等，都存在着多种不确定性因素。因此，这种内插外推的可靠性是难以预料的。从频率域来看，将地震道转换成为波阻抗的过程，是将有限频带的地震道信息拓宽的过程。因为只有单位脉冲函数具有无限的频宽，只有单位脉冲函数才具有最高的分辨率。在对地震信号拓宽的过程中，有限频带以外拓宽的低频和高频信息，都具有非唯一性，因此造成反演后波阻抗的多解性。当然，造成反演多解性的原因还包括处理中没有去除干净的噪声和岩性本身的多解性。不同的地震反演方法可以得到不同的反演结果。同一地震反演方法或软件，不同的人员使用或处理时选择不同的参数，也会导致不同的反演结果。

这些问题会导致反演结果中的陷阱或假象，造成解释人员对储层的错误预测结果。因此，要做好常规的波阻抗反演，需要在改进上述的影响因素中下功夫。一方面需要在采集和处理中，对振幅和频率信息尽可能保真；另一方面，还需要从子波提取、反褶积、低频分量求取、约束条件、井资料的校正和深时转换及反演的算法、计算速度等方面加以改进。

2. 反演对地震资料的要求

地震反演主要利用地震资料的振幅、波形、旅行时等特征，地震资料的质量直接影响地震反演结果的精度和可靠程度。一般要求用于反演的地震资料是经过高信噪比、高分辨率和高保真度处理的纯波保幅数据。资料的分辨率越高，越有利于层位的精细解释和建立可靠的反演模型；资料的信噪比和保真度越高，反演的结果越能反映地层的真实情况。

提高信噪比的处理可以在叠前和叠后两个环节进行，叠前处理主要是衰减面波等各种规则干扰波等，叠后处理主要是压制随机噪声。提高分辨率的地震处理技术主要包括叠前去噪、地表一致性处理、反褶积、高精度静校正和速度分析等。振幅保真处理是高精度三维资料处理中的重要环节，主要包括时间和空间两个方面的补偿技术，如球面扩散补偿、吸收衰减补偿、地表一致性振幅补偿等，以求最大限度地消除非地质因素对地震波振幅的影响。关于处理的详细描述请参考第十章的有关章节。

3. 地震反演的技术关键

1) 基于递推的反演

(1) 反射系数提取。

递推反演技术的核心在于地层反射系数的正确估算。地震波的频带是一个低而窄的频带，反映了大的沉积旋回和较厚的地层。而地层反射系数的频谱非常宽，这反映了地层旋回的复杂性，并且频率越高，频谱的振幅越大，说明地层是由薄互层组成的。递推反演主要是通过反褶积的方法，如频域反褶积、L1 模反褶积、最大似然反褶积、最小熵反褶积等，使地震的频带展宽尽量向地层反射系数的频带看齐。但是受采集、处理等因素的影响，地震频谱的高频端多为噪声，并不完全反映反射系数的高频成分，因此在向高频方向扩展时要特别注意信噪比的问题，应根据地震剖面的信噪比确定频谱的展宽程度。当剖面信噪比不高时，一味地抬升高频可能导致突出高频噪声。

(2)低频模型的建立。

由于地震采集系统的限制，地震直接反演结果中不包含 10Hz 以下的低频分量。不管反演结果为波阻抗还是速度，得到的都是相对波阻抗或相对速度。相对信息反映的只是地质属性的相对变化趋势，要想获得地层的绝对信息，必须在相对信息中加入低频趋势。在建立低频模型时，必须考虑其地质合理性，并以地震层位作为约束。低频信息的引入通常有三种方法：①根据地震资料缺失的低频段设计滤波器，对声波测井曲线进行低通滤波。②地震速度分析，即根据速度谱资料，通过层速度转换，建立地层的低频速度场。但受地震固有特性的影响，该方法的分辨率较低，而且越往深层，速度误差越大。在无井标定时，这种转换方法的精度和分层能力都较差。因此，采用这种方法建立低频速度场时，最好用已知钻井的层速度对其进行标定，提高地震速度在纵向上的可靠性和准确程度。③通过地质模型建立低频信息，考虑工区内的构造形态、沉积模式等地质特征，尽量选择构造平缓的方向构建低频分量。

考虑到钻井的稀疏性、地质模型的主观性和地震速度的粗略性，通常采用三者结合的方法建立低频模型。在建立低频模型时，要注意几个问题：①地震层位的精细解释，低频模型在横向上应具有相似性和稳定性，因此低频信息应顺层递推，层位解释越精细，低频模型构造的准确度就越高；②已知钻井的层速度对地震速度场的平面标定；③低频模型的检验，通过模型正演的方法，制作合成地震剖面，与实际地震记录的大套反射特征进行对比，验证低频模型的可靠性。

(3)相位校正。

由于激发条件、采集条件、大地传播系统以及处理参数的影响，地震子波的相位角非常复杂，往往不是零相位子波，导致地震道也不是零相位的记录道。相位校正的目的就是使地震道变成零相位记录道，使之能够与测井曲线相匹配。具体做法是首先对声波测井曲线按照地震频带进行带通滤波，然后对井旁地震道从 0°到 360°，按照一定的相位角间隔进行相位扫描，并将每次扫描后的结果与经过滤波的声波测井曲线进行对比，看哪一个相位角的地震道与测井曲线相似，就用这个相位角设计进行相位滤波器，对所有地震道进行滤波，这样就消除了子波非零相位的影响，达到地震记录与测井曲线匹配的目的。

(4)井－震幅值匹配。

由于采用不同的观测系统和采集、处理方式，测井曲线和地震记录的振幅值处于不同的数量级，反演的相对结果与低频模型相加时，容易使小幅值淹没在大幅值之中。通过幅值匹配过程(一个比较简便的做法是使地震道振幅样点的均方根值与测井曲线样点的均方根值相等)，使地震和测井的幅值处于相同的测量尺度，从而使测井数据和地震数据能够以相似的权重参与地层绝对波阻抗或绝对速度的恢复。

2)基于模型的反演

(1)储层的精确标定及解释。

储层标定是联系地震与测井的直接途径，标定的结果直接影响对层位追踪的准确性和反演的效果。层位标定主要包括两个方面：一是全区可对比追踪的标志性层位的标定，直接决定了反演模型框架结构的准确性；二是小层或岩性体的标定，直接影响储层属性反演细节的准确程度。在制作合成地震记录进行层位标定时，要特别注意子波提取和极性判断的问题。目前主要的标定方法有三种，即平均速度曲线(深时转换尺)法、合成地震记录拟合标定法及垂直剖面法(VSP)标定等。

地震层位是建立初始模型的基础，初始模型的横向分辨率取决于地震层位解释的精细程度。在解释过程中，应充分利用纵测线、横测线、联井测线、水平时间切片、相干体数据等各种资料和三维可视化等研究手段，分析工区的构造特征，包括界面产状的起伏变化、地层厚度变化、地层接触关系、断裂系统等，检查层位和断层解释的合理性，包括层位是否闭合、断层组合是否合理、层位接触关系是否符合地质规律等。

(2)子波提取。

地震子波提取是基于模型反演中的关键因素。叠后地震子波提取常用两种方法。一是根据已有测井资料与井旁地震记录用最小平方法求解子波，这是一种确定性的方法，理论上可以得到精确的结果，但这种方法受地震噪声和测井误差的双重影响，尤其是声波测井不准而引起的速度误差会导致子波振幅畸变和相位谱扭曲。同时，方法本身对地震噪声以及估算时窗长度的变化非常敏感，使子波估算结果的稳定性变差。二是多道地震统计法，也是目前比较实用、有效的方法。用多道记录自相关统计的方法提取子波振幅谱信息，进而求取零相位、最小相位或常相位子波，用这种方法求取的子波，合成记录与实际记录频带一致，与实际地震记录波组对应关系良好。

在常规地震资料处理中，地震子波具有时变、空变性是一个客观事实，地震子波的求取通常要考虑其时空变性。同样反演过程中的地震子波也具有时变、空变性。

(3)初始模型的建立。

建立尽可能接近实际地层情况的波阻抗模型，是减少其最终结果多解性的根本途径。测井资料在纵向上详细揭示了岩层的波阻抗变化细节，地震资料则连续记录了波阻抗界面的深度变化，二者的结合，为精确地建立空间波阻抗模型提供了必要的条件。建立波阻抗模型的过程实际上就是把地震界面信息与测井波阻抗正确结合起来的过程，对地震而言，即是正确解释起控制作用的波阻抗界面；对测井来说，即是为波阻抗界面间的地层赋予合适的波阻抗信息。初始模型的横向分辨率取决于地震层位解释的精细程度，纵向分辨率受地震采样率的限制，为了较多地保留测井的高频信息，反映薄层的变化细节，通常要对地震数据进行加密采样。

①井旁初始波阻抗建立。

首先通过井旁地震道与合成记录的相关对测井曲线进行纵向上的拉伸和压缩，当相关系数达到一定标准时，就可以获得井的初始波阻抗曲线。

②构造框架模型的建立。

一般利用地震解释的层位和断层(正、逆)或层序场控制模型的产状。首先根据地震标准反射层(一般选取不整合界面)的解释成果建立宏观模型，再在宏观模型的框架内建立微观模型，微观模型的建立有三种方式，即与顶层平行、与底层平行、等距离内插。图 2 - 18(a)为宏观模型，图 2 - 18(b)为微观模型，微观模型按照第一层与顶层平行，第二层等距离内插，第三层与底层平行的方式分别建立。

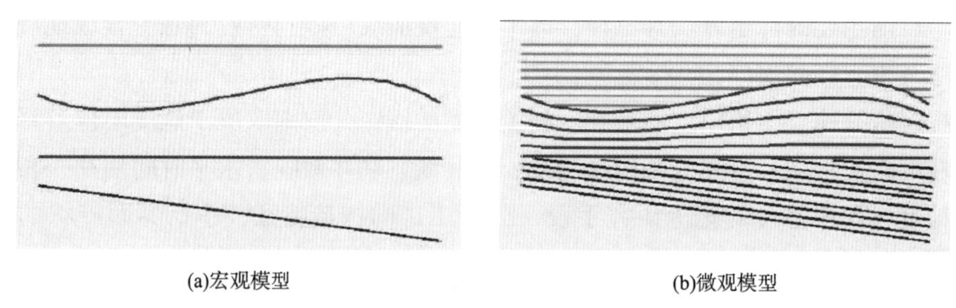
(a)宏观模型　　(b)微观模型

图 2 - 18　构造框架模型的对比

在地震层位解释时，反演层段内的不整合面应该尽可能地解释出来。如果勘探初期做反演，反演的层段较厚，没能解释出所有的不整合面，可以由地震资料按 inline 和 crossline 的方向计算每一个样点倾角，进而得到倾角体，再通过倾角体求取层序场，可单独使用层序场或结合地质解释层位制作低频模型。

(4)初始波阻抗模型的构建。

在构造框架模型和层序场的控制下，对井点处波阻抗进行内插外推，建立初始波阻抗模型。插值方法包括反距离开方、反距离平方、克里金、三角内插及用户定义等。

例 1：用层序场控制建立初始模型

图 2 - 18(a)地震剖面上解释有四个层位，图 2 - 18(b)是在四个层位和层序场控制下的通过测井曲线建立的低频模型，与图 2 - 18(a)地震剖面相比较可以明显地看出，在层序场控制下建立的低频模型比仅用四个层位控制建立的模型合理得多。

例 2：通过古构造的恢复建造初始模型

实现过程：从建立的地质框架表(定义单一层与其他层的接触关系，包括整合、断层、上超、底超、削截、礁体及河道)出发，通过恢复被剥蚀层位、拉平地质层位、井间插值恢复现今构造形态。

图 2 - 19 为构造恢复的一个流程示意图。上半部分表示根据地质模型的一个层位，恢复被剥蚀掉的地层，进而通过层拉平，恢复扭曲地层。下半部分则是其逆过程。

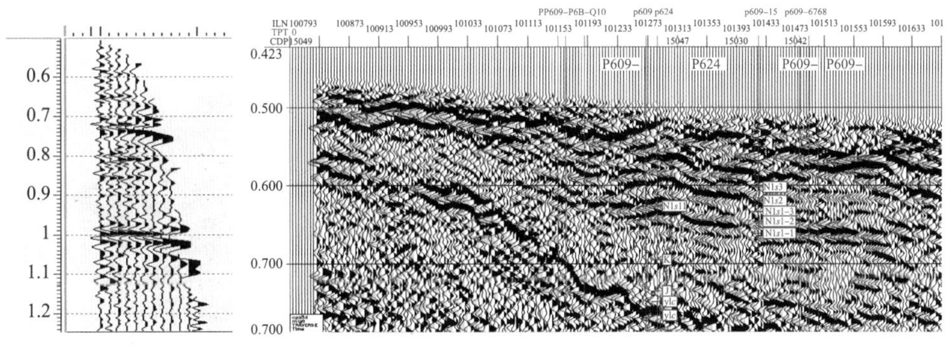

图 2-19　春风油田浅层地震反射特征

第四节　地震地质一体化储层精细描述技术

传统的精细储层描述与地震储层预测技术更广泛地应用于地震资料品质较好、分辨率高、地震响应特征明显的储层，在新疆准噶尔盆地中深层取得了较好效果，如春风油田排10西块，该区块位于准噶尔盆地西部隆起车排子凸起的西部、南部紧邻四棵树凹陷，油藏埋深1630~1870m，前期对沉积体系、构造特征、储层发育特征进行综合研究，并分析油气成藏条件，认为油气经过不整合面-断层-厚层砂体运移至砂体尖灭带聚集成藏，地震上提高构造解释及储层描述精度，在地震资料分频处理、子波分解处理的基础上开展了系统的构造、储层描述及流体检测工作，在沙一段1、2砂组“类亮点”油藏的滚动上取得新的发现。

而对于埋藏浅、地震资料品质差的区块，油藏埋深仅170~220m，地表地层疏松导致地震覆盖次数低(地震覆盖次数仅60次，春风油田主体为100次)，相比春风油田排601主体地震资料品质差距较大、地震可描述性较差，采用传统的地质研究方法和地震储层描述难以取得理想效果。

一、精细地质研究

针对上述存在的问题，利用地震地质一体化技术，充分利用钻、测、录及取芯资料，精细刻画储层纵向上和平面的展布，精细小层对比，深化储层岩性、物性、含油性及沉积特征认识，根据各砂体厚度和平面分布特征，结合钻井资料、储层沉积特征，明确物源方向。

通过取芯、钻井等资料，储层岩性主要为灰色、褐灰色油斑含砾细砂岩，中间夹绿灰色泥质条带(图2-20)。储层孔隙以粒间孔为主、孔隙连通性好、储层物性好，属于中-高孔隙度、中-高渗透性储层，含砾砂岩、泥质砂岩物性变差。

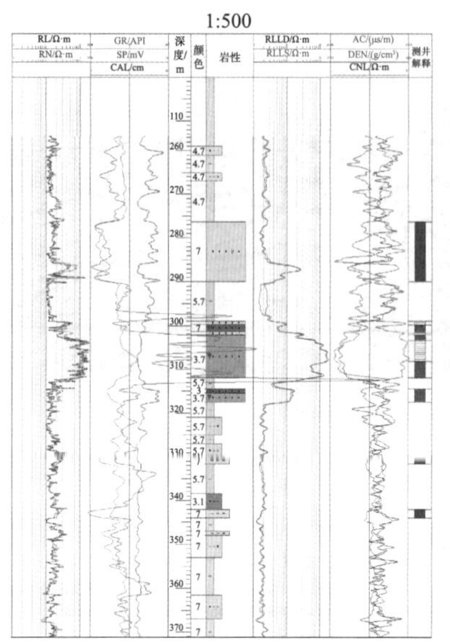

图2-20 录井岩屑柱状图、取芯含油砂岩

沉积环境分析可见，粒度概率曲线主要为两段式，以跳跃组分和悬浮组分为主，分选中等偏好、以牵引流为主的搬运方式，因靠近物源，岩性以砂砾岩为主。最大砾石30mm，一般2~5mm，棱角状~次棱角状，含少量云母片，灰质胶结，较致密，沉积环境主要为辫状河三角洲水下分流河道沉积(图2-21)。

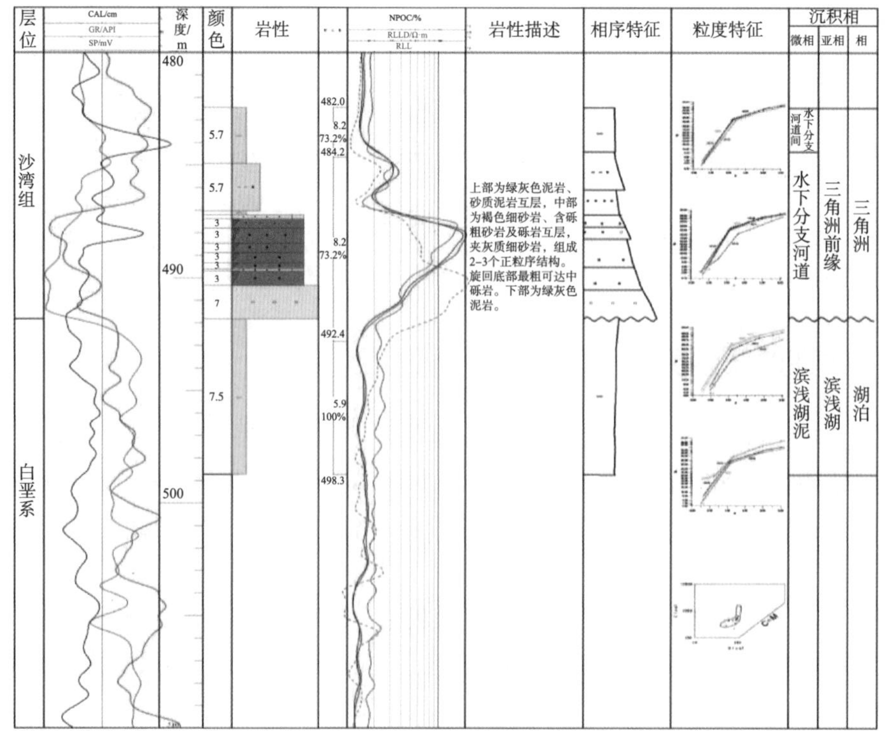

图2-21 取芯段沉积微相分析图

从物源方向和砂体厚度变化来看，由南向北，岩性由粗变细。单层厚度逐渐减薄（图 2－22、图 2－23），砂岩百分含量随之降低，水动力条件由强变弱向。

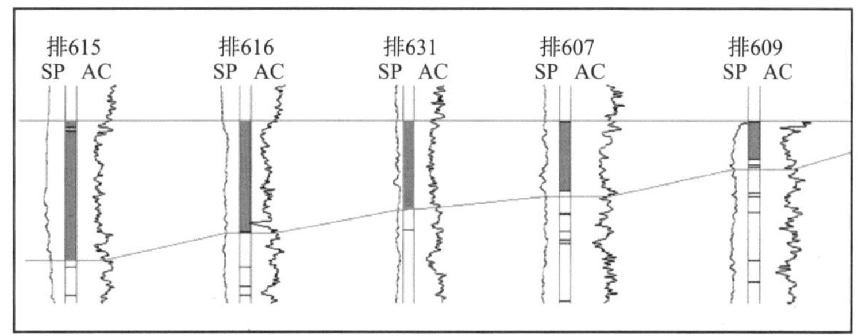

图 2－22　排 609 井区由南向北沙湾组砂体厚度变化

根据沉积相分析结果，研究区以辫状河三角洲水下分流河道沉积为主，呈南北向展布（图 2－24）。

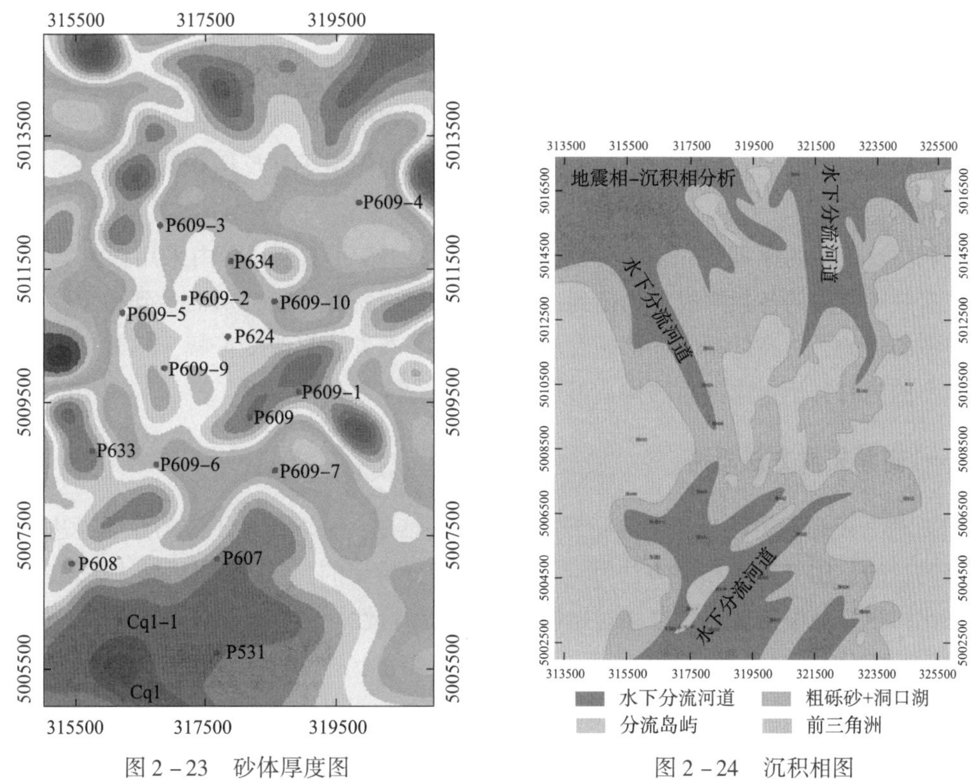

图 2－23　砂体厚度图

图 2－24　沉积相图

二、地震资料处理

叠后地震资料进行小波分频特殊处理的目的是为储层精细预测打下基础。由于排 624 井区储层薄、地震资料分辨率低，储层响应特征不明显，难以满足目前研究区储层精细预测及油气勘探的需要，因此，必须对地震资料进行有针对性的特殊处理，以降低噪声，提高分辨率，从而获得较高品质的地震资料，为后期储层精细预测，提高岩性反演精度提供可靠的地球物理信息。

小波分频特殊处理(图2－25)后，主频有所提高，处理前原剖面频宽为8～110Hz，主频20～80Hz，处理后剖面频宽为8～130Hz，主频20～100Hz，频带得到拓宽，噪声得到有效压制，分频效果好，为薄储层精细预测奠定了基础。

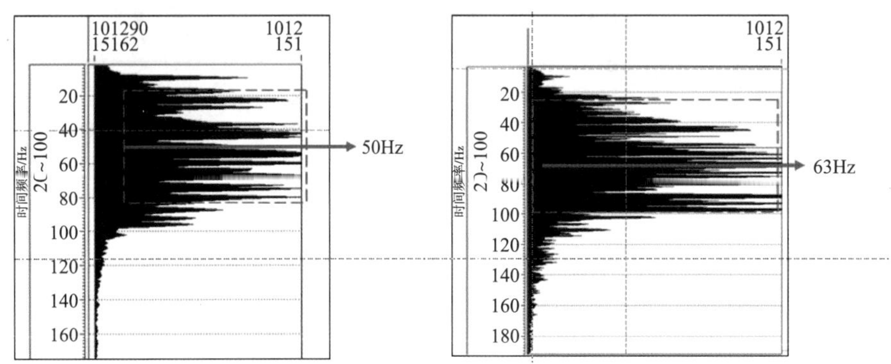

图2－25　小波分频特殊处理前后主频对比

由于资料目的层的频率较低，采用适当的方法拓宽信号的频带范围，可以进一步提高分辨率。根据资料的实际情况，试验了零相位反褶积和固定子波反褶积两种方法，取得了较好的效果。

零相位反褶积的原理是先对信号进行分频滤波，然后在各频带内采用振幅均衡的方法，把有效频带内的各频率成分均衡到指定的水平，再相加输出，从而达到拓宽频带，提高分辨率的目的，对高低频成分都能有较好的补偿。本方法只改变振幅，不改变相位，在提高频率的同时，不影响剖面的构造形态。

(一)高频拓展方法思路

HFE 避开反褶积方法直接消除子波影响的方法难题，采取压缩子波的途径，达到提高分辨率的目的。HFE 高频拓展方法特点是大幅提高分辨率的同时，基本保持地震数据原有的信噪比；很好地保持地震数据相对振幅关系和时频特性。保持(或能一定程度补偿)地震数据的低频成分。

(二)HFE 高频拓展方法原理

地震记录是反射系数序列在频率空间低频端的投影(图2－26)。拓频处理是将频率空间低频端的地震记录反投影到更宽、更高的频率，也就是说，将一个由低频子波形成的地震数据体转换为由高频子波形成的地震数据，即可以达到拓宽频带提高分辨率的目的(图2－27)。

综上可知，拓频处理方法可归结为求解如下问题：由低频子波和高频子波分别形成低频分辨率和高频分辨率地震记录(图2－28)，即：

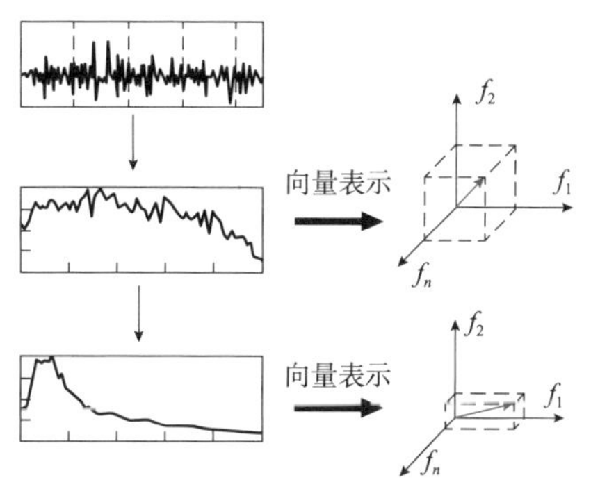

图 2－26 射序列在频率空间低频端的投影

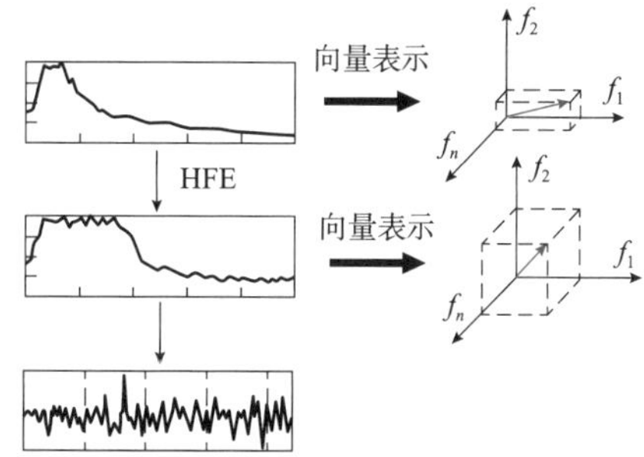

图 2－27 频率空间低频端记录的反投影

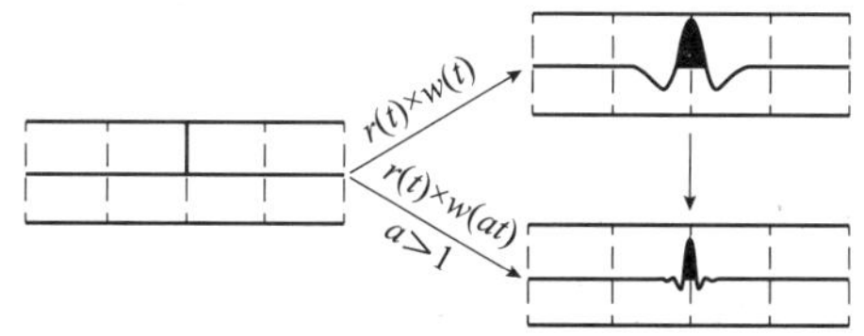

图 2－28 低频子波和高频子波地震记录简单模型

$$Y(t) = r(t) \times w(t) \qquad (2-7)$$

$$H(t) = r(t) \times w(at) \qquad a > 1(\text{子波压缩系数}) \qquad (2-8)$$

式中，$Y(t)$为低频分辨率地震记录；$r(t)$为反射系数；$w(t)$为子波；$H(t)$为高频分辨率地震记录。

根据地震数据的品质，选定合适的 a 值，可得到高分辨率地震数据体，在求解以上方程时，不需要已知子波，因此拓频处理就可以保持地震子波时变、空变的相对关系，保持地震数据的时频特性和波组特征(图 2－28)。

(三)处理过程

处理过程中有两个重要的环节，即去噪处理和拓频处理参数试验(图 2－29)。其中去噪处理采用 F－X 域高保真去噪技术 FXDIPF 完成。FXDIPF 是一种在 F－X 域实现的高保真去噪技术，其处理结果信号失真度小，波形自然，而且可以同时去除随机噪声和相干噪声。FXDIPF 的关键处理参数是最大切除倾角 MAXDIP。选择 MAXDIP 的原则是切除相干噪声的同时必须保持大倾角地层层面反射波和断面波；拓频处理参数试验中最关键的处理参数是子波压缩程度参数，子波压缩程度参数直接确定了拓频的最高频率。最高频率永远小于截止频率并且受到原始数据品质(信噪比和有效频带宽度)的直接限制。数据品质可以理解为原始数据的信息量。当信息量确定后。如果最高频率选取过高(即子波压缩程度

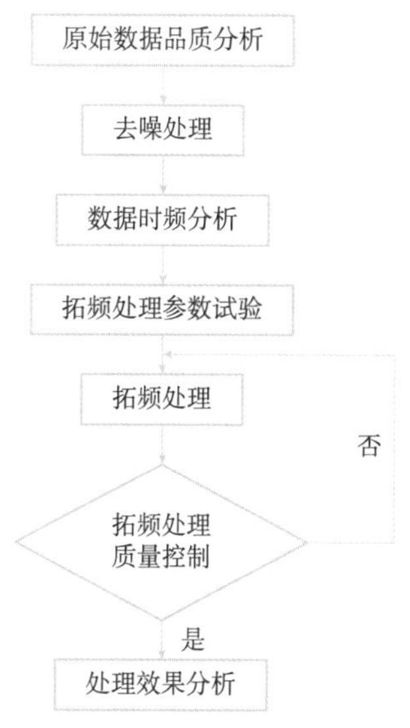

图 2－29 去噪处理流程图

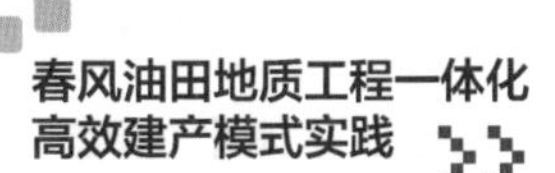

参数值过大)，拓频而得到的部分频率成分可信度会有所降低，影响拓频的处理质量。

(四)处理效果分析

处理前：地震主频为50Hz，频带宽，噪声干扰严重。处理后：主频提高，频率范围拓宽，噪声被压制。目的层段频率平均拓宽了10Hz，主频有了明显的提高，反映地震信息更加丰富。高频信息丰富。同时又较好保持了原始数据的时频特性，有很高的保真度；剖面总体分辨率提高(复波可分辨为两个可追踪的同相轴)，地震反射同相轴的地质含义更明确；拓频后地震数据分辨率提高、微小构造解释更加准确，从而使得属性、储层的微小变化得到更加精细的刻画(图2-30)。各种干扰波明显减少，整个地震剖面品质得到明显改善，原来的复波得到进一步分频变成两个或者多个单波，原来未能分辨的波组更清晰，弱相位得到加强，反映薄层信息的细微特征得到进一步凸显。

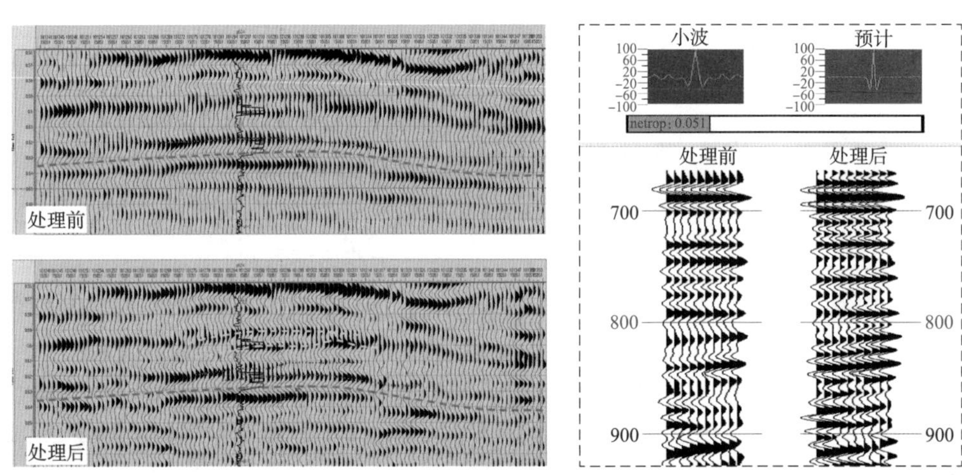

图2-30 地震资料分辨率处理前后对比

虽然地震分辨率在一定程度上有所提升，但对于薄层、砂体，远远达不到精细储层描述的要求。

三、地震地质一体化加强储层描述

(一)精细层位标定

在三维地震资料解释中，地震地质层位标定是连接地震反射波与地质分层的桥梁，是构造解释的基础，应用声波测井曲线制作合成记录(图2-31)，将钻遇的地质层位标定在地震反射同相轴上，进行层位解释对比追踪和构造研究。

在测线多井同时标定的基础上，保证地质层位在地震剖面上纵向标定准确、横向闭合、空间分布合理。从近南西-北东方向的连井剖面多口井的标定看(图2-32)，主要标志层吻合较好，目的层的井震关系一致。

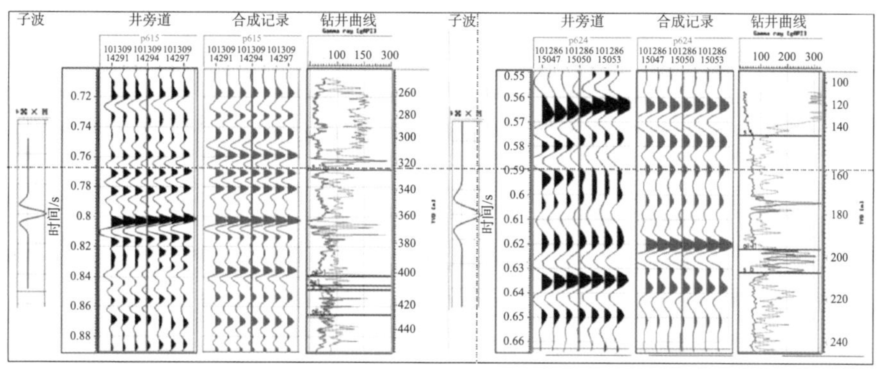

图 2－31　合成地震记录标定

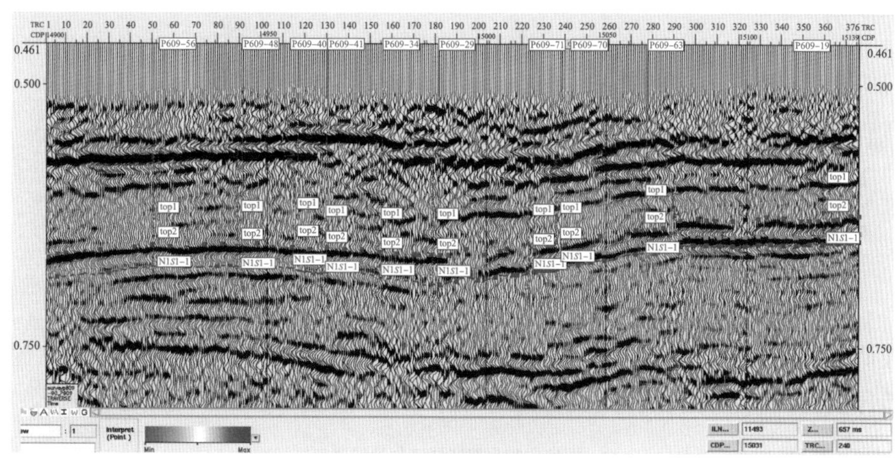

图 2－32　连井地震剖面图

(二)地震波形反射特征

对于地震反射特征不明确的储层，首先需要明确地震反射特征，通过对储层地震波形响应特征分析，储层段划分为 4 种类型：①顶底部强波峰反射，剖面上波形变化小，波峰顶部空白反射；②顶部较弱波峰反射，连续性较差，顶部波峰多为复波反射，波谷反射较强；③顶部多套中强反射轴，波谷反射较弱，为复波反射特征；④顶部较弱波峰反射，其上部反射弱空白反射(图 2－33)。

(三)相控储层反演技术

在明确了沙湾组底部储层预测的必要性、可行性及预测方法后，在地震资料提高分辨率处理基础上，进行储层精细标定及三维地质建模；利用重构的储层特征曲线，运用相控储层反演技术，开展本区沙湾组底部储层预测。根据各砂组的 T_0 时间层位解释结果，对目标砂体进行沿层波阻抗属性提取，宏观分析各砂组内砂体的平面分布规律。根据井钻遇砂体的剖面阻抗特征与井点处平面阻抗属性对比分析，确定适合本区沙湾组储层追踪解释的波阻抗门槛值。通过井钻遇砂体的厚度与深度的吻合率统计，落实储层的分布范围(图 2－34)。

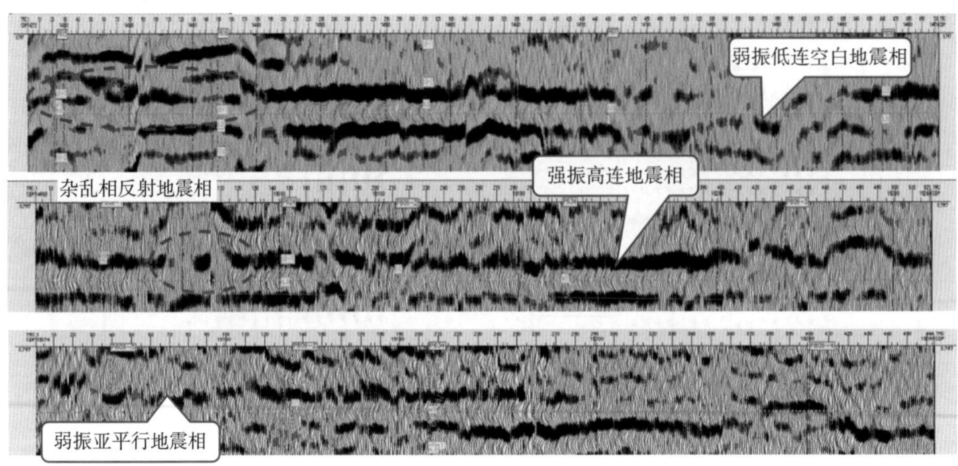

图 2－33　不同储层地震波形反射特征

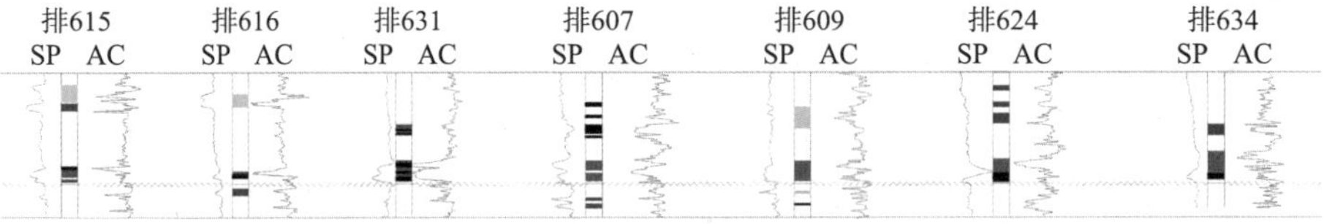

排615 SP AC　排616 SP AC　排631 SP AC　排607 SP AC　排609 SP AC　排624 SP AC　排634 SP AC

图 2－34　研究区储层测井响应

相控储层反演主要分为 4 步：①比较不同岩性的速度差异(图 2－35)，建立泥岩、砂岩阻抗差异模型；②测井曲线合理重构；③相控模型建立；④相控反演效果分析。

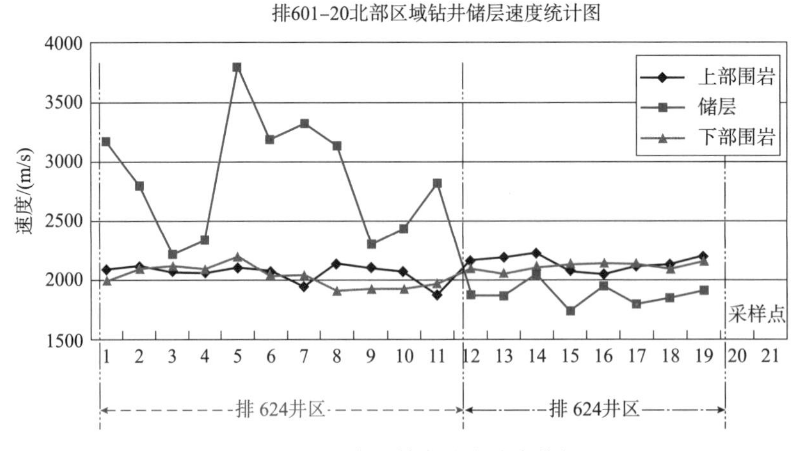

图 2－35　研究区储层速度响应特征

对测井曲线合理重构，测井曲线重构必须遵循两条原则：一是多学科综合，针对研究区储层的地质特点，以岩石物理学为指导，充分利用岩性、物性、反射性等测井信息与声学性质的关系，进行储层特征曲线重构，以使重构的曲线能够反映储层特征，便于识别砂体；二是在原始声波曲线标定的时深关系基础上，既要保证重构的储层特征曲线的标定效果良好，即得到的合成地震记录与井旁地震道匹配良好，又要保证反演后的数据体在纵向上对砂岩与围岩具有较高的分辨能力。

通过声波 - 密度、声波 - 中子、声波 - Gr、波阻抗 - SP 等之间的交汇统计，利用数理统计方法实现储层特征曲线重构。

通过分析本区储层钻井及地震响应特征，认为储层灰质影响较大，使得地震反射为强振幅，识别难度大，必须进行去灰质试验及处理。具体步骤如下：①通过统计、分析纯砂岩、纯泥岩、灰质砂岩、灰质泥岩等岩性的速度，并比较其差异性，分析其速度差异级别及级别区间变化规律，为去灰、去砂模型建立提供依据；②为了直接说明各种岩性的速度差异，直接使用模型阻抗曲线建立阻抗模型，进行差别比较，为实际去灰、去砂提供依据；③根据实际阻抗曲线，有针对性地进行去灰、去砂试验。

反演剖面相对于原始地震资料反演剖面分辨率明显提高；较拓频反演资料，消除了非储层干扰信息。反演储层与钻井吻合率提高。

相控储层反演效果分析(图 2 - 36、图 2 - 37)，排 634、排 624 均钻遇有效储层。排 634 井 176. 3m 井段钻遇储层 13. 4m，测井解释为油干间互，有效厚度 10. 4m；排 624 井 195m 井段钻遇油层 6. 6m，干层 4. 5m。分析过排 634 原始地震剖面(图 2 - 38)，认为储层标定在反极性剖面波峰位置，东西方向均存在相变，但地震反射轴连续。相控反演剖面显示向东西均发生尖灭，且尖灭点清晰，储层钻井曲线厚度与预测厚度能较好吻合。

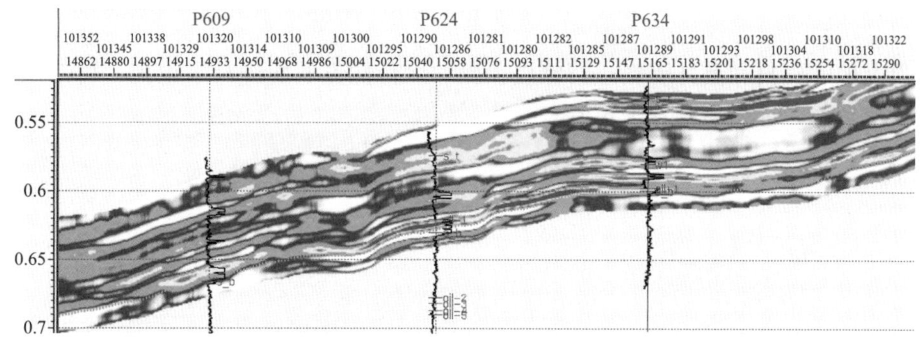

图 2 - 36　过排 609 - 排 624 - 排 634 井相控储层反演剖面

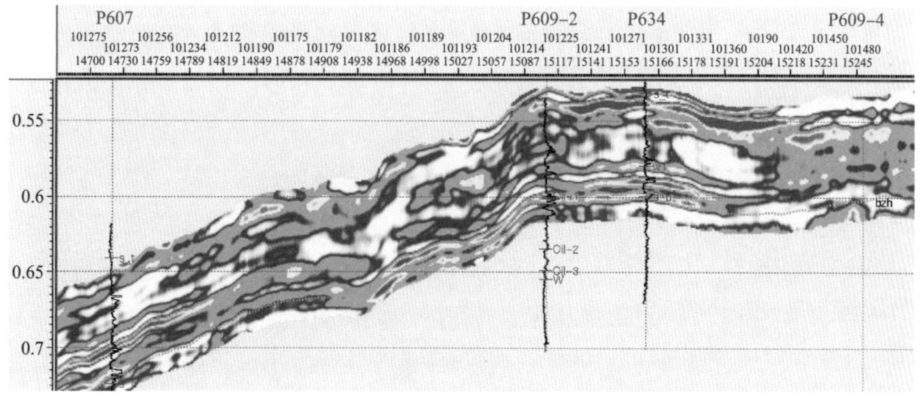

图 2 - 37　过排 607 - 排 634 - 排 609 - 4 井相控储层反演剖面

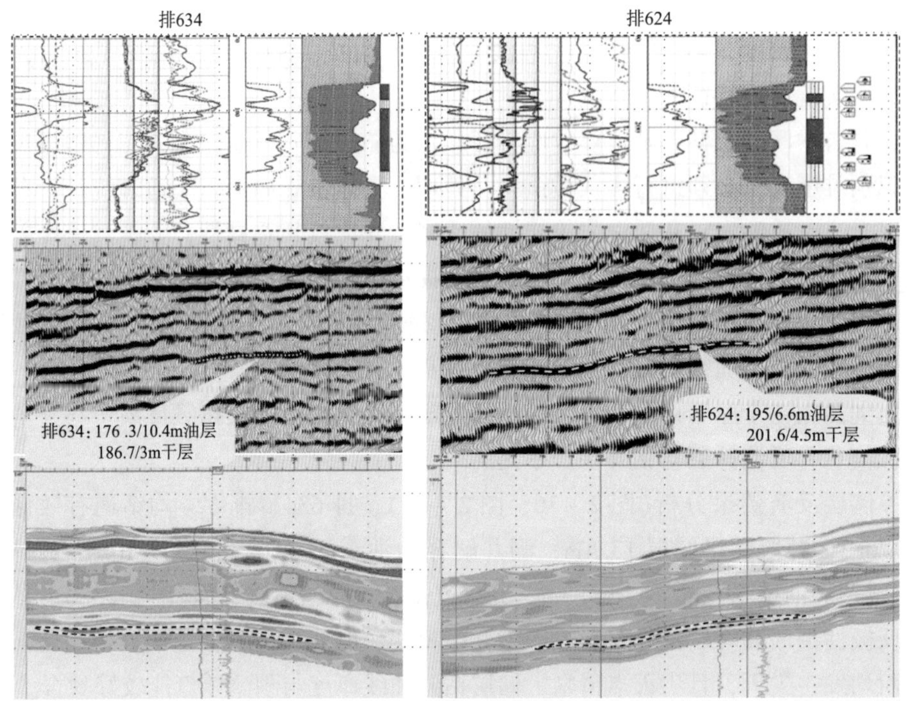

图 2－38　叠后相控储层反演预测

从以上地震资料和测井资料进行储层预测的可行性方面均进行了论证，得出该区地震反演可信度较高，证实该项技术可行。

第三章 >>>
老区效益开发油藏工艺一体化

春风油田经历了近10年的高速高效开发，主力单元进入高轮次、高含水开发阶段产量递减快、油汽比低、效果差，如何实现老区高效益稳产，紧扣“地下渗流场”，以集约化油藏经营管理为核心，应用先进的科学技术，进行开发管理模式的创新，把创新管理和技术创新作为降低产量风险的“两个轮子”，把精细油藏描述和精细油藏管理作为重要手段，将提高原油采收率作为突破口，以剩余油挖潜为目标，创新符合西部特色的多元复合采油、热采泡沫分级采油技术序列，实现效益开发。

第一节　技术现状及难点

春风油田为薄浅层超稠油油藏，储层为高孔高渗。该油田油藏具有埋藏浅、油层薄、高钙镁、温度低、黏度稠、储层松等特点，地层能量不足，直井常规蒸汽吞吐无法动用或动用效果差。为了开发此类油藏，先后发展了水平井蒸汽吞吐、水平井蒸汽驱、HDCS(水平井+降黏剂+二氧化碳+蒸汽)、HDNS(水平井+降黏剂+氮气+蒸汽)等以热采为核心的技术，取得了较好的效果。但随着吞吐轮次的增加，单一的C+S、N+S开发效果变差，亟须开展注蒸汽后接替技术研究。

通过文献调研，河南油田稠油油藏多为单层厚度薄(1~3m)、隔夹层发育的薄互层稠油油藏，采取蒸汽吞吐开发20余年，呈吞吐轮次高、汽窜干扰严重、产量递减幅度大、地层压力下降幅度大、吞吐开发后劲不足的特点。为此，在直接继承蒸汽吞吐井网基础上，陆续开展了不同条件下的吞吐转蒸汽驱矿场试验，取得了一定的效果，汽驱阶段采收率达到10.4%~15.6%，为薄互层稠油油藏高周期吞吐后期转换开采方式积累了一定的经验。同时，矿场试验也暴露出汽窜干扰依然严重的问题，仍有部分井汽驱见效差或不见效，对此采取了转驱前注汽井大剂量调剖、注过饱和蒸汽、生产井吞吐引效、间歇汽驱、汽驱过程中热采氮气泡沫调剖等措施，汽窜情况有所缓解，但吞吐阶段汽窜方向仍然是蒸汽驱阶段汽窜主要方向，蒸汽波及体积难以有效扩展。采用反九点法井网，70m×100m 井距，注汽井位于井网中心偏下 1/3～1/2 是较优的，化学剂段塞为 12 个月，累计注入 TFP－2 量为 550t，TFP－2 和氮气与蒸汽同时注入的效果最优，化学辅助蒸汽驱中的 TFP－2 作为发泡剂，其浓度将直接影响泡沫驱油的规模，定最佳的化学剂质量分数为 0.027%，在井网转向条件下，化学蒸汽驱阶段采出程度最高可达 17.68%。井网转向是化学蒸汽驱井网调整的主要方向，这为薄互层超稠油油藏在高周期吞吐后转换开发方式提供了理论依据。

针对胜利普通稠油油藏，研究了地层水硬度、矿化度、原油对泡沫剂 DHF1 泡沫性能的影响，考察了 DHF1 与驱油剂烷基苯磺酸盐表面活性剂 wT 的配伍性，通过驱替实验比较了不同驱替方式的驱油效果。结果表明，随地层水硬度和矿化度的增加，DHF1 的起泡体积与半衰期逐渐降低。地层水硬度为 120mg/L(CaCl)时，DHF1 的起泡体积与半衰期分别为 155mL 与 65s，泡沫体系界面开始浑浊；地层水矿化度为 20g/L 时。DHF1 的起泡体积与半衰期分别为 168mL 与 43s，泡沫体系有不溶物产生。随原油加量增加，DHF1 半衰期迅速降低；当原油与 DHF1 质量比小于 0.3 时，DHF1 起泡体积变化较小，之后迅速降低。wT 对 DHF1 的起泡性能无不利影响。随 DHF1 加量增加，驱油体系油水界面张力降低，DHF1 与 wT 质量比为 20 时的界面张力为 0.05013mN/m。蒸汽＋泡沫＋驱油剂复合驱最终采收率为 72.1%，比蒸汽驱的提高 14.6%，复合增效效果显著。

胜利油田部分稠油油藏单元已进入水平井蒸汽驱开采阶段，但水平井蒸汽驱驱油机理尚未十分明确。通过建立水平井蒸汽驱高温高压二维比例物理模型，系统研究了稠油油藏驱油机理及注采参数对水平井蒸汽驱的影响。结果表明：水平井蒸汽驱驱油机理为驱替为主，泄油为辅；油层压力、蒸汽干度和注汽强度是影响水平井蒸汽驱的三大要素，油层压力越低，井底蒸汽干度越高，注汽强度适中，水平井蒸汽驱蒸汽腔发育越充分，汽驱驱替效果越佳。

泡沫辅助蒸汽驱能够有效抑制蒸汽“超覆”和汽窜现象，提高热能的利用率，从而进一步提高稠油油藏的采收率。利用物理模拟和数值模拟技术，研究了泡沫辅助蒸汽驱的开采特征和开发效果。研究结果表明：泡沫能够有效封堵高渗透岩芯，使得后续蒸汽更多地进入低渗透岩芯，改善蒸汽的驱油效率；泡沫有效抑制了蒸汽的汽窜，使得蒸汽更多地进入油层中部和下部，改善了吸汽剖面，提高了热能的利用率，提高了油藏的最终采收率。

针对新疆克拉玛依油田的特点，运用数值模拟方法，研究了原油组成、含油饱和度、孔隙度、渗透率、厚度、深度、净总厚度比和原油黏度等几个主要油藏参数以及转驱时注采井布置方式对蒸汽驱开发效果的影响。原油黏度较高的水驱油藏在水驱后期转蒸汽驱能够提高油藏的最终开发效果，对于新疆克拉玛依油田符合筛选标准的油藏，在水驱后期转蒸汽驱可以提高采收率 20% 以上。

蒸汽驱的目的是解决胜利油区中深层稠油油藏因油层压力高导致蒸汽驱采收率低的技术瓶颈。采用室内物理模拟实验，以数值模拟技术为手段，通过研究高温泡沫剂－高温驱油剂－原油组分的相互作用机制及温度、油水界面张力对驱油效率的影响，通过对比高温泡沫剂辅助蒸汽驱、高温驱油剂辅助蒸汽驱、高温泡沫剂与高温驱油剂辅助蒸汽驱提高采收率的幅度，揭示了化学剂与蒸汽复合作用提高采收率机理。结果表明，高温驱油剂的油水界面张力达到10mN/m数量级，才能取得较好的驱油效果，可提高驱油效率5.1%；高温泡沫剂的临界含油饱和度为0.25～0.3，可提高驱油效率8.1%；与蒸汽驱相比，化学蒸汽驱可发挥高温驱油剂和泡沫剂的协同作用，提高驱油效率14.6%，具有明显的技术优势。

胜利油区稠油油藏主要采用蒸汽吞吐开发，蒸汽吞吐产量占热采产量的95.5%，但由于蒸汽吞吐采收率低，亟须研究蒸汽驱提高采收率技术。1992—2005年，胜利油区单56块、单2块、乐安草20块、乐安草南、孤东九区西等多个区块进行过蒸汽驱现场试验，由于油藏条件复杂和前期配套技术不完善，导致蒸汽驱技术在胜利油区没有形成规模。截至2008年底，胜利油区蒸汽驱先导试验中已形成了注汽、汽窜调剖、动态监测等配套工艺，基本满足了常规稠油油藏蒸汽驱现场需要。为了在胜利油区推广蒸汽驱技术，满足各种稠油油藏对蒸汽驱配套工艺的要求，在现有技术基础上，将分层监测、水平井监测、超稠油油藏汽窜调剖等技术中存在的不足，作为下步攻关方向。

油汽比是衡量蒸汽驱经济效益的重要指标，目前胜利油田蒸汽驱整体油汽比不高、开发效果较差。针对该问题，首先把整个蒸汽驱分为热连通、蒸汽驱替和蒸汽突破3个阶段，分析每个阶段日产油、含水率、温度等生产指标的变化和各阶段面临的矛盾；然后提出相应的技术对策，并利用数值模拟方法研究各技术提高蒸汽驱开发效果的机理。针对热连通阶段热连通时间长、采注比低的矛盾，提出吞吐辅助蒸汽驱技术；针对蒸汽驱替阶段驱替不均、部分油井不见效的矛盾，提出均衡驱替技术；针对蒸汽突破阶段热利用率低、蒸汽腔扩展困难的矛盾，提出注汽强度再优化和泡沫蒸汽驱技术。国内多个矿场实践表明，这些技术均能有效提高蒸汽驱的开发效果。研究成果对稠油油藏的蒸汽驱开发均具有指导意义。

蒸汽驱及化学辅助蒸汽驱是提高稠油油藏采收率的重要方法。为了对比两种开发方式提高稠油采收率的效果，以新疆塔河油田稠油为研究对象，采用蒸汽驱油模拟实验装置，对比评价了不同开发方式下注汽参数对提高稠油采收率的影响。实验结果表明：蒸汽驱提高稠油采收率与注汽温度呈正相关，对注入压力不敏感；与蒸汽驱相比，加入一定助剂正戊烷、正己烷、正庚烷，对提高稠油采收率有明显效果；同时发现，蒸汽驱稠油采收率随着注汽压力的增加而趋于降低，化学辅助蒸汽驱稠油采收率随着注汽压力的增大而有所增加。

针对中国浅层及中深层稠油油藏，利用数值模拟研究方法，研究了不同稠油油藏的蒸汽驱开发规律和蒸汽驱中后期的剩余油分布特征，明确了稠油油藏蒸汽驱中后期的提高采收率方式。研究结果表明：浅层稠油油藏与中深层稠油油藏蒸汽驱的开发规律基本一致。驱替阶段生产效果好、产量高且稳定、油汽比高、含水率低；蒸汽突破后的开发阶段也是蒸汽驱开发的重要阶段，但是该阶段油汽比明显低于驱替阶段的，表明该阶段蒸汽热效率明显降低。不同稠油油藏的剩余油分布特征类似，均表现出明显的垂向动用差异特征，即油层上部动用程度高、剩余油饱和度低、油层下部动用程度低、剩余油饱和度高，下部油层是剩余油挖潜的主要对象。从下到上逐层上返开发和多介质辅助是提高蒸汽驱中后期采收率的有效方式。研究结果对同类油藏开发具有重要意义。

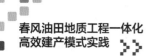

多元热复合采油强化蒸汽吞吐技术有望解决目前春风油田稠油区块地层能量严重不足、回采困难的问题。与常规注蒸汽不同，多元热复合是蒸汽、热水、氮气和二氧化碳的混合物，通过加热降黏、减小热损失、气体溶解降黏、气体增压等多组分的协同效应开采原油，其增油机理更复杂，生产规律与常规注蒸汽不同，特别针对“浅、薄、稠”油藏更具有特殊性。然而目前对多元热复合热采的研究主要集中于一维驱油机理实验研究、吞吐阶段的数值模拟以及油田应用。化学剂与多元热复合技术侧重于蒸汽吞吐的相关研究，影响规律以及与化学剂的协同作用机理的研究较少，但是对于内在规律及机理的认识，又是发展该技术的前提和基础。

第二节　剩余油分布规律研究

一、数值模拟研究

利用数值模拟方法对排601南井组进行历史拟合，平面上，温度场和含油饱和度场可以看出，由于该块原油黏度高，加热半径有限，仅30～35m（图3－1），井间剩余油富集，井间剩余油饱和度大于45%（图3－2）。纵向上，由于蒸汽的超覆作用，水平井顶部剩余油较低，一般小于20%，水平井所在位置井间饱和度较低，顶部和下部剩余油饱和度较高（图3－3）。因此，通过数值模拟优化结果分析认为：加热半径仅30～35m，剩余油富集。

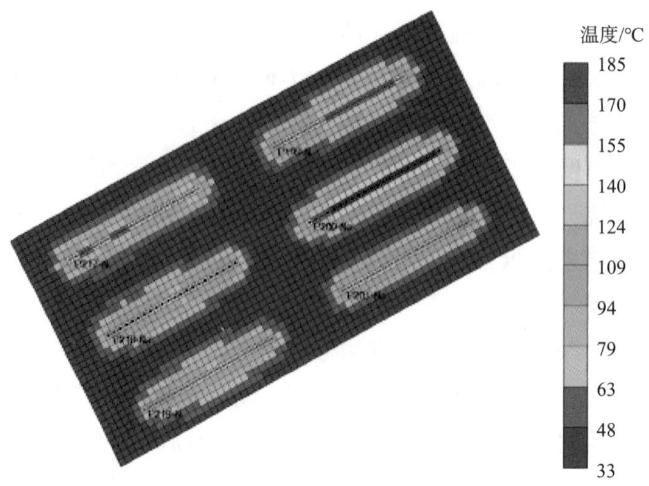

图3－1　平面温度场分布场

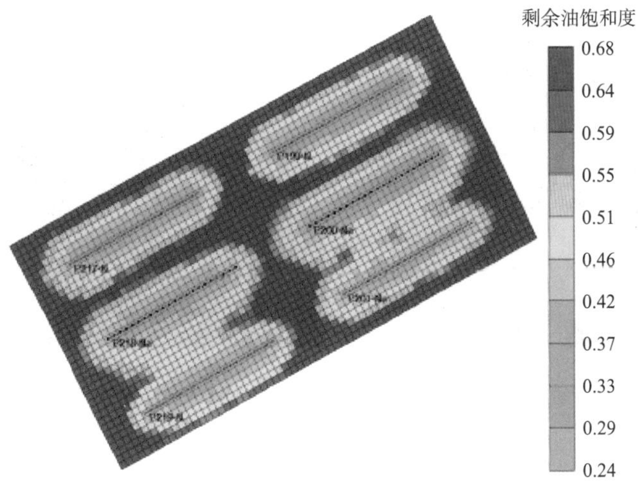

图 3－2　平面剩余油饱和度分布场

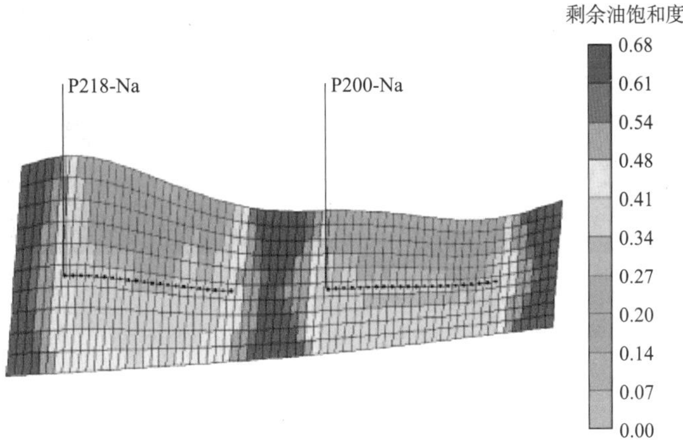

图 3－3　纵向上剩余油饱和度分布场

二、利用浅孔取芯落实剩余油分布规律

为了进一步研究剩余油分布，在排 601－20 块部署了 4 口地质浅孔井，分别距老井 20m、50m、60m、80m，结果表明，距老井 20m，在蒸汽加热半径范围内的浅孔井岩芯颜色发白，明显受到蒸汽淘洗作用，而距老井大于 50m，剩余油富集（图 3－4、图 3－5、图 3－6）。进一步验证了数值模拟井间剩余油富集规律。

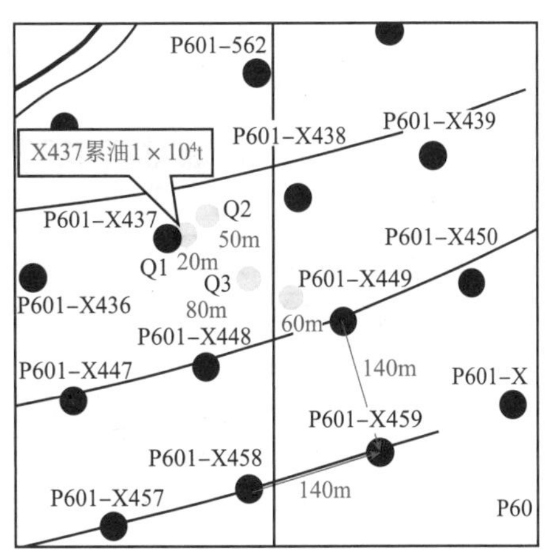

图 3－4　排 601－20 块浅钻井位分布图

浅1：距离老井20m，四维地震属性显示为蓝色，岩芯较松散，颜色发白，有明显蒸汽淘洗痕迹

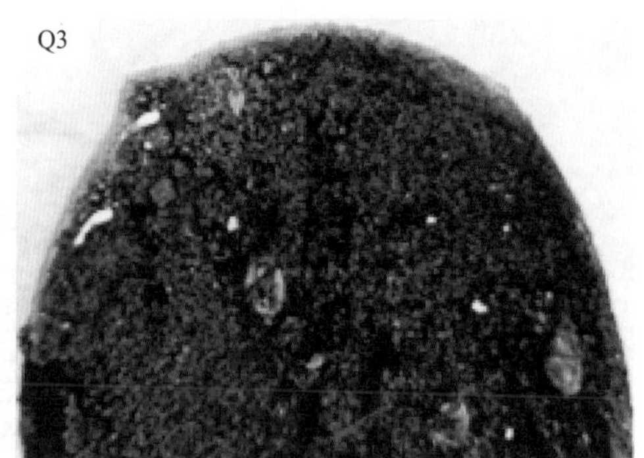

浅3：距离老井80m，四维地震属性显示为红色，岩芯颜色黑，有黏性，染手，滴水不渗，含油饱和度高，显示为轻度动用状态

浅2：距离老井50m，四维地震属性显示为黄色，岩芯含油性较高，部分岩芯有蒸汽淘洗痕迹

浅4：距离老井60m，四维地震属性显示为绿色，岩芯颜色黑，有黏性，染手，基本为未动用状态

图 3-5　浅钻岩芯含油气性情况

图 3-6　排 601-浅 20 井岩芯照片

图 3-7　排 601-浅 19 井岩芯照片

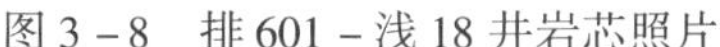
图 3－8　排 601－浅 18 井岩芯照片

图 3－9　排 601－浅 17 井岩芯照片

三、利用加密水平井进一步明晰了剩余油富集特征

2022 年 7 月加密 5 口水平井试验，选取 3 口井进行温压、PNN 测试数据录取，验证井间动用状况(图 3－10)。

从新老井 PNN 测试结果对比看(图 3－11)，与老井目前饱和度(30%～40%)对比，新井含油饱和度均较高(50%～60%)，反映新井附近有所动用，但程度有限。加密井温度测试对比结果显示(图 3－12)，加密新井温度在 30℃左右，证实吞吐加热半径未波及新井。

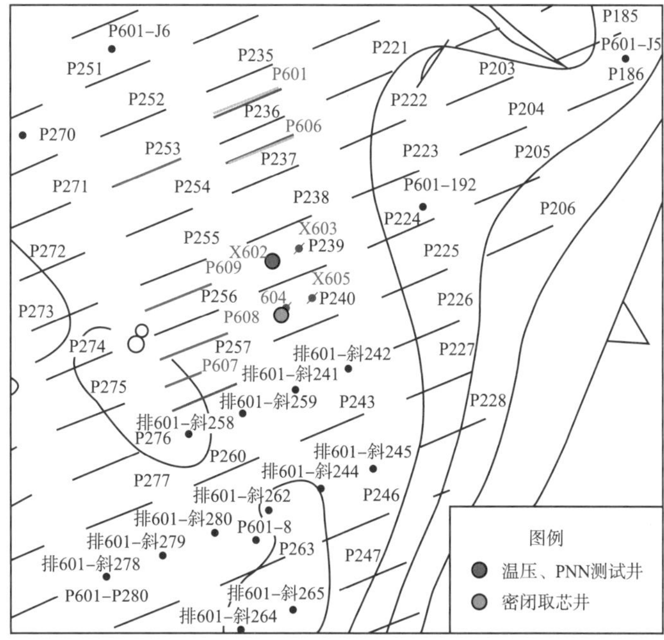

图 3－10　排 601 南加密井组井位部署图

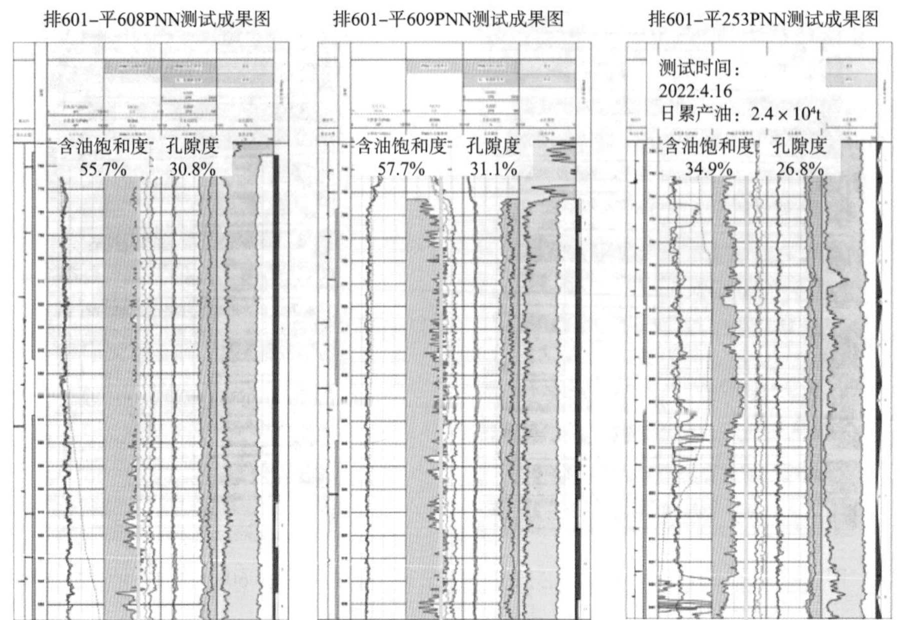

图 3－11　排 601 南 3 口井 PNN 测试成果图

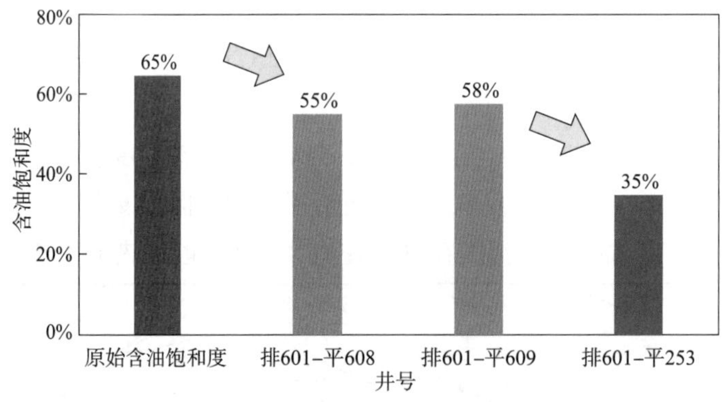

图 3－12　排 601 南含油饱和度对比图

加密新井温度在 30℃左右，略高于原始地层温度，证实吞吐加热半径未波及新井（图 3－13）。

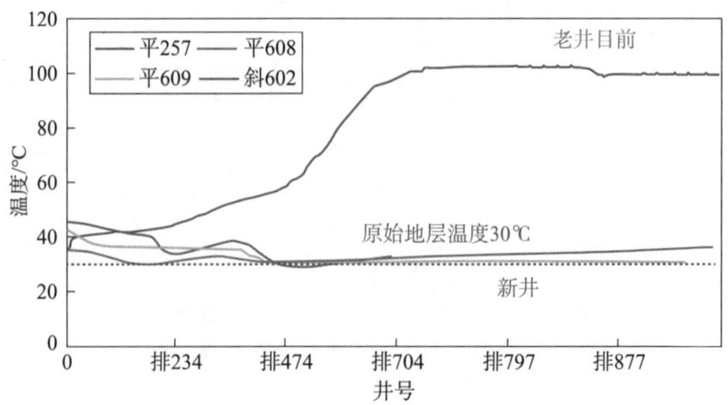

图 3－13　排 601 南加密井温度对比图

第三节　多元热复合采油技术

通过数值模拟和室内实验，研究多元热复合采油技术，强化蒸汽吞吐效果的影响因素，发现内在规律，并耦合不同作用原理化学剂的条件下，明确多元热复合蒸汽吞吐技术的协同机理，实现油藏的流场转换，为该类技术在现场的推广应用提供理论支持。

一、多元热复合采油强化蒸汽吞吐关键影响因素

多元热复合吞吐热采数值模拟模型如下。

1. 地质模型

根据蒸汽吞吐动态特征，选取两个井组进行数值模拟研究，包括 X103 井组模型和 X105 井组模型，建立两个典型井组油藏数值模拟模型，如图 3－14、图 3－15 所示，均为九点法井网。

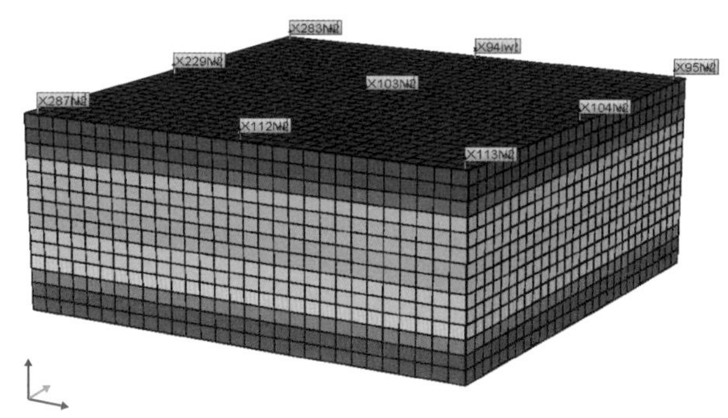

图 3－14　X103 井组模型渗透率分布图

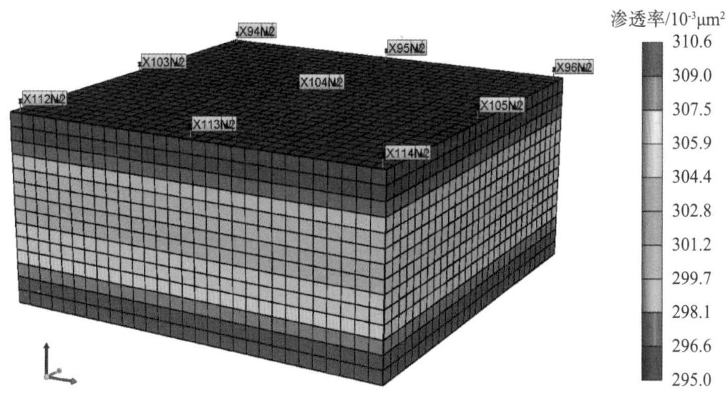

图 3－15　X105 井组模型渗透率分布图

2. 排612块多元复合气辅助蒸汽吞吐流体相态参数拟合

PVT实验数据拟合采用CMG的Winprop模块，对于热采模拟软件STARS、Winprop可用于生成完整的PVT数据，包括组分密度、压缩系数和热膨胀系数，以及液体组分的黏度系数等。Winprop使用Henry定律模拟二氧化碳、轻烃在水中的溶解度，通过拟合两个溶解度数据得出的模型常数可用于程序内部组分。Winprop还可以用于模拟等组分膨胀、差异分离、等容衰竭、分离器实验、膨胀实验等过程。因此Winprop完全可以满足本次PVT实验数据的拟合。

进行PVT实验拟合实际上就是通过PVT软件，调整EOS状态方程参数，使计算出的结果与实验室测量结果匹配，然后把拟合好的EOS状态方程输出给组分模型，作为组分模拟的状态方程。

超稠油PVT实验数据拟合的具体包括以下步骤。

1)PVT实验报告的质量检查

检查报告中所有组分物质的量分数之和是否为100，该实验中涉及组分为原始溶解气、饱和分、芳香分、胶质、沥青质和二氧化碳，其中二氧化碳为外来流体，即后期注入的流体。从各组分在体系中所占物质的量分数可知，地层原始流体及外来流体中所有组分的摩尔百分数之和为100。检查完物质的量分数之和后要检查输入组分的参数的变化趋势是否正确。原油四组分随着摩尔分子量的增加，组分的临界温度、沸点、临界体积、偏心因子、液体密度均增大，而临界压力和临界因子随着组分摩尔分子量的增加减小，各参数变化趋势均符合上述要求。

2)EOS方程优选

在进行PVT实验拟合时，选择合适的EOS状态方程是基础，在Winprop相态拟合软件中提供了四个状态方程，分别为SK状态方程、改进的SK状态方程－RSK状态方程、PR状态方程(1976年)和PR状态方程(1978年)，总体而言，无论是SK状态方程还是PR状态方程，改进后的方程较改进前在预测精度上都有提高，但在预测稠油流体相态特征时PR状态方程的准确度高于RSK状态方程的(RSK状态方程在模拟气藏开发时精确度高)，因此本次PVT拟合中选取PR状态方程进行计算。在拟合黏度方面，Winprop相态拟合软件提供了两种计算关系式：Jossi－Stiel－Thodos黏度关系式和Pedersen黏度关系式。在拟合稠油黏度时，Pedersen黏度关系式的精确度明显优于其他方程的，因此选用Pedersen黏度关系式。

3)实验参数权值设置

实验得到的结果数据很多，在不可能将所有实验结果拟合好的情况下，首先拟合好重要的实验数据，重要的实验数据可以设定较大的权值，本论文中实验主要进行以下参数拟合：①油藏压力和温度下，含气原油密度和黏度拟合；②原油饱和压力及饱和压力下原油密度与黏度拟合；③含气原油在饱和压力以上黏度变化(CCE)拟合；④不同溶解量下，外来流体二氧化碳溶解在原油中的饱和压力及溶解后原油体积系数(Swelling Test)拟合。其中，饱和压力以上油藏流体的黏度、溶解二氧化碳的饱和压力和溶解二氧化碳后原油膨胀能力是本次拟合的重点，设定的权值比其他的稍大，设为2，其他均为1。

4)组分属性参数调整策略

在拟合PVT实验结果时，有些组分的参数是不能调整的，如纯组分二氧化碳和水的临界压力、临界温度和偏心因子等。原油四组分的临界属性都不确定，可以进行调整。拟合中发现选取不同的组分属性进行拟合对结果影响很大，总结规律如下：①组分的临界压力、临界温度和偏心因子影响饱和压力；②组分的体积偏移影响液体密度；③黏度的回归是单独进行的，黏度回归不影响其他结果；④二元相关系数的回归一定要小心，不合理的回归在进行组分模拟时会导致严重的收敛性问题。

在进行完拟合后，将拟合好的状态方程及各组分物性参数输出给组分模型，可以进行数值模拟工作。

3. PVT 实验数据拟合结果

1) 流体相态特征拟合参数变化

选定 PR 状态方程后要选取需要拟合的参数，相态拟合软件就是通过调整这些选定的参数达到拟合 PVT 实验的目的。此次选取黏度公式中的参数及原油四组分的临界压力、临界温度以及状态方程的两个参数 Ω_a 和 Ω_b 进行了回归拟合，进行拟合后 Pedersen 黏度关系式中的 5 个系数发生了变化，原关系式及拟合修正后关系式中的系数如表 3-1 所示，拟合后四组分的临界压力、临界温度和状态方程的参数也发生了变化，原参数及拟合修正后参数如表 3-2、表 3-3 所示。

表 3-1　拟合前后 Pedersen 公式中系数对比

系数	原公式系数	拟合后公式系数
系数 1	1307002E-04	16E-04
系数 2	21481694E+00	25778E+00
系数 3	64257476E-03	514E-03
系数 4	18329107E+00	146633E+00
系数 5	48063059E-01	4643269E-01

表 3-2　拟合前后四组分临界参数对比

参数	拟合前临界参数		拟合后临界参数	
	临界压力/atm	临界温度/K	临界压力/atm	临界温度/K
饱和分	7918	923681	848705	89068352
芳香分	72	1026757	776905	99375952
胶质	65	1267713	706905	12347155
沥青质	6	1846146	656905	18131485

注：1atm = 1.01325 × 10^5 Pa

表 3-3　拟合前后四组分 PR 状态方程参数对比

参数	拟合前		拟合后	
	Ω_a	Ω_b	Ω_a	Ω_b
饱和分	045723553	0077796074	054868	0090469409
芳香分	045723553	0077796074	054868	0090469409

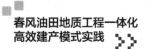

续表

参数	拟合前		拟合后	
	Ω_a	Ω_b	Ω_a	Ω_b
胶质	045723553	0077796074	054868	0090469409
沥青质	045723553	0077796074	054868	0090469409

2)高温高压油藏物性实验拟合

在此次实验数据拟合中最为重要的是恒组成膨胀实验数据(Constant Composition Expansion，CCE)和注入气膨胀测试(Swelling Test)实验数据的拟合。

恒组成膨胀实验的操作过程是将一定量的油藏流体放入高温高压容器中，升高压力至油藏压力或大于油藏压力，温度升高至油藏温度。在逐步增大容器体积的过程中，容器内压力逐渐降低。在整个过程中压力始终控制在饱和压力以上，因此原始溶解气不会从原油中析出。进行恒组成膨胀实验模拟可以给出开采过程中，随着地层压力的降低，地层流体体积的膨胀程度、体积系数和偏差系数的变化等，从而可用于判断地层油弹性膨胀特性在驱替机理中的作用程度。本实验中测定了不同 N_2 注入量饱和压力拟合。拟合实验数据结果如图 3 -3 所示。

图 3 -16 是 40℃条件下不同 N_2 含量下饱和压力的变化，红色圈点为实验值，蓝色线为拟合后的数值，由水可以看出拟合误差很小，可以满足数值模拟要求。

注入气膨胀测试实验是为了测试外来流体在原油中的溶解能力及注入后使原油膨胀的能力，在注气开发油田中注入气体膨胀测试实验是必需的。膨胀测试的实验步骤如下：①将原油注入高温高压容器，温度升高至油藏温度，将原始溶解气注入容器中，测定原油的饱和压力及此时油气混合物体积；②将少量的外来流体(二氧化碳)注入容器，此时测定新的饱和压力和油气混合物的体积；③重复步骤②，直至饱和压力达到允许的注入压力。膨胀测试实验拟合了注入 CO_2 后饱和压力的变化情况，拟合结果见如图 3 -17 所示。

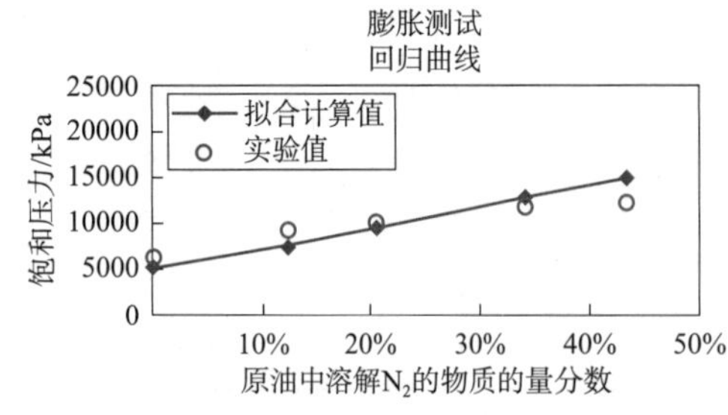

图 3 -16　40℃条件下注 N_2 膨胀实验拟合结果

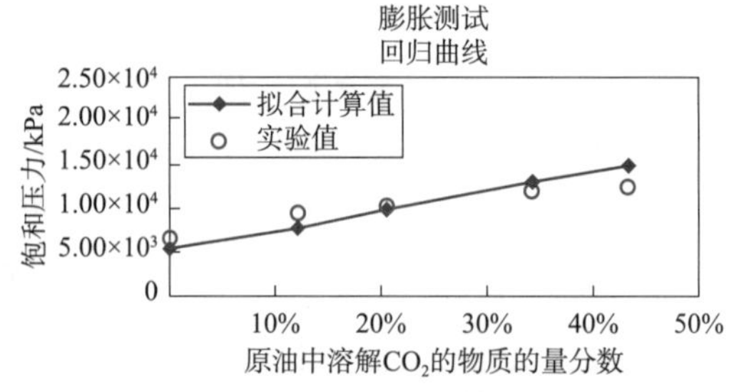

图 3 -17　40℃条件下注 CO_2 膨胀实验拟合结果

图 3 -17 中，红色圈点是不同二氧化碳溶解量下的饱和压力实验值，蓝色线为饱和压力拟合计算值。整体上饱和压力达到了较好的拟合精度，可以满足数值模拟的需要。

综合上述拟合结果看，实验数据和计算值都达到了较高的拟合精度。

进行实验数据拟合的目的是提供合理的油藏数值模拟参数，因此在以上各项拟合量均达到较高拟合精度的基础上导出了各组分的性质参数及溶解气、二氧化碳和原油在不同温度及压力下在气相、油相和水相中的分布值，为稠油多元热流体吞吐强化采油技术数值模拟提供了可信的参数。

另外，化学剂在油水相中的分布值都通过 Winprop 进行了计算，为油藏数值模拟模型的建立提供了完备的数据。

二、复合吞吐数值模型注入组分作用研究

(一) 数值模型化学剂组分作用研究

对上述考虑化学剂数值模拟中作用机理的可行性进行论证，设定首先向油藏中注入 40t 研发的化学剂，周期注入蒸汽量为 2000t，从数值模拟结果中观察化学剂注入后水平井所在网格上原油黏度的变化、解缔生成的小分子结构在油相中所占的物质的量分数及油水界面张力的变化，模拟结果如图 3 - 18 ~ 图 3 - 23 所示。

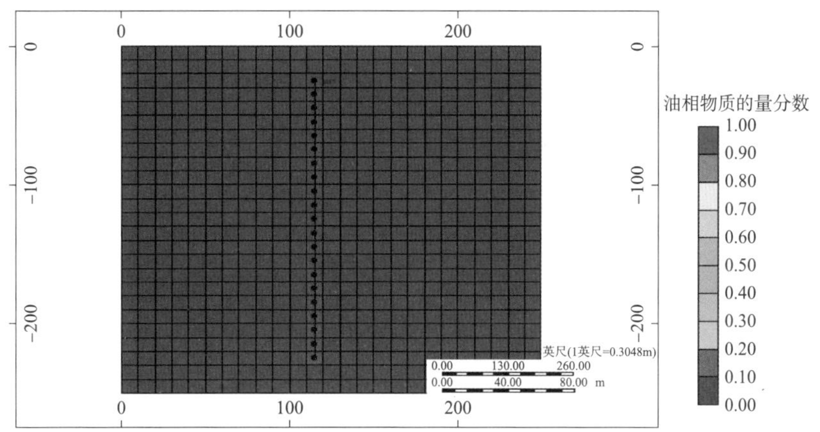

图 3 - 18　注入化学剂后解缔小分子油相物质的量分数平面分布图

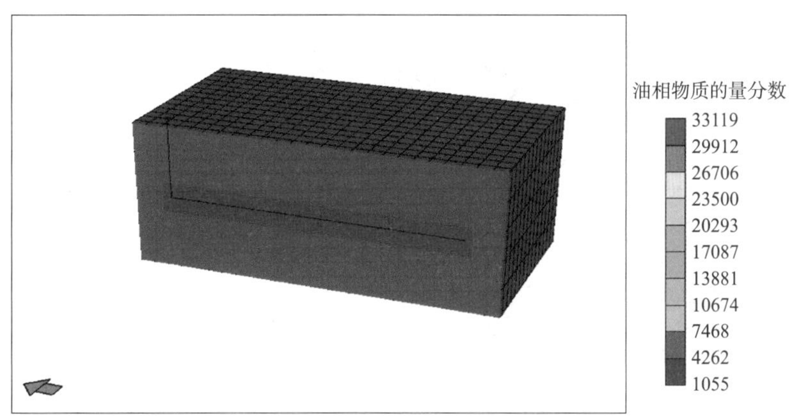

图 3 - 19　注入化学剂后解缔小分子油相物质的量分数纵向分布图

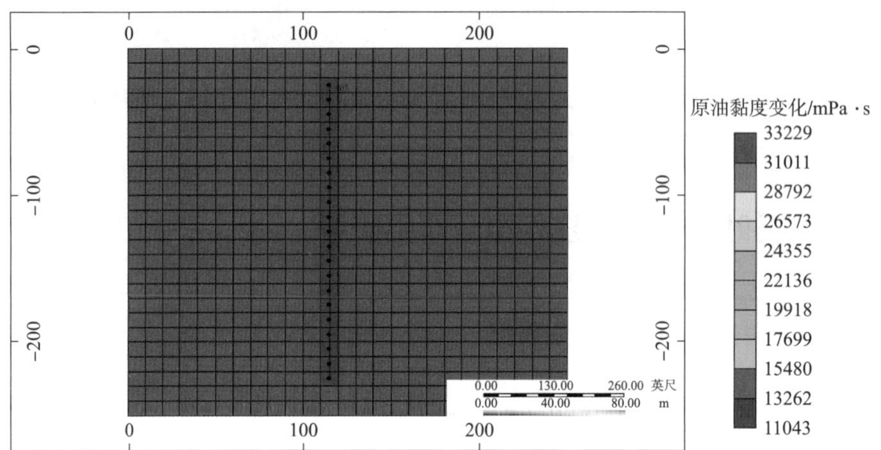

图 3－20　注入化学剂后原油黏度变化图

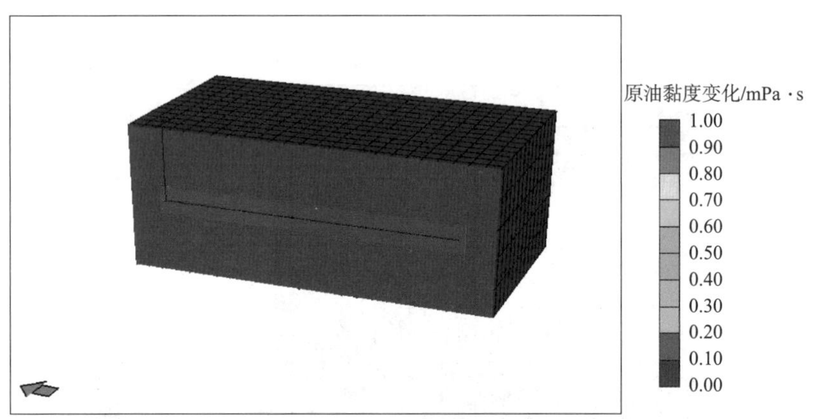

图 3－21　注入化学剂后原油黏度变化纵向分布图

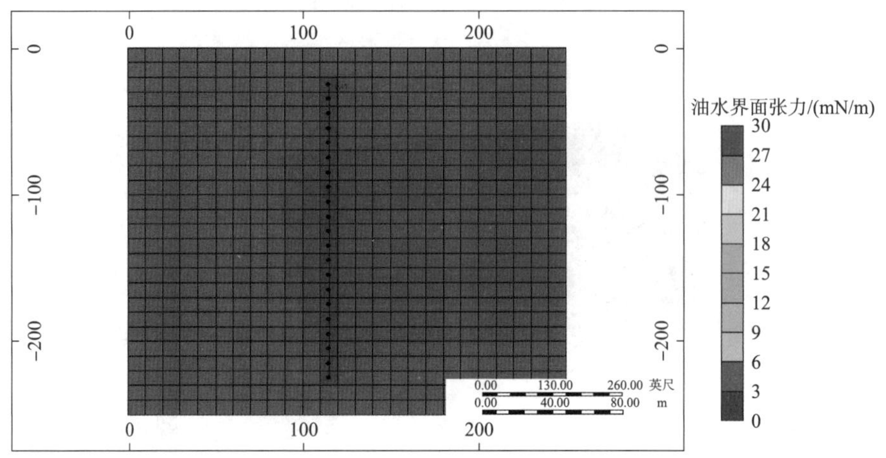

图 3－22　注入化学剂后油水界面张力图

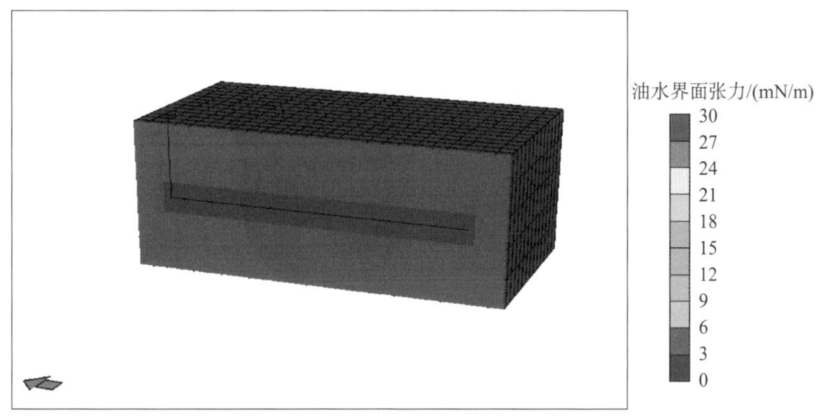

图 3-23 注入化学剂后纵向油水界面张力图

从上述数值模拟结果可以看出，注入化学剂一天后，解缔小分子在水平井所在网格中油相物质的量分数与实验结果基本符合，说明从解缔大分子生成小分子结构及降低油水界面张力角度考虑化学剂在数值模型中的作用是合理可行的。

(二)数值模型二氧化碳组分作用研究

二氧化碳提高稠油采收率的机理包括降低原油黏度、改善流度比、原油体积膨胀、降低界面张力、溶解气驱作用和扩大蒸汽的波及半径，在数值模拟中重点考虑二氧化碳溶于原油后大幅降低原油黏度的作用、使原油膨胀的作用和气体驱动作用。

对考虑二氧化碳数值模拟中作用机理的可行性进行论证，设定首先向油藏中注入 120t 液态二氧化碳，周期注入蒸汽量为 2000t，从数值模拟结果中观察二氧化碳注入后水平井附近原油黏度的变化及 CO_2 在油相中的分布，模拟结果如图 3-24 ~ 图 3-32 所示。

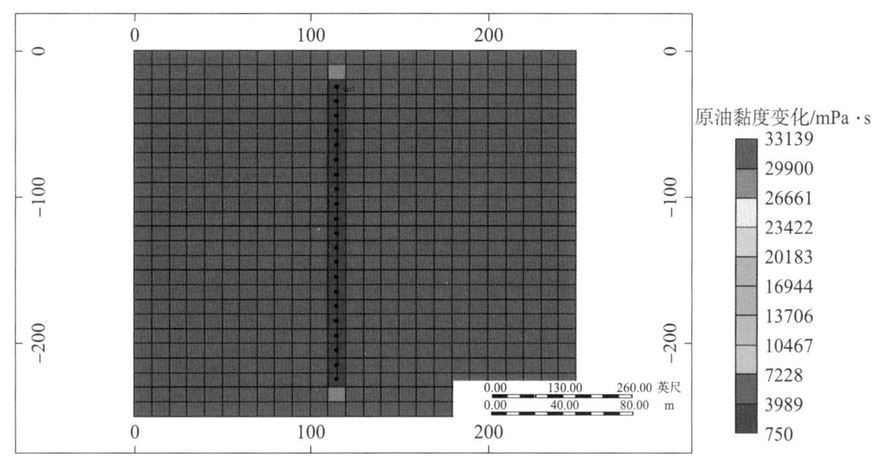

图 3-24 注入 CO_2 后平面上原油黏度变化图

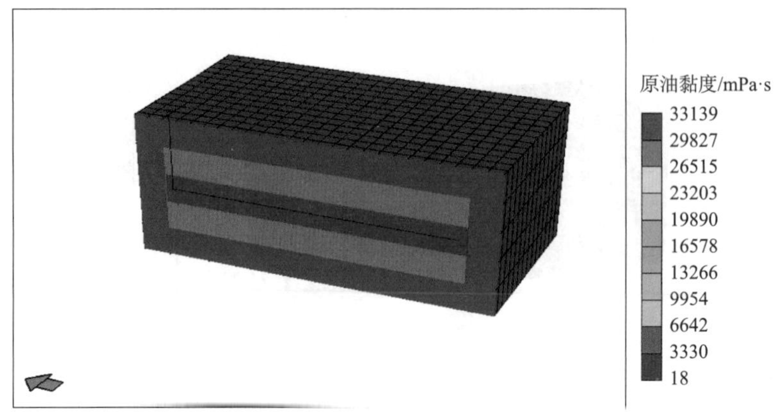

图 3－25 注入 CO_2 后纵向上原油黏度变化图

三、多元复合吞吐效果影响因素分析

在模型建立的基础上，研究不同类型参数对多元热复合吞吐效果的影响，研究选择油藏埋深、油层厚度、渗透率、黏度、含油饱和度，分别对每一参数进行单因素分析，分析每个参数对多元热复合吞吐效果的影响。

（一）油藏埋深的影响

在其他参数不变的条件下，通过改变水平井和定向井的埋深，研究埋深对吞吐开发效果影响。分别选取埋深为 400m、800m、1200m、1600m、2000m、2400m、2800m、3200m。

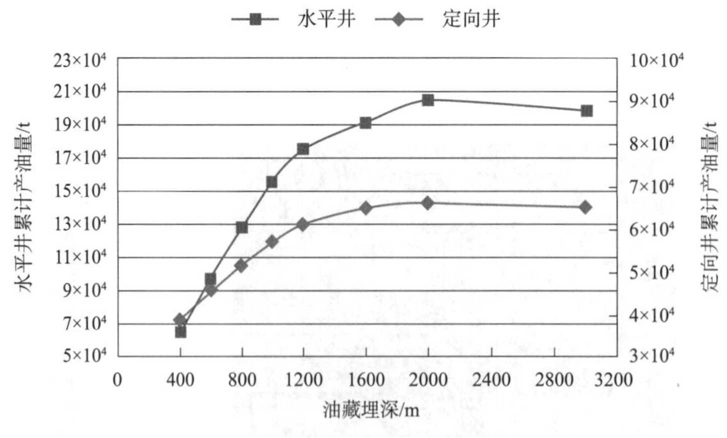

图 3－26 油藏埋深对吞吐效果的影响

从累计产油量和埋深关系曲线（图 3－26）可知，随着埋藏埋深的增加，定向井和水平井多元热复合吞吐的累计产油量逐渐增加，但是增加幅度却逐渐变平缓，在埋深大于 2000m 之后累计产油量出现了下降趋势。

(二)油层厚度的影响

在其他参数不变的条件下，通过改变水平井和定向井的所钻遇的油藏厚度，研究厚度对吞吐开发效果影响。分别选取厚度为10m、20m、30m、40m、50m、60m、70m、80m。

随着油层厚度的增加，多元热复合吞吐的累计产油量呈上升趋势，采出程度却呈现先上升后下降的趋势，并且在油层厚度小于6m时，累计产油量和采出程度均较低(图3－27、图3－28)。

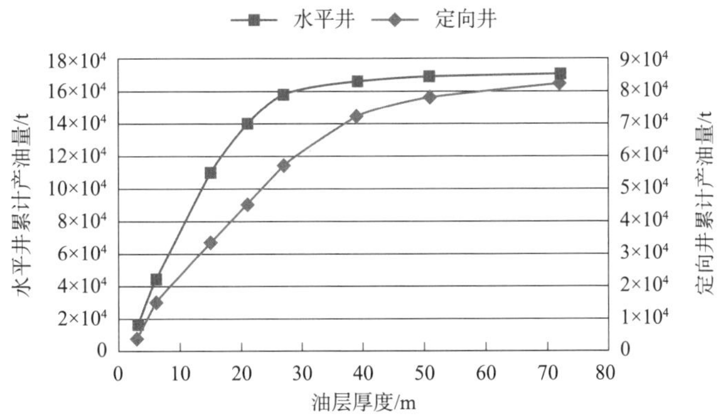

图3－27　油层厚度对吞吐采油量的影响

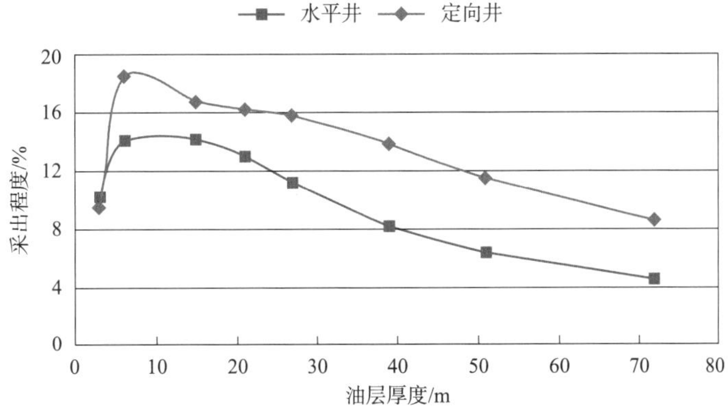

图3－28　油层厚度对吞吐采出程度的影响

(三)渗透率的影响

在其他参数不变的条件下，通过改变水平井和定向井的所钻遇的油层的渗透率，研究渗透率对吞吐开发效果影响。选取渗透率$(10\sim10000)\times10^{-3}\mu m^2$。

随着渗透率的增大，水平井和定向井的累计产油量呈现上升趋势，水平井渗透率在大于$200\times10^{-3}\mu m^2$、定向井大于$500\times10^{-3}\mu m^2$时累计产油量的增加幅度较大，但是超过$5000\times10^{-3}\mu m^2$水平井和定向井的累计产油量出现持平甚至下降趋势(图3－29)。

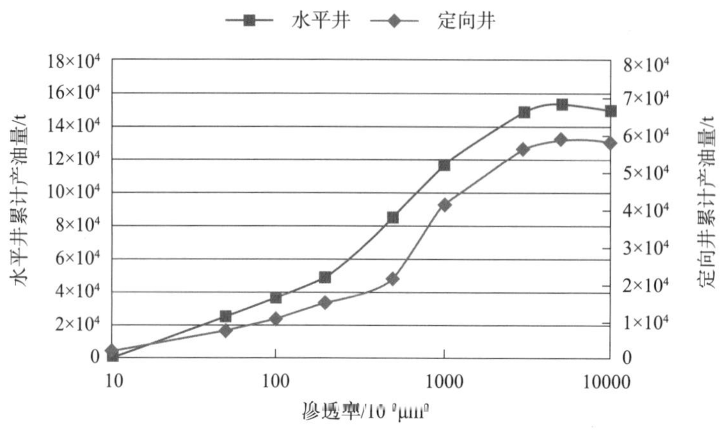

图 3－29　油藏渗透率对吞吐效果的影响

(四)含油饱和度的影响

在其他参数不变的条件下，通过改变油层饱和度，研究饱和度对吞吐开发效果影响。分别选取饱和度为 0. 3、0. 35、0. 4、0. 45、0. 5、0. 55、0. 6、0. 65、0. 7、0. 75、0. 8。

随着含油饱和度的升高，累计产油量呈上升趋势，且含油饱和度在 0. 5 以上累计产油量增加幅度明显。

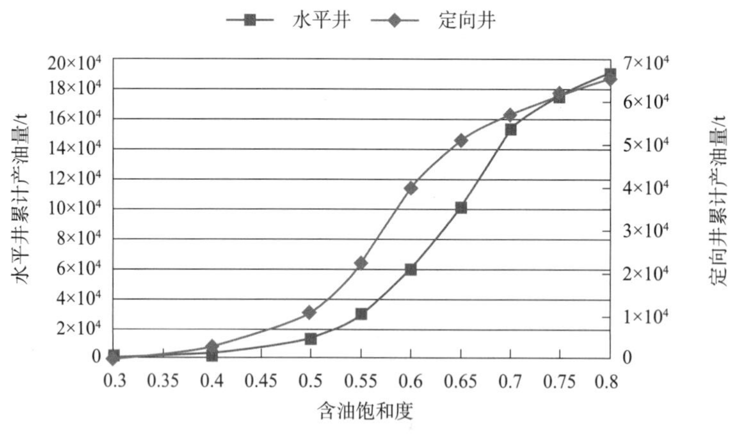

图 3－30　含油饱和度对吞吐效果的影响

(五)黏度的影响

在其他参数不变的条件下，通过改变原油黏度，研究黏度对吞吐开发效果影响。分别选取黏度范围为 50～50000mPa · s。

随着黏度的升高，水平井和定向井的累计产油量呈下降趋势，并且水平井在黏度大于 20000mPa · s、定向井大于 10000mPa · s 产油量的下降幅度急剧变大(图 3－31)。

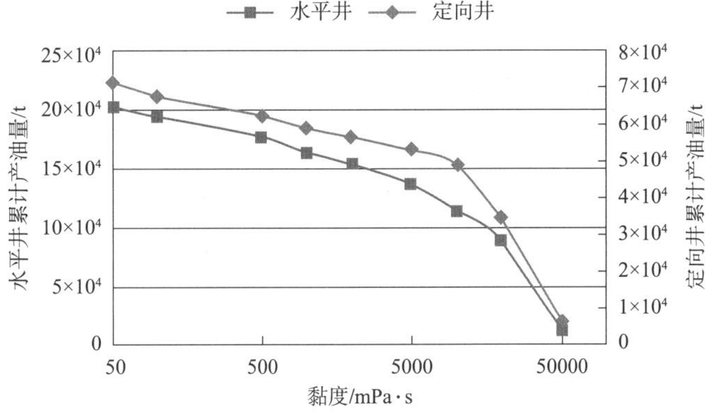

图 3－31　黏度对吞吐效果的影响

(六)多因素影响分析

通过多因素影响分析(图 3－32)可知，①在相同注采条件下，油藏地质参数对水平井多元热复合吞吐效果的影响排序为：黏度 > 含油饱和度 > 渗透率 > 油藏埋深 > 油层厚度。②在相同注采条件下，油藏地质参数对定向井多元热复合吞吐效果的影响排序为：黏度 > 含油饱和度 > 渗透率 > 油层厚度 > 油藏埋深。

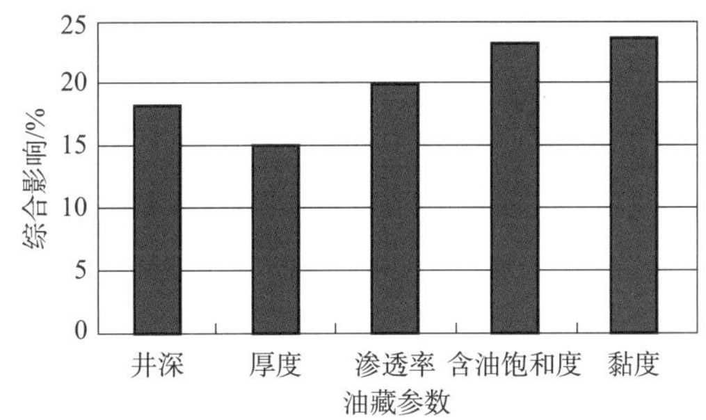

图 3－32　水平井油藏多因素分析

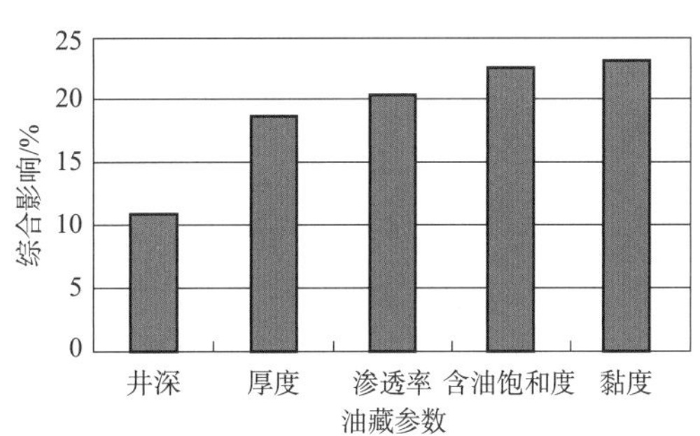

图 3－33　定向井油藏多因素分析

(七)多元热复合吞吐油藏适应性分析

通过以上因素的分析，可以得出厚度、黏度、饱和度、井深、渗透率对吞吐效果的影响，从而确定各因素的最佳取值范围，如表 3－4 所示。

表 3－4　各因素的适应范围

参数	适宜范围		排 612
	水平井	定向井	
油藏埋深/m	≤2000	≤2000	270～380
厚度/m	≥6	≥6	49
渗透率/$10^{-3}\mu m^2$	200～5000	500～5000	361～771
含油饱和度(小数)	≥0.5	≥0.5	0.3～0.6
黏度/mPa·s	≤20000	≤10000	1933

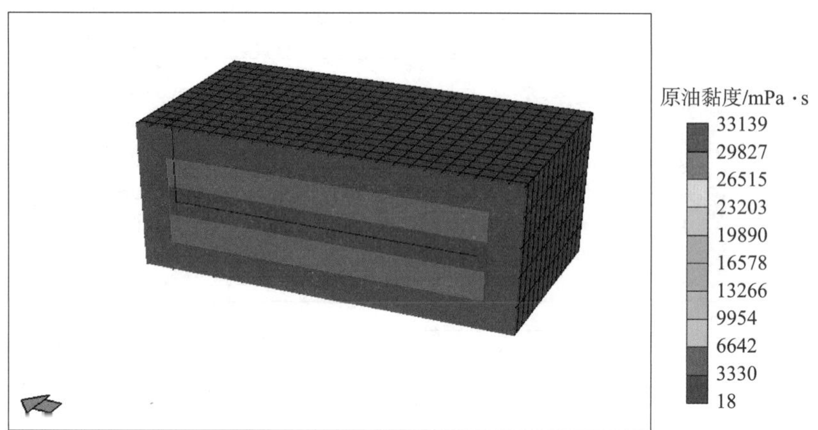

图 3-34　注入 CO_2 2 天后纵向原油黏度分布图

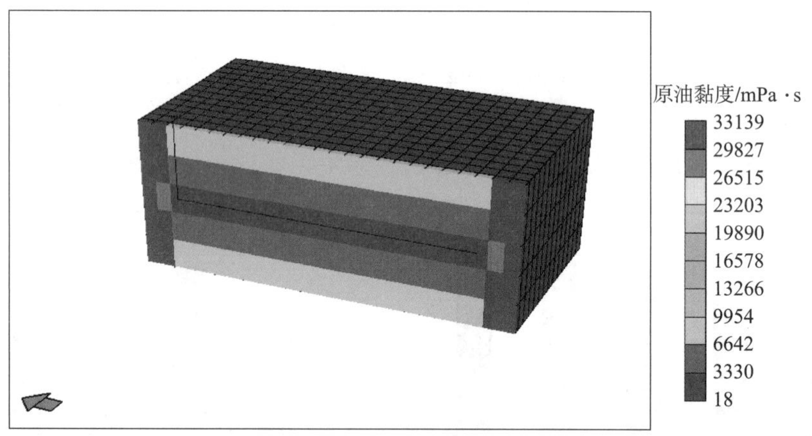

图 3-35　注入 CO_2 3 天后纵向原油黏度分布图

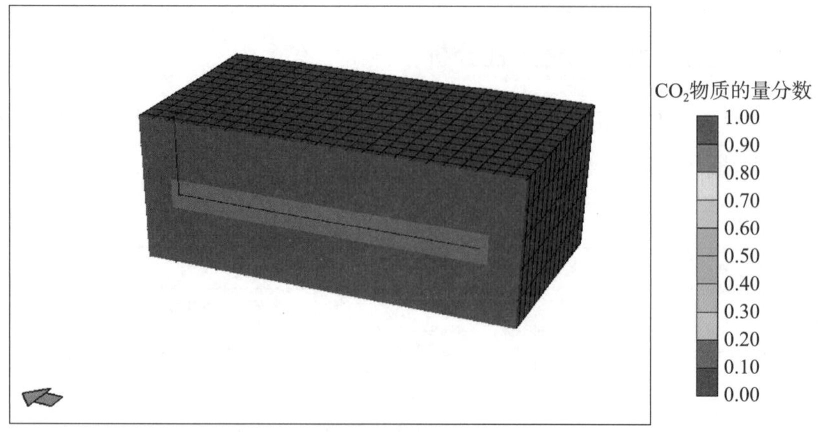

图 3-36　注入 CO_2 1 天后油相中 CO_2 物质的量分数

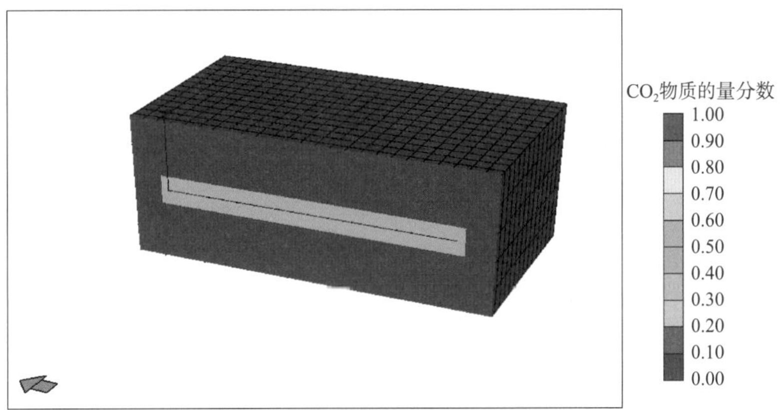

图 3－37 注入 CO_2 2 天后油相中 CO_2 物质的量分数

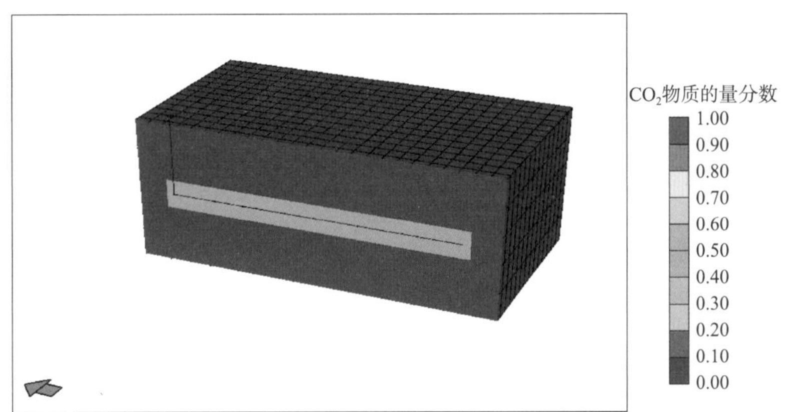

图 3－38 注入 CO_2 3 天后油相中 CO_2 物质的量分数

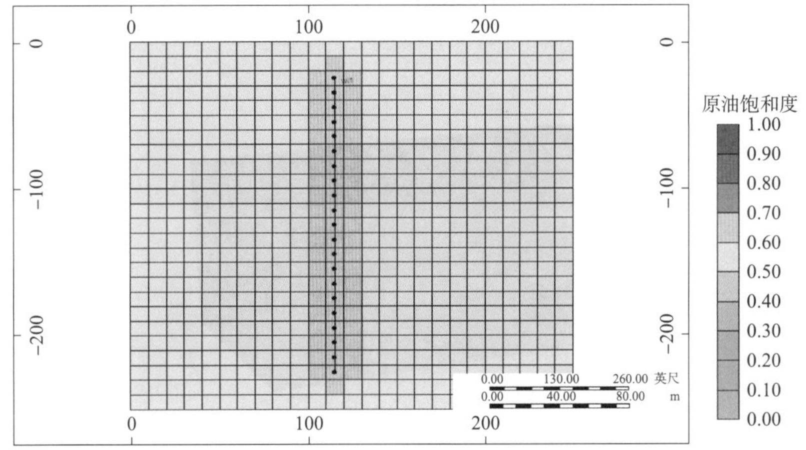

图 3－39 注入 CO_2 3 天后原油饱和度平面分布图

从数值模拟结果(图 3－34～图 3－40)可以看出，注入 CO_2 2 天、3 天、4 天时，原油黏度迅速降低，并且二氧化碳溶解于原油使其膨胀，导致溶解二氧化碳区域原油饱和度增大，且作用范围逐渐扩大，也说明二氧化碳的注入起到了驱动原油的作用，可见在数值模拟中考虑二氧化碳注入后降低原油黏度、使原油膨胀和气体驱动作用是合理可行的。

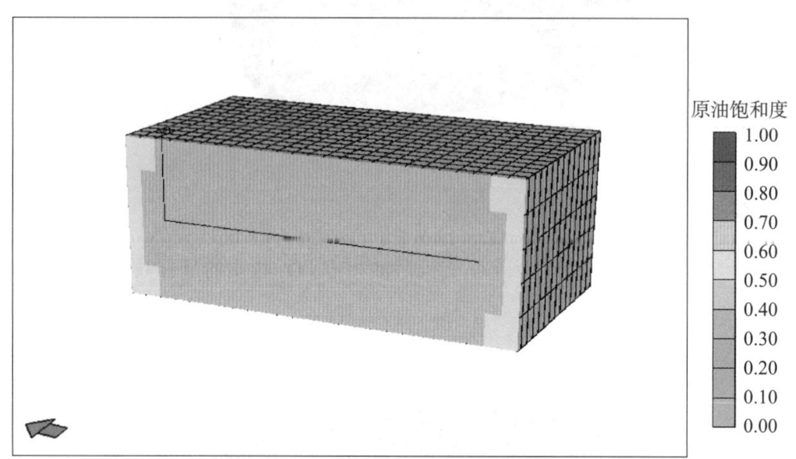

图 3－40　注入 CO_2 3 天后原油饱和度纵向分布图

(八)数值模型蒸汽组分作用研究

蒸汽提高稠油采收率的机理主要是降低原油黏度、改善流度比，在数值模拟中重点考虑蒸汽注入后大幅降低原油黏度的作用。

对考虑蒸汽数值模拟中作用机理的可行性进行论证，设定向油藏中注入 2000t 冷水当量的蒸汽，蒸汽注入速度为 200t/d，从数值模拟结果中观察蒸汽注入后水平井附近原油黏度的变化及地层温度场变化，模拟结果如图 3－41～图 3－44 所示。

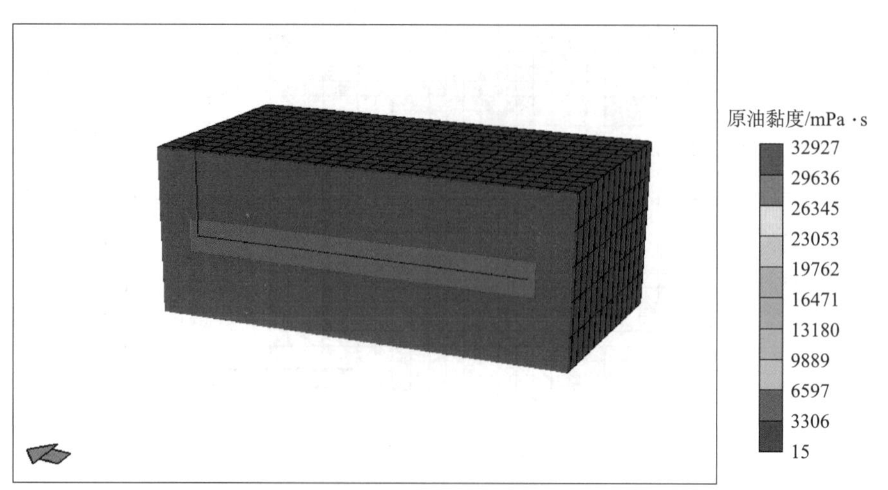

图 3－41　蒸汽初始注入时原油黏度纵向分布

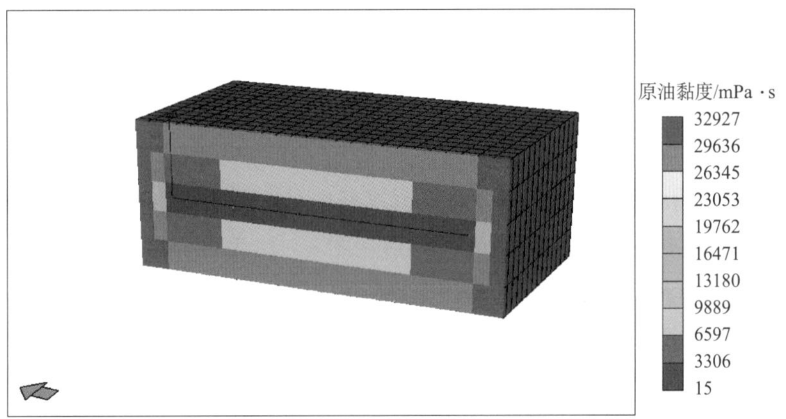

图 3－42　蒸汽注入结束时原油黏度纵向分布

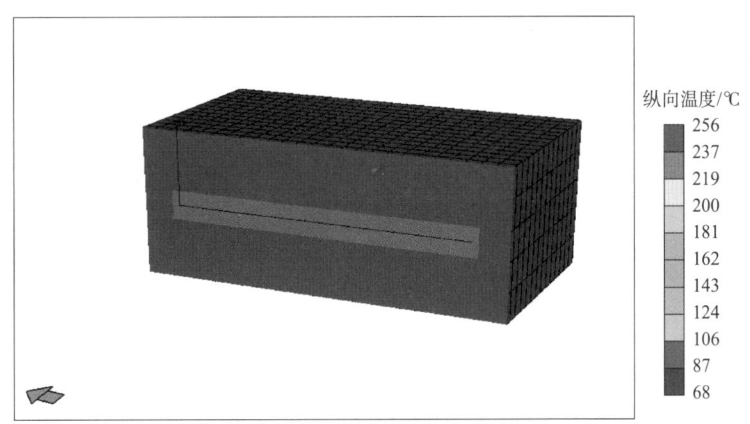

图 3－43　蒸汽初始注入时纵向温度分布

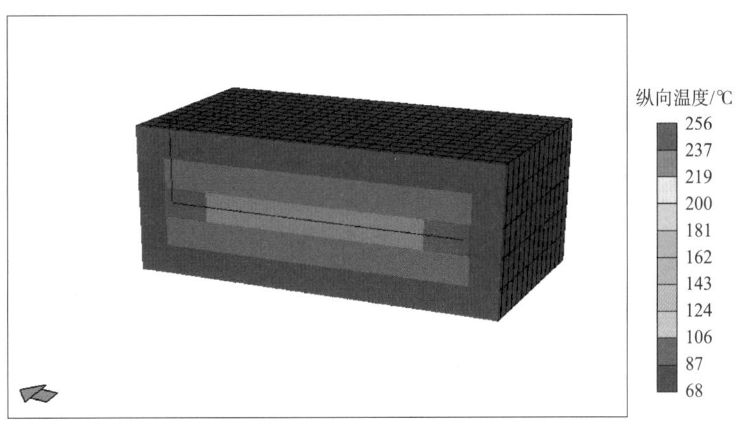

图 3－44　蒸汽注入结束时纵向温度分布

从数值模拟结果可以看出，注入蒸汽后，蒸汽热力作用范围逐渐扩大，使作用区原油黏度大幅降低，可见在数值模拟中处理蒸汽的方式是可行的。

四、多元热复合提高吞吐效果作用规律研究

(一) 三场分布规律

从排6－12－斜103井组的三场分布图可以看出(图3－45～图3－47)，多元热复合吞吐主要波及和动用的是井周围的剩余油。但是从图3－48和3－49对比图中可以看出，多元热复合的动用范围大于蒸汽吞吐的动用范围。根据数值模拟可知，相同注入温度时，进入油藏相同热量的情况下热腔的变化存在差异。由于非凝析气的作用，有利于扩展原油动用范围。

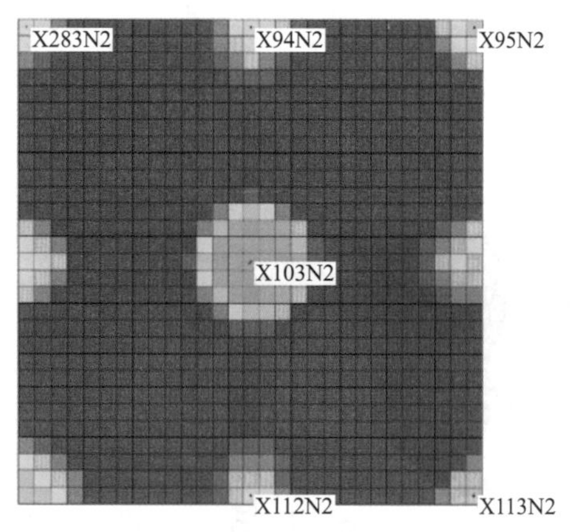

图3－45 排612－斜103井组剩余油饱和度场图

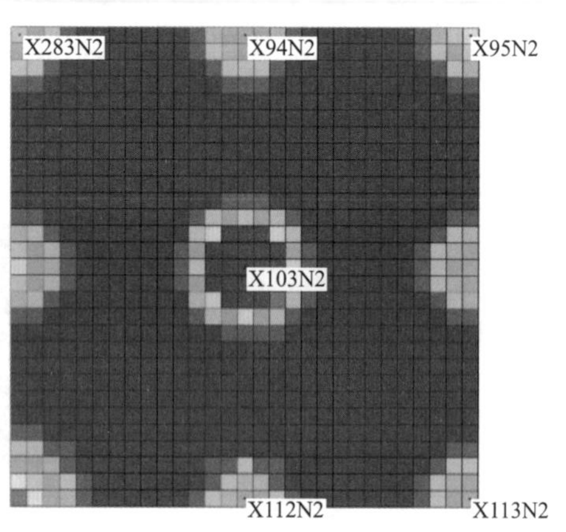

图3－46 排612－斜103井组温度图

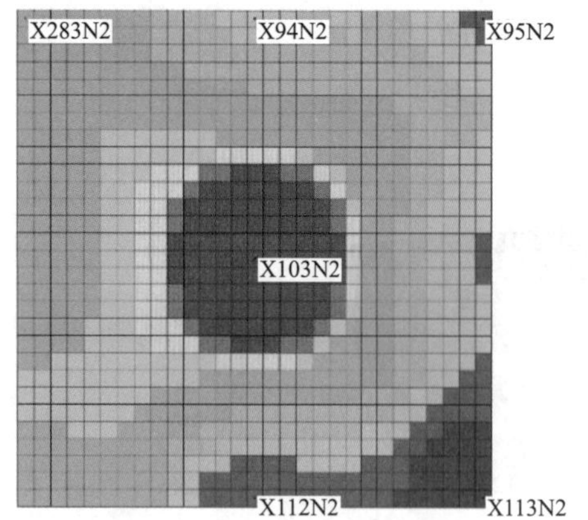

图3－47 排612－斜103井组压力场图

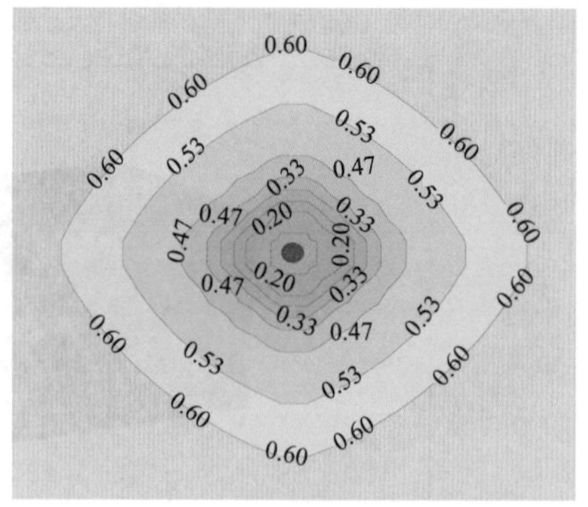

图3－48 蒸汽吞吐动用图

(二) 不同组分分布规律

由图3－50～图3－52可知，注入过程：氮气和蒸汽推动化学剂进入油层，降低近井附近黏度，氮气分布范围最广，化学剂次之，蒸汽分布于近井地带。回采过程：冷凝水和热油最先采出，化学剂＋冷油＋氮气随后采出。

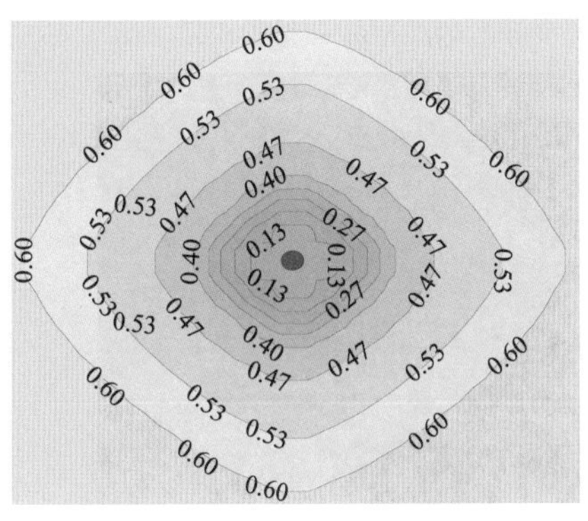

图 3－49　多元热复合吞吐动用图

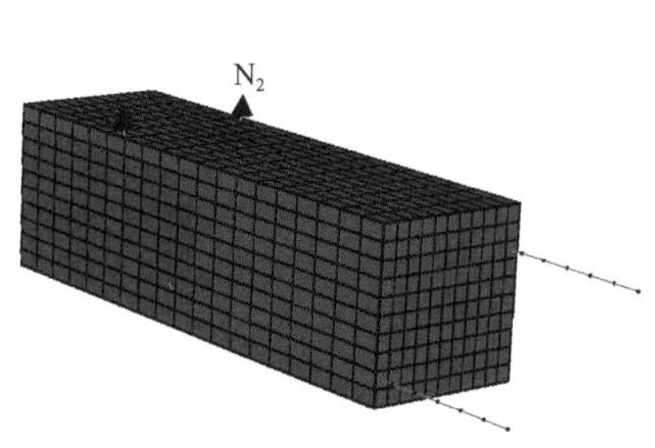

图 3－50　氮气物质的量浓度分布图

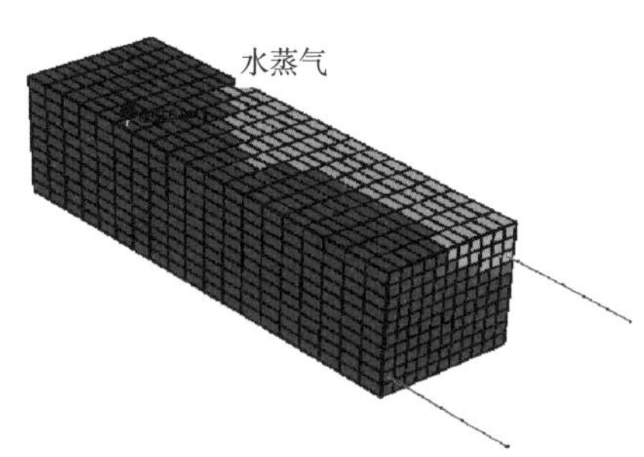

图 3－51　水蒸气物质的量浓度分布图

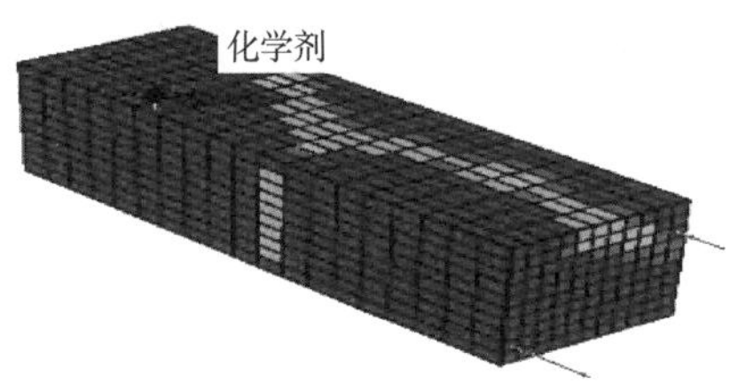

图 3－52　化学剂物质的量浓度分布图

第四节　稠油热采泡沫分级调剖技术

一、高阻力泡沫剂的研制与评价

（一）注蒸汽过程中油藏温度场模拟

目前胜利油田蒸汽吞吐注入蒸汽的温度一般为 350℃，利用 CMG 数值模拟软件对蒸汽注入油层后的温度场进行了分析，如图 3－53～图 3－56 所示。

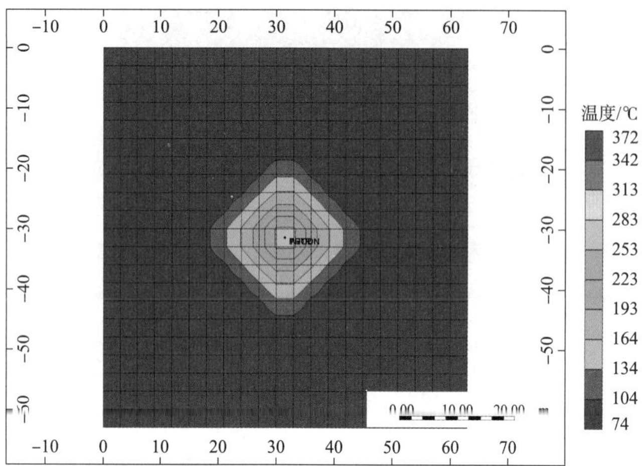

图 3－53　注汽 228t(第 1 天)温度场模拟

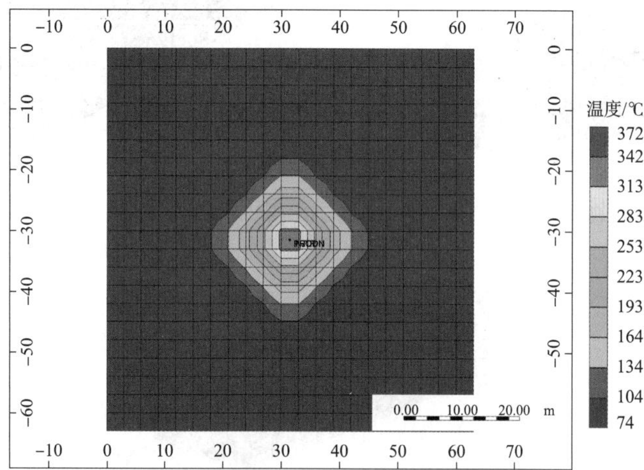

图 3－54　注汽 912t(第 4 天)温度场模拟

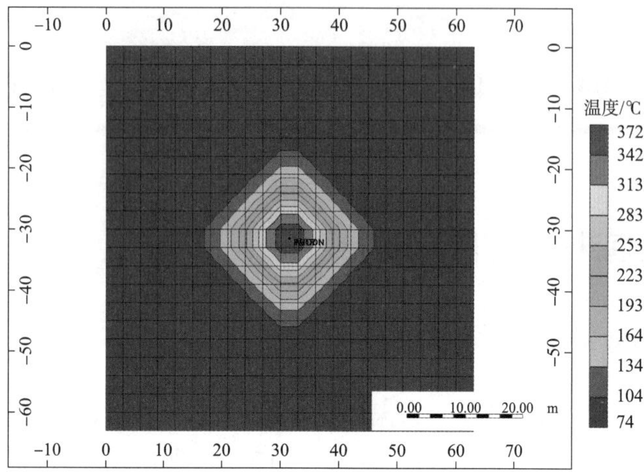

图 3－55　注汽 2052t(第 9 天)温度场模拟

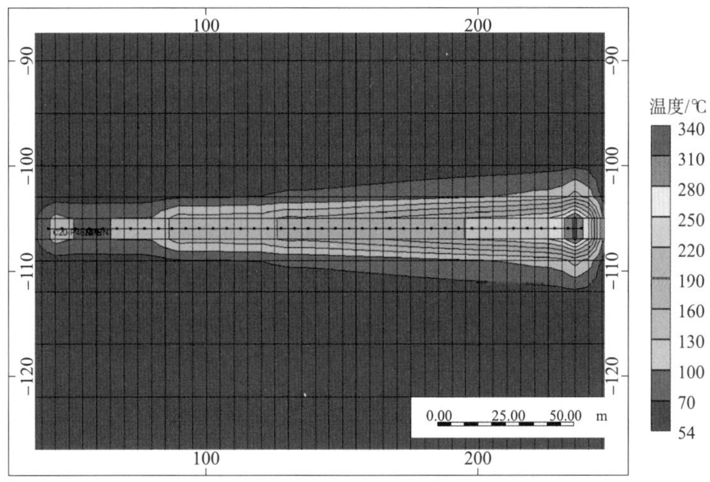

图 3－56　水平井注汽温度场模拟

通过数值模拟的结果看出，蒸汽吞吐过程，由于作用半径、地层的热交换，呈现不同的温度场。蒸汽的前沿温度一般≤150℃，前置起泡剂的作用温度一般为 120～150℃，耐温温度为 250℃；伴注泡沫剂的作用温度为 200～250℃，耐温温度为 350℃，下步可以根据该温度场进行相关前置泡沫剂和伴注泡沫剂的研制和开展注入工艺研究。

(二)前置泡沫剂与伴注泡沫剂的研制

1. 泡沫剂主剂的筛选

选择具有不同类型极性头的表面活性剂，采用模拟地层水配制浓度为 0.5% 的表面活性剂溶液，分别在室温 15℃下测定泡沫衰减曲线，并得到泡沫半衰期，部分实验结果如表 3－5 所示。

表 3－5　表面活性剂极性头类型与泡沫稳定性

表面活性剂极性基团类型	商品代号	常温泡沫稳定性 $t_{1/2}$/min	备注
磺酸盐	TA	260.0	阴离子
	LAS	114.3	
	AOS	401.4	
	石油磺酸盐	135.6	
	OBS	150.0	氟表面活性剂
羧酸盐	SDC	30.0	阴离子
	CDS	37.2	
	SDV	65.0	
磷酸盐		13.8	
硫酸盐	FAS	57.0	

续表

表面活性剂极性基团类型	商品代号	常温泡沫稳定性 $t_{1/2}$/min	备注
羧酸、季铵	CBE	140.0	混合型
磺酸、季铵	SBE	203.5	
磺酸、乙氧基	AES	189.2	
羟基、羧基、季铵	MIZ	390.0	
乙氧基	OP-10	25.5	非离子
	NP-13	49.1	
	NP-20	9.8	
	AE09	42.5	
	PING-700	43.0	
	PING270	50.8	

分析上表结果可以得到以下结论。

(1)离子型表面活性剂的泡沫稳定性高于非离子表面活性剂，这是由于离子型表面活性剂极性头带电荷，泡沫双层液膜中双电层间的静电斥力对抗液膜变薄过程的发生，使泡沫稳定性提高。

(2)离子型表面活性剂中，磺酸盐的泡沫稳定性普遍较好，两性表面活性剂中带有磺酸基的表面活性剂也具有较高的泡沫稳定性。这可能是由于磺酸盐具有较强的水化作用，部分水分子与表面活性剂极性头以氢键作用结合，稳定存在于薄膜层间，使液膜中水分子的重力排驱变缓，并且泡沫液膜可保持较好的弹性。

(3)在磺酸盐中，直链型分子的泡沫稳定性较好，这可能是由于直链型分子排列较紧密，形成的膜具有较高的强度和较低的透过性，因此泡沫的稳定性也较高。石油磺酸盐由于组成复杂，形成的分子膜强度降低，泡沫稳定性降低。

(4)对不同碳链长度的磺酸盐进行不同温度下的发泡实验，由表3-6可以看出，不同的碳链长度的磺酸盐，其最佳发泡温度不同。碳链长度越大，最佳发泡温度越高。通过注蒸汽温度场模拟的结果来看，前置泡沫剂的作用温度应在120℃左右，因此选择碳链长度为14-16的磺酸盐作为前置泡沫剂的主剂。伴注泡沫剂的主要作用温度应在200~250℃，因此选择碳链长度为20~24的磺酸盐作为伴注泡沫剂的主剂。

表3-6　不同碳链长度的磺酸盐在不同温度下的发泡体积

碳链长度	100℃	120℃	150℃	180℃	200℃
14	280	273	226	203	204
14(不含14)~16	241	280	280	252	217
18~20	229	276	280	271	245
20(不含20)~24	215	219	257	251	276

2. 泡沫剂助剂的筛选

实验中重点研究醇醚类非离子表面活性剂对泡沫剂抗盐性能的影响。研究方法采用以下两种方法进行研究：一是利用目测法通过系列试验确定其在不同温度条件下产生沉淀的临界点矿化度点进行测量；二是利用分光光度计对不同矿化度条件下体系透光度进行测试，确定醇醚类非离子对体系抗盐性能的影响。

临界矿化度的测量是按以下方法进行，将不同矿化度的盐水同1%的泡沫剂溶液混合，恒温12h，观察产生沉淀的矿化度条件，确定不同泡沫剂和非离子表面活性剂的配比对体系临界沉淀条件的影响。实验中泡沫剂浓度为1.0%，实验结果如图3－57所示。

从醇醚类非离子对泡沫体系的影响试验结果表明，AEP1体系对提高复合泡沫体系的抗矿化度能力最强，在相同的浓度条件下，该体系可有效增加复合体的矿化度能力，可以将其作为添加剂的首选。研究AEP1添加剂对体系泡沫发泡量的影响，实验条件与前文相同，试验结果如图3－58所示。

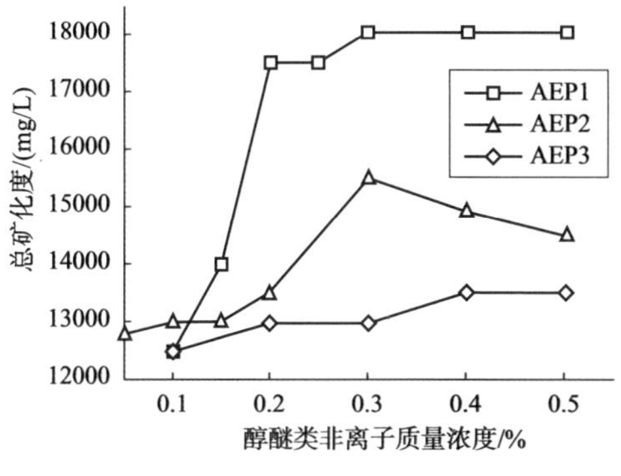

图3－57　非离子添加剂对体系抗矿化度能力的影响

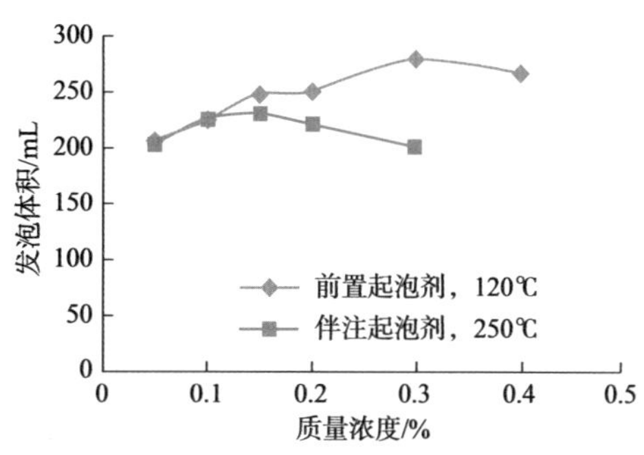

图3－58　AEP1在发泡体系中的质量浓度优化

从试验结果分析，AEP1的加入能够起到协同增效的作用，在前置泡沫中，当AEP1的浓度大于30%后，发泡体积的涨势变缓，因此其最佳使用浓度为30%。在伴注泡沫剂中，当其质量浓度为15%时体系的发泡体积达到最大值，确定伴注泡沫剂中助剂的浓度为15%。

3. 泡沫剂配方确定

在前置泡沫剂和伴注泡沫剂主剂和助剂的筛选评价的基础上，加入表面活性剂NP－10提高泡沫剂的溶解性，调整体系组分比例，形成稳定的泡沫剂溶液，体系均匀稳定且流动性较好。确定泡沫剂的配方如表3－7所示。

表3－7　泡沫剂配方

主要成分	作用机理	前置泡沫剂	伴注泡沫剂
C14－16磺酸盐	高温发泡	35%	
C20－24磺酸盐	高温发泡		40%
表面活性剂NF14	协同增效发泡	30%	15%
表面活性剂BS－12	提高稳泡能力	10%	10%

续表

主要成分	作用机理	前置泡沫剂	伴注泡沫剂
表面活性剂 NP-10	增加泡沫剂溶解性	10%	15%
水	增加泡沫剂稳定性	15%	20%

(三)前置泡沫剂与伴注泡沫剂的评价

1. 泡沫剂发泡能力性能评价

采用法国 TECLIS 高温高压泡沫扫描仪(图 3-59)对前置起泡剂和伴注起泡剂样品开展在 150℃和 250℃下起泡性能评价，实验压力 2MPa，评价质量浓度 1%。由于整个腔室体积为 300mL，故设定当起泡体积达到 200mL，系统停止注气发泡，测定泡沫稳定和衰减时间(图 3-60、图 3-61、表 3-8)。

图 3-59　法国 TECLIS 高温高压泡沫扫描仪

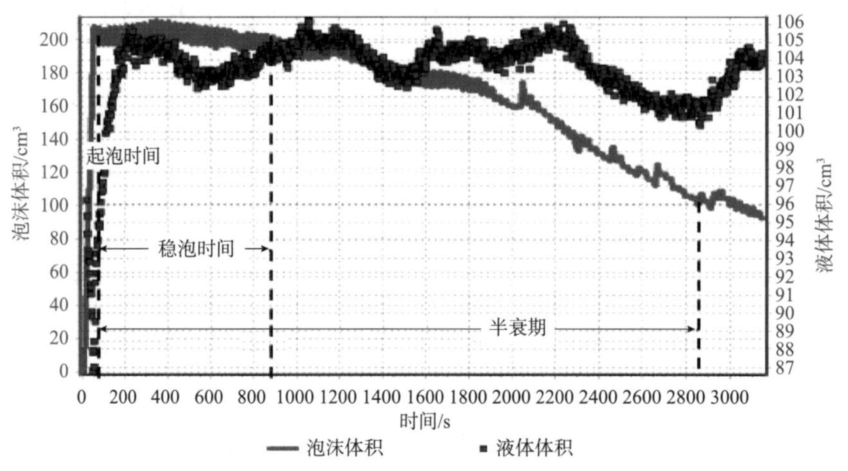

图 3-60　前置泡沫剂在 150℃下的发泡性能测试结果

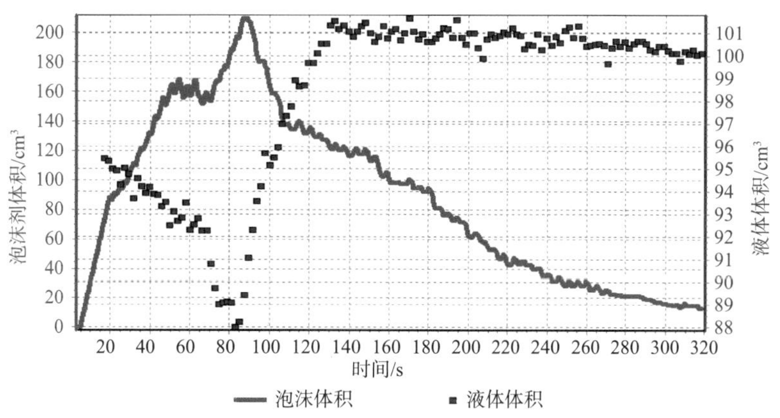

图 3－61 伴注泡沫剂在 250℃下的发泡性能测试结果

表 3－8 泡沫剂发泡性能测试结果汇总

泡沫剂	耐温温度/℃	测试温度/℃	浓度/%	发泡体积/mL	半衰期/s
前置泡沫剂	250	150	1	208	1975
伴注泡沫剂	350	250	2.5	230	26

2. 泡沫剂封堵能力评价

泡沫在多孔介质中封堵调剖能力是利用其提高蒸汽驱替效率的关键与核心。在管式模型中阻力因子的大小被作为表明封堵能力高低的评价标准。阻力因子是泡沫流体通过管式岩芯的压差同单纯注蒸汽岩芯两端压差的比值，是评价泡沫体系最直接最有说服力的技术指标。

将前置起泡剂样品先在 250℃老化 24h 后，测定在 150℃阻力因子测定实验，伴注泡沫剂样品在 350℃老化 24h 后，测定在 250℃阻力因子测定实验，实验步骤如下：

①制作模拟岩芯管，采用清水驱替，记录清水驱替压差(基础压差)，同时计算出渗透率；

②将配置好的起泡剂装入中间容器，前置起泡剂浓度为 1%，伴注起泡剂浓度为 2.5%；

③准备实验所需的 N_2 瓶；

④将岩芯管放入热力驱替线性模型(图 3－62，图 3－63)中，温度设定为 150℃和 250℃，压力 2MPa，然后打开中间容器阀门和气瓶阀门，注入起泡剂溶液和气体，泡沫气液比为 2∶1(N_2：4mL/min，起泡剂：2mL/min)，记录泡沫驱替压差(工作压差)(图 3－64～图 3－67)。

⑤当驱替 2h 后，停止注入泡沫，改用清水驱替清洗岩芯管。

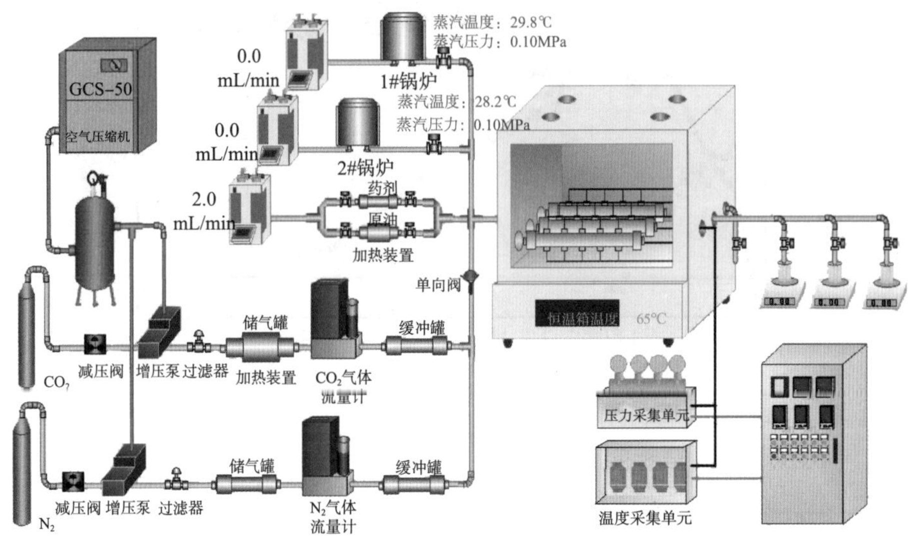

图3-62　热力驱替线性模型原理图

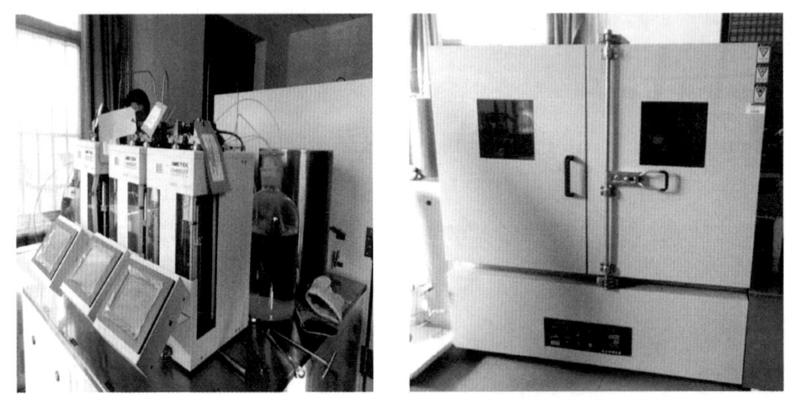

图3-63　热力驱替性模型(水泵、烘箱)

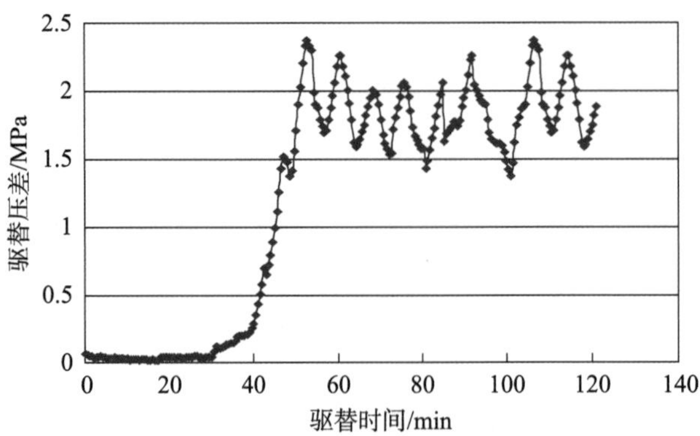

图3-64　前置泡沫剂耐温后在150℃时的工作压差

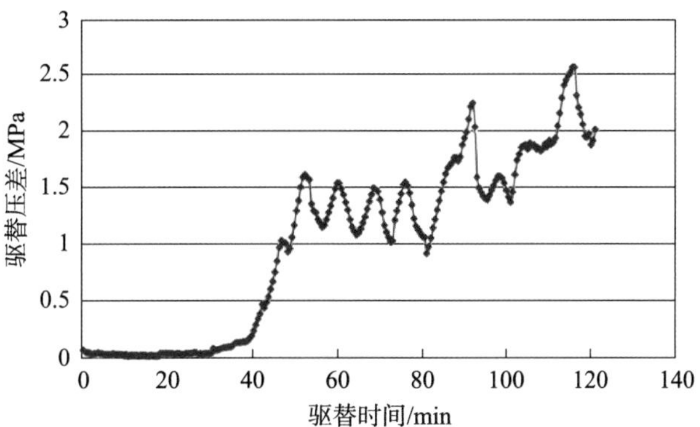

图 3－65　前置泡沫剂耐温前在 150℃时的工作压差

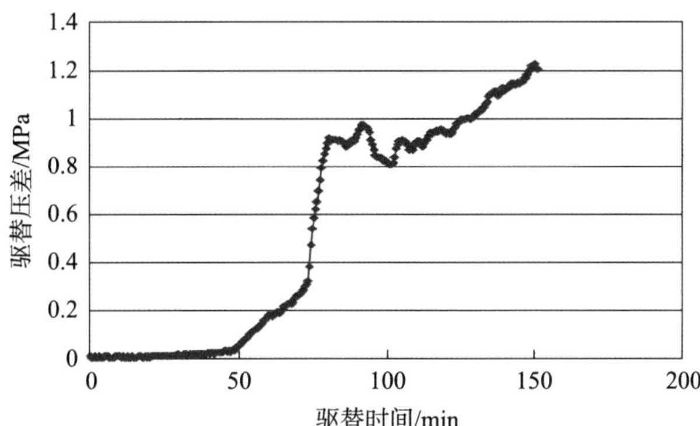

图 3－66　伴注泡沫剂耐温前在 250℃时的工作压差

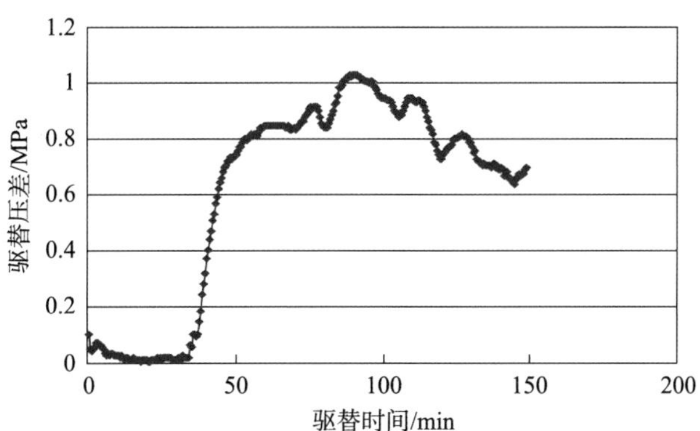

图 3－67　伴注泡沫剂耐温后在 250℃时的工作压差

表 3－9　泡沫剂发泡性能测试结果汇总

泡沫剂	耐温温度/℃	测试温度/℃	浓度/%	阻力因子
前置泡沫剂	250	150	1	110. 4
伴注泡沫剂	350	250	2. 5	42. 6

通过前置泡沫剂和伴注泡沫剂封堵性能评价（表 3－9），1% 前置泡沫剂在耐温 250℃ 24h 后在 150℃时阻力因子为 110. 4。2. 5% 伴注泡沫剂在耐温 350℃ 24h 后在 250℃时阻力

因子为42.6，相比目前在用的高温泡沫剂，阻力因子大大提高，封堵性能更佳。

二、热采泡沫分级调剖工艺油藏适应性研究

根据热采分级泡沫调剖的特点以及现场实施效果，研究油藏非均质性、油层厚度、剩余含油饱和度、边底水和原油黏度对热采分级泡沫调剖生产效果的影响，确定热采分级泡沫调剖的油藏适应范围。

(一)油藏非均质性对分级泡沫调剖效果的影响

由于泡沫具有遇水稳定、遇油不稳定的特性，所以油藏非均质性是一个影响泡沫作用的关键因素。改变油藏纵向两层的渗透率或层内的渗透率，研究油藏非均质性对泡沫作用的影响。所有方案都是首先注16000m³ 氮气进行排水，然后注入蒸汽，并且在第1、3、5天各注入28000m³ 氮气，泡沫剂质量浓度为0.6%。为了表征泡沫作用，用高温泡沫+蒸汽吞吐的产量与单纯注蒸汽产量进行对比。计算了层间渗透率比为1∶1、2∶1、4∶1、6∶1、8∶1五种情况。各种渗透率比情况下，注泡沫和不注泡沫的原油产量如图3-68～图3-72所示。

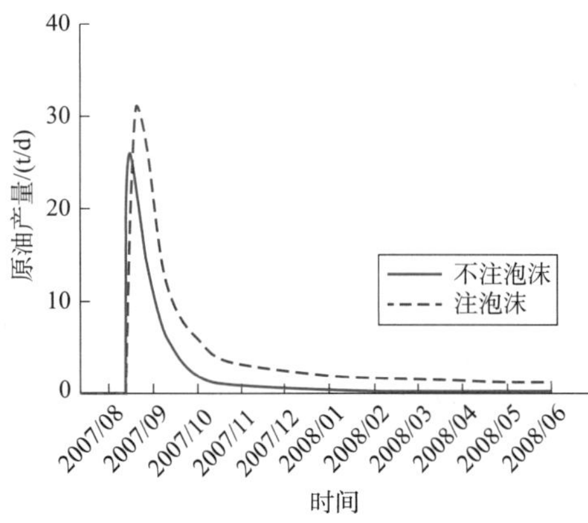

图3-68　非均质性对泡沫作用的影响(1∶1)

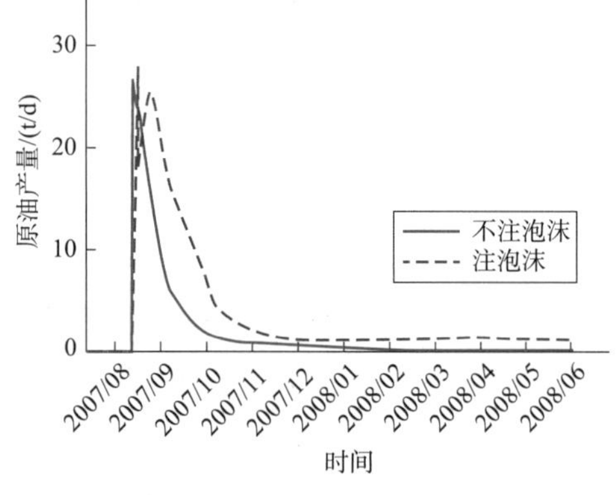

图3-69　非均质性对泡沫作用的影响(2∶1)

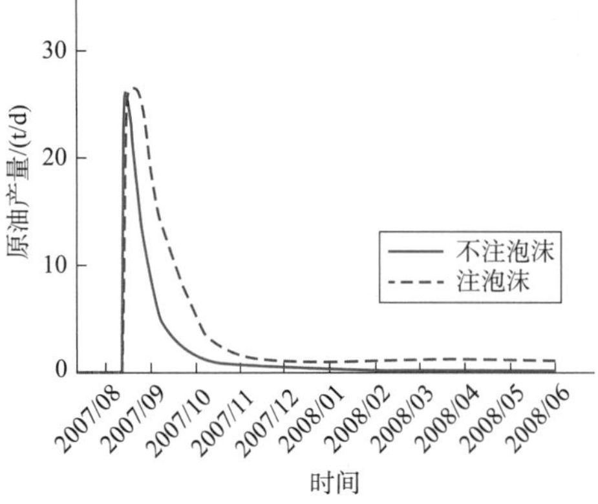

图3-70　非均质性对泡沫作用的影响(4∶1)

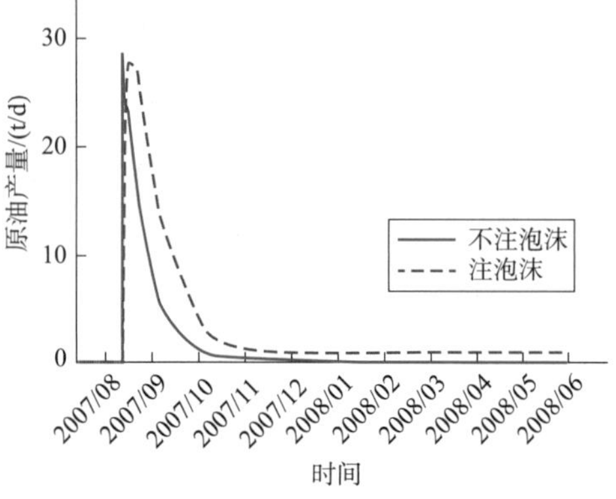

图3-71　非均质性对泡沫作用的影响(6∶1)

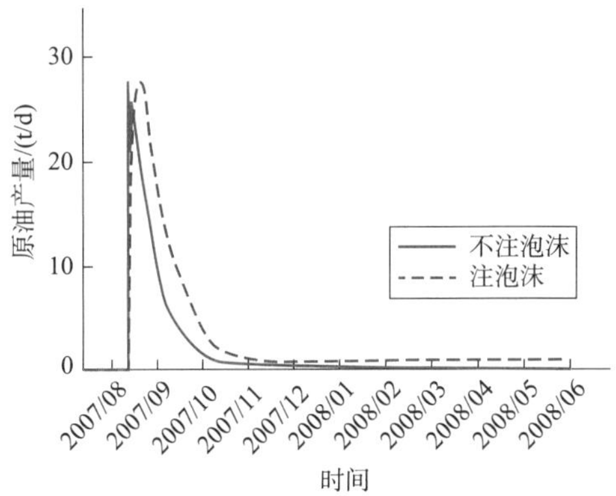

图 3－72　非均质性对泡沫作用的影响(8：1)

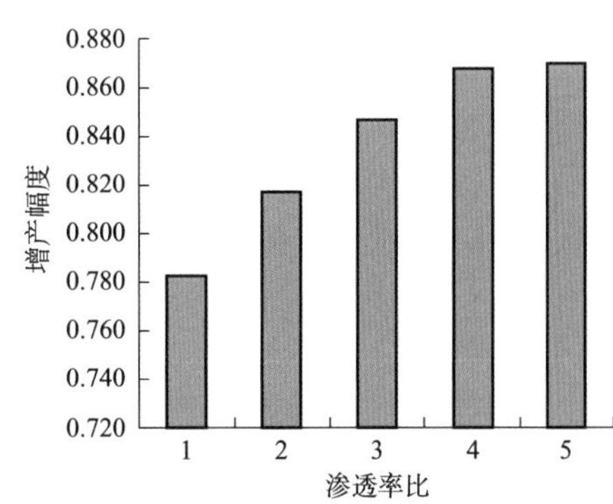

图 3－73　渗透率比与原油产量关系

从图 3－68～图 3－73 均可以明显看出，注入泡沫原油产量(生产 4 个月，下面生产时间都如此)都有较大幅度的提高。分析氮气泡沫调剖机理表明分级泡沫调剖开采适合非均质性较强的油藏，即油藏开发后期各层储量动用不均衡，汽窜现象严重在高渗透水淹区形成强泡沫利用泡沫在孔隙中运移的贾敏效应，增加高渗透水淹区的渗流阻力，从而扩大蒸汽的波及范围。但渗透率比达到 6：1 后，原油增产幅度增加不明显，说明热采分级泡沫调剖技术适用的渗透率级差范围不高于 6。

(二)剩余油含油饱和度适应性对分级泡沫调剖的影响研究

泡沫具有遇油不稳定的特性，所以含油饱和度对泡沫作用具有很大的影响。由于含油饱和度不同，生产能力也不同，为了较好地反映泡沫作用的影响，用相同条件下注泡沫与不注泡沫的日产量曲线以及累计产油量作对比。由图 3－74～图 3－80 可以明显看出，注泡沫的原油产量都有大幅度的提高。含油饱和度低时，原油增产幅度能达到 1 倍左右。含油饱和度较小时，由于泡沫作用增强，气相视黏度增大，很好地抑制了汽窜及重力超覆现象，并且抑制了指进现象的发生，从而提高了剩余油的动用程度。但随着含油饱和度的增大，增油幅度越来越小，衰减非常迅速。当含油饱和度大于 0.5 时，增油幅度变小。这是因为随着含油饱和度的升高，泡沫越来越容易破灭，甚至不能生成，作用变弱。所以高温泡沫＋蒸汽吞吐是开发蒸汽多轮次吞吐后期稠油油藏的有效手段。

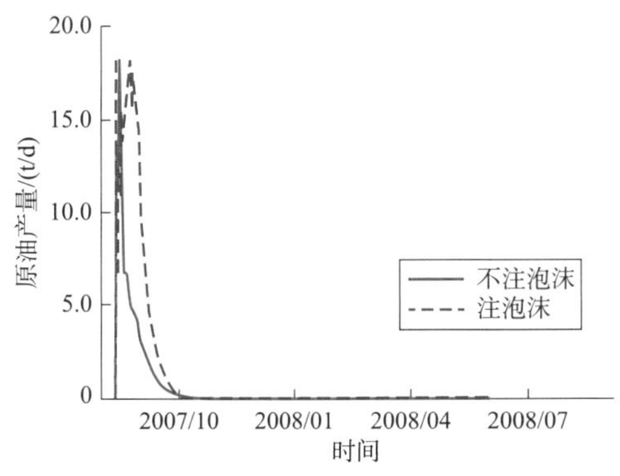

图 3－74　含油饱和度对泡沫作用的影响(0.3)

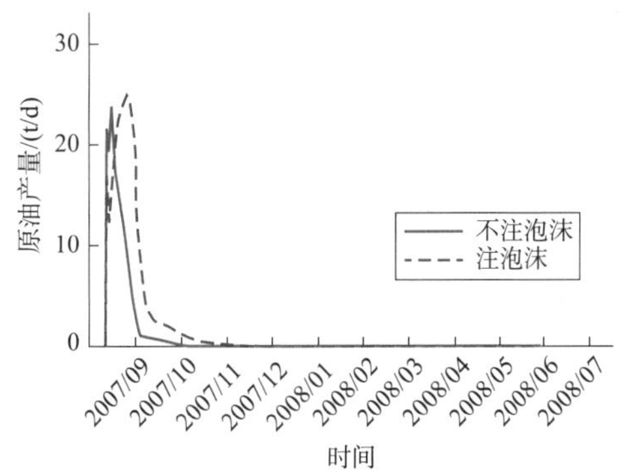

图 3－75　含油饱和度对泡沫作用的影响(0.4)

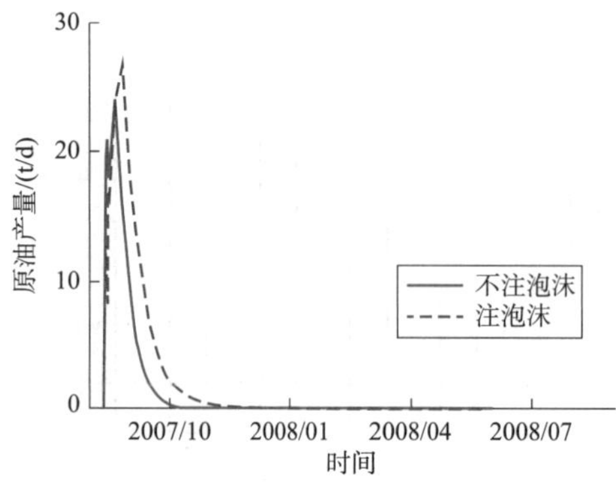

图 3-76　含油饱和度对泡沫作用的影响(0.5)

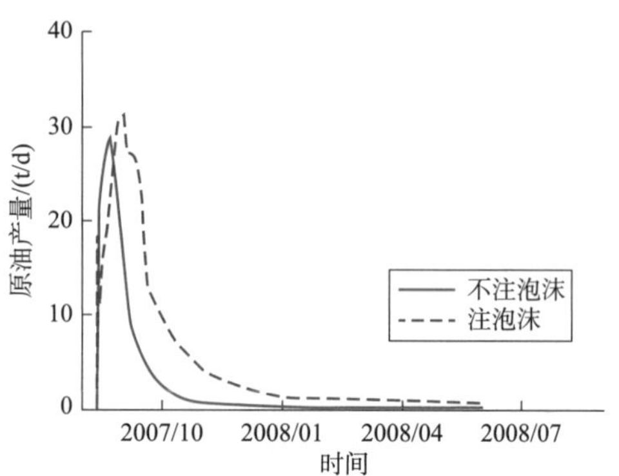

图 3-77　含油饱和度对泡沫作用的影响(0.6)

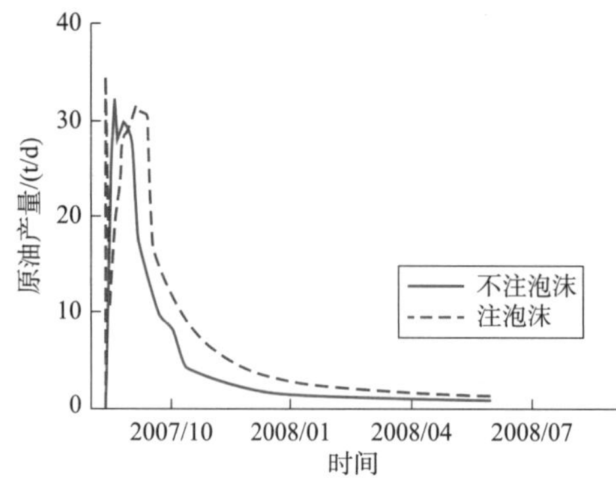

图 3-78　含油饱和度对泡沫作用的影响(0.7)

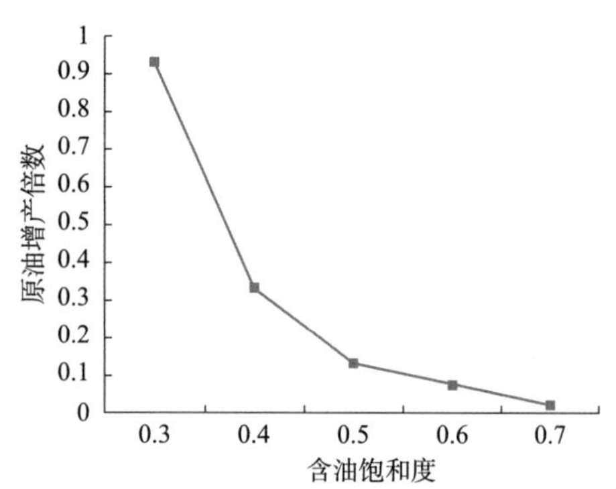

图 3-79　不同剩余含油饱和度的原油增产倍数

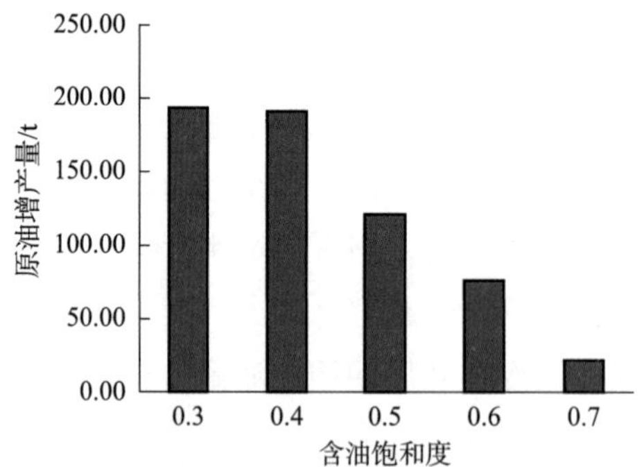

图 3-80　不同剩余含油饱和度的原油增产量

注：此处增产倍数和增产量皆为此剩余含油饱和度下产量与上一饱和度的产量的比较。

(三)边底水对分级泡沫调剖的影响

由图 3-81～图 3-84 和表 3-10 可知，当油藏发育边底水，且边底水已经突破或开始突破时，泡沫作用较明显。这是因为无边底水影响的吞吐开发，油井附近含油饱和度分布较规律，也较均匀，泡沫作用不明显，而在边底水的影响下，含油饱和度分布不均，或者存在大通道等，在这种情况下有利于泡沫发挥遇水稳定、遇油不稳定的特性，可以很好地扩大蒸汽波及体积，产量有明显的增加。因此高温泡沫+蒸汽吞吐证实是一种能在有边底水稠油油藏多周期吞吐后期控制边水侵入、底水锥进，提高采收率的有效手段。

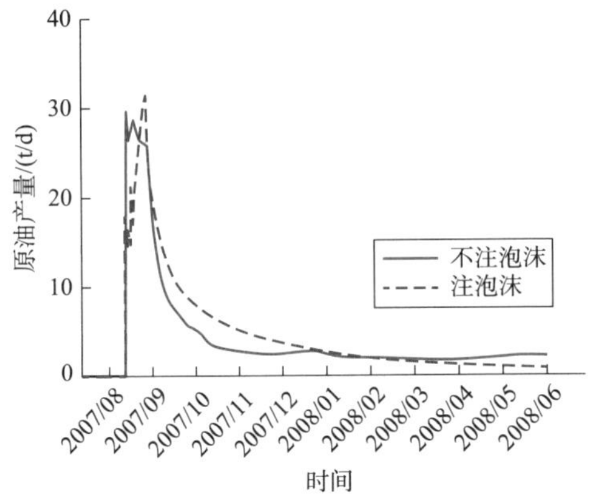

图3－81　无底水情况下的原油产量

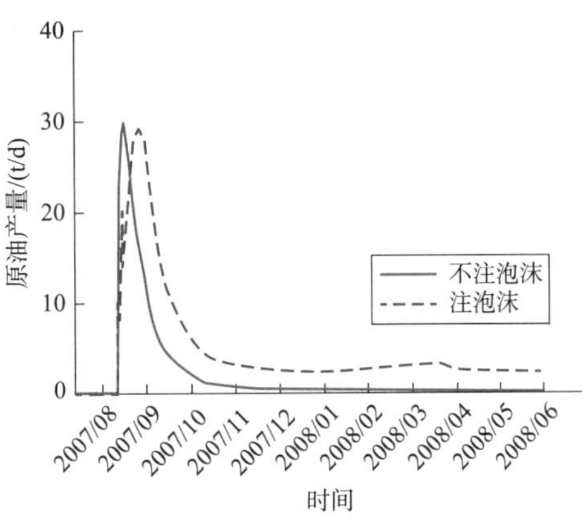

图3－82　有底水情况下的原油产量

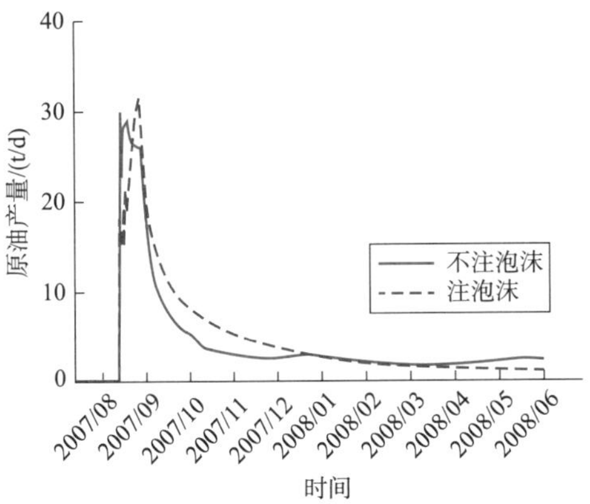

图3－83　无边水情况下的原油产量

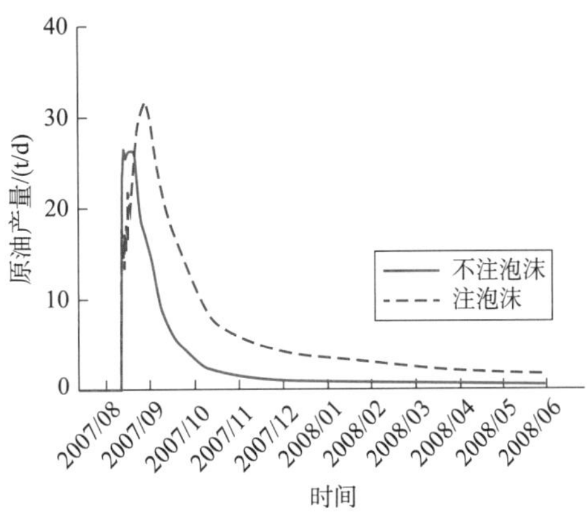

图3－84　有边水情况下的原油产量

表3－10　有无边底水的增油情况

边底水情况	增产原油量/t
有底水	436
无底水	215
有边水	660
无边水	215

(四)原油黏度对分级泡沫调剖的影响

针对胜利油田三种不同黏度的原油(中二北普通稠油、孤南四特稠油、单56超稠油)，研究在一定温度和渗透率级差条件下泡沫的封堵压差、阻力因子，从而进一步确定稠油黏度对热采泡沫分级调剖的影响。

选定温度为250℃，渗透率级差分别为8和4左右，然后饱和不同黏度的原油，重复实验得到如下实验数据。

1. 普通稠油对泡沫性能的影响

在250℃下分别对两个渗透率级差的填砂管饱和中二北普通稠油后，进行泡沫调剖，得到了不同时间段的压差、阻力因子和采出程度数据，计算阻力因子时以泡沫驱压差的最小值作为基础压差。如表3－11所示。

表3－11 250℃下泡沫调剖中二北原油所得实验数据(渗透率级差8左右)

PV数	压差/MPa	阻力因子	出油量/mL		采出程度/%	
			低渗管	高渗管	低渗管	高渗管
0.06	0.03	0.18		1.8		3.21
0.12	0.05	0.29		3.2		5.71
0.18	0.12	0.71	2.4	6.1	5.00	10.89
0.27	0.15	0.88	3.2	7.9	6.67	14.11
0.36	0.21	1.24	4	10.1	8.33	18.04
0.44	0.22	1.29	4.6	13.4	9.58	23.93
0.53	0.22	1.29	5.5	17.2	11.46	30.71
0.62	0.19	1.12	6.2	19.9	12.92	35.54
0.71	0.18	1.06	6.8	26.5	14.17	47.32
0.80	0.17	1.00	8.5	28.7	17.71	51.25
0.89	0.3	1.76	11.2	29.8	23.33	53.21
1.04	0.56	3.29	15.3	31.2	31.88	55.71
1.19	1.13	6.65	18.2	34.8	37.92	62.14
1.33	1.42	8.35	21.8	35.6	45.42	63.57
1.48	1.82	10.71	25	36.8	52.08	65.71
1.63	2.03	11.94	26.8	39	55.83	69.64
1.78	2.5	14.71	28.6	40.8	59.58	72.86
1.93	2.75	16.18	31.5	42.3	65.63	75.54
2.07	3.12	18.35	34.2	44.9	71.25	80.18
2.37	3.29	19.35	37.2	46.8	77.50	83.57
2.67	3.29	19.35	37.2	46.8	77.50	83.57

表3－12 0℃下泡沫调剖中二北原油所得实验数据(渗透率级差4左右)

PV数	压差/MPa	阻力因子	出油量/mL		采出程度/%	
			低渗管	高渗管	低渗管	高渗管
0.06	0.04	0.22		1.3		2.36
0.12	0.07	0.39		2.5		4.55
0.18	0.12	0.67	2.2	5.4	4.49	9.82

续表

PV 数	压差/MPa	阻力因子	出油量/mL		采出程度/%	
			低渗管	高渗管	低渗管	高渗管
0.27	0.16	0.89	2.8	7.2	5.71	13.09
0.36	0.2	1.11	3.8	9.5	7.76	17.27
0.45	0.23	1.28	4.4	12.8	8.98	23.27
0.54	0.25	1.39	5.2	16.3	10.61	29.64
0.63	0.22	1.22	5.9	19.2	12.04	34.91
0.72	0.19	1.06	6.5	25.5	13.27	46.36
0.81	0.18	1.00	8.2	27.6	16.73	50.18
0.90	0.25	1.39	10.8	28.9	22.04	52.55
1.04	0.64	3.56	14.7	30.2	30.00	54.91
1.19	1.25	6.94	17.8	33.7	36.33	61.27
1.34	1.53	8.50	21.5	34.3	43.88	62.36
1.49	1.9	10.56	24.3	35.4	49.59	64.36
1.64	2.15	11.94	26.1	37.5	53.27	68.18
1.79	2.62	14.56	27.4	39.6	55.92	72.00
1.94	2.86	15.89	29.8	41.2	60.82	74.91
2.09	3.12	17.33	32.4	43.3	66.12	78.73
2.39	3.34	18.56	35.5	44.5	72.45	80.91
2.69	3.38	18.78	36.8	45.6	75.10	82.91
2.99	3.38	18.78	36.8	45.6	75.10	82.91

根据表3－11、表3－12中的数据，做出泡沫驱采出程度随时间的变化曲线，如图3－85、图3－86所示。

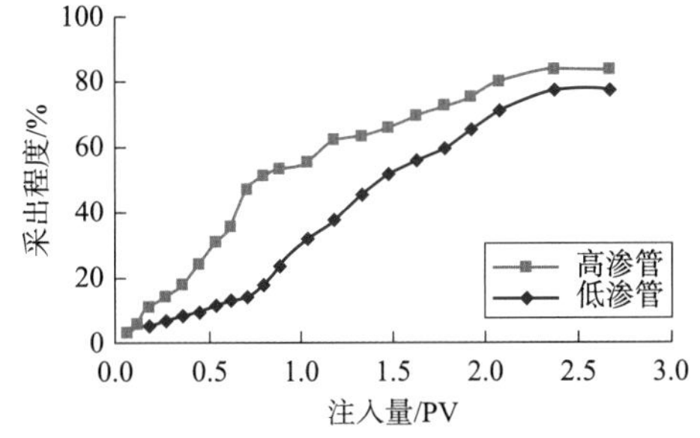

图3－85　250℃下泡沫驱替中二北原油采出程度随时间的变化曲线（渗透率级差8左右）

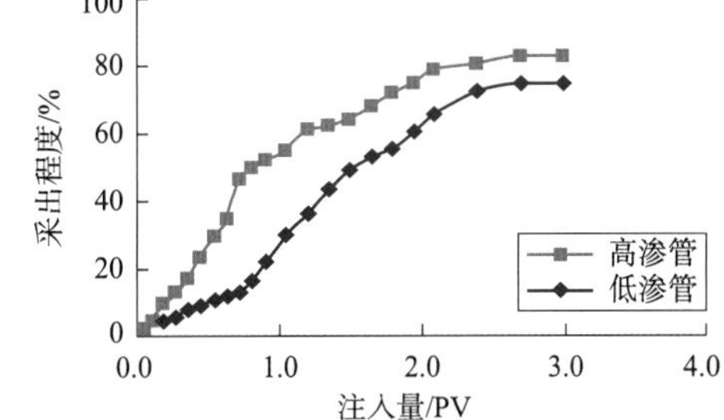

图3－86　250℃下泡沫驱替中二北原油采出程度随时间的变化曲线（渗透率级差4左右）

2. 特稠油对泡沫性能的影响

在250℃下分别对两个渗透率级差的填砂管饱和孤南四特稠油后，进行泡沫驱替，得到了不同时间段的压差、阻力因子和采出程度数据，计算阻力因子时以泡沫驱压差的最小值作为基础压差。如表3－13、表3－14所示。

表3－13　250℃下泡沫驱孤南四原油所得实验数据（渗透率级差8左右）

PV数	压差/MPa	阻力因子	出油量/mL		采出程度/%	
			低渗管	高渗管	低渗管	高渗管
0.06	0.18	0.82				
0.12	0.32	1.45		2.3		4.11
0.18	0.46	2.09	1.3	3.7	2.65	6.61
0.27	0.53	2.41	2.2	6.8	4.49	12.14
0.36	0.62	2.82	2.8	9.4	5.71	16.79
0.44	0.64	2.91	3.5	11.9	7.14	21.25
0.53	0.63	2.86	3.9	15.6	7.96	27.86
0.62	0.55	2.50	4.6	18.8	9.39	33.57
0.71	0.43	1.95	5.5	24.6	11.22	43.93
0.80	0.34	1.55	7.7	27.5	15.71	49.11
0.89	0.26	1.18	9.8	28.4	20.00	50.71
1.04	0.22	1.00	13.5	29.8	27.55	53.21
1.19	0.42	1.91	16.4	33.3	33.47	59.46
1.33	0.93	4.23	19.2	34.7	39.18	61.96
1.48	1.48	6.73	21.8	35.8	44.49	63.93
1.63	1.86	8.45	24.3	38.4	49.59	68.57
1.78	2.27	10.32	26.5	39.2	54.08	70.00
1.93	2.63	11.95	30.6	39.5	62.45	70.54
2.07	3.06	13.91	33.2	40.3	67.76	71.96
2.37	3.38	15.36	34.5	41.2	70.41	73.57
2.67	3.48	15.82	35.4	42.5	72.24	75.89
2.96	3.53	16.05	36.2	43.8	73.88	78.21
3.26	3.53	16.05	36.2	43.8	73.88	78.21

表3－14　250℃下泡沫驱孤南四原油所得实验数据（渗透率级差4左右）

PV数	压差/MPa	阻力因子	出油量/mL		采出程度/%	
			低渗管	高渗管	低渗管	高渗管
0.06	0.2	0.83				
0.12	0.35	1.46		1.9		3.33
0.18	0.49	2.04	1.1	3.3	2.29	5.79
0.27	0.62	2.58	1.9	6.2	3.96	10.88

续表

PV 数	压差/MPa	阻力因子	出油量/mL		采出程度/%	
			低渗管	高渗管	低渗管	高渗管
0. 36	0. 71	2. 96	2. 4	8. 7	5. 00	15. 26
0. 45	0. 72	3. 00	3. 1	11. 2	6. 46	19. 65
0. 54	0. 66	2. 75	3. 5	14. 8	7. 29	25. 96
0. 63	0. 53	2. 21	4. 1	17. 6	8. 54	30. 88
0. 72	0. 42	1. 75	5. 2	23. 5	10. 83	41. 23
0. 81	0. 26	1. 08	7. 3	26. 2	15. 21	45. 96
0. 90	0. 24	1. 00	9. 5	27. 1	19. 79	47. 54
1. 04	0. 46	1. 92	12. 9	28. 6	26. 88	50. 18
1. 19	0. 97	4. 04	15. 8	32. 1	32. 92	56. 32
1. 34	1. 32	5. 50	18. 5	33. 2	38. 54	58. 25
1. 49	1. 68	7. 00	21. 4	34. 5	44. 58	60. 53
1. 64	2. 02	8. 42	23. 7	36. 8	49. 38	64. 56
1. 79	2. 48	10. 33	25. 9	37. 8	53. 96	66. 32
1. 94	2. 83	11. 79	30. 2	38. 7	62. 92	67. 89
2. 09	3. 24	13. 50	32. 8	40. 6	68. 33	71. 23
2. 39	3. 52	14. 67	34. 2	42. 5	71. 25	74. 56
2. 69	3. 68	15. 33	35. 1	43. 8	73. 13	76. 84
2. 99	3. 68	15. 33	35. 1	43. 8	73. 13	76. 84

根据表 3－13、表 3－14 的数据，做出泡沫驱采出程度随时间的变化曲线，如图 3－87、图 3－88 所示。

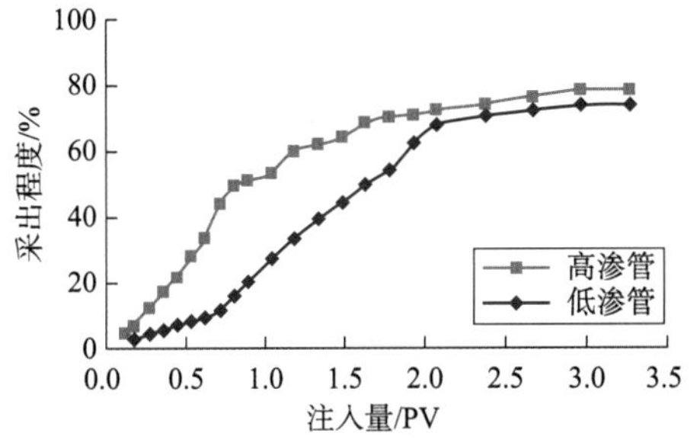

图 3－87　250℃下泡沫驱替孤南四原油采出程度随时间的变化曲线(渗透率级差 8 左右)

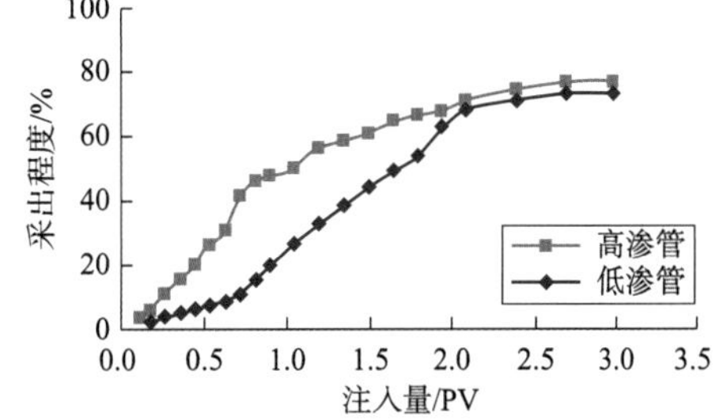

图 3－88　250℃下泡沫驱替孤南四原油采出程度随时间的变化曲线(渗透率级差 4 左右)

3. 超稠油对泡沫性能的影响

在 250℃下分别对两个渗透率级差的填砂管饱和单 56 超稠油后，进行泡沫驱替，得到了不同时间段的压差、阻力因子和采出程度数据，计算阻力因子时以泡沫驱压差的最小值作为基础压差(表 3 - 15、表 3 - 16)。

表 3 - 15　250℃下泡沫驱单 56 原油所得实验数据(渗透率级差 8 左右)

PV 数	压差/MPa	阻力因子	出油量/mL		采出程度/%	
			低渗管	高渗管	低渗管	高渗管
0. 06	0. 33	1. 18				
0. 12	0. 52	1. 86		2. 5		4. 55
0. 18	0. 64	2. 29	1. 1	4. 2	2. 20	7. 64
0. 27	0. 87	3. 11	1. 6	5. 9	3. 20	10. 73
0. 36	0. 95	3. 39	2. 2	7. 6	4. 40	13. 82
0. 45	0. 89	3. 18	2. 7	10. 8	5. 40	19. 64
0. 54	0. 75	2. 68	3. 1	13. 2	6. 20	24. 00
0. 63	0. 66	2. 36	3. 6	14. 5	7. 20	26. 36
0. 72	0. 54	1. 93	4. 3	16. 3	8. 60	29. 64
0. 81	0. 41	1. 46	5. 1	19. 5	10. 20	35. 45
0. 90	0. 37	1. 32	5. 9	23. 4	11. 80	42. 55
1. 04	0. 31	1. 11	8. 6	24. 8	17. 20	45. 09
1. 19	0. 28	1. 00	10. 8	27. 1	21. 60	49. 27
1. 34	0. 56	2. 00	14. 5	28. 7	29. 00	52. 18
1. 49	1. 13	4. 04	17. 5	31. 2	35. 00	56. 73
1. 64	1. 65	5. 89	20. 4	32. 9	40. 80	59. 82
1. 79	2. 13	7. 61	22. 8	34. 5	45. 60	62. 73
1. 94	2. 58	9. 21	27. 4	36. 2	54. 80	65. 82
2. 09	3. 12	11. 14	30. 5	38. 1	61. 00	69. 27
2. 39	3. 43	12. 25	32. 2	38. 8	64. 40	70. 55
2. 69	3. 58	12. 79	33. 5	39. 6	67. 00	72. 00
2. 99	3. 67	13. 11	34. 2	40. 5	68. 40	73. 64
3. 28	3. 76	13. 43	35. 5	41. 6	71. 00	75. 64
3. 58	3. 76	13. 43	35. 6	41. 6	71. 20	75. 64

表 3 - 16　250℃下泡沫驱原油所得实验数据(渗透率级差 4 左右)

PV 数	压差/MPa	阻力因子	出油量/mL		采出程度/%	
			低渗管	高渗管	低渗管	高渗管
0. 06	0. 38	1. 23				
0. 12	0. 57	1. 84		2. 2		3. 93
0. 18	0. 69	2. 23	0. 8	3. 5	1. 60	6. 25
0. 27	0. 92	2. 97	1. 2	5. 2	2. 40	9. 29

续表

PV 数	压差/MPa	阻力因子	出油量/mL		采出程度/%	
			低渗管	高渗管	低渗管	高渗管
0.36	0.98	3.16	1.4	6.8	2.80	12.14
0.45	0.95	3.06	1.8	9.7	3.60	17.32
0.54	0.79	2.55	2.3	12.4	4.60	22.14
0.63	0.72	2.32	2.9	13.8	5.80	24.64
0.72	0.61	1.97	3.5	15.5	7.00	27.68
0.81	0.48	1.55	4.3	18.6	8.60	33.21
0.90	0.42	1.35	5.2	22.5	10.40	40.18
1.04	0.31	1.00	7.8	23.6	15.60	42.14
1.19	0.38	1.23	9.7	25.8	19.40	46.07
1.34	0.62	2.00	13.4	27.5	26.80	49.11
1.49	1.18	3.81	16.6	30.9	33.20	55.18
1.64	1.69	5.45	19.2	31.7	38.40	56.61
1.79	2.17	7.00	21.6	33.3	43.20	59.46
1.94	2.63	8.48	26.5	35.2	53.00	62.86
2.09	3.16	10.19	29.6	36.8	59.20	65.71
2.39	3.62	11.68	31.2	38.4	62.40	68.57
2.69	3.8	12.26	33.2	40.2	66.40	71.79
2.99	3.84	12.39	34.6	41.5	69.20	74.11
3.28	3.85	12.42	34.6	41.5	69.20	74.11

根据表 3－15、表 3－16 的数据，做出泡沫驱采出程度随时间的变化曲线，如图 3－89、图 3－90 所示。

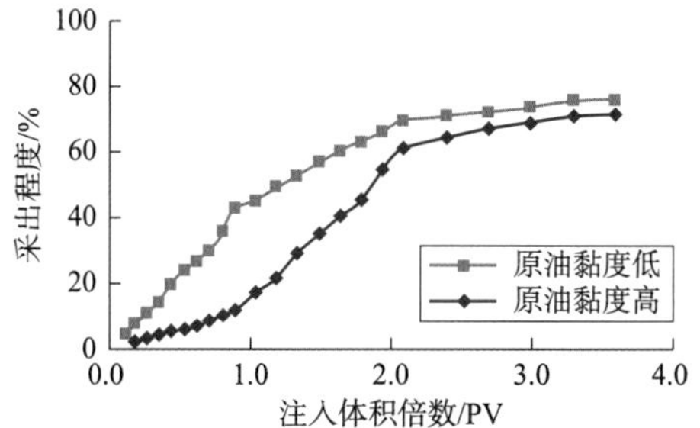

图 3－89　250℃下泡沫驱替原油采出程度随时间的变化曲线（渗透率级差 8 左右）

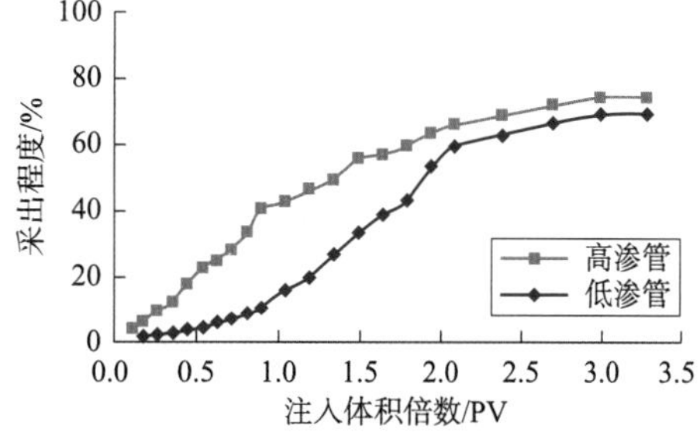

图 3－90　250℃下泡沫驱替原油采出程度随时间的变化曲线（渗透率级差 4 左右）

根据图 3－89、图 3－90 可以看出，泡沫驱替效率随时间关系曲线的变化趋势与前面所得到的实验结果基本一致。从图中可以明显看出原油黏度对泡沫驱替效率的影响。首先，无论高渗管还是低渗管，原油黏度越大，泡沫的采出程度越低，同时采出程度的增长也较缓慢，这主要是因为起泡剂作为一种表面活性剂，主要依靠降低界面张力提高采出程度，当原油的黏度越高时，其中的重烃和非烃物质含量越高，原油乳化所需要的起泡剂量越大，从而降低采出程度的增加。其次，原油黏度越高，泡沫驱替时，低渗管采出程度的提高量也变小。这主要是因为原油黏度高了，油水界面上会吸附更多的起泡剂，从而影响产生泡沫的稳定性，降低其封堵效果，进而影响低渗管的采出程度。最后，原油的黏度越大，水油流度比越大，在一定程度上会影响原油的驱替运移。

根据表 3－11～表 3－16 的实验数据，分别做出泡沫驱替三种原油时的压差和阻力因子随时间的变化曲线，如图 3－91～图 3－94 所示。

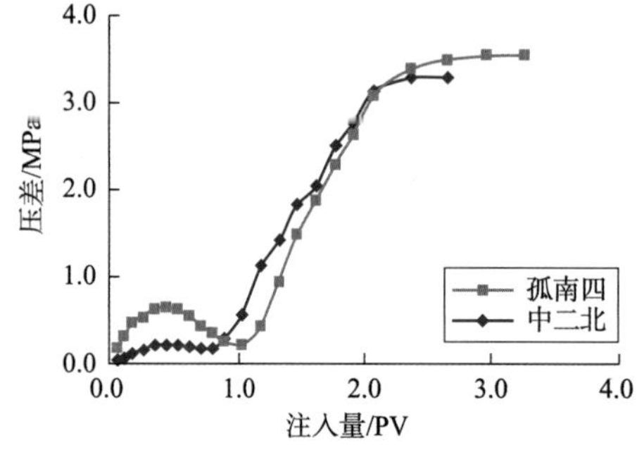

图 3－91　250℃下压差随时间的变化曲线（渗透率级差 8 左右）

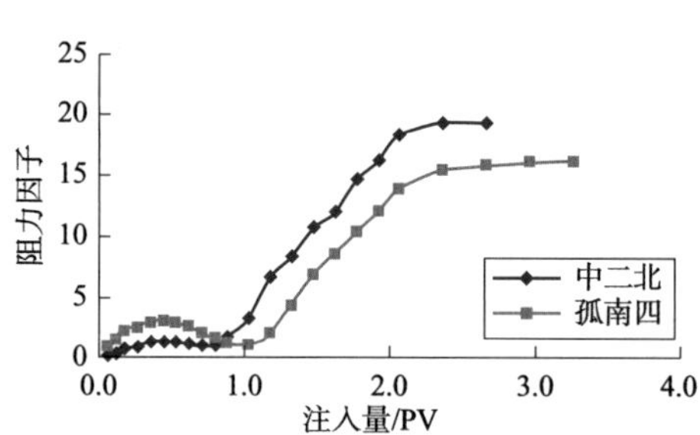

图 3－92　250℃下阻力因子随时间的变化曲线（渗透率级差 8 左右）

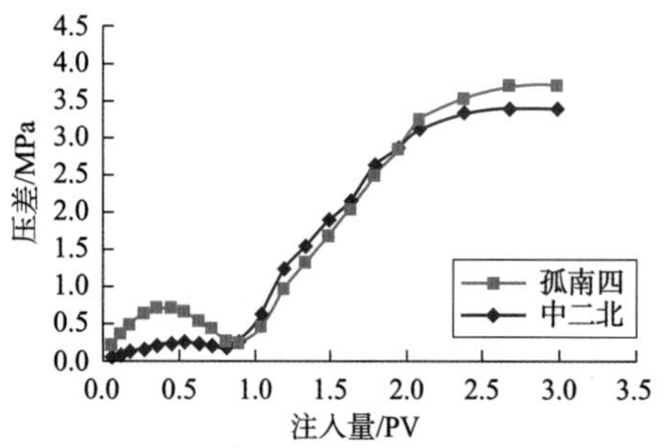

图 3－93　250℃下压差随时间的变化曲线（渗透率级差 4 左右）

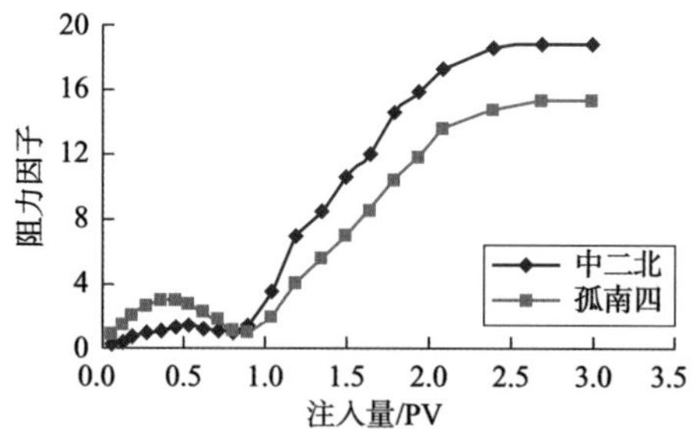

图 3－94　250℃下阻力因子随时间的变化曲线（渗透率级差 4 左右）

从图 3－91、图 3－94 可以看出，随着时间的增长，泡沫驱压差先有所增加，然后下降到一定值后有所平缓，接着继续快速上涨，最后趋于直线。出现这种现象的原因主要是泡沫驱替刚开始时，由于原油的黏度较大，动用较困难，因此压力逐渐增大。由于泡沫优先进入高渗管，当达到一定值时高渗管中的原油开始流动，出口端开始出油，然后压力有所下降。由于开始时原油含量较高，起泡剂溶液无法在两根填砂管中形成稳定的泡沫。当高渗管中驱出一定量的原油，起泡剂溶液在出口端突破时，压力暂时趋于平缓。此时高渗管中开始产生稳定的泡沫，并造成封堵效果，从而使得高渗管中的压力逐渐升高，泡沫逐步进入低渗管，最终压力趋于稳定状态，此时泡沫的阻力因子达到最大。而由于黏度的影响，超稠油最后稳定时的压差最大，特稠油次之，普通稠油的泡沫驱压差最小。

阻力因子随时间的变化趋势与压差基本一致，但由于超稠油的基础压差最大，特稠油

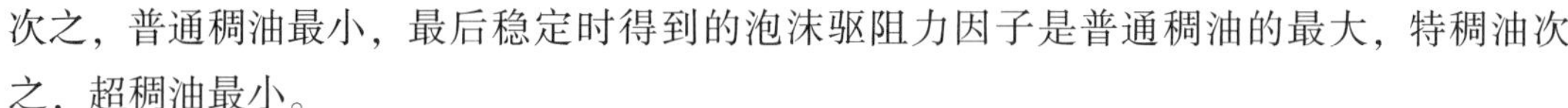

次之，普通稠油最小，最后稳定时得到的泡沫驱阻力因子是普通稠油的最大，特稠油次之，超稠油最小。

三、热采泡沫分级调剖工艺现场实施参数优化

(一)注入方式优化研究

研究了不同的注入方式(表3-17、表3-18和图3-95)对泡沫调剖作用的影响，在其他条件不变的基础上，进行了传统泡沫调剖、分级泡沫调剖以及不注泡沫剂的注入方式，结果表明相对不注泡沫原油产量都有大幅增加，分级泡沫调剖的实施效果好于传统泡沫调剖的。

表3-17　不同注入方式详细说明

注入方式	说明
方式一	传统泡沫调剖
方式二	分级泡沫调剖
方式三	不注泡沫

注：前两种方式注入泡沫总量一样。

表3-18　不同注入方式对原油产量的影响　t

注入方式	周期产油量	增油量
方式一	1034	375
方式二	1084	425
方式三	659	0

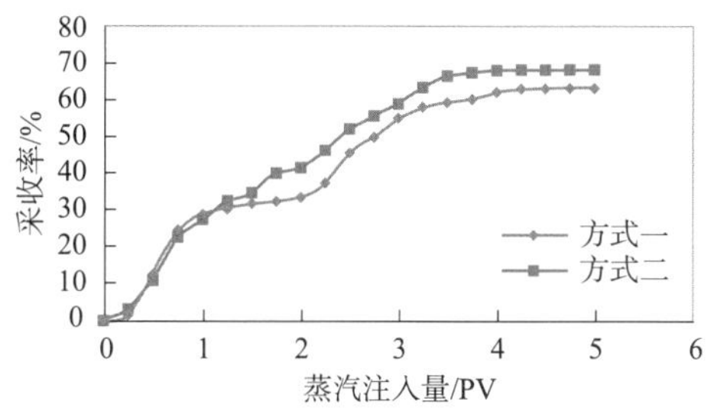

图3-95　不同注入方式对采收率的影响(物理模拟结果)

(二)注入参数优化研究

泡沫剂浓度对泡沫作用有一定的影响。泡沫剂浓度是影响泡沫+蒸汽吞吐效果与成本的一个重要因素，泡沫剂浓度直接影响泡沫气相渗透率。研究结果表明，无泡沫剂注入即在蒸汽吞吐条件下，原油与蒸汽流度差异较大，导致原油产量较低。但是由于泡沫的注入，较大地降低了气相相对渗透率，使得蒸汽波及体积增大，并且降低了油水界面张力，

使得泡沫波及的区域残余油降低，从而原油产量升高。但是不同的泡沫剂浓度，对原油的增产效果不一样。

从原油累计产量与前置泡沫剂浓度关系曲线（图 3－96～图 3－99）可以看出，泡沫剂浓度低时，随着浓度的增加，原油增产较快。当浓度大于 1% 时，随着浓度的增加，原油增加趋于平缓。考虑泡沫剂在井筒、地层中的各种损失，泡沫剂浓度在 1%～1.2% 左右效果较好。

对于伴注泡沫剂，从原油累计产量与前置泡沫剂浓度关系曲线中，当浓度大于 2.5% 时，原油增产量随着浓度的增加速度变缓。考虑泡沫剂在井筒、地层中的各种损失，泡沫剂浓度在 2.5%～3% 时效果较好。

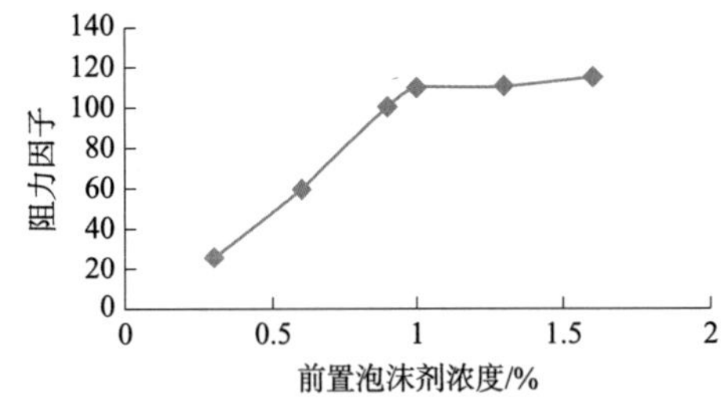

图 3－96　前置泡沫剂浓度下对阻力因子的影响

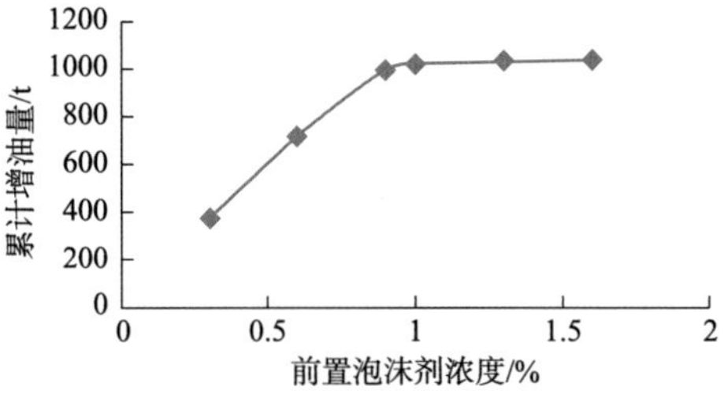

图 3－97　前置泡沫剂浓度对原油累计产量的影响

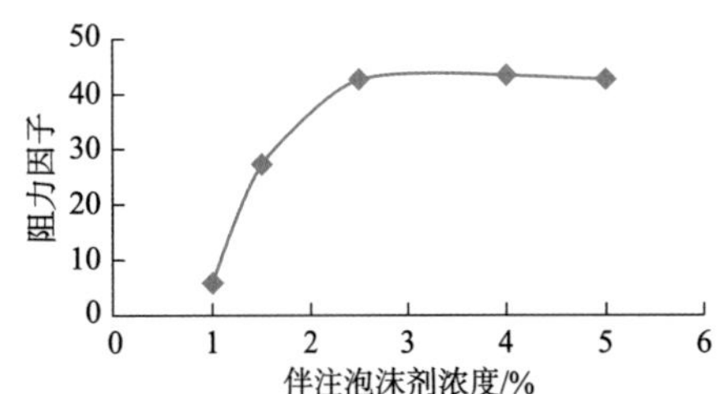

图3－98　伴注泡沫剂浓度下对阻力因子的影响

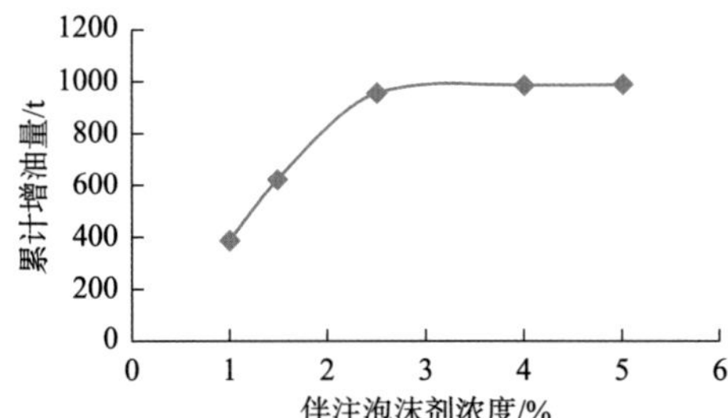

图3－99　伴注泡沫剂浓度对原油累计产量的影响

第四章 >>>

钻井工程效率提速提效一体化

由于油藏埋深浅、造斜率高、地层软、定向困难及优质储层薄等造成全角变化率要求高、常规工具仪器适用性差、定向轨迹控制难度大等问题，严重影响钻井施工效率，影响新近系超浅层稠油水平井的效益开发。因此，总结分析产生复杂井下情况及应对措施，找出解决复杂情况及提速提效的方法，形成新近系超浅层水平井问题的解决方案，从而进一步提高钻井施工安全性、缩短钻井周期、降低施工成本是效益开发的必由之路。

第一节　技术现状及难点

一、超浅层稠油水平井钻井技术现状调研

（一）新疆油田

1. 新疆稠油油藏分类及分布

新疆油田稠油区块主要分布在准噶尔盆地西北缘（图 4－2），油藏埋深浅（120～600m），油质稠。以注汽开采为主，注汽压力 3.5～12MPa，温度 250～350℃。

2. 地层层序

新疆油田红山嘴区块与新春车排子区块邻近，但地层（表 4－1）差异较大，红山嘴区块地层为中生界，目的层为齐古组，地层松软可钻性好，但相对较老、胶结较好、较均质，在进目的层之前没有水层，地层造斜率较稳定。

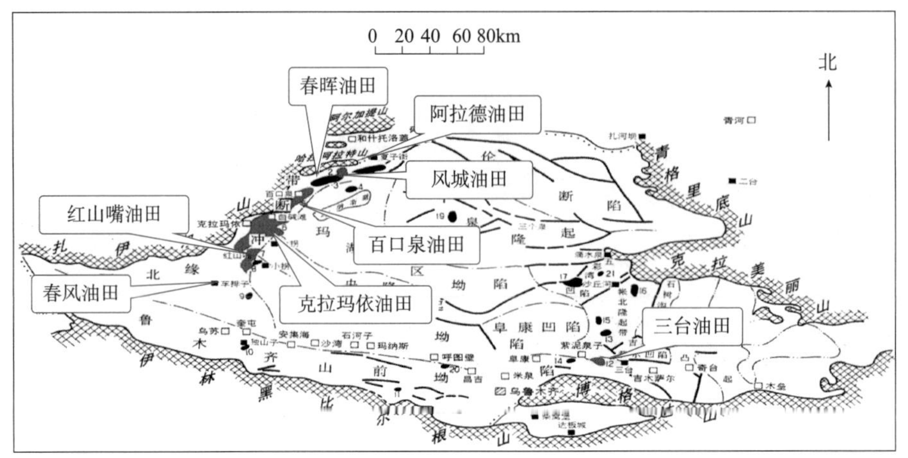

图 4－1　新疆油田油藏分布图

表 4－1　新疆克拉玛依油田九 6 区地层层序图

地层层序					设计地层		
界	系	统	群/组	段	底界垂深/m	底界斜深/m	井斜角/(°)
中生界 Mz	白垩系 K	下统 K_1	吐谷鲁群		造斜点：35.00	35.00	0
					109	112.41	29.67
	侏罗系 J	上统 J_1	齐古组	一段	159	181.25	56.06
				二段	173	210.85	67.41
					目标油顶：177	222.27	71.26
					A：188.17	300.60	92.25
					B：177.17	580.22	92.25

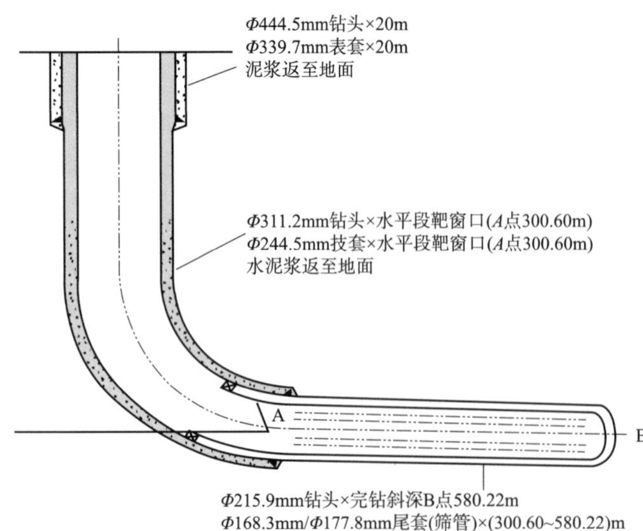

图 4－2　HWT96001 井身结构示意图

3. 克拉玛依油田九 6 区超浅层水平井 HWT96001 井身结构

HWT96001 井采用导眼＋二开制井身结构(图 4－2)，导眼采用 Φ339.7mm 表套下 15～20m，一开 Φ244.5mm 技术套管封 A 点，二开 Φ215.9mm 井眼下 Φ177.8mm 筛管或 Φ168.3mm 筛管，水平段专打专封，长度 200～500m。

4. 井眼轨道

设计造斜率一般为 12°/

30m ~ 13°/30m，采用 Φ197mm × 309mm 扶正块，2.25°或 2.5°造斜，可以小转速复合钻调整狗腿大小，采用海蓝仪器或 650 仪器进行随钻测量，只用 MWD，不用 LWD，测斜 3min，油层厚度 10m 左右。具体参数如表 4-2、表 4-3 所示。

表 4-2　克拉玛依油田九 6 区 HWT96001 井眼轨道设计表

井段	井深/m	段长/m	井斜/(°)	方位/(°)	垂深/m	+N/-S/m	+E/-W/m	闭合距/m	狗腿度/[(°)/30m]
直井段	35.00	35.00	0.00	0.00	35.00	0.00	0.00	0.00	0.00
增斜段	217.65	182.65	70.02	313.08	175.47	67.21	-71.86	98.39	11.50
增扭至 A 点	300.60	82.95	92.25	313.50	188.17	123.06	-131.13	179.83	8.04
B 点	580.22	279.62	92.25	313.50	177.17	315.39	-333.80	459.23	0.00

表 4-3　HWT96001 井各开次钻具组合表

开钻次序	井眼尺寸/mm	钻进井段/m	钻具组合
一开	Φ444.5	0 ~ 20	Φ444.5mm 钻头 + Φ203.2mm 钻铤(2 根) + Φ177.8mm 钻铤(1 根) + Φ127mm 钻杆
二开	Φ311.2	斜井段 ~ 300.60	Φ311.2mm 钻头 + Φ197mm 弯螺杆钻具 + MWD 定向短节 + Φ127mm 无磁钻杆(1 根) + Φ127mm 加重钻杆(20 根) + Φ158.8mm 随钻震击器 + Φ127mm 加重钻杆(4 根) + Φ127mm 钻杆
三开	Φ215.9	水平段 ~ 580.22	Φ215.9mm 钻头 + Φ172mm 弯螺杆钻具 + MWD 短节 + Φ127mm 无磁钻杆(1 根) + Φ127mm 斜坡钻杆(30 根) + Φ127mm 加重钻杆(20 根) + Φ158.8mm 随钻震击器 + Φ127mm 加重钻杆(4 根) + Φ127mm 钻杆

5. 钻井设备及参数

配备两台泵 160 和 170 缸套各一台，采用低排量大钻压造斜，Φ311.2mm 井眼排量一般 27 ~ 28L/s，不划眼保持造斜率满足要求；二开井径规则，Φ311.2mm 井眼井径一般不超过 320mm，说明地层均质性好；通井采用 210mm 双扶通井，遇阻立即起钻用 MWD 和螺杆找眼，不能划眼，防止出新眼，新疆油田浅层水平井出新眼情况也时有发生。具体参数如表 4-4、表 4-5 所示。

表 4-4　HWT96001 井各开次钻井参数表

开钻次序	井段/m	喷嘴组合/mm	钻进参数		
			钻压/kN	转速/(r/min)	排量/(L/s)
一开	0 ~ 20	14 + 16 + 18	50 ~ 100	90 ~ 110	50
二开	20 ~ 300.60	14 + 14 + 12	50 ~ 100	螺杆	40
三开	300.60 ~ 580.22	13 + 12	80 ~ 160	螺杆	26

表 4 -5　HWT96001 井各开次钻进情况表

开钻次序	钻头型号	数量	钻进井段/m	进尺/m	纯钻时间/h	机械钻速/(m/h)
一开	RS124	0.5	0 ~ 20	20	1.33	15
二开	RG537G	0.5	20 ~ 300.60	280.60	28.06	10
三开	S1955JA	0.5	300.60 ~ 580.22	279.62	18.64	15

6. 钻井液体系

大多井采用聚合物钻井液，分支井采用无黏土相钻井液。具体参数如表 4 -6 ~ 表 4 -7 所示。

表 4 -6　克拉玛依油田 SNHW401 井钻井液添加剂

序号	名称	加量/(kg/m³)
1	LV - CMC	15
2	抗盐降滤失剂	30
3	黄原胶 XC	5
4	甲酸钠	120
5	石南水	
6	柴油	100
7	HPT	50
8	氧化沥青粉	20

表 4 -7　克拉玛依油田 SNHW401 井钻井液性能

项目	SNHW401
密度/(g/cm³)	1.06 ~ 1.13
马氏漏斗黏度/s	64 ~ 71
API 滤失量/mL	3.4 ~ 4.7
API 滤饼厚度/mm	0.5
静切力/Pa	5.5 ~ 6.5/8 ~ 9.5
pH 值	9
含砂量/%	
总固含/%	
摩阻系数	
动切力/Pa	14 ~ 20
塑性黏度/mPa · s	22 ~ 27
HTHP/mL	≤15

7. 固完井情况

固井采用领浆 1.90g/cm³，350℃抗高温水泥浆体系，固井时若未返到井口，就反挤水泥，侯凝 48h 钻浮箍浮鞋，浮箍采用水泥材料，合金材料难钻。具体参数如表 4－8 所示。

一开管柱难下，60°井斜以下的井段 1 根一个整体钢性扶正器，以上井段 2 根一个扶正器，采用配重器加压下入，只压不冲，二开筛管一般都好下入，问题不大。

表 4－8　各开次固井水泥浆性能表

套管程序	表层套管	技术套管
配方	G 级＋35% SiO_2＋4% SWT＋{4% DS－8L＋0.8% SXY－2＋4% DS－B}$_{(湿混)}$＋0.1% ST500L＋50% H_2O	G 级＋35% SiO_2＋5% WG＋3% JKW－2＋2% JKS－1＋4% SWT＋{4% LT－1A＋1% SXY－2＋4% DS－B}$_{(湿混)}$＋0.1% ST500L＋54% H_2O
试验条件	0.1MPa，25℃	6.9MPa，25℃
密度/(g/cm³)	1.90	1.90
稠化时间 min	60～90	90～120
API 滤失量/mL	＜150	＜150
抗压强度/(MPa/48h)	＞14	＞14

8. 钻井周期

钻井周期相对较慢，快的 11～12 天，慢的 15～16 天。具体参数如表 4－9 所示。

表 4－9　新疆克拉玛依油田九 6 区 HWT96001 井各开次固井水泥浆表

开钻次序	钻头尺寸/mm	井段/m	施工项目		累计时间/d
			内容	时间/d	
一开	Φ444.5	0～20	钻进、辅助	0.3	0.3
			固井、候凝、装井口等	0.7	1
二开	Φ311.2	(大约)300.60	钻进、辅助	1.5	2.5
			通井、下套管、固井、候凝等	3.0	5.5
三开	Φ215.9	(大约)580.22	钻进、辅助	1.5	7
			通井、电测、下筛管、装采油树	3.0	10

(二)河南油田

河南油田采油二厂井楼油田三区楼 3109 井区 H3 层位为超浅层开发层位(表 4－10)。

1. 地层层序及岩性描述

表 4-10 河南油田楼 3-10H 井地层层序表

地质年代	分层	底界深/m		层厚/m		主要岩性描述（注明油气层位置）	地层走向	地层倾角	备注
		设计	实际	设计	实际				
上第三系	上寺	116	116	116	116	泥岩，页岩			防垮塌
古近系	核 3	415	445	299	329	泥岩，砂岩（油层位置 112～425m）	180°	12°5′	防垮塌 防卡钻 防溢流

2. 井身结构

采用二开制井身结构（图 4-3），一开采用 Φ444.4mm 井眼，Φ339.7mm 套管，下深 50m，二开采用 Φ244.5mm 井眼，Φ177.8mm 套管，下至井底。

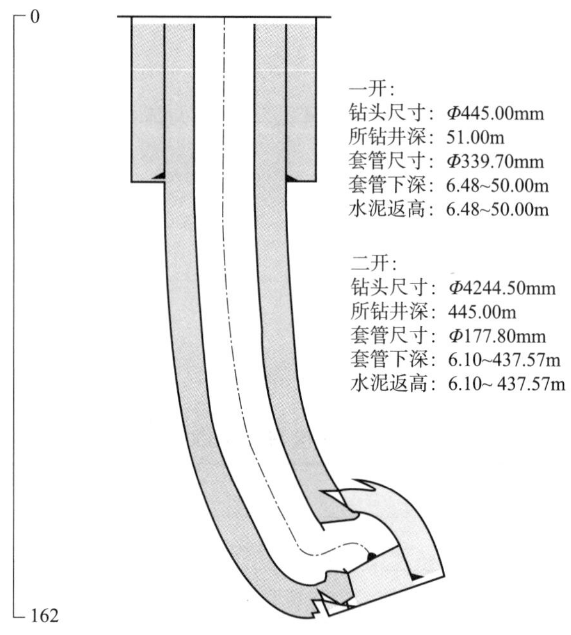

图 4-3 河南油田楼 3-10H 井井身结构示意图

3. 井眼轨道

井眼轨道设计造斜点 50m，*A* 靶点垂深 148.5m，*B* 靶点垂深 153.5m（表 4-11），水平段长 211m。

表 4-11 楼 3-10H 井设计井眼轨道

斜井深/m	段长/m	井斜角/(°)	方位角/(°)	垂直段长/m	累计垂直井深/m	分段水平位移/m	累计水平位移/m	备注
0.00		0.00	0.00			0.00		井口
50.00	50.00	0.00	0.00	50.00	50.00	0.00		造斜点

续表

斜井深/m	段长/m	井斜角/(°)	方位角/(°)	垂直段长/m	累计垂直井深/m	分段水平位移/m	累计水平位移/m	备注
70.00	20.00	6.00	101.00	19.96	69.96	1.05	1.05	增斜
193.25	123.25	88.08	102.69	80.00	146.96	82.67	83.72	增斜
203.60	10.35	88.08	101.35	0.34	147.30	10.18	93.90	油顶
239.76	36.16	88.12	97.17	1.20	148.50	36.26	130.16	增斜至 *A* 靶
392.03	152.27	88.12	97.17	5.00	153.50	151.99	282.15	稳斜至 *B* 靶
415.00	22.97	88.12	97.17	0.75	154.25	22.94	305.09	井底

4. 楼 3－10H 井技术总结及施工经验

楼 3－10H 井钻井周期 10.17 天，建井周期 17.46 天，设计钻井周期 9.67 天，设计建井周期 12.67 天，钻井周期比设计超出了 0.5 天，建井周期比设计超出了 4.79 天。钻机月 0.5 台·月，钻机月速 890m/(台·月)，平均机械钻速 10.47m/h。

一开井深 51m，且要求从表层开始造斜，为保证井下安全，一开固完表层后候凝 3 天之后才开始二开钻进。钻完水泥塞塞后起钻换 *Φ*244.5mm 钻头 2.5°双弯螺杆陀螺定向至 76m，然后起钻换 2.5°双弯螺杆定向至 131m。由于造斜率高，起钻，下 *Φ*238mm 扶正器通井，通井顺利后下 1.5°单弯螺杆定向复合钻进至 187m，因造斜率不够，起钻换 2.5°双弯螺杆定向钻进至 223m，找到油层，起钻下 *Φ*238mm 扶正器通井，通井顺利后下 1.5°单弯螺杆转水平，顺利完钻。完钻后下 *Φ*238mm 扶正器通井一趟后再电测，采用存储式测井，顺利测完。下套管采用加压装置顺利下完。

二开共用 2 只 SKG124 钻头。钢齿钻头较适合在本地区使用，机械钻速较快，磨损不是很严重，大大地提高了钻机速度。但起下钻次数较多时，对钻头磨损较严重。二开钻进前，开始加入白油、乳化沥青等润滑防塌剂，泥浆密度配制到设计上限，才开始钻进。在此期间不断加入各种润滑剂、防塌剂等材料，维持较低的失水，因泥浆密度高，维护好井壁稳定性，防止出现卡钻垮塌等复杂井下事故，为最终顺利完成后续测井及下套管工作奠定了基础。

(三)新春公司

2021 年成功施工的超浅层稠油水平井排 609－平 2 井为新春公司新近系超浅层稠油水平井钻井提供了经验。

1. 油藏地质特征

排 609 块沙湾组一段 1 砂组顶面构造形态整体西北高东南低，为向南东倾没的单斜构造，构造整体比较平缓，构造倾角 1°～2°，构造埋深 160～240m，排 609－平 2 井位于排 609 块西北部构造较高部位。排 609－平 2 井区 $N_1s_1{}^1$ 砂体顶面埋深 178～180m(校正补心高)。

排 609 块 $N_1s_1{}^1$ 储层岩性以砾岩、灰质砂砾岩、含砾砂岩为主。灰质砂砾岩其矿物成分石英含量占 37.3%，长石含量占 24.1%，岩屑含量 38.5%，填隙物为方解石胶结物含量 24.3%；含砾砂岩其矿物成分石英含量占 37.7%，长石含量占 22.7%，岩屑含量 39.7%，填隙物为泥质杂基含量 11.3%，岩石成分成熟度低；储层分选系数平均 1.55，分选中等，粒度中值平均为 0.415mm。

排 609 块 $N_1s_1{}^1$ 储层灰质砂砾岩 12 块样品室内分析孔隙度 2.7% ~5.5%，平均为 3.9%，室内分析渗透率(0.37 ~37.58) $\times 10^{-3}\mu m^2$，平均 4.62 $\times 10^{-3}\mu m^2$；含砾砂岩 5 块样品室内分析孔隙度 10.2% ~29.7%，平均为 19.7%，室内分析渗透率(295.28 ~635.71) $\times 10^{-3}\mu m^2$，平均 465.5 $\times 10^{-3}\mu m^2$。储层含砾砂岩测井二次解释孔隙度 23.9% ~35.3%，平均孔隙度 32.2%；渗透率(187 ~3920) $\times 10^{-3}\mu m^2$，平均渗透率 1962 $\times 10^{-3}\mu m^2$，为高孔、高渗透储层。

排 609 块 $N_1s_1{}^1$ 储层砂体连片分布，一般砂体厚度 5 ~12m，砂体厚度中心在排 609 -浅 10、排 634 井、排 609 -12 井、排 624 井附近，厚度 12m，向东向南向北逐渐减薄。排 609 -平 2 井水平段附近砂体厚度 12.5m 左右(图 4 -4)。

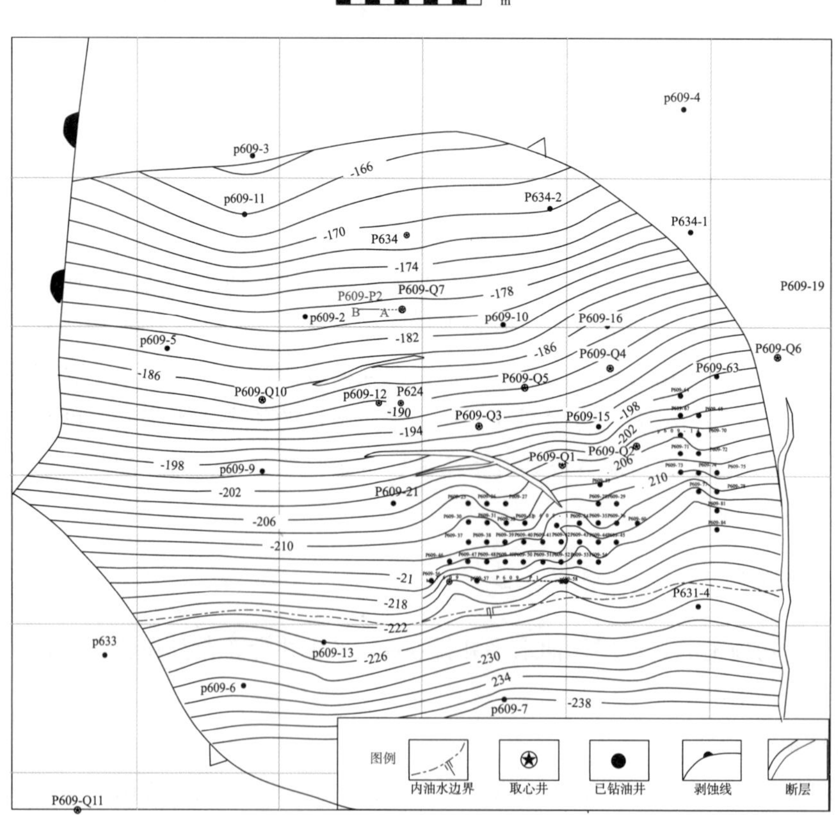

图 4 -4 砂体顶面构造图

2. 地层层序

地层层序分布特征如表 4－12 所示。

表 4－12　地层层序

地层名称					设计井号		依据井号			
					排 609－平 2		排 609－2		排 609－10	
界	系	统	组	段	底垂深/m	厚度/m	底深/m	含油井段/m	底深/m	含油井段/m
新生界	第四系	更新统	西域组		125.00	125.00	128.50		154.50	
	新近系	上新统	独山子组							
		中新统	塔西河组							
			沙湾组		183.50（未穿）	58.50	195.50	183.9～195.5	205.30	187.2～197.4
中生界	白垩系						243.00	221.4～240.8	286.60	
	侏罗系						293.00	243.3～293.0	300.00	286.6～299.0
上古生界	石炭系						325.00			

3. 排 609－平 2 井井身结构

表 4－13　井身结构设计

开数	井眼尺寸（mm）×井深（m）	套管尺寸（mm）×下深（m）	水泥返高
一开	Φ346.1×72.00	Φ273.1×71.00	地面
二开	Φ215.9×417.71	Φ139.7×414（267～414 为割缝管）	地面

注：井口至 *A* 靶点采用直径 139.7mm 钢级 P110HB 壁厚 9.17mm 油层套管，*A* 靶点至井底采用直径 139.7mm 钢级 P110 壁厚 9.17mm 割缝管（具体下入位置等完钻后，根据随钻资料由新春公司钻完井管理部确定）。

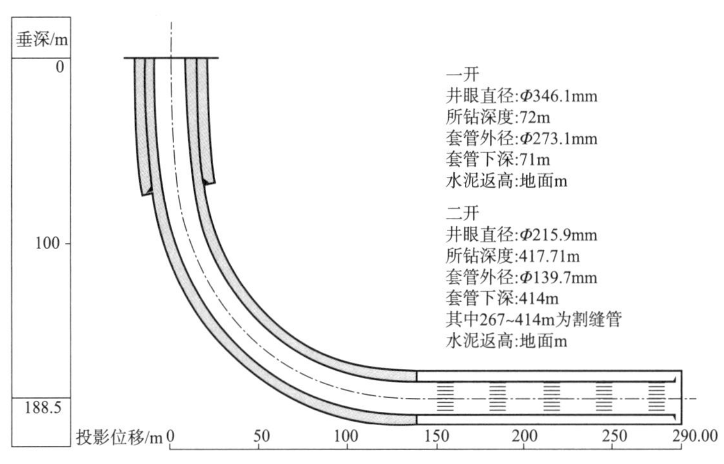

图 4－5　井身结构示意图

4. 井眼轨道

表 4-14 井眼轨道设计表

井深/m	井斜角/(°)	方位角/(°)	垂深/m	水平位移/m	南北位移/m	东西位移/m	狗腿度/[(°)/100m]	工具面/(°)	靶点
0.00	0.00	270.00	0.00	0.00	0.00	0.00	0.00	0.00	
10.00	0.00	270.00	10.00	0.00	0.00	0.00	0.00	0.00	
70.00	8.40	270.00	69.79	4.39	0.00	-4.39	4.20	0.00	
75.00	8.40	270.00	74.73	5.12	0.00	-5.12	0.00	0.00	
244.61	81.50	270.00	186.79	116.98	0.00	-116.98	12.93	0.00	
256.17	85.75	270.00	188.07	128.47	0.00	-128.47	11.03	0.00	
267.71	90.00	270.00	188.50	140.00	0.00	-140.00	11.05	0.00	*A*
417.71	90.00	270.00	188.50	290.00	0.00	-290.00	0.00	0.00	*B*

表 4-15 各开次钻具组合表

序号	钻具名称	名称代号	钻具组合描述
1	二开增斜段	DX	Φ215.9mm 牙轮 + Φ172mm 螺杆(1.75°STB212mm) + 411 × 410 回压阀 + 近井斜 + LWD + Φ127mm 无磁承压 1 根 + 悬挂短节 + Φ127mm 无磁承压 1 根 + Φ127mm 钻杆 × 8 根 + Φ127mm 加重钻杆 ×6 根 + Φ127mm 钻杆
2	二开增斜段水平段	DXWX	Φ215.9mm 牙轮 + Φ172mm 螺杆(1.75°STB212mm) + 411 × 410 回压阀 + 近井斜 + LWD + Φ127mm 无磁承压 1 根 + 悬挂短节 + Φ127mm 无磁承压 1 根 + Φ127mm 钻杆 × 20 根 + Φ127mm 加重钻杆 × 10 根 + Φ127mm 钻杆

5. 施工简况

排 609-平 2 井于 2021 年 8 月 18 日一开，钻进至 70.50m 一开完钻。8 月 21 日二开，采用常规钻具组合扫塞出套管后钻井至井深 75.00m，起钻换“牙轮 + 2.5°螺杆 + MWD”“牙轮 + 1.75°螺杆 + LWD”钻具组合钻进，精细控制每单根定向滑动钻进与复合钻进进尺比例，严格控制狗腿度，增斜钻进至井深 248.00m，钻遇油顶，按甲方要求施工钻进。8 月 24 日本井完钻，完钻井深 417.00m。

1)二开增斜段

钻具组合：Φ215.9mm 牙轮 + Φ172mm 螺杆(2.5°STB340mm) + 411 × 410 回压阀 + Φ127mm 无磁承压 1 根 + 悬挂短节 + Φ127mm 无磁承压 1 根 + Φ127mm 钻杆；

入井目的：二开增斜段增斜钻进；

钻进日期：2021.08.21 ~ 2021.08.21；

钻遇地层：西域—塔西河组；

钻进参数：钻压为 20 ~ 60kN，泵压为 3 ~ 6MPa、排量为 20 ~ 25L/s，转速为 20r/min + 螺杆；

泥浆性能：密度为1.08～1.11g/cm³，黏度为38～42s；

钻进进尺：43.00m；

纯钻时间：2.00h；

机械钻速：21.5m/h；

起钻原因：更换1.75°螺杆+LWD。

2)二开增斜段、水平段

钻具组合：Φ215.9mm牙轮+Φ172mm螺杆(1.75°STB212mm)+411×410回压阀+近井斜+LWD+Φ127mm无磁承压1根+悬挂短节+Φ127mm无磁承压1根+Φ127mm钻杆×20根+Φ127mm加重钻杆×10根+Φ127mm钻杆；

入井目的：二开增斜段增斜钻进、水平段稳斜钻进；

钻进日期：2020.08.21～2020.08.24；

钻遇地层：沙湾组；

钻进参数：钻压为60～110kN，泵压为6～10MPa，排量为25～28L/s，转速为25r/min+螺杆；

泥浆性能：密度为1.10～1.13g/cm³，黏度为42～58s；

钻进进尺：299.00m；

纯钻时间：24.00h；

机械钻速：12.46m/h；

起钻原因：完钻。

6. 完井总结

(1)最后50m左右套管下入困难，该井较浅、水平位移大、造斜率大、下入难度大，数值模拟结果表明，下套管结束时井口净悬重仅0.5～1t，建议提前准备井口加压装置。

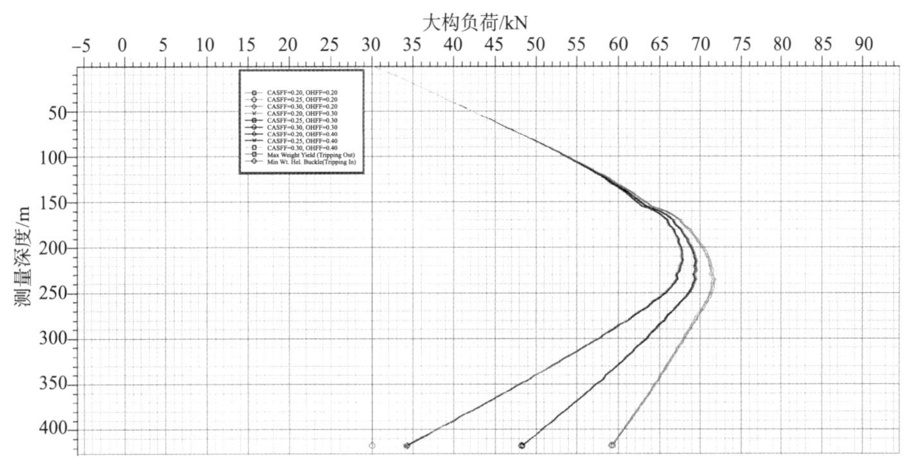

图4-6 套管下入深度模拟

(2)胀封过程稳不住压。可能原因：管柱有渗漏点；球座密封不严或封隔器渗漏。后期通井，筛管内无水泥，证明封隔器胀封正常，球座密封良好。

(3)碰压后稳不住压。假设免钻没有正常关闭，顶替液从此通道进入了环空，水泥会倒返，胶塞上移，水泥凝固后，免钻内套无法捞出。后期打捞正常，免钻芯子正常完好，外表仍是预先涂抹的黄油，证明免钻关闭正常。

(4)固井质量差。水平井造斜点浅，造斜率大，井眼不规则，固井质量难以保证。

7. 认识

(1)在甲方的密切组织下，定向技术服务人员根据地质情况及甲方要求做了翔实可行的施工剖面。二开施工前，按照新春地质所要求，依据复测井口坐标、实测海拔、本井补心高对井眼轨道进行了修正，保证油层着陆控制的成功率。

(2)建议在每口井施工前，定向技术人员与甲方沟通，根据地质资料、钻井设计、目的层情况，对井眼轨道进行优化，确保施工剖面切实可行，并获得甲方认可，可减小水平井施工难度。

(3)入井钻具认真检查和做好记录，上扣满足规定要求。

(4)施工过程中如果遇到问题，严禁司钻私自进行处理，必须及时汇报，具体处理方案由井队技术人员和定向井工程师商议制定。

(5)一开增斜段，造斜点较浅(10.00m)，地层松软造斜率偏低，选择“牙轮 +2.0°螺杆”进行增斜段施工，精细控制每单根定向滑动钻进，精细控制每单根钻进时的泥浆排量与钻压、划眼方式，二开增斜段，地层松软造斜率偏低，选择“牙轮 +2.5°螺杆”/“牙轮 +1.75°螺杆”进行增斜段施工，精细控制每单根定向滑动钻进与复合钻进进尺比例，精细控制每单根钻进时的泥浆排量与钻压、划眼方式，严格控制狗腿度，保证了井眼轨迹圆滑；水平段以复合钻进为主，结合滑动钻进，根据实钻数据及时预测轨迹，需要定向调整轨迹时，早调、勤调、微调井眼轨迹，避免水平段全角变化率过大，确保水平段井眼圆滑。

(6)在入靶前，甲方地质相关人员到现场指导后续施工，实钻过程中，根据地质录井、LWD 随钻测井等资料判断地层情况，对目的层垂深及时修正，定向技术人员根据甲方要求，严格控制轨迹符合甲方要求，可提高储层钻遇率。

(7)水平段较长后，定向滑动钻进托压严重，刹把操作及时活动钻具，同时应及时采取清洁井眼、提高井眼润滑性等措施，预防卡钻等复杂情况的发生。

二、鱼骨状分支井技术现状调研

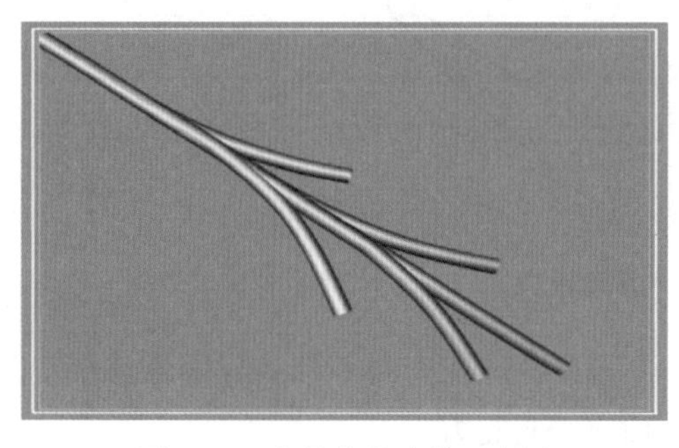

图 4－7　鱼骨状分支井示意图

鱼骨状分支井是一种特殊的分支井，鱼骨状水平分支井是在水平段侧钻出两个或两个以上分支井眼的水平井。从三维立体图上看，各分支井眼与主井眼之间呈鱼骨状分布；从水平投影图(图 4－7)上看，各分支井眼与主井眼呈羽状分布，国外也将其称为羽状水平井。

分支井技术与目前较成熟的水平井、侧钻水平井技术相比具有更大的优越性。一方面可以发挥水平井高效、高产的技术优势，增加泄油面积，挖掘剩余油潜力，提高采收率，改善油田开发效果；另一方面可共用一个直井段同时开采两个或两个以上的油层或不同方向的同一个油层，在更好地动用储量的同时比水平井更节省投资。近年来分支井技术日益成熟，成为油气田开发的一种重要的先进技术，得到越来越广泛的应用。目前，全世界已钻成几千口分支井，最多的有几十个分支。从分支井筒的意义上讲，分支井最早为侧钻井，而开始打侧钻井的目的是重新使新的生产井底生产，而原来的井底不再生产。后来，期望侧钻井和原来的井底都可生产，并且开始钻多个侧钻井，这便是现在意义上的分支井。

分支井技术是水平井、侧钻井技术的集成和发展，鱼骨状分支井也依托侧钻技术，特别是裸眼侧钻技术、裸眼斜向器侧钻技术。鱼骨状水平井技术充分体现了分支井的技术优势，具有最大限度地增加油藏泄油面积、充分利用上部主井眼、节约钻井费用等显著优点，鱼骨状水平井已经成为高效开发油气藏的理想井型。

近年来，鱼骨状水平井在国内部分油田得到了较大范围的应用，如南海西部油田、冀东油田、渤海油田、大港油田、辽河油田、大庆油田等分别进行了鱼骨状水平井现场试验。胜利油田于2007年开始鱼骨状水平井钻井技术研究，完成了20余口井的现场试验，并取得了良好的开发效果，显示了鱼骨状分支井良好的技术前景。

1997年由英国壳牌等公司在阿伯丁举行了分支井的技术进展论坛，并按照复杂性和功能性建立了TAML(Technology Advancement Multi - Laterals)分级体系，根据复杂性和功能性对多分支井完井技术制定了一个分类体系，即1~6级和6s级。

根据TAML分支井技术分级，鱼骨状分支井应当属于1~2级范畴，但正是因为其具有简单、可靠、成本低的优势，得到了广泛的应用，并且取得了良好的应用效果。根据统计(图4-8)资料，目前世界完钻分支井近万口，但1~3级分支井占据了绝大部分，如2003年，哈里伯顿公司在全球完成分支井380口，其中1~3级分支井342口，占比90%，显示出低级别分支井更好的可靠性、更好的经济性。

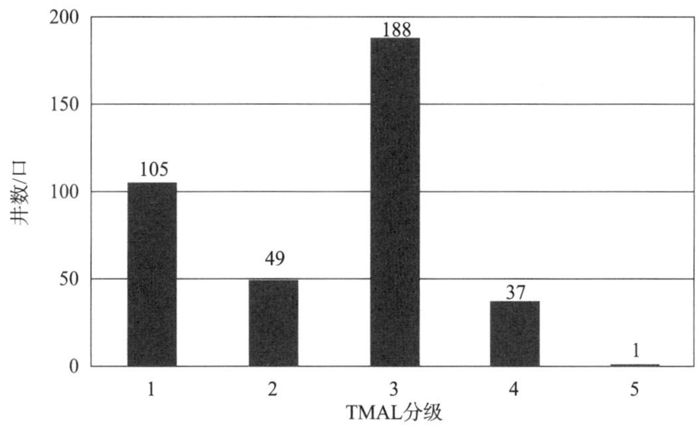

图4-8 各级别分支井数量及分布

中国石化胜利油田分公司早在2000年就开展了分支井钻井技术的研究与应用，并取得了丰富的科研成果和良好的应用效果。于2000年、2001年先后完成国内第一、第二口双分支水平井。2007年以后开展了鱼骨状水平井钻井技术研究，并先后完成了以埕北26B-支平1、沾18-支平1、建35-支平1等为代表的20余口鱼骨状水平井，积累了宝贵的钻井施工经验，单井产量为相邻水平井的2~3倍，取得了良好的开发效果。

因此，通过鱼骨状分支井技术地质工程一体化设计方案找出快速解决复杂情况的方法，形成鱼骨状分支井技术方案，从而进一步降低施工成本，实现新春油田的整体效益开发。

三、施工技术难点总结

通过对新近系浅层水平井已完成井的施工情况进行统计和分析，总结出该地区钻井施工的核心难点如下。

(1)造斜点较浅，地层软，定向施工初期，造斜率可能会较低。

应对措施：造斜率的高低与排量的大小、送钻方法、工具面的控制等工程措施关系较大。定向技术人员与施工井队人员密切配合，注重每个细节，泥浆泵安装140mm缸套，采用低排量钻进，措施执行到位，确保初始造斜率满足要求。初始定向时降低排量，不划眼，满足初期井眼轨迹的控制，避免落后，造成后期被动。待造斜率满足设计要求后，可适当提高排量，采取上提下放方式畅通井眼。

(2)浅层水平井设计造斜率较高、油藏埋藏浅、地层可钻性差别大，造斜率易异常。例如在钻遇水层井段时，由于岩性为胶结疏松的砂岩，造斜率异常低；在钻遇泥岩井段以及钻遇含灰质砂岩井段时，造斜率不稳定，连续定向造斜率可能会异常高，不连续定向造斜率可能会异常低；造斜率难控制。

应对措施：依据甲方地质导向师的技术交底要求，优化定向施工剖面，基于地层岩性合理优化造斜率，使设计造斜率贴近施工实际造斜率，利于轨迹控制。根据实际造斜率情况，一开选用Φ197mm 2°螺杆，二开第一趟钻选用Φ172mm 2.5螺杆，尽量提高二开初始造斜率，随着井斜增大，后期造斜率较高时，及时更换1.75°动力钻具施工第二增斜段和水平段。造斜时加密测量工具面、井斜、方位，及时把握井下动力钻具的反扭角的大小及造斜情况，及时调整工具面角、钻井参数，精细控制每单根钻进，采用滑动钻进与旋转钻进结合的方式增斜，严格按优化好的造斜率造斜，避免轨迹落后，同时避免出现较大的狗腿度。

(3)地层夹层较多、地层软硬交替、可钻性差别大，工具面不稳、造斜率易异常，尤其可能钻遇水层，岩性为砂岩，胶结疏松，造斜率异常低。

应对措施：定向期间定向技术人员在司钻房旁站指导，司钻按照定向人员要求操作，送钻均匀，确保工具面稳定在较小范围内；进入水层前，预留增斜趋势，钻时快，井段降低排量、增加定向进尺比例、不转划眼等方法提高增斜率，避免增斜能力不足。遇钻时突变、造斜率异常及时发现，及时采取措施。

(4)储层前会钻遇泥岩，在钻遇泥岩井段时，造斜率不稳定，连续定向造斜率可能会异常高，不连续定向造斜率可能会异常低。

应对措施：在该泥岩段中，钻时均匀且较慢，要谨慎控制，加密测斜，依据井斜变化及时预测泥岩井段工具造斜率，注意转滑结合，精细控制每单根定向钻进与复合钻进进尺比例，由于泥岩井段垂深短，在泥岩段将水层低造斜率落后的井斜及时追平，并在泥岩段将井斜调整合适，以最佳井斜角度下探寻找油层。同时尽可能使轨迹平滑，避免出现较大的狗腿度，以便后期的作业顺利进行。

(5)本区块水平段附近砂体厚度2.0～10.0m，砂体有效厚度6.0～8.0m。油层厚度薄，薄油层垂深不确定的情况下，易钻穿油层。

应对措施：自二开第二趟钻开始，下入LWD随钻地质导向系统，随钻测量自然伽马、电阻率曲线。根据随钻测井，确定目的层顶界深度，并跟踪调整井眼轨迹。准确卡取水层底界，并与邻井资料对比，预测油层深度，及时与甲方汇报沟通，根据实钻地层情况，按照甲方要求灵活控制调整轨迹。

(6)水平段较长、水平段储层物性变化大、复合钻进井斜变化大。根据已钻水平井经验，砂体上部含灰质，可钻性差、钻时较慢、复合钻进增斜幅度大；砂体中下部可钻性好、钻时较快、复合钻进降斜幅度大。由于水平段地层岩性存在不均质性、物性变化大、井斜易突变。

应对措施：加密测斜，依据测斜情况及时预测待钻井眼轨迹，需要定向调整时，早调、勤调、微调井眼轨迹，避免出现轨迹大幅调整的情况，确保顺利钻完井。水平段钻时快时，适当降低排量，根据降斜情况及时定向增斜，钻完不划眼，保持工具面朝上通过上提下放的方式畅通井眼；水平段钻时慢时，采用正常排量，钻完划眼，并根据增斜情况及时定向降斜。

(7)地层成岩性差、易出新眼。地层埋深浅、成岩性差、固定井段循环划眼易形成大肚子、易掉井斜，甚至易出新眼，起下钻不畅时处理不当亦易出新眼。

应对措施：如果遇到起下钻不畅时要特别注意，应更换常规钻具通井；不能带螺杆在增斜段划眼，以免划出新眼。

第二节　超浅层水平井一体化技术

针对上述施工难点对技术方案进行了持续性的优化与改进，核心为以下几点：

①优选地质导向工具，优化钻进钻具组合；②优选钻进参数，确保井径扩大率和施工安全；③保持井眼轨迹平滑，提高井眼质量；④优化管串结构，确保管串顺利下到预定位置。

一、地质导向工具仪器优选

(一)优选地质导向工具

选用近井斜650LWD(图4－9)地质导向，近井斜零长10m，有助于预测井底井斜并及时调整控制轨迹。近井斜 LWD 地质导向本体柔性强，内部仪器各部件之间采用电缆连接，在高造斜率井段不致损坏，仪器信号稳定，误码率低，采用数据压缩技术、传输速度快，对泥浆性能要求较低。

近井斜 650LWD 地质导向系统接完单根后测斜，将测斜与摆工具面合并，缩短测斜及摆工具面时间(控制在 2min 内)，降低定点循环时间。下免钻附近井段减少测斜甚至不测斜。

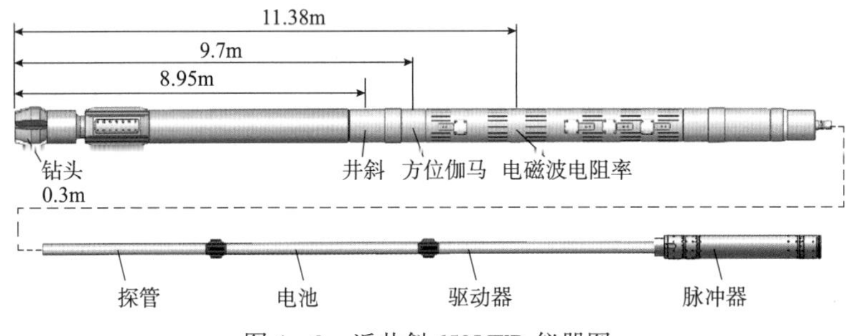

图 4－9　近井斜 650LWD 仪器图

(二)优选合适弯度螺杆钻具

超浅稠油水平井增斜段设计造斜率较高，低于 1.75°螺杆造斜能力不能满足要求，高于 1.75°螺杆造斜能力虽满足要求，但由于螺杆弯角较大、复合钻扭矩大，不能复合钻。选用 1.75°螺杆，螺杆造斜能力基本满足要求，同时能够通过滑动钻进和复合钻进相结合的方式对轨迹进行有效控制，但在水平段使用 1.75°螺杆，由于油层顶部灰质含砾细砂岩井段可钻性差，水平段储层物性变化大、可钻性变化大，复合钻进扭矩大且扭矩波动大，螺杆易发生故障。

如果螺杆钻具在增斜段具有较高的造斜能力，在水平段具有较低的复合钻扭矩，以适用于不同井段钻进，可实现一趟钻完成斜井段及水平段定向施工。新疆车排子超浅水平井一趟钻钻井技术对螺杆的优化设计应满足如下要求：

①选用大于 1.75°螺杆，螺杆连续定向造斜能力能够达到 9°/30m～14°/30m 左右；

②能够降低螺杆复合钻扭矩，同时降低螺杆复合钻井眼扩大率。

针对上述问题和要求，优选双短螺杆钻具。

1. 结构对比

双短螺杆钻具相比常规螺杆，总长缩短 3.4m，弯点至钻头距离缩短 0.37m(图 4－10、表 4－16)。

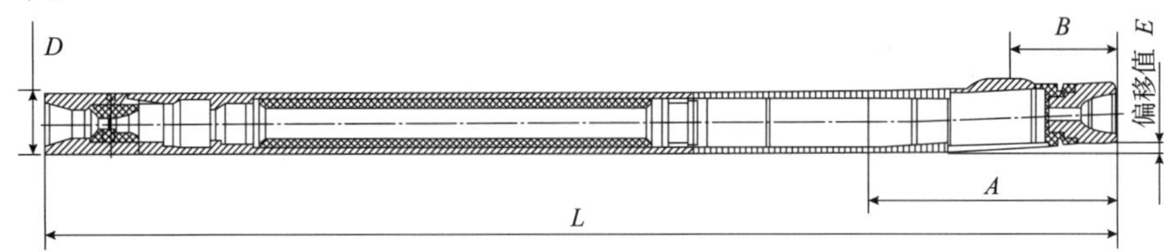

图 4－10　双短螺杆钻具示意图

表 4－16　72mm 型 1.75°螺杆结构数据及造斜率对比表

规格	A/m	B/m	L/m	偏移值/m	1.75°理论增斜率/[(°)/30m]	1.75°实际增斜率/[(°)/30m]
常规 7LZ172	1.60	0.70	8.40	0.048	15.72	15
常规 7LZ172 短弯点	1.10	0.50	7.60	0.034	17.25	15

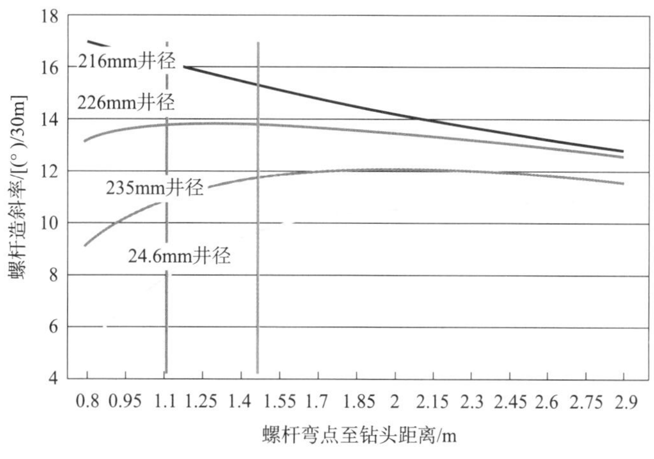

图 4－11　双短螺杆在 25L/s、不同井径下的理论造斜能力

2. 造斜能力对比

①Φ215.9mm 井眼中，井径小于 226mm 时双短螺杆造斜能力高于常规螺杆，井径较大时，造斜率偏低；

②双短螺杆造斜能力在扩径不大的情况下（<235mm），造斜率大于 12°/30m，满足超浅层水平井狗腿度设计要求。

3. 测量零长对比

螺杆长度由 8.4m 优化至 5.0m，大幅缩短测量零长，近井斜零长由 11.5m 缩短至 8.1m，伽马零长由 19.6m 缩短至 16.2m，电阻率零长由 12.5m 缩短至 9.1m，远井斜零长由 22.8m 缩短至 19.4m（图 4－12），实现更精准地质导向。

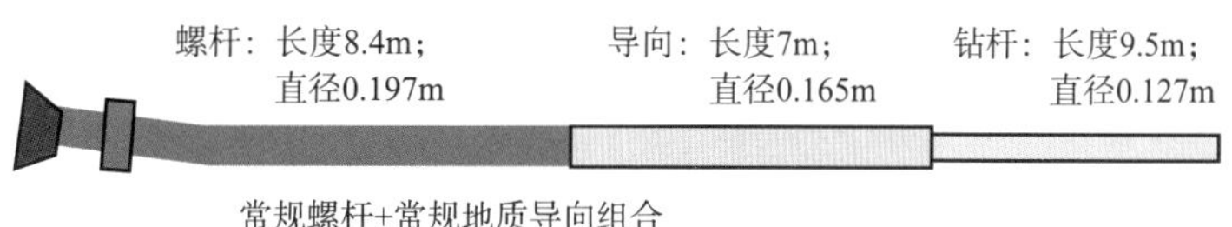

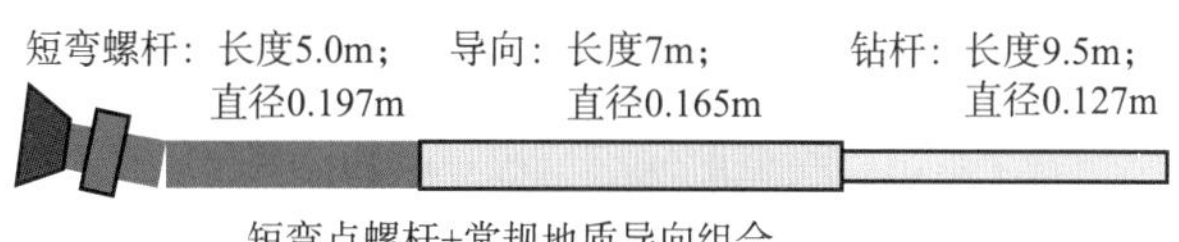

图 4－12　不同螺杆长度对比

4. 复合钻进稳斜能力

双短螺杆钻具工作扭矩小，复合钻进时振动小，稳斜能力强，排634区块施工的排609－平7、排634－平37等井在水平段复合钻进过程中，都有较好的稳斜效果(图4－13)。

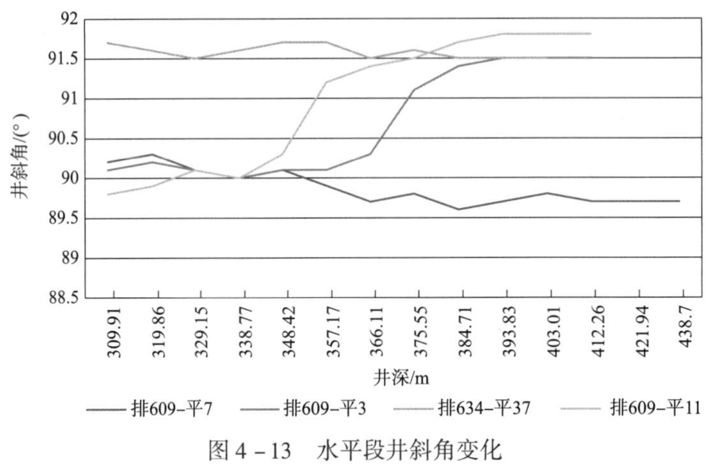

图4－13　水平段井斜角变化

5. 安全性对比

螺杆钻具最易损坏部位是距离弯点近的壳体连接螺纹松扣或胀扣，第二易损坏部位是传动轴，概率暂无法计算。

根据杠杆原理，短弯大角度高造斜螺杆，在承受扭矩转动的情况下，弯点两侧的壳体部分受到相同且方向相反的弯矩，越靠近弯点的壳体连接螺纹由于力臂较短，所受的弯矩拉力越大，故距离弯点近的壳体连接螺纹越容易被损坏。

短弯大角度螺杆由于结构限制，万向轴连杆摆动角度大于常规的连杆的，从理论上寿命较常规的寿命短；由于短弯，传动轴总成内的径向扶正轴承距离弯点以及上、下径向扶正轴承的距离均缩短，同样的弯矩情况下承受的侧向力会变大，轴承的偏磨情况会加重，影响传动轴总成的寿命。

当螺杆承受扭矩＜螺杆最大输出扭矩时，螺杆安全性较高；

当螺杆最大输出扭矩＜螺杆承受扭矩＜螺杆最大输出扭矩×1.5时，螺杆有发生掉胶故障损坏风险；

当螺杆最大壳体上扣扭矩＜螺杆承受扭矩时，螺杆有发生螺纹二次上紧故障损坏壳体风险较高。

表4－17　双短螺杆与常规螺杆性能对比

螺杆型号	安全扭矩	螺杆掉胶扭矩	螺杆断轴扭矩
常规螺杆 立林7LZ172x7.0L－5	＜10137N·m 压降5.65MPa	＞10137N·m 压降5.65MPa	＞28.3kN·m
双短螺杆 德联7LZ172－5	＜10127N·m 压降5.24MPa	＞10127N·m 压降5.24MPa	＞31.2kN·m

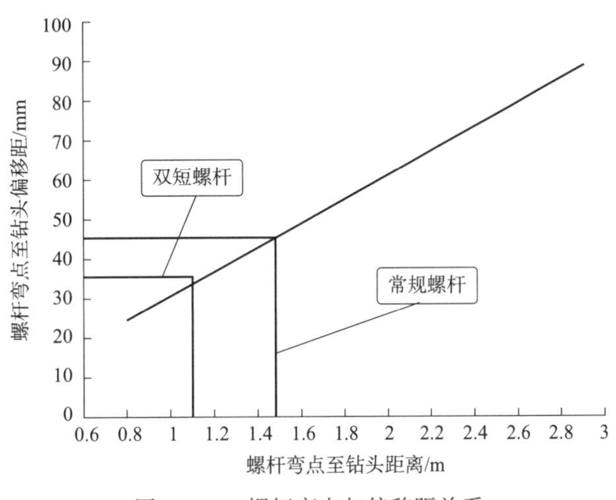

图 4－14 螺杆弯点与偏移距关系

双短螺杆本身安全扭矩与常规螺杆大致相同(表 4－12)；双短螺杆偏移距小，复合钻进时螺杆壳体所受扭矩小，有效防止螺纹脱扣、断裂等风险的发生(表 4－14)；钻头所受扭矩小、扭矩波动小，能够有效防止掉胶、断轴等风险的发生。

排 634 区块应用双短螺杆施工的 18 口井中，双短螺杆钻具没有出现任何质量风险事故，安全性能优异。

双短螺杆钻具可将螺杆造斜能力保持在 15°/30m，同时降低螺杆偏移值，大幅降低螺杆复合钻扭矩，可有效防止复合钻井径扩大，具有较好的性能。

二、优选钻进参数，防井径扩大

1. 进入水平段前，全程低排量钻进

井队配备 2 台钻井泵，一台 140mm 缸套钻井泵，确保降排量能降到位；一台 170mm 缸套钻井泵。一开定向排量 15L/s，起钻前循环排量 25L/s；二开井斜小于 15°前定向排量 15L/s；井斜小于 70°前定向排量 20L/s；进入油层前排量不大于 25L/s；油层段排量 32L/s。

2. 钻井液合理黏切

一开配浆开钻，钻井液性能：密度 1. 10g/cm^3，黏度 40 ~ 45s；二开配浆开钻，进入水层前(井斜 50°左右)补充防塌降滤失剂提高黏切，钻水层期间持续补充纤维类随钻堵漏剂，针对水层的强渗透性进行有效封堵；钻井液性能：密度 1. 12g/cm^3，黏度 40 ~ 45s，失水 20mL；动切力：4 ~ 6Pa，初终切：2 ~ 3/4 ~ 6；钻穿水层后进入泥岩段逐步补充防塌降滤失剂，LV－CMC 提高黏切，控制失水。钻井液性能：密度 1. 13g/cm^3，黏度 45 ~ 50s，失水 5mL；动切力：6 ~ 8Pa，初终切：2 ~ 4/6 ~ 8；水平段岩性为细砂岩，易消耗土相，进入水平段补充超微细碳酸钙和土粉，加强泥浆的封堵性和造壁功能；水平段中期再次提高黏切，保障泥浆良好的携岩能力。钻井液性能：密度 1. 13g/cm^3，黏度 50 ~ 60s，失水小于 4mL；动切力：8 ~ 10Pa，初终切：3 ~ 5/8 ~ 12；通井封井浆：5% 油基润滑剂 + 3% 石墨粉配制封井液 20m^3 封闭全裸眼；钻井液性能：密度 1. 13g/cm^3，黏度 60s，失水小于

4mL；动切力：10～12Pa，初终切：5/15。

3. 钻井操作

(1)观察井眼摩阻及返砂情况，及时短起下，并长短结合(二开制井身结构)。

二开第1次：起钻(井深113m，井斜30°，更换螺杆、下LWD)；二开第2次：短起下(井深200m，井斜70°，巩固水层井眼，预留时间讨论卡准油层)；二开第3次：长短起下(井深300m，井斜90°，进入水平段50m，轨迹挑平，巩固畅通上部井眼)；二开第4次：短起下、起钻(井深406m，井斜90°，完钻，短起下验证上部井眼是否畅通，然后起钻)；二开第5次：通井，短起下、起钻(井深406m，畅通井眼，修整井壁，清除钻屑和虚厚泥饼)。

(2)定向期间定向技术人员在司钻房旁站指导，确保施工连贯。

(3)杜绝定点循环。

(4)起下钻控制速度，以保井眼为主要目的，不盲目抢进度。

(5)遇阻不得猛砸，不得开泵划眼，起下钻中途不能带螺杆在增斜段划眼，以免划出新眼。

(6)起下钻不畅应更换常规钻具通井，通井钻具组合不使用钻铤。

三、井眼轨迹优化，提高井眼质量

1. 钻具做标记辅助一开初始定向

一开下入定向钻具，在钻台面做定向标记，确保钻深10m内即能定向增斜，降低二开井段增斜率(图4－15)。

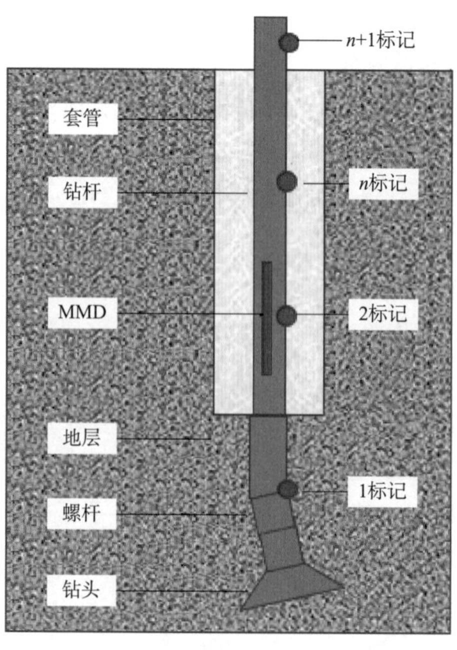

图4－15　钻具标记辅助造斜示意图

2. 造斜率异常的预防及处置(图 4 – 16)

(1)钻时突变引起重视，依据钻时变化预判井底井斜。

(2)异常井段加密测斜，每钻进半个单根测斜一次。

(3)综合分析 LWD 近井斜数据、滑动钻进比例、钻时快慢、返出岩屑等情况，提前预判实钻造斜率，及时预测待钻井眼轨迹，及时调整技术措施。

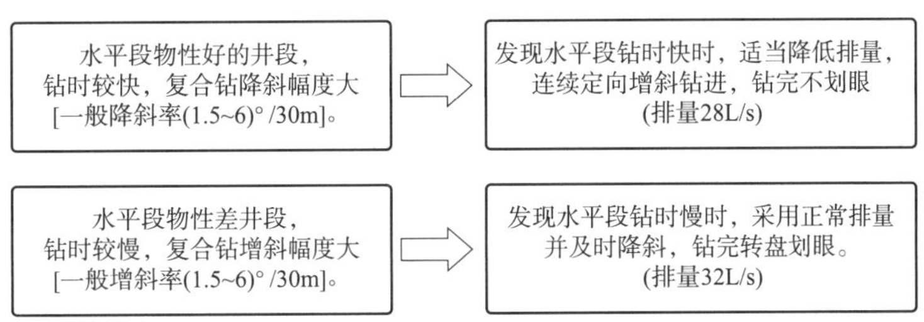

图 4 – 16　储层钻进异常处置措施

3. 提高优质储层钻遇率，避免油层段轨迹大幅起伏

针对油层垂深不确定，卡层难的问题，利用近井斜地质导向，随钻测量自然伽马、电阻率曲线并加强与甲方及录井人员结合，对比邻井资料，及时修正油层顶界深度，根据实钻情灵活控制调整轨迹。

四、完井措施优化

优化井眼轨迹控制，延长油水间距大于 30m，预留免钻和封隔器位置为低狗腿度、不扩径稳定井段(图 4 – 17)。

(一)改进扶正器结构，增加数量，提高套管居中度

井斜角 >60°井段采用刚性扶正器，筛管段加放整体式弹性扶正器，提高套管居中度(图 4 – 18、表 4 – 18)。

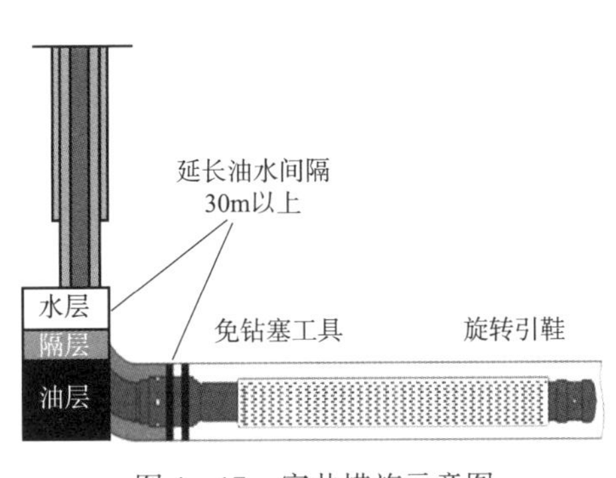

图 4 – 17　完井措施示意图

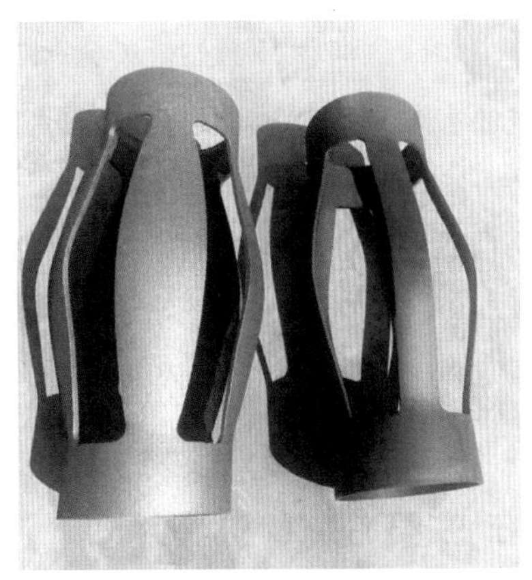

图 4 – 18　整体式弹性扶正器

表 4 – 18　扶正器数量及安放位置

井段/m	扶正器类型	段长/m	扶正器间距/m	数量
404 ~ 258 筛管段	整体弹扶(链接)			2
免钻上下	整体弹扶			2
247 ~ 180 套管段	整体弹扶 + 树脂扶正器	67	11	3 + 3
180 ~ 160 套管段	整体弹扶	20	11	2
160 ~ 50 套管段	整体弹扶	110	22	5
40 ~ 30 套管段	刚性扶正器	10	10	1

套管居中度模拟计算.

油层水层之间套管一根一个刚性扶正器(共 4 只)，上部均匀加入 10 只弹性扶正器，套管居中度可以达到 65% (图 4 – 19)。

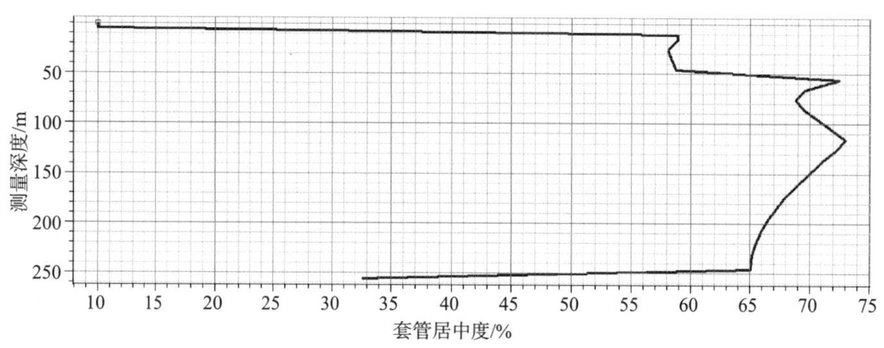

图 4 – 19　完井套管居中度模拟

(二)提高水泥浆性能

固井水泥浆：G 级水泥 + 石英粉 + 增塑剂 + 降失水剂 + 早强剂 + 减阻剂 + 促凝剂 + 消泡剂 + 晶格膨胀剂 + 配浆水；

高流变性能的复合型前置液增加至 15m^3，让前置液充分洗井；

先导水泥浆使用密度 1.50 ~ 1.55g/cm^3 的抗高温低温早强增韧防漏降失水水泥浆体系；

领浆封固 0 ~ 100m 井段，水泥浆密度 1.80 ~ 1.85g/cm^3，低失水，预计水泥浆 4 ~ 5m^3；

尾浆封固 100 ~ 240m，水泥浆密度 1.88 ~ 1.93g/cm^3，低失水，微膨胀，直角稠化明显，稠化时间短(80min 内)，可有效抑制地层活跃流体侵入，预计水泥浆 5 ~ 6m^3。

(三)主要完井工艺优化

①做好通井措施，降低裸眼摩阻系数，畅通井眼；

②使用白油等液体润滑剂；

③增加下套管固体润滑剂用量，石墨粉增加为1t；

④井口加压下入，避免上提及旋转套管对完井管柱造成损坏；

⑤固井后憋压候凝4h捞免钻，减小起下钻对水泥环的影响。

五、完井工具优化

(一)免钻塞完井工具改进

免钻塞完井工艺技术的应用环境苛刻、技术要求高，主要表现在：井深导致打捞拉拔力大。内通径小，工具尺寸分布、结构需要精细设计。因此免钻塞完井工具的改进必须考虑如何从工具性能上优化施工程序，减小打捞拉拔力，提高免钻工具的密封性能，提高施工成功率。

目前免钻塞完井工具(图4－20)的主要弊端和不足之处分析如下：

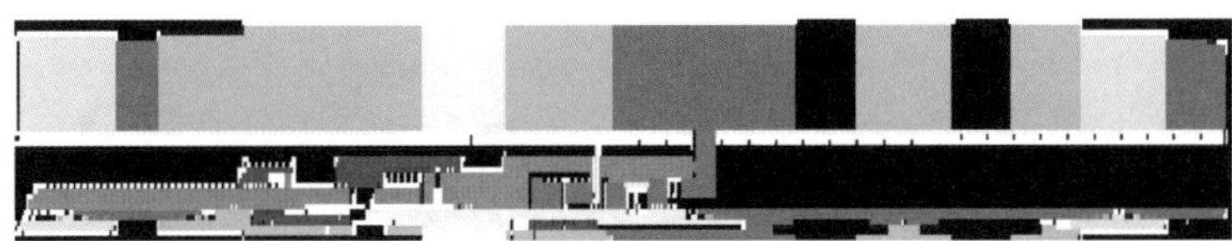

图4－20 原始免钻塞完井工具结构图

①循环通道关闭不可靠，施工时憋压候凝；

②打捞拉拔力影响因素多，存在打捞失败风险。

针对以上技术要求及存在的问题，项目组形成了新型筛管顶部注水泥免钻塞完井工具整体结构方案，设计研发技术关键工具。

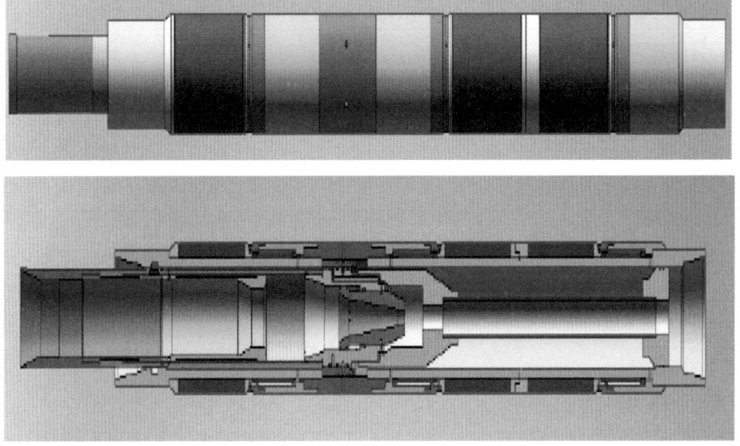

图4－21 新型免钻塞完井工具

其技术主要优势在于：

①通过锁块悬挂，低剪切载荷销钉设计，进一步减小打捞拉拔力；

②优化封隔器模块设计，可采用压缩金属笼式封隔胶筒，提高工具适应井径和岩性限

制，防止筛管内漏水泥事故；

③内套全为铝合金制可钻材料，而且内套防转结构，打捞不成功可轻松下钻钻除；

④打捞筒与下部结构连接反扣设置，打捞不成功，打捞矛无法脱手时可倒扣，倒出上部打捞筒，下部结构，钻塞钻除。

改进后的免钻塞完井工具(图 4－22) 主要由注水泥模块、封隔器模块、可打捞模块、固井胶塞、打捞工具五部分组成。

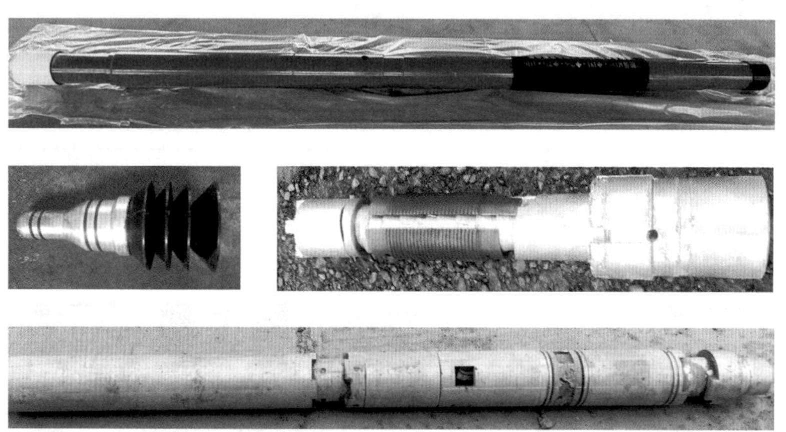

图 4－22　新型免钻塞工具组成

改进的免钻工具的性能参数如表 4－14 所示，其中尺寸压力参数是根据应用井的环境、井身、实钻情况等可调节，适应性强。

表 4－19　改进免钻塞工具基础参数

工具最大外径/mm	218±2
总长/m	6
封隔胶筒长度/m	1.2
适应井径/mm	<330
封隔胶筒打开压力/MPa	6～8/可调
封隔胶筒关闭压力/MPa	9～10/可调
循环通道打开压力/MPa	14～16/可调
循环通道关闭压力/MPa	5～7/可调

具体改进如下。

1. 封隔器模块改进

封隔器模块能否有效工作是实现顶部注水泥成败的关键，封隔器模块可以有效地分割筛管段与上部套管，避免水泥浆对水平段产层的污染，改进的封隔器模块基于压缩胶筒和水力扩张复合作用封隔井眼。

胶筒内部借鉴压缩金属笼式封隔器胶筒结构，内部采用金属肋条支撑。橡胶胶筒试验中，胶筒的强度达不到锁紧胶筒坐封力的强度要求，胶筒坐封锁紧失效后密封性能下降，因此采用了金属笼外敷压缩胶筒式结构(图 4 - 23)，满足胀封要求。

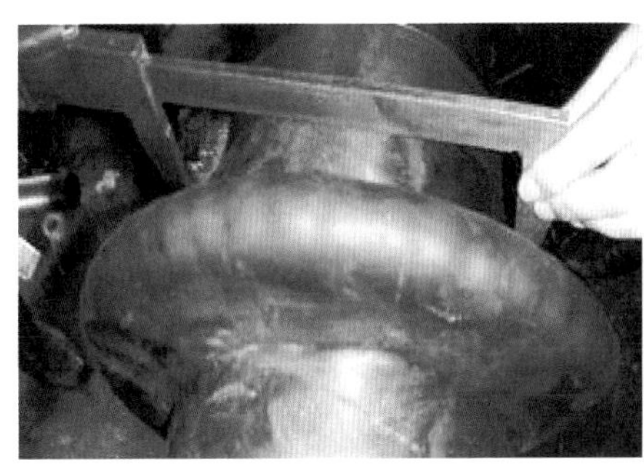

图 4 - 23　胶筒金属笼式结构

改进后金属笼式封隔胶筒(图 4 - 24)支撑力大、密封能力高、封隔效果好。

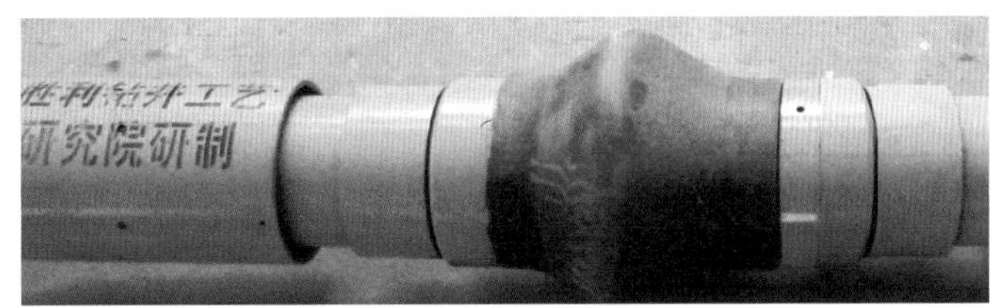

图 4 - 24　压缩胶筒金属笼式封隔器

此外还对封隔器内部进液控制进行了改进，其工作原理(图 4 - 25)是：液体经阀系的进液孔进入锁紧阀，当压力达到设定值时锁紧阀上的销钉被剪断，锁紧阀打开，液体流经单向阀(径向阀系)，限压阀进入中心管与胶筒间的膨胀腔内，使封隔器膨胀与井壁紧密接触形成密封。当膨胀腔内的压力达到限压阀销钉的设定值时，销钉剪断，限压阀动作，将进液孔封闭，此时套管内压力对膨胀腔内的压力无任何影响，实现安全坐封，井口放压为零，锁紧阀自动锁紧，实现永久关闭，以后的井下压力作业对封隔器无影响。

改进后泥浆充填封隔胶筒内部空间，内部液态介质提供额外支撑，胀封外径大、封隔接触面积长，可有效防止漏失。

改进后免钻塞完井工具的封隔器模块，最大限度结合压缩式和水力扩张式封隔器各自的优点，提高工具适应井径和岩性限制，满足中深井固井水泥返高过大、液柱压差过高造成的筛管内漏水泥事故。

2. 锁块悬挂、剪钉防移位改进

改进的免钻塞完井工具，整个内套可采用悬挂、台阶限位两种方式。台阶限位必然造成内径的减小，不利于后期作业管柱的下入，因此采用锁块悬挂(图 4 - 26)设计。利用锁块悬挂于中心管上，防止打压时整个内套下移，支撑强度做个多次试验，最大试验压力 35MPa，试验强度足够。

为防止下套管时水击作用造成的内套上移，采用销钉限位的方案，根据井深等各井情况优化销钉载荷。剪断载荷可初步设定为 100 ~ 150kN。

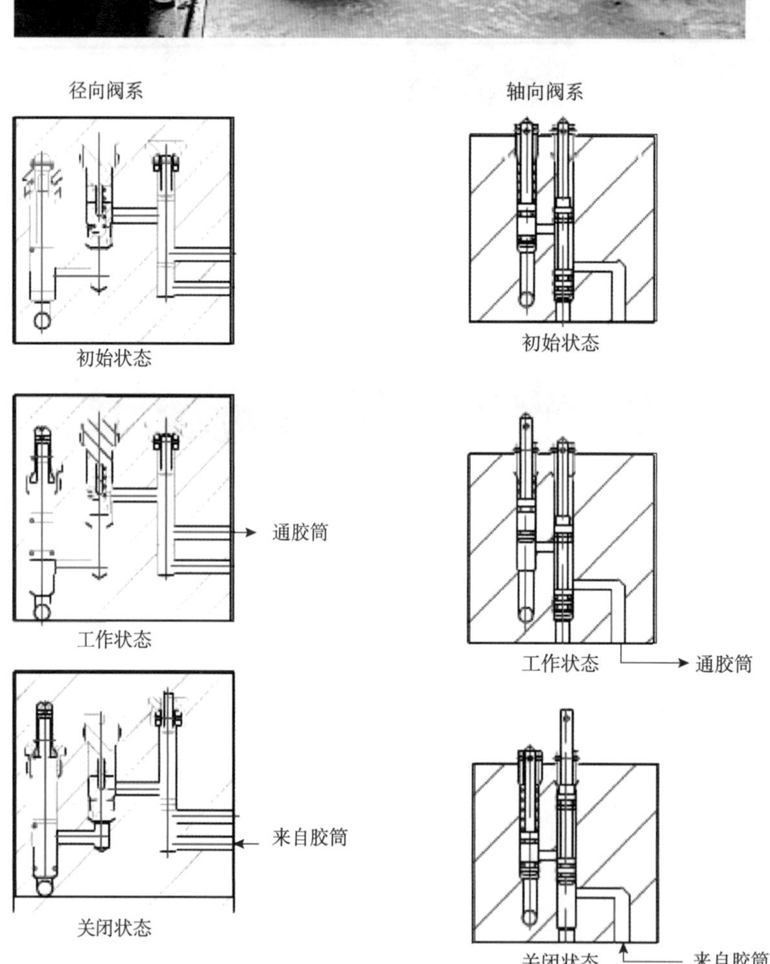

图 4－25　水力扩张封隔工作筒阀门系统及工作原理

图 4－26　锁块悬挂部件

3. 工具材质改进

各种零件均为标准件。为了满足工具在井下的需要，保证其机械性能符合设计要求，同时还要保证其切削性能，以满足加工的需要；主要的零件接箍外壳进行了相应的调质热处理，其硬度达到 HB260～290，屈服极限达到了 834MPa。

胶塞的皮碗采用丁腈 26，其物理性能详见质量标准；其他“O”形密封圈，均为标准件，材料为丁腈 40。

内套均采用硬铝棒加工，本体材质为 2A12 硬铝棒，屈服强度 200MPa，计算强度为 581kN，而工作压力 25MPa，计算受压力 60.2kN，远远低于屈服强度，设计满足要求。

4. 打捞工具改进

打捞工具(图 4－28)采用金属滑块捞矛，变径结构，上部大尺寸设计，起扶正作用，在胶塞上有泥浆沉淀或水泥混浆时，上下磨鞋结构设计可有效进行清洗，提高打捞成功率。

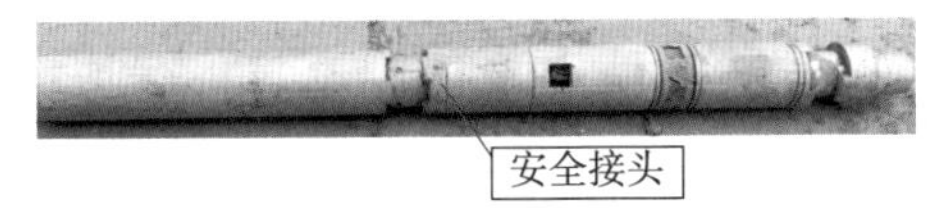

图 4－27 安全接头截面

图 4－28 打捞工具实物照片

(二)浅表层易钻固井工具配套

浮箍、浮鞋作为国内常用的套管固井工具，其内芯结构采用了大量的金属填充物，在固井作业完毕后，出于钻井及后续作业需要，多数情况下需要对其内部芯体进行钻除，因此可钻性是衡量浮箍、浮鞋的一个重要指标。从结构上来看，浮箍、浮鞋的质量主要取决于内部的填充材料。目前浮箍浮鞋内部填充材料主要有两种：一种是使用铸铁、铝合金等金属材料，另一种则是使用水泥混凝土；前者反向承压及密封性良好，后者有良好的可钻性，但防回压能力和安全可靠性还有待提高。阿拉德油田及排 634 区块采用三开制井身结构，二开 244.5mm 技术套管下深至 A 靶点，垂深 150～200m，其中哈浅 23－平 1 井垂深 200m，采用 244.5mm 金属内芯的浮箍、浮鞋进行技套固井，后期钻除浮箍、浮鞋累计用时 24h，不但增加了钻井作业时间和作业成本，也大大缩短了钻头的使用寿命。

因此针对目前的浮箍、浮鞋钻除困难问题，进行了易钻浮箍、浮鞋的研制。设计了具有良好过流及耐冲蚀能力的高分子材料回压阀，以及聚合物材料的充填材料，极大提高了浮箍、浮鞋的可钻性；进行了聚合物材料的室内可钻性评价及浮箍浮鞋样机的地面性能试验，并在新春公司进行推广应用，取得了良好的应用效果，浮箍浮鞋的安全可靠性及可钻性得到了全面验证。

1. 结构原理

易钻、浮鞋主要由外壳、回压阀及聚合物材料组成。外壳内部设计有数量不等的凹槽，可有效固定聚合物材料及回压阀，防止浮箍浮鞋在承受反向高压或者胶塞碰压时整个内部芯体发生移动；在回压阀的中部有过流通道，其主要作用是保证在循环洗井及固井作业时该处的有效过流，同时在固井作业结束后能够有效防止套管环空水泥浆进入套管内，起到承压密封的作用；聚合物作为填充物充填回压阀及外壳之间的间隙，可以有效固井回压阀，并保证浮箍、浮鞋的有效密封。

图4－29 易钻浮箍结构示意图

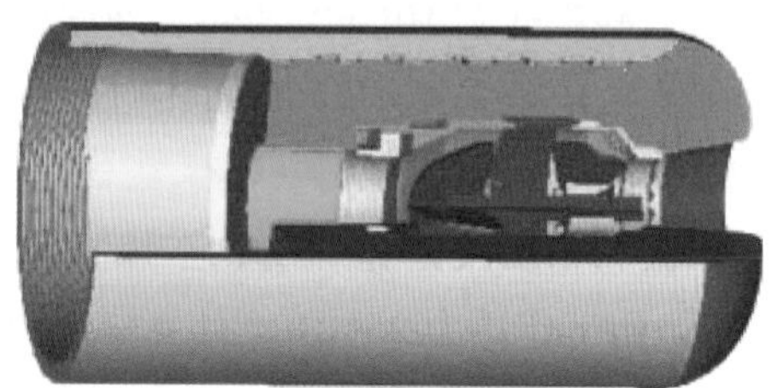

图4－30 易钻浮鞋结构示意图

2. 关键技术

浮箍、浮鞋要在保证其安全可靠性的前提下实现易钻的功能，需要解决以下几个关键技术问题，即浮箍浮鞋内部芯体材料必须具有良好的可钻性及耐冲蚀能力，具备在承受高压情况下保持完好的能力以及聚合物材料能够做到与外壳和回压阀(图4－31)之间的有效密封，从而实现高压密封能力。

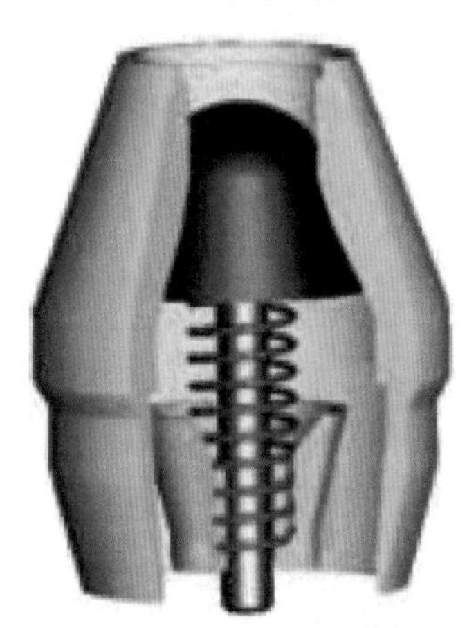

图4－31 回压阀

耐冲蚀易钻回压阀摒弃了金属充填浮箍浮鞋的全金属材料设计，多数部件采用了高分子非金属材料。回压阀外壳采用了具有一定强度、耐冲击性、耐热性、硬度及抗老化性的工程塑料，这种材料在一定的外力作用下，仍具有良好的机械性能和尺寸稳定性，在高地温下能保持其优良冲蚀性能，相比金属材料具有更加良好的可钻性和耐冲蚀性能。回压阀密封元件在内部使用工程塑料保证其强度的基础上，在外部密封面硫化耐高温橡胶材料，从而实现长时间大排量循环充实下的有效密封。此外作为回压阀中唯一的金属部件，支撑弹簧也放弃了常用的弹簧钢材料，而使用可钻性更加优秀的青铜材料，进一步提高了回压阀的可钻除能力。考虑到回压阀的过流问题，对回压阀内部结构进行了优化设计，使得回压阀内部过流面积高于行业标准要求的最小过流面积，这样在一定程度上提高了其过流性能，减小了循环时此处的节流压差。

(三)大尺寸膨胀悬挂器

普通机械式悬挂器普遍存在通径偏小，不能满足悬挂筛管的使用要求。通过新型大尺寸筛管膨胀悬挂器的研究，不仅满足了悬挂可膨胀筛管要求，而且可用来悬挂普通套管或防砂筛管等常用尾管来进行完井作业。

1. 存在的问题

普通悬挂器的结构存在如下不合理之处：

①普通悬挂器坐挂后通径偏小，不能满足后期下入筛管膨胀工具。

②悬挂器产品悬挂后密封性能极差，统计数据表明，多达45%～60%的常规悬挂器在坐放后会出现水力泄漏。

③现有悬挂器在下套管作业循环中易造成提前坐挂。

④尾管固井或固套管重合段后一般需要用小尺寸的钻具通喇叭口。

⑤悬挂器的悬挂机构，特别是卡瓦装置不合理，易造成悬挂失效。

⑥倒扣装置需要找中和点，容易发生倒不开扣的恶性事故。在短尾管中难以判断是否倒开扣，造成施工成功率下降。

2. 应对措施

针对上述问题，为达到悬挂可膨胀筛管的目的，满足坐挂后大通径的要求，扩大悬挂器的使用范围，需研制一种大通径的膨胀悬挂器，具有如下应对措施：

①膨胀锥沿中心管从下而上进行膨胀，保证了悬挂器整体被膨胀后拥有较大通径，能够满足后期下入膨胀筛管变径工具的使用要求。

②悬挂材料采用高性能橡胶，具有高效的双向承载能力。

③膨胀时悬挂器下部密封采用可活动堵头，丢手时无须倒扣即可提出坐挂工具，大大提高了丢手成功率，消除了传统悬挂器经常发生倒不开扣而导致的恶性事故。

④坐挂后，井内只留有悬挂器本体和被悬挂尾管，不存在后期钻塞等工序。

⑤该悬挂器不能进行固井，可悬挂膨胀筛管或普通筛管，适用于筛管防砂完井。

第三节 鱼骨状分支井钻完井技术

一、鱼骨状水平井定向侧钻技术

根据完井方式的不同，鱼骨状水平井可以采用不同的钻进方式。目前，由于国内现有工具的限制，主要采用“前进式”或“后退式”两种钻进方式，也有在钻进过程中下入裸眼斜向器或专用工具进行钻进的做法，而这两种方式并不多见，主要是因为裸眼斜向器不利于回收，如果回收不成功则井眼报废并需要重新侧钻。

(一)鱼骨状水平井“前进式”钻进方式

目前，胜利油田采用的是主井眼下入防砂筛管、分支井眼裸眼的完井方式，根据这种完井方式，钻进方式多采用“前进式”，主要施工步骤如下。

(1)根据设计要点，鱼骨状水平井采用三次开钻方式，二开钻进至水平段着陆点(A点)之后30m左右，并下入技术套管，封隔油层以上地层，利于水平段及分支井眼的顺利施工。

(2)三开施工第一段水平井段(A—C)，钻进至第一侧钻点C处，在第一分支井眼侧钻点处采用鱼骨状水平分支井眼侧钻技术侧钻第一个分支井眼(C—D)，第一分支井眼完成后，进行短起下钻(至套管鞋处)，并替入专用的无固相钻井液保护已完成的分支井眼。

(3)起钻至第一分支井眼侧钻点C处，从第一侧钻点C处采用与侧钻分支井眼相反的工具面悬空侧钻主井眼，并钻进至第二侧钻点E处，再采相同的鱼骨状水平分支井侧钻技术侧钻并完成第二分支井眼(E—F)，分支井眼完成后进行短起下钻，并替入专用的无固相钻井液保护已完成的分支井眼。

(4)起钻至第二分支侧钻点E处采用与第一、第二分支相同的钻进技术侧钻主井眼，采用同样的钻进方式完成剩余分支井眼及主井眼的钻进，每钻进完一个分支井眼都要替入专用的无固相钻井液保护已完成的分支井眼。

(5)当主井眼全部完成后，起出钻具，并换通井钻具通井，下钻时在每个分支井眼侧钻点小心处理，直至下钻至主井眼，起钻前替入无固相钻井液保护已完成的井眼。

这种钻进方式具有以下主要优点：

①与煤层气中的钻进方式不同，岩屑封堵已钻井眼的可能性比较小；

②提高了顺利下入钻具及防砂筛管的成功率，后期完井相对较为主动；

③可以最大限度地减小可能的井眼损失，取得最佳的开发效果。

缺点：上部分支井眼完成后，如果分支井眼与主井眼处理不当，再次下钻时在分支窗口处可能会进入分支井眼，而不是既定的主井眼，造成井下复杂情况的发生。

“前进式”钻进方式示意图如图4－32所示。

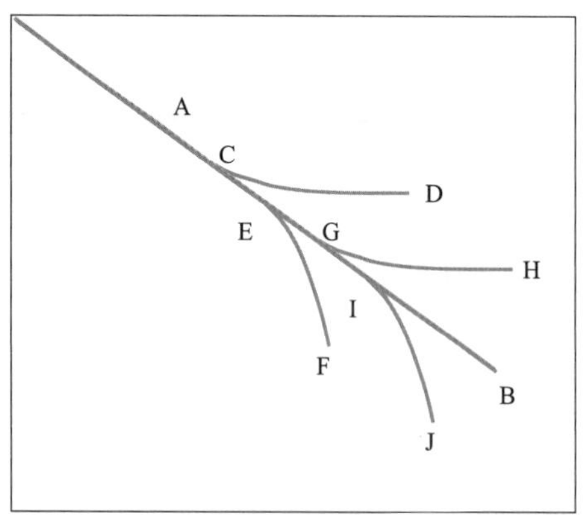

图4－32 “前进式”钻进方式示意图

(二)鱼骨状水平井“后退式”钻进方式

当鱼骨状水平井主井眼采用裸眼完井方式时，可以考虑鱼骨状水平井“后退式”钻进方式，这种钻进方式基本与“前进式”钻进方式相反，“前进式”是先钻进一段主井眼，再钻进一个分支井眼，然后钻进一段主井眼，再钻进一个分支井眼，这样交替施工；而“后退式”钻进方式则是首先完成主井眼，再依次完成分支井眼的施工顺序。

(1)主井眼完成后，上提钻具至第一分支侧钻点 I 处，采用鱼骨状水平井侧钻技术侧钻并完成分支井眼 I—J 段施工，第一分支井眼完成后，替入专用的无固相钻井液保护已完成的分支井眼。

(2)上提钻具至钻进至第二分支侧钻点 G 处，采用鱼骨状水平井侧钻技术侧钻并完成分支井眼 G—H 段施工，第二分支井眼完成后，也替入专用的无固相钻井液保护已完成的分支井眼。

(3)上提钻具至第三分支侧钻点 E 处，采用与第一、第二分支相同的钻进技术侧钻分支井眼，同样完成剩余第四分支井眼，每钻进完一个分支井眼都要替入专用的无固相钻井液保护已完成的分支井眼。

(4)当分支井眼全部完成后，把余下主井眼替入专用的无固相钻井液保护。

优点：不会出现下钻进入井眼盲目混乱的情况，施工风险较低。

缺点：

①只适合于鱼骨状水平井主井眼采用裸眼完井方式的井；

②先期完成井眼可能会被分支窗口处的岩屑堆积封堵，严重情况下可能失去先期完成井眼。

鱼骨状水平井“后退式”钻进方式还存在另外一种情形，即主井眼完成后，下入套管进行固井作业，然后下入套管内斜向器进行开窗作业，开完窗后再钻进分支井眼，第一个分支井眼完成后，上提套管内斜向器进行第二个分支井眼开窗作业，再钻进第二个分支井眼，这样依次完成后续分支井眼的施工，与裸眼“后退式”钻进方式相比成功率较高，也不易出现分支窗口处岩屑堆积封堵的现象，但是此种钻进方式工序较复杂，成本较高。

二、鱼骨状水平井侧钻工艺技术

(一)鱼骨状水平井侧钻点的选择

(1)在鱼骨状水平井钻进过程中，由于鱼骨状水平井通常应用在同层中，但是不同位置的油藏物性是不一样的，所以侧钻点应该选择在同油层中物性较好的地方。

(2)不论是采用“前进式”或“后退式”钻进方式，侧钻点都应选择在油层相对较厚的地方，以避免侧钻后钻出油层。

(3)考虑到二开完井对井眼造成的影响，为了保证鱼骨状水平井水平段的顺利施工，建议套管鞋至第一侧钻点的距离至少为 100m；由于分支井眼的长度至少为 150m，即使完井管柱入井时一旦进入分支井眼造成井下复杂情况，也能保证至少 200m 的油层井段，从而保证有效生产井段的最大长度和寿命。

(4)侧钻点除应满足油藏地质要求外，还需考虑分支井眼之间的安全。即侧钻点间隔须保证在侧钻不顺利及实际侧钻点下移的情况下不会对下步施工造成过度影响，同时侧钻点与先期完成的分支井眼间的最小距离要具有足够的安全范围。剖面设计中侧钻点与邻近分支井眼的最小距离如表 4－20 所示。

表4-20 某井设计剖面中侧钻点与邻近分支井眼的最小距离

侧钻点	侧钻点深度/m	邻近分支	与邻近分支最小距离/m
E	1560.00	CD	3.26
G	1610.00	EF	3.71
I	1660.00	GH	3.26

由表4-14可以看出，所选侧钻点与已钻分支井眼的最小距离为3.26m，侧钻点在主井眼上间隔50m的选择是安全的。

(二)鱼骨状水平井侧钻工具的选择

1. 旋转导向工具

国外一些鱼骨状水平井钻井施工是依靠旋转导向钻井工具实现的，国内第一口鱼骨状水平井就是依赖此种工具完成的，中国海油以及中国石油新疆、大庆、长庆等油田施工的一些鱼骨状水平井也是借助于此工具完成的。此种工具的最大优点就是减少了钻具在井眼内的摩阻，增大了井眼的延伸能力，使井径较规则，控制较便捷，但是此种工具只为国外少数几家大公司所掌握，技术完全封锁，只对外出租，价格较昂贵，不适合我国国情。

2. 斜向器

在分支井钻井设计及施工中常涉及斜向器工具，斜向器可以分为管内斜向器和裸眼斜向器两种，管内斜向器在高级别分支井中较常用，在鱼骨状水平井“后退式”钻进方式中也可以采用，但是施工工艺较为复杂。裸眼斜向器在国外也见到一些报道，但是未见成功案例，国内广安002-Z2鱼骨状水平井进行了相关应用，当第二分支井眼完成后，回收不成功，造成了井下复杂情况，所以裸眼斜向器的应用存在很大的风险。

3. 单弯动力钻具

单弯动力钻具在我国已经较普及，各种系列的单弯动力钻具应有尽有，价格较为适中，较适合我国国情，已经在我国广泛应用，但是此种工具在控制井眼轨迹时多采用滑动钻进方式，因而限制了井眼的延伸能力，复合钻进时井眼也不规则、控制较为困难。目前，胜利油田运用此种工具已独立完成了七口鱼骨状水平井的现场施工，形成了一套较为成熟的钻井工艺技术。

(三)主井眼与分支井眼的姿态描述

1.“前进式”钻进方式施工的井眼姿态

鉴于主井眼下筛管完井，分支井眼裸眼完井的“前进式”钻进方式，其关键环节在于两个方面：一是筛管的顺利入井；二是防止或延缓分支井眼的坍塌缺失。因此，分支井眼在分别向横向、纵向远离主井眼的同时，井斜角略有抬升，且分支井眼完成后用无固相防塌钻井液替除常规固相钻井液。这样，一方面可以避免分支井眼完成后在主井眼钻进时岩屑在窗口处过量堆积导致分支井眼被堵塞；另一方面分支井眼在窗口处上翘、主井眼下垂，有利于保证完井管柱顺利下入主井眼，提高完井管柱准确下入的成功率，并有利于重力泄油。而无固相防塌钻井液可及时减少油层污染，并保持分支井眼的井壁稳定。“前进式”钻进方式主、分支井眼相对位置示意图如图4－33所示。

2.“后退式”钻进方式施工的井眼姿态

“后退式”是基于主井眼与分支井眼均采用裸眼完井方式时采用的一种钻进方式，其井眼姿态与“前进式”钻进方式的井眼姿态正好相反，如图4－34所示，其主要缺点是钻进形成的岩屑易封堵之前完成的主井眼，导致主井眼不畅通。

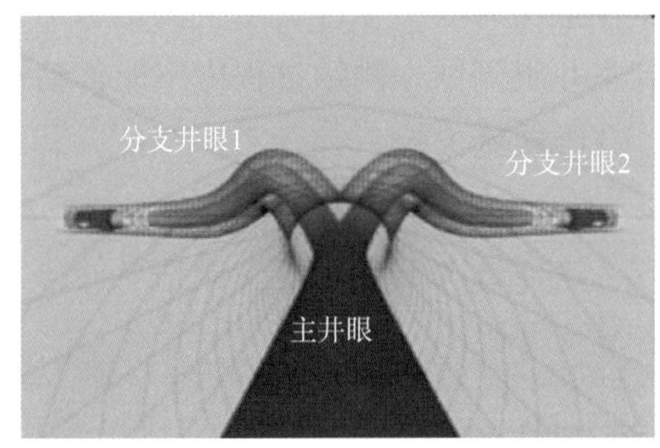

图4－33 “前进式”钻进方式主、分支井眼相对位置示意图

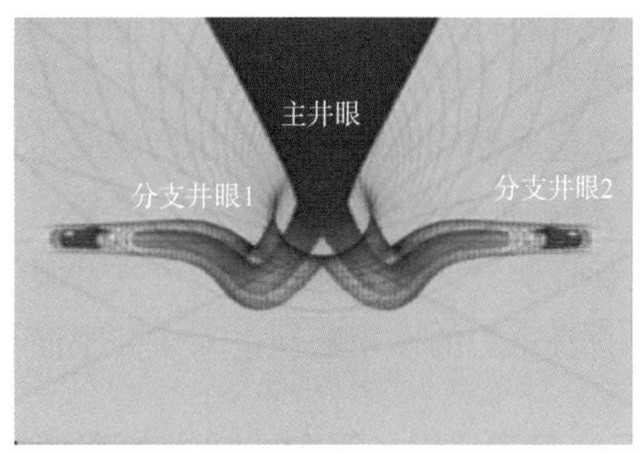

图4－34 “后退式”钻进方式主、分支井眼相对位置示意图

(四)侧钻窗口处理技术

鱼骨状水平井钻井施工的关键是如何成功侧钻主井眼，也可以说是悬空侧钻技术决定鱼骨状水平井的成败。

目前，国内的鱼骨状水平井多下入筛管进行完井作业，所以在此类井型中，悬空侧钻后的井眼轨迹必须保证在钻柱或完井管柱下入过程中，当到达每一个分支井眼侧钻点处，都能顺利进入主井眼而不是各分支井眼。

1. 施工中的井眼再进入措施

鱼骨状水平井一般不考虑井眼的再进入问题，但是在钻进过程中，一旦出现由于钻头质量问题、单弯动力钻具损坏、随钻测量仪器故障而起钻的现象，就必须考虑，而此时考虑的是下钻时能顺利下入起钻时的井眼，而不是已完成的各分支井眼。

在鱼骨状水平井各分支井眼的轨迹控制过程中，由于常采用的“上鱼骨状”的井身轨迹结构模式，所以其本身就具有防止钻具或完井管柱再进入的功能，而在井身轨迹控制中，定向工程师需要保持主井眼始终在各分支井眼的下方，使钻具或完井管柱在重力的作用下，沿主井眼下入。

2. 必须保证分支井眼与主井眼之间开始分离的夹壁墙快速形成并具有不易坍塌的特性

在胜利油田鱼骨状水平井岩性胶结程度差的松散稠油区块，为防止侧钻分支井眼与主井眼之间的夹壁墙坍塌，井壁稳定是该井型水平井钻井工程中的一大难题。因此，在侧钻过程中，必须快速形成夹壁墙，并且夹壁墙形状不可形成单一的垂直方向，最终形成的夹壁墙要在垂向和水平面方向上都产生分离，以防止夹壁墙在重力作用下坍塌。

3. 坚持使用悬空侧钻技术进行施工

悬空侧钻技术的应用原则是分支井眼各向主井眼的侧上方 20°~30°(或 330°~340°)方向钻进一根，再采用扭方位的工具面钻进一根，确保分支井眼迅速偏离主井眼，并完成分支井眼的钻进；在进行主井眼的侧钻时，钻具要起至侧钻分支的前一个单根，并采用与侧钻分支相反的工具面进行划槽作业，根据钻进的实际情况，划槽作业时间可以不同，在侧钻主井眼前形成一个台阶，为侧钻主井眼做准备，然后再按照悬空侧钻作业程序进行主井眼的侧钻，无论是在松散地层还是在坚硬的地层，都要坚持控时钻进的原则，目的是保证主井眼一次侧钻成功。无论是在松散地层还是在坚硬的地层中进行悬空侧钻施工，都要坚持按照划槽、造台阶和控时钻进三个步骤进行主井眼侧钻。侧钻过程中不能转动钻具划眼，以免造成悬空侧钻井段井斜方位变化过大，井眼轨迹失控。

4. 新主井眼要保证后继施工作业

要保证侧钻的新主井眼位于分支井眼的下方，这样每次下钻到分支侧钻点处，钻具才能依靠自身重力的作用顺利进入主井眼而不是各分支井眼。

三、鱼骨状水平井井眼轨迹控制及预测技术

(一)测斜数据处理

由于分支井对于实钻井眼轨迹的计算精度要求较高，所以采用了较精确的圆柱螺线法，国外也有一些公司采用最小曲率法进行实钻轨迹数据处理。圆柱螺线法假设相邻两测点间的井段是一条等变螺旋角的圆柱螺线，螺线在两端点处分别与上、下两测点处的井眼方向相切。

(二)井底预测

在分支井施工过程中，使用 MWD 随钻监测，钻头至测量点有 11~20m 的距离，如果使用带地质参数的 LWD，不能实时测量的井段更长。对实钻井眼井底的预测是进行待钻井眼校正设计和制定下一步施工措施的基础。

采用定曲率预测模型，假设从最后两个测点到井底的井段上，各种曲率分别保持为常数，并以最邻近的两个测点为依据，预测井底参数。假设临近井底的两个测点的井深、井斜角、方位角分别为[L_1(m)，α_1(°)，φ_1(°)]及[L_2(m)，α_2(°)，φ_2(°)]，利用圆柱螺线法，假设垂直剖面图及水平投影图上的曲率等于相邻两测点的相应曲率，则井底 L 处的井斜角 α 和方位角 φ 分别为：

$$\alpha = \alpha_2 + \frac{L - L_2}{L_2 - L_1}(\alpha_2 - \alpha_1) \tag{4-1}$$

$$\varphi = \varphi_2 + \frac{\cos\alpha_2 - \cos\alpha}{\cos\alpha_1 - \cos\alpha_2}(\varphi_2 - \varphi_1) \tag{4-2}$$

(三)待钻井眼校正设计

待钻井眼的校正设计一般都是三维的。由此可以预测出当前井底的参数，靶点的参数是已知的，靶区范围是给定的。如图 4-35 所示，建立三维坐标系，$C(N_C, E_C, H_C)$ 点为当前预测的井底，$A(N_A, E_A, H_A)$ 点为水平段入靶点，$D(N_D, E_D, H_D)$ 点为待钻轨道上的一个点，CD 为待钻井眼轨道。

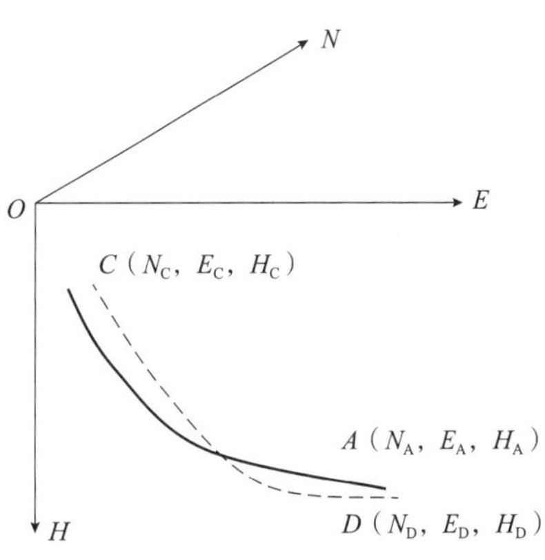

图 4-35 待钻井眼设计示意图

C 点井斜角和方位角分别为 $\alpha_C(°)$、$\varphi_C(°)$，D 点井斜和方位分别为 $\alpha_D(°)$、$\varphi_D(°)$，待钻井眼的井斜和方位变化率分别为 K_α、K_φ，在 CD 曲线的 C 点附近取微元段 dL，其井斜角、方位角分别为 $\alpha(°)$，$\varphi(°)$，则有：

$$\alpha = \alpha_C + K_\alpha dL \tag{4-3}$$

$$\varphi = \varphi_C + K_\varphi dL \tag{4-4}$$

该微元的坐标增量可用下列公式表示：

$$dN = \sin\alpha\cos\varphi dL \tag{4-5}$$

$$dE = \sin\alpha\sin\varphi dL \tag{4-6}$$

$$dH = \cos\alpha dL \tag{4-7}$$

对式(4-5)~式(4-7)求积分，就可以得到 D 点的坐标计算式：

$$N_D = N_C + \int_0^L \sin\alpha\cos\varphi dL \tag{4-8}$$

$$E_D = E_C + \int_0^L \sin\alpha\sin\varphi dL \tag{4-9}$$

$$H_D = H_C + \int_0^L \cos\alpha dL \tag{4-10}$$

利用上述公式积分，结合本报告的三维轨道设计方法，根据实钻情况设计可行的待钻井眼轨道。

(四)地质导向钻井技术

在鱼骨状水平井的钻进过程中，采用现有的地质导向钻井技术，并首次采用胜利钻井院自主研发的带有自然伽马和电阻率两道地质参数的 LWD 地质导向仪器，根据 LWD 仪器提供的井下实时地质信息和定向数据，辨明所钻遇的地质环境并预报将要钻遇的地下情况，引导钻头进入油层并将井眼轨迹保持在产层中延伸。该技术以实时测量井底自然伽马和电阻率两道地质参数指导地质导向钻井施工，集井下定向动力和随钻测井技术为一体，相当于在钻头上开了一个“窗口”，可以真实地反映所钻地层的岩性及其孔隙流体的客观情况。现场地质工程师和定向钻井工程师能及时“看到”所钻井眼的井身轨迹、地层岩性及其孔隙流体物性，并以此设计和控制井身轨迹的走向，及时调整和修改钻井设计，使钻头能够安全有效地沿着设计的油层目标钻进。

地质导向钻井技术的应用，大大提高了对所钻地层地质构造、储层特性的判断精度以及钻头在储层内钻进时井眼轨迹的控制能力，对于提高油层钻遇率、钻井成功率、油气采收率具有重要作用，在增储上产、节约钻井成本方面经济效益巨大。

在鱼骨状水平井钻井施工中，采用地质导向钻井技术来控制井眼轨迹，随钻测量自然伽马、电阻率参数，调整井眼轨迹，跟踪油层，以提高对地层的判别精度和井眼轨迹的控制精度，从而提高实施效果。带 LWD 的 BHA 示意图如图 4－36 所示。

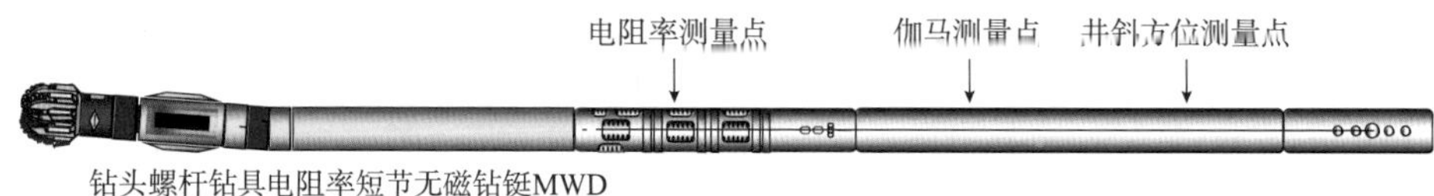

图 4－36　带 LWD 的 BHA 示意图

在鱼骨状水平井的造斜段和水平段均采用“MWD/LWD＋单弯动力钻具”的单弯单稳滑动导向组合钻进。该组合通过连续滑动钻进、滑动和复合钻进相结合的方式实现增斜、降斜和稳斜，既达到了连续钻进的目的，又可随时根据需要调整井眼状态，有效地提高了钻井速度和井眼轨迹控制精度。

1. 常用单弯单稳钻具组合及钻进参数

增斜段及稳斜段采用单弯动力钻具滑动和复合钻进相结合的方式钻进。钻进参数：滑动钻进时，钻压 50～140kN，根据工具面需要调整；复合钻进时，钻压 30～80kN，转盘转速 40～60r/min；排量 45～50L/s，泵压 14～17MPa。

井斜 50°以后，下入地质导向随钻测井仪器 LWD 进行地质导向钻井施工，并钻至着陆点。水平段采用两根无磁承压钻杆代替无磁钻铤，一方面可以最大限度地降低 MWD/LWD 随钻测量仪器和井下马达的弯曲应力，确保井下安全；另一方面还可有效地防止 MWD 数据受地磁场的干扰。由于倒装钻具，在直井段加一定数量的加重钻杆，以保证定向钻进时钻压的有效传递和克服井眼摩阻。

2. 复合钻进时钻头转速及井径问题

1）复合钻进时钻头转速

在单弯单稳组合复合钻进过程中，动力钻具本身工作使钻头产生转速 n_1（r/min），钻头的相对角速度 $\vec{\omega}_1$（r/s）；同时转盘转动使钻柱产生转速 n_2（r/min），钻柱的相对角速度 $\vec{\omega}_2$（r/s）。依据运动学原理，钻头的绝对角速度应等于钻柱和钻头相对角速度的叠加：

$$\vec{\omega} = \vec{\omega}_1 + \vec{\omega}_2 \tag{4-11}$$

$$\omega = \frac{\pi n}{30} \tag{4-12}$$

则钻头的绝对转速为：

$$n = \sqrt{{n_1}^2 + {n_2}^2 + 2n_1 n_2 \cos\theta} \tag{4-13}$$

由于考虑到弯外壳动力钻具本身强度的限制，一般 θ(°) 值很小，实践中即使在浅的软地层 θ 也不能大于 1.75°，则 $\cos\theta \approx 1$，因此可以近似认为：

$$n = n_1 + n_2 \tag{4-14}$$

导向组合复合钻进时受弯壳体角度的影响，底部组合扭矩较大，转盘转速不能太高，通常在 65r/min 以下；复合钻进时要根据具体情况判断钻头的使用寿命。

2) 复合钻进时的井径问题

导向钻具复合钻进过程中，由于弯壳体造成一定的钻头偏距 S_B(mm)，对井径大小会有一定的影响。设钻头直径为 D_B(mm)，复合钻出的井眼直径为 D(mm)，则 D 的范围可由下式确定：

$$D_B \leqslant D \leqslant (D_B + 2S_B) \tag{4-15}$$

$$S_B = L\sin\theta \tag{4-16}$$

考虑到底部组合的弹性变形和钻头侧向力对井径的影响，根据经验，在不考虑由于泥浆冲刷和井壁不稳定等因素影响的情况下，复合钻进时的井径可按下式预测：

$$D = D_B + S_B \tag{4-17}$$

3. 复合钻进时导向能力分析

1) 复合钻进时导向力的计算

导向钻具组合复合钻进可以视为一个导向组合工具面不断随钻柱转动而有规律改变的过程，钻柱转动一周内的总体导向效果不能用某一特定工具面装置角时钻头上的侧向力描述，而应该用钻柱复合一周、工具面装置角从 0°转到 360°的变化过程中钻头上的平均导向力表述。

设导向钻具在某一时刻的工具面装置角为 ω(°)，在这一装置角位置可计算出钻头上的增斜力为 $F\alpha_{(\omega)}$(kN) 和增方位力 $F\varphi_{(\omega)}$(kN)。取钻具组合由转盘旋转一周为研究对象，ω 的取值范围为 0°~360°，均匀取值。设计算点数为 n，则装置角变化步长为 $\Delta\omega = 360°/n$。计算点数应大于或等于 36。钻具组合复合钻进一周内在钻头上作用的增斜力及增方位力平均值分别为：

$$F\alpha = \frac{1}{n}\sum_{\omega=0}^{360} F\alpha_{(\omega)} \tag{4-18}$$

$$F\varphi = \frac{1}{n}\sum_{\omega=0}^{360} F\varphi_{(\omega)} \tag{4-19}$$

则导向合力 F 为：

$$F = \sqrt{F\alpha^2 + F\varphi^2} \tag{4-20}$$

导向合力单位为 kN，导向合力的方向角 φ[定义为导向合力与高边的夹角，以高边顺时针计，(°)]为：

$$\varphi = \arctan(F_\varphi / F_\alpha) \tag{4-21}$$

2) 复合钻进时导向力的影响因素

从两口试验井的实钻情况看，单弯单稳导向组合复合钻进的效果有较大区别。实钻的结果是底部组合力学性能、地层情况、钻进参数及其他众多影响因素的综合效应。

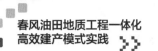

4. 地质导向钻井技术在井眼轨迹控制中的作用

1）可以准确判断地层岩性及地层界面

采用地质导向钻井技术控制井眼轨迹，在水平段及分支井眼钻进过程中可以准确判断岩性变化，确定岩性界面，为定向工程师及油藏工程师提供钻进依据。

实践证明，随钻测井伽马、电阻率曲线与常规测井伽马、电阻率曲线基本一致，在幅度值及曲线形态方面基本吻合，可以取得与电缆测井一样的岩性及地层界面判别精度，为准确控制井眼轨迹进入油层提供了依据。

LWD 仪器可以提供两条随钻测井曲线。通过与邻近对比分析，确定地层厚度、产状、含油性、沉积旋回性、标志层位置等信息，预测地层构造变化。

根据井眼轨迹实际钻遇的各标志层位置与邻近井或导眼井地层的深度、厚度变化，可以准确地预测出每套标志层的厚度、局部微构造变化。采用连续跟踪的方式，可以更准确地推演预测出目的层的构造、厚度变化情况。由于 LWD 仪器的测量精度高，提高了整个预测结果的精度及整个井眼轨迹控制的精度。

2）为水平段轨迹调整提供及时有效的信息

利用测井数据可以及时判断钻头在油层中的位置，为水平段轨迹调整提供及时有效的信息。LWD 能够测量一定半径内的地层岩电特征，在水平段钻进过程中，通过跟踪曲线幅度值变化特征（图 4－37、图 4－38），可以及时对工程参数进行修正，确保轨迹在油层内运行。

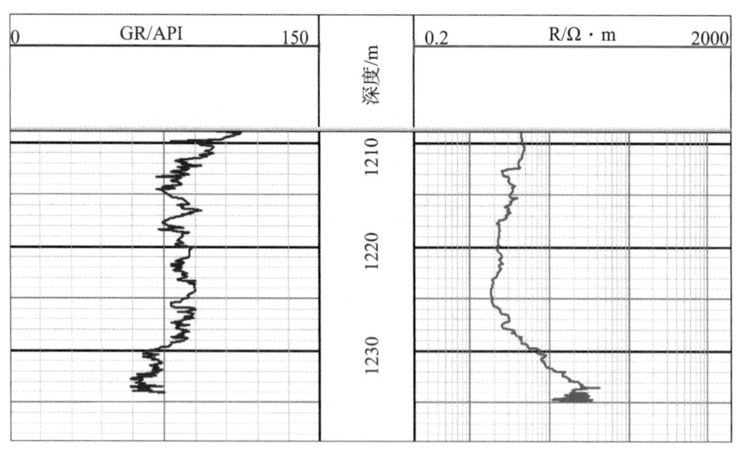

图 4－37　钻至着陆点时的电阻率与伽马曲线

四、鱼骨状水平井测量方式优选

选用近井斜 650LWD 地质导向，近井斜零长 10m，有助于预测井底井斜并及时调整控制轨迹。近井斜 LWD 地质导向本体柔性强，内部仪器各部件之间采用电缆连接，在高造斜率井段不致损坏，仪器信号稳定，误码率低，采用数据压缩技术，传输速度快、对泥浆

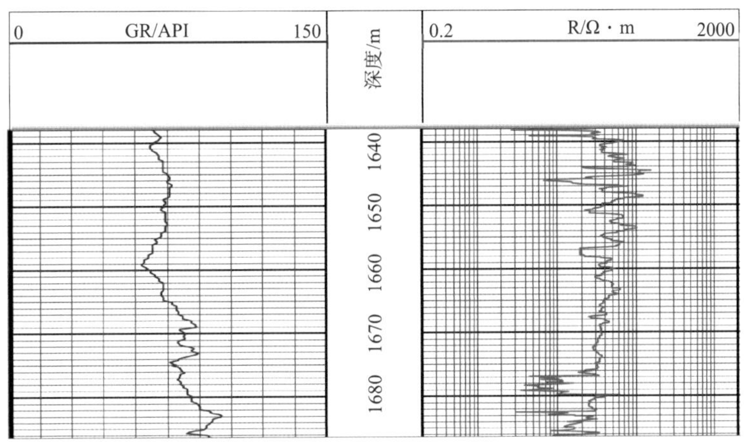

图 4 – 38　轨迹在水平段主井眼的电阻率与伽马曲线

性能要求较低。

近井斜 650LWD 地质导向系统(图 4 – 39)接完单根后测斜，将测斜与摆工具面合并，缩短测斜及摆工具面时间(控制 2min 内)，降低定点循环时间。下免钻附近井段减少测斜甚至不测斜。

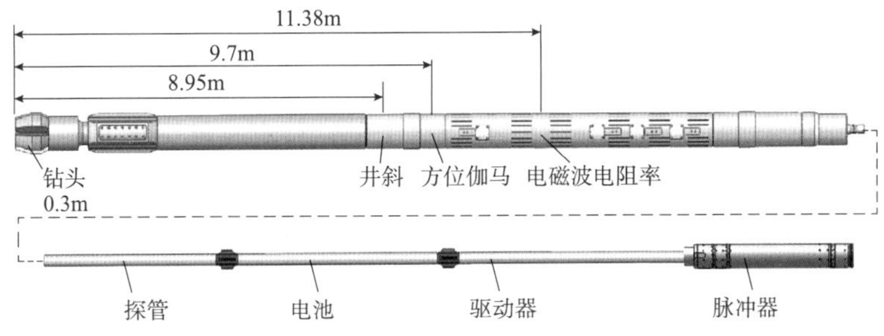

图 4 – 39　近井斜 650LWD 地质导向示意图

五、鱼骨状水平井底部钻具组合优化技术

(一)钻具组合设计原则

为了保证鱼骨状水平井的顺利钻进，合理的钻具结构起到了重要的作用，鱼骨状水平井钻具组合优化应当遵循以下原则：

①充分认识地层特点，在准确预测造斜钻具造斜能力的前提下，根据邻井实钻情况，进行钻具组合的力学分析，并下入合适的钻具组合。

②由于多数鱼骨状水平井在油层中钻进，所以要满足快速侧钻、井眼轨迹控制以及主井眼中的钻具或完井管柱下入时摩阻力适中的要求，进行钻井参数的优化设计，使钻具不产生自锁。

③弯曲井眼要进行钻柱抗拉、抗弯强度的校核。钻杆应有较高的抗拉强度，可以考虑

采用较普通井眼高一级强度的钻柱。

④在斜井段或水平段较长时，可以适当倒装钻具，以利于加压和克服摩阻力。

⑤可以考虑用无磁承压钻杆代替无磁钻铤，最大限度地降低 MWD 随钻测量仪器及井下马达的弯曲应力。

⑥通过钻具组合与完井管柱的刚性分析对比，保持导向钻具的刚性大于完井管柱的刚性，以保证钻具及完井管柱顺利下入主井眼。

⑦采用优质螺杆钻具及高效能的钻头，确保主井眼及分支井眼的顺利钻进。

⑧最大限度地降低扭矩和摩阻力。

(二)钻柱的扭矩/摩阻分析

利用纵横弯曲弹性梁理论，采用弹性梁的变形挠曲线平衡微分方程，变形采用圆弧曲线描述。对于三维弯曲井眼的扭矩/摩阻力分析，在井斜和方位都有相应的变化率的弯曲井段中，钻柱单元体的轴线变成一条空间曲线，其所受的力也变成了空间的力系。为简化三维弯曲井眼钻柱的扭矩/摩阻力，可以将单元体所受的力分解到两个平面上，利用二维模型分析，而后按照力的叠加原理求解。

(三)钻柱的强度校核

当分支井眼尺寸较小而使用小尺寸钻柱，或者分支井眼位移较大时，必须进行钻柱抗拉强度设计，设计较高的抗拉安全系数，以保证上部钻杆有足够强度承受下部钻具的重量和摩阻力。

通常采用的主井眼与分支井眼钻具组合为：钻头 + 单弯螺杆 + LWD/FEWD + 无磁承压钻杆 + MWD + 斜坡钻杆 + 加重钻杆 + 钻杆。根据需求不同，主井眼钻头尺寸与分支井眼钻头尺寸可以有所不同。

第四节　矿场试验

2022 年“新近系超浅层水平井一体化施工作业推荐作法”共完成 18 口水平井的应用(表 4 -21)。

表 4 -21　排 634 区块已钻井基本数据

井号	完钻井深/m	完钻垂深/m	水平位移/m	位垂比	钻完井周期/d
排 634 - 平 24	405	181.81	290.73	1.57	7.25
排 634 - 平 21	382	183.87	267.48	1.45	5.92
排 634 - 平 34	416	186.34	304.53	1.63	11
排 634 - 平 20	398	178.73	289.96	1.49	9.92

续表

井号	完钻井深/m	完钻垂深/m	水平位移/m	位垂比	钻完井周期/d
排 609－平 5	401	177.04	289.58	1.64	8.92
排 634－平 23	408	180.98	300.3	1.66	6.92
排 634－平 33	408	181.95	290.8	1.57	6.21
排 609－平 6	621	193.34	510.23	2.61	11.88
排 634－平 36	406	181.87	293.36	1.61	7.25
排 634－平 31	406	180.2	292.01	1.62	4.96
排 634－平 26	406	178.83	290.46	1.62	5.58
排 634－平 35	406	181.61	292.47	1.57	5.58
排 634－平 39	412	188.4	285.02	1.51	5.42
排 634－平 22	400	180.22	284.48	1.58	5.58
排 609－平 11	469	209.43	325.3	1.55	5.33
排 634－平 37	410	186.26	292.39	1.59	5.79
排 609－平 3	520	210.86	383.31	1.82	7.54
排 609－平 7	440	192.99	321.21	1.66	5.77

已推广井中平均完钻井深 429.22m，平均水平位移 311.34m，平均位垂比 1.64，平均钻完井周期 7.04 天。其中排 609－平 6 井，完钻井深 621m，水平位移 510.23，位垂比 2.61，创该区块位垂比最大记录，排 634－平 31 井钻完井周期 4.96 天，创胜利油区水平井钻完井周期最短纪录。

2021 年施工的排 609－平 2 井，完钻井深 417m，钻完井周期 7.75 天。2022 年施工的 18 口井平均钻完井周期较排 609－平 2 井缩短 9.16%（图 4－40）。

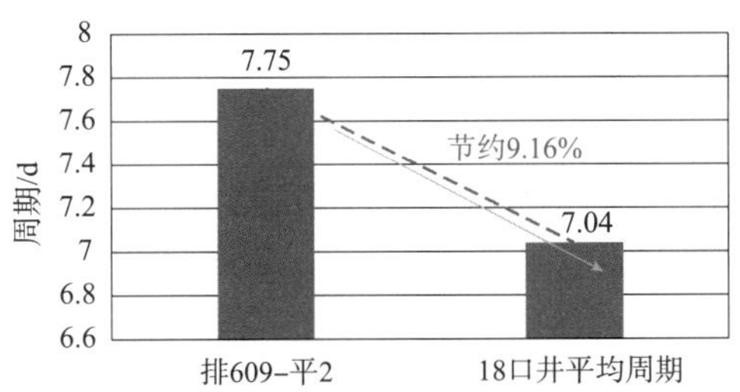

图 4－40　2022 年施工的 18 口井与排 609－平 2 井周期对比

此外，推广应用的 18 口超浅层水平井储层钻遇率全部为 100%，固井质量合格率全部为 100%。

第五章 >>>

注采完井举升均衡动用一体化

现有地质－钻井－完井接力式开发设计模式存在针对性弱、效率低的问题，为此，构建以提高单井经济效益为核心，以甜点选择、分段完井设计、举升工艺设计、均匀注汽优化、监测评价为基础的全生命周期一体化流程，建立非均质性油藏地质工程一体化评价方法，形成了水平井均匀动用的热采配套技术，扩大蒸汽的波及范围和半径，有效提高了油田的开发效益。同时，在开发过程中，坚持做到"三个优化"（优化措施选井、优化工艺创新、优化措施效果）、"三个结合"（地质与工程结合、地下与地面结合、地层与井筒结合）的原则，按照"地质上有潜力、工艺上可实施、经济上能高效"的原则，合理安排转周工作量，实现稠油热采的经济高效。

第一节　技术现状及难点

胜利油田西部超稠油区块位于准噶尔盆地西部隆起，油藏埋深 425～610m，储量丰富，属于浅层稠油油藏。2010 年至今，春风油田探明储量 8209×10^4t，先后在排 601、排 612 等区块动用 3853×10^4t，建成产能 98.1×10^4t，完钻油井 713 口；排 609 等区块含油面积 36.4km^2，未动用储量 3116×10^4t。西部区块油层埋深 420～610m，油层有效厚度 2～8m，油层压力 3～6MPa，地层温度 20～30℃，地层温度下原油黏度 20000～90000mPa·s，油藏类型为边底水浅薄层超稠油油藏。

针对具有高黏、低温、低压等特点的西部浅层超稠油，应用了以 HDNS、VDNS 为主导的浅薄层超稠油热采技术，实现了排 601、排 612 等区块有效动用，总油气比达到 0.46。随着西部油田浅薄层超稠油开发的深入、注汽开采时间的延长，汽窜井次有显著增加的趋势。排 612 单元共投产 100 口井，其中汽窜井约 50 口。

春风油田排 601 北试验区汽驱以来发现多口井汽窜，油气比低。由于排 601 北区平面渗透率分布不均匀，中部渗透率较高，储层为非均质的情况下，蒸汽容易沿着高渗透段窜进；含油饱和度分布不均匀，注入蒸汽沿含油饱和度较低层段推进，水平段吸气不均，导致汽窜发生，蒸汽沿着饱和度小的井段窜进；由于造斜段等存在，实际上水平井跟端靶点与趾端靶点两井排间的距离很小，靶间距小的位置容易发生汽窜；北区地下原油黏度20000～90000mPa·s，原油可流动性低，易造成吸汽不均匀，发生汽窜，而且原油黏度越高，越容易发生汽窜。汽窜最为突出的表现为采出液温度高(井口温度>120℃)、含水率上升。

针对开发过程的矛盾突出问题，创新的水平井均衡动全生命周期一体化流程，主要在如何实现分段完井设计、举升工艺改进、均匀注汽及监测评价等方面深入的研究和探索。

目前热采水平井主要以裸眼防砂管(占98%)或笼统充填完井为主，无法解决油藏非均质性导致的蒸汽绕流进入高孔、高渗层段问题；热采水平井尚无有效热采套管保护措施，直斜井段无法拉预应力，造斜段套管不居中，筛管段补偿距离未优化等问题导致热采水平井套损井数量逐年增长。针对以上问题，研发了热采水平井一次多段防砂完井技术和热采水平井全井段应力安全完井技术，成功解决了制约热采水平井高效开发的难题。

随着油田开发开采程序加剧，稠油热采油田开发已处于中后期，地层能量普遍偏低，动液面低，同时伴随着严重出砂。常规有杆泵开采通常采用将抽油泵泵挂位置设置于油层之上，只能采用间隙式工作制度或低泵径排液方式，导致油井整体排液不充分，影响采收效率。为此，开展了生产井井下杆管柱优化、稠油热采水平泵结构设计及参数优化、举升系统参数优化设计等方面的设计优化，形成了适用于稠油热采油井的举升新技术。

由于油藏非均质性和水平井段长度的影响，笼统注汽时普遍存在水平段油藏动用不均的问题。室内模拟和现场测试资料表明，动用较好井段长度仅占总井段的1/3～1/2，且随着吞吐轮次增加，水平段油藏动用不均的矛盾将不断加剧，严重影响水平井的产量。为此，开展了水平井水平段吸汽剖面影响因素分析、配套完善基于存储井温为主的测试装置、水平井分段注汽管柱设计，以有效调整水平段油藏吸汽剖面，改善油藏动用不均的状况，为现场高效注汽提供指导。

第二节　浅薄层稠油热采井完井技术

一、国内外研究现状

(一)国外水平井分段完井技术研究现状

现阶段而言，国外水平井完井绝大部分选用裸眼完井，它对于较为坚硬的地层具有良好的适用性；除此之外，此类完井方式能够在水平段穿越多个层系中进行应用，既可防止井眼坍塌，还可将水平井段有效分隔，按层段进行作业和生产控制，是当前应用较好的完井方式。但目前国内外均用于常规水平井开采，在注蒸汽水平井应用还未见这方面资料；射孔完井技术能够有效地规避夹层水、气顶等情况，并能够有效实施试油、注采等多种措施，并把层段有效的分离，针对高压油气水层来说，低压易漏失层可以有效地调控层段的窜通，在热采水平井采用提拉预应力固井，水泥返至井口，但要求有较高的固井质量和较高的射孔操作技术；砾石充填完井由于其工艺的复杂性目前处于试验开发阶段。现阶段来说，诸多大型企业的水平井分段完井技术已相对比较完善，并通常应用以套管外封隔器为技术核心的分段完井技术，如斯伦贝谢公司、哈里伯顿公司、贝克休斯公司、世界石油工具公司、TAM 公司等。对于水平井分段完井结构来说，斯伦贝谢公司的技术主要包含两个部分，分别是套管外封隔器和液压滑套。在坐封的过程中按照一定秩序投球，并将地层与套管所在的环空进行封隔，等到其坐封之后，通过打开滑套让套管与油层保持相对连通的状态。除此之外，液压滑套在开启之后，其往往要求把全部球座钻除，确保下一步操作能够顺利进行。因为胶筒密封段的长度较短，因此它只对井眼轨迹具有一定规则性的油藏较为适用。哈里伯顿公司的技术方面，水平井分段完井结构一般能够划分为两个部分，分别是封隔器和筛管。在进行坐封的过程中，可在管柱外部灌入柴油，胶筒能够不断膨胀最终分隔环空。此外，套管外封隔器坐封后能够下入生产管柱，它对另外的工序不存在要求。然而，胶筒膨胀速率的调控是技术的重点。从客观的角度来说，油敏胶筒能够结合油藏的实际需要，对各种规格的密封长度进行制作。此外，因为油敏封隔器所具有的耐温性能相对较差，耐温的极限值只能达到 210℃，因此它对稠油注汽条件难以体现良好的适应性。哈里伯顿的油敏封隔器 Swellpacker 不需要借助复杂的机械运动或压力来坐封，不需要卡瓦来锚定井壁。它是主要通过特定的橡胶制作而成，在油类对其浸泡一段时间之后，其往往会出现膨胀的情况。因为其膨胀系数相对较高，因此其形成的膨胀力能够将自身贴在井壁，在这之后形成非常理想的密封作用。此外，它可以承受的压差可结合需求展开标准化的设计。通过增加它的长度就可以优化其具有的承压能力。针对水平井裸眼段而言，它能够体现多种优点。一般来说，Swellpacker 系统在膨胀之后能够发挥密封作用，对于裸眼井具有良好的适用性。这个系统通常只要求下放一次就可以完井，并产生比较理想的产层分隔效果，另外，它不具有活动部件，而且不要求井底启动。该系统的特点：其他设备通过丝扣连接，并且不需要其他工具作业。因为其具有良好的灵活性，使其在多种完井方案中进行应用具有了可行性，而且无须安排经过培训的工作人员进行操作；另外，它能够在油基泥浆内延迟膨胀，因此其能够良好地避免提前坐封的问题；一般来说，在裸眼井内可将衬管和筛管共同下入，如此不但能够表现裸眼井所具有的优良特性，如它不用水泥固井，能够大幅降低产层所造成的损害；其结构特点使其在小井眼应用的过程中表现出非常理想的稳定性。哈里伯顿公司的遇水膨胀封隔器同样也拥有其技术优势。遇水膨胀封隔器层间封隔系统是经过试验分析，进而制作出特定的橡胶弹性材料的工具。这种材料在很大程度上将新聚合体公式作为核心，并结合渗透原理让其性能表现出理想的可靠性。除此之外，封隔器所对应的层间封隔系统可以在裸眼井和套管井中使用，包括在没有液烃存在的井中也可使用。在井内，其层间封隔系统 200% 膨胀，对环形空间进行良好密封，从而发挥预期的效果。在其正常使用之后，橡胶会维持比较高的弹性，封隔器在不断位移的过程中，其通常会伴随位置的变化而维持密封的完整性。其特点是：对规则性相对较差第 1 章绪论 4 的井眼展开良好的密封；无须进行固井处理；对产油区能够有效隔离；可以大幅降低整体的费用。其特点主要包括：3m 或 5m 的标准构件长度；可以在任何基管上使用；结构非常坚固；无须进行专门的安装，只需对封隔器的外径展开测量，进行合理配长，直接下入即可；能够确保套管具有良好的完整性；能够实现自动修复，通常不会受到其他因素的干扰。贝克休斯公司的水平井分段完井结构通过多个部分构建而成，其中比较主要的包括套管外封隔器和液压滑套。此外，在进行坐封的过程中，可对地层与套管所存在的环空进行封隔。在封隔器坐封完成之后，必须把球座打液压打掉，确保后续操作能够顺利进行。该技术的工艺并不复杂，无须应用另外的辅助工具。然而对于该工艺过程而言，对压力的控制存在十分严苛的要求，液压滑套对精度的要求也具有较高的标准。因为胶筒密封段相对较短，对于井眼轨迹具有一定规则性的油藏具有良好的适用性。对于 TAM 的水平井分段完井结构而言，其主要将套管外封隔器作为核心，在坐封的过程中，通过定位短节进行精准的定位操作之后，可以通过注入装置打入液压使胶筒膨胀，从而对环空进行分隔。另外，封隔器在进行坐封时，它对坐封管串的组合具有比较严格的要求，以确保套管外封隔器能够有效地坐封。因为扩张式胶筒所对应的密封段相对较长，对于亏空比较显著的井眼具有良好的适用性。然而这个公司的套管外封隔器也重点是针对稀油水平井进行开发的，封隔器的耐高温性相对较差，无法符合稠油水平井注汽的客观要求。各石油公司的水平井分段完井管柱结构不存在明显差异，其都可以实现水平井均匀动用的目的。除此之外，水平井分段完井的重点是结合套管外封隔器对施工工艺进行明确。一般来说，在产量较低的地方使用上文介绍的水平井分段完井管柱，所能够体现的经济效益较低，且不一定适用于当地的地质条件，实际应用效果不一定能达到预期。

（二）国内水平井分段完井技术研究现状

国内水平井完井技术在最近几年快速发展，然而其发展具有比较严重的滞后性，与国外先进技术相比还存在不小的差距，完井方式单一，与各类油藏的适应性不强。对于稠油水平井来说，大多采用筛管完井的方式，注汽时选择笼统注汽，由于水平井段较长，大多在 300m 左右，水平井段往往穿过多个油层，各层之间存在物性差异，同层内也存在向异性，易造成水平井段储量动用不均匀，降低了水平井段的采收率。国内的公司通常使用三种选择性固完井技术，对于选择性完井来说，该方法可以对中国石油大学(华东)工程硕士学位论文 5 多井下工具组合进行利用，并将地层划分为多段，进而为分段改造提供便利。现阶段而言，水平井的选择性完井主要有套管注水泥和筛管组合完井、筛管和套管外封隔器组合完井、套管和套管外封隔器完井、滑套组合完井及全井注水泥射孔完井，下文将对其进行具体论述。

(1)筛管和套管注水泥组合完井油层套管主要应用尾管悬挂工艺技术，它通过套管和筛管构成特定的复合尾管串，尾管上部的套管外注水泥，封固段根据油藏选择起始点至悬挂器喇叭口。对于悬挂器来说，其上部通常情况下选用套管回接技术，水泥返高到地面；除此之外，水平井段前段一般选用筛管，井段结合油藏的实际状况进行确定。

（2）筛管和套管外封隔器组合完井封隔器、筛管等各部分的组合情况结合油气水情况进行分析。这个方案能够体现优良的选择性，筛管可以有效地体现水平井的各项优点，而套管段可以对一些特定的地层发挥封固作用。这种方法对于产量达到较高水平的井段具有良好的适用性。

（3）套管外封隔器和滑套组合完井油层套管一般情况下选用尾管悬挂工艺技术，可通过套管、滑套等构成标准化的复合尾管串，封固段主要从 A 点到悬挂器喇叭口。除此之外，水平井段将套管和滑套进行良好的组合，滑套的总量和位置设计主要结合油藏状况和地质数据进行明确。目前该技术已在大庆、吉林、塔里木、克拉玛依、四川等油田进入现场使用。但国内公司的套管外封隔器也是主要针对稀油油藏研制开发的，不适合辽河油田稠油水平井注汽的需求。2007 年 10 月 7 日，长庆油田公司油气工艺技术研究院在马岭油田某水平井进行了水平段套管外封隔器分隔 2 段完井试验获得成功。该项工艺技术为长庆油田公司进一步提高侏罗系边底水储层水平井的有效开发提供了一条新的途径。2009 年 11 月 2 日，长庆油田公司采气三厂成功完成首口水平井苏平 14－2－08 裸眼完井分段压裂试验。这个井一次性下入水平井裸眼分段压裂管柱，将下层油管有效地封堵，可实现分段压裂合层排液。压裂后通过连续油管液氮助排后排液正常。2008 年 3 月，胜利油田长水平段水平井分段完井试验获得成功。河 148 平 1 井是一口重点长水平段水平井，井深 2820m，水平段长达 600m。该井实施分段完井施工时，完井工具在预定压力打开，安全实现注水泥过程，内管工具顺利到位打压胀封，顺利、高效地完成了该井的完井施工。华北油田水平井开发技术起步较晚，技术存在一定的不足，可供选择的完井方式有限，并未构成对多种油藏都具有适用性的完井方式。为了能够优化完井工艺水平，华北油田对于各式各样的地质特征，配套了多种变孔密防砂筛管完井工艺，并在多口水平井中进行实际应用，产生了非常理想的经济效益。2009 年，在青海油田涩北一号气田 H3－5 水平井的施工过程中，顺利应用了水平段分段选择完井工艺。与传统的完井方式进行对比，此类工艺可以在水平井水平段下入遇水膨胀封隔器，进而对水平段展开标准化的分段选择，对产水层段进行良好的封隔，进而实现选择投产作业的目的。辽河油田以稠油资源为主。目前，每年稠油产量占全油区总产量的 70% 左右。因为各油区稠油的油品具有显著的区别，因此其选用的开采方式也不相一致。对于绝大多数稠油油藏来说，其生产的过程中地层出砂的情况非常突出，因此往往要搭配防砂措施才可以进行高效的开发，而且稠油的开采方式绝大部分情况下为热采，所有这些都对水平井完井工艺提出了特殊要求。

二、水平井分段注汽管柱设计

（一）热采水平井分段完井工艺

针对目前热采水平井无法解决油藏非均质性导致的蒸汽绕流进入高孔、高渗层段的问题，以及热采水平井尚无有效热采套管保护措施、直斜井段无法拉预应力、造斜段套管不居中、筛管段补偿距离未优化等问题导致热采水平井套损井数量逐年增长的问题，研发了热采水平井一次多段防砂完井技术和热采水平井全井段应力安全完井技术，成功解决了制约热采水平井高效开发的难题。

1. 热采水平井一次多段完井工艺

水平井裸眼砾石充填技术可有效提高近井地带导流能力，减缓油井堵塞，提高油井产量，延长防砂有效期。能有效提高粉细砂岩、超稠油、特超稠油、中低渗油藏的开发效果。目前采用的裸眼砾石充填技术主要包括循环充填和挤压充填两种方式，其中循环充填可在筛管与裸眼环空形成均匀的砾石层，可对筛管形成有效保护和提高防砂效果，但存在无法对油层改造增产、压实带得不到释放及容易形成砂桥等问题；笼统挤压充填可将砾石挤入地层，在井筒附近形成多级挡砂屏障的高渗透带，消除射孔孔眼影响，解除近井地带的污染，提高产能，但存在控砂区域小、含水上升快，高渗层携砂液滤失出现砂桥和单点突破不能均匀改造等问题。

热采水平井一次多段防砂完井技术将水平井充填防砂与水平井分段压裂相结合，首先利用裸眼封隔器将水平段进行分段，然后利用开关裸眼段滑套实现多段循环或挤压充填，成功解决了现有裸眼砾石充填技术充填不均匀、易形成砂桥、油层无法有效改造等问题。

1）技术原理

热采水平井一次多段防砂完井技术根据测井解释结果，在水平段下入多级裸眼封隔器和裸眼充填滑套进行分段完井，防砂采用多级分段充填防砂工艺逐层砾石充填，提高防砂效果，改造地层污染带，有效提高防砂有效期和单井产能。

2）技术特点

(1)根据油层段测井数据安置多个充填总成，分段级数不受限制；

(2)一趟服务管柱可以完成4级以上管外裸眼循环、挤压、压裂充填；

(3)充填时根据不同储层条件制定不同的防砂方案，各层独立作业，避免层间干扰，避免压开水层或水淹层；

(4)完井管柱内通径大，后期可进行作业及生产、测试等措施。

3）施工过程

(1)根据钻井、测井等数据，制定分段方案，下入带裸眼封隔器、裸眼充填滑套等工具的完井管柱，进行筛管顶部注水泥完井或者悬挂完井；

(2)从管内下入裸眼封隔器涨封管柱，逐级涨封裸眼段封隔器，完成水平段分段；

(3)下入管内充填服务管柱，打开裸眼充填滑套，进行裸眼循环充填、挤压充填或压裂充填，充填完毕后关闭裸眼滑套；

(4)上提管内充填服务管柱，完成下一段的充填；

(5)起出管内充填服务管柱，下入生产管柱投产。

4）工艺管柱

热采水平井一次多段防砂完井管柱包括完井管柱和充填服务管柱两部分。

(1)完井管柱。

完井管柱主要用来完成水平井裸眼完井，支撑井壁，形成生产通道。其主要结构为：(自井底向上)洗井阀+滤砂管+充填总成(裸眼封隔器+充填滑套)+补偿器+套管+免钻塞分级箍+套管至井口。如图5-1所示。

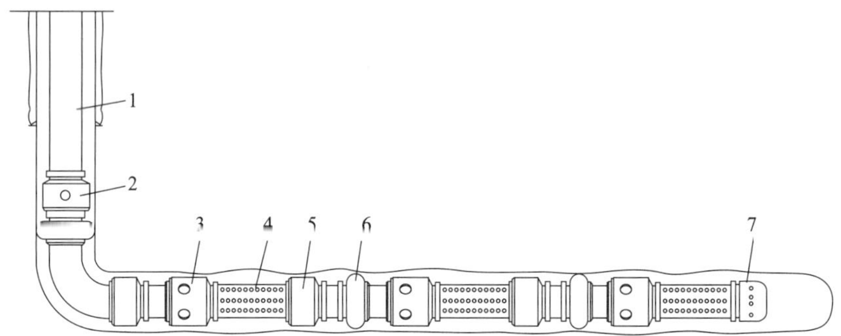

图5-1　水平井一次多段防砂完井管柱结构示意图

1—套管；2—免钻塞分级箍；3—裸眼充填滑套；4—滤砂管；5—补偿器；6—裸眼封隔器；7—洗井阀

(2)充填服务管柱。

充填服务管柱主要用来完成滑套开关、裸眼段的砾石充填。其主要结构为：(自井底向上)引鞋+打开器+关闭器+下定位器+循环器+充填器+上定位器+充填管+隔液密封总成+油管至井口。如图5-2所示。

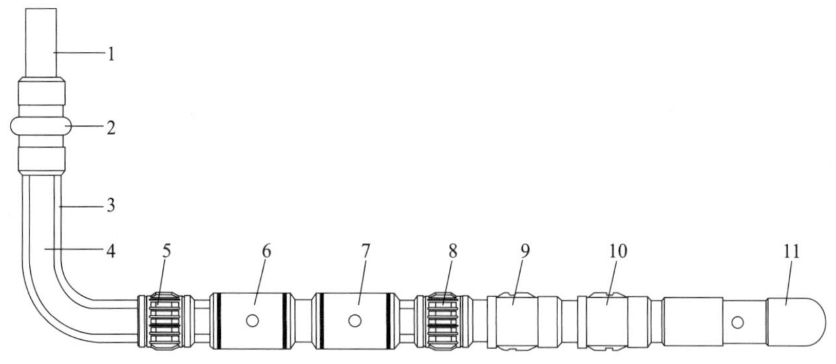

图5-2　水平井一次多段充填服务管柱结构示意图

1—油管；2—隔液密封总成；3—充填外管；4—充填内管；5—上定位器；6—充填器；
7—循环器；8—下定位器；9—滑套关闭器；10—滑套打开器；11—引鞋

(二)热采水平井全井段应力安全完井工艺

由于热采水平井特殊的井身轨迹，完井管柱下入后残余部分应力，而在注汽过程中，水平井全井段完井管柱受热后存在热胀现象，随着温度的升高而产生伸长，在冷却时会随着温度降低缩短，多轮次注汽会存在频繁伸长缩短。因此，根据热采水平井完井管柱的工作条件，需要在直井段采取预应力固井消除热应力影响；在造斜段采用液压扶正器等工具保证套管居中，提高固井质量；在水平段设置热力补偿器，满足注汽过程中管柱伸缩的影响。

1. 直井段提拉预应力完井

稠油油藏热力开采的主要方式是蒸汽吞吐或蒸汽驱，通过将地面产生的蒸汽注入地层降低稠油黏度来开采稠油。注蒸汽开采过程中固井套管承受最高达350℃的高温，由于套管被水泥环封固而限制热胀冷缩的自由进行，导致套管产生较高的热应力。热应力是热采井套管损害的主要原因之一。目前解决这类问题主要途径之一是采用预应力完井技术，即在固井注水泥前或注水泥后对井内套管串施加一定的预拉力(也称为预应力)，在施加预应力的情况下使水泥浆凝固。要施加预应力，必须采用一定的方法将套管底部固定，地锚就是用于套管底部固定即“锚固”的装置。但目前现场使用的地锚均为实心结构，且只能安装在套管柱末端。胜利油田稠油大多采用水平井筛管顶部注水泥完井后再进行热力采油。由于该工艺中筛管为自由状态，只有套管段固井，因此常规的在完井管柱末端锚定套管，井口提拉预应力的方式无法实施。针对此类情况设计了全通径预应力地锚，可在套管串的任意位置进行锚固，并设计了热采井专用的卡瓦式套管头，优化了热采井筛管完井提拉预应力施工工艺，满足稠油热采水平井预应力完井的要求。

完井管柱主要包括：洗井阀 + 筛管串 + 热敏式筛管补偿器 + 盲板或球座 + 管外封隔器 + 分级箍 + 地锚 + 套管串到井口，如图 5 - 3 所示。

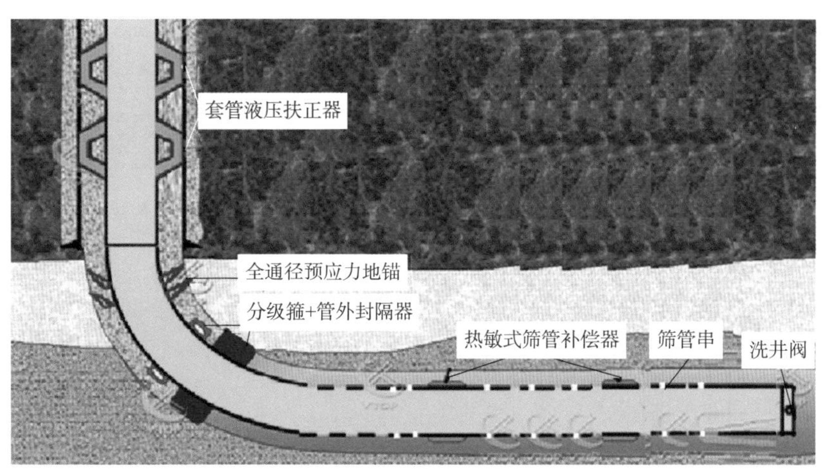

图 5 - 3 提拉预应力完井管柱结构图

2. 造斜段套管强制居中完井

注蒸汽时套管会受热膨胀，在固井质量不好、水泥环出现缺陷时，该位置的套管有效应力会显著提高，如果超过套管的屈服极限就会导致套管损坏。热采水平井中，由于造斜段和水平段的影响，套管会由于重力贴边，固井后形成的水泥环薄厚不均，造成固井质量差。套管强制居中是保证固井质量的关键因素之一。目前国内外固井作业多采用刚性扶正器和弹性扶正器两种。刚性扶正器外径接近井眼直径，下入摩阻大，遇阻遇卡风险大；弹性扶正器扶正力小，无法有效承担套管重量。针对热采水平井筛管完井工艺，设计了液压扶正器，在固井之前即可实现套管强制居中，有效冲刷泥饼，提高固井质量。

(三)水平井均匀注汽管柱工艺设计

稠油的开采，一般是通过注入高温高压蒸汽将稠油加热降黏后实施。结合目前注汽工艺的不同特点，为了提高水平段注汽效果，改善长水平段的吸汽剖面，研发了管内强制分段的临界流配注装置及吸汽剖面优化调整技术，提高热利用率，最终优化形成了适用于不同油藏及防砂注汽要求的稠油热采水平井分段注汽工艺管柱，如图 5 -4 所示，对于新井，优化形成了管外封 + 管内封的分段注汽管柱，管柱结构主要由高真空隔热管、井下补偿器、自补偿热敏封隔器、临界流配注器、热采井防卡扶正器、热采井管内蒸汽封隔器等组成；对于老井，主要采用临界流配注器 + 热采井管内封隔器组成的强制分段注汽工艺管柱，如图 5 -5 所示。

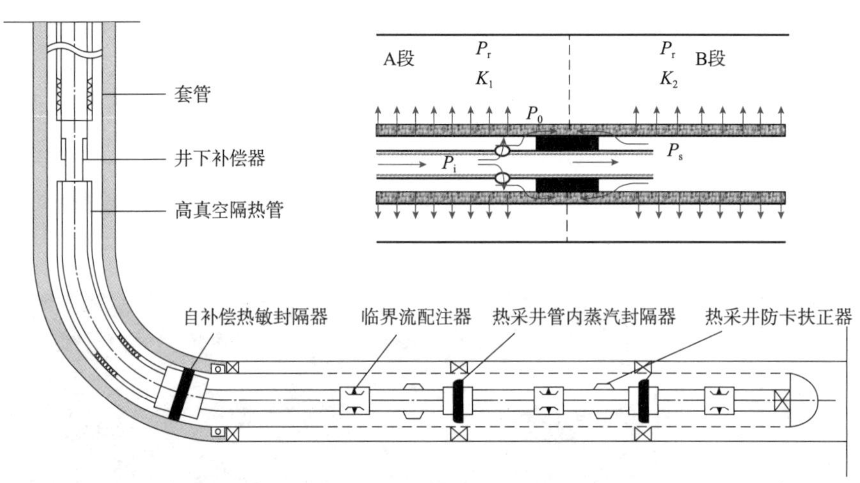

图 5 -4　水平井新井分段注汽工艺管柱示意图

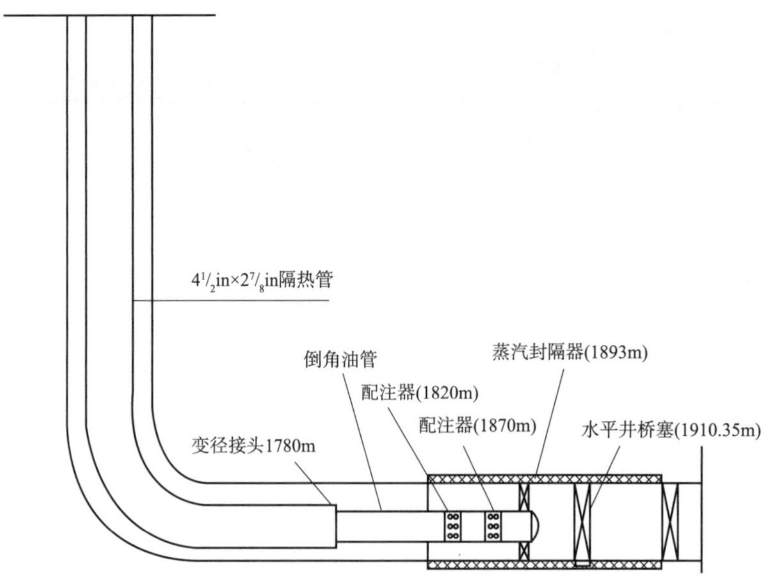

图 5 -5　水平井老井分段注汽工艺管柱示意图

第三节　浅薄层稠油热采井举升技术

随着油田开发开采程序加剧，稠油热采油田开发已处于中后期，地层能量普遍偏低、动液面低，同时伴随着严重出砂。常规有杆泵开采通常采用将抽油泵泵挂位置设置于油层之上，只能采用间隙式工作制度或低泵径排液方式，导致油井整体排液不充分，影响采收效率。近年来虽然各油田区块已开始加深泵挂，但常规抽油泵因固定阀组设置于柱塞之下，需要200m以上沉没度压力才可正常工作，而有杆泵工作中柱塞下泵腔内井液受到高温及压力变化影响，容易发生闪蒸现象，造成抽油泵破坏。同时常规有杆泵的固定阀、泵筒接箍等部件外径大于泵筒本体的，在砂埋管柱后不易拔出，增加了油井大修的风险。

针对上述问题，开展了生产井井下杆管柱优化、稠油热采水平泵结构设计及参数优化、举升系统参数优化设计等方面的设计优化，形成了适用于低渗透地层稠油热采油井的举升新技术。

一、生产井井下杆管柱优化

(一)泵效及检泵周期的主要影响因素分析

为发现生产井存在的具体问题因何原因引起，开展了现场调研。通过调研，发现生产井抽油泵在现场应用中存在以下几方面的问题。

(1)泵卡现象突出，跟踪热采检泵井15口，全部有结垢、出砂等现象，其中卡泵4口。

(2)抽油泵泵效低，统计受效井沉没度正常但泵效低的16口井，平均泵效44%，低于平均泵效(57.7%)。

(3)普通抽油泵适用井斜角较小，最大下入30°~40°井段，大于该井斜角后由于泵充满程度低，泵效大幅下降。

针对上述问题，结合技术调研、现场数据资料分析，得出上述抽油泵问题出现的原因：①生产井泵挂处温度高达200℃，压力能达到10MPa以上，抽油泵柱塞泵筒密封间隙可能会变大导致泵效降低，也可能会变小导致柱塞泵筒抱死；②部分稠油热采井含硫化氢，井口温度一般能达到50℃，甚至100℃，高温、高压、硫化氢腐蚀条件下，泵筒、柱塞腐蚀严重，影响检泵周期；③浅薄层油井井斜大，杆柱自重被分解，下行动力小，易发生缓下现象。

针对上述问题及原因，急需开展生产井井下杆管柱优化，解决高温、高压带来的检泵周期短、泵效低等一系列问题。

(二)优化方案

通过运用室内模拟实验、现场工况测试、有限元分析优化等手段开展高温工况抽油泵泵卡影响因素分析研究、腐蚀介质对泵影响因素研究，通过稠油热采水平泵技术研究，形成一套适应井的有杆泵举升配套技术，达到防止井高温泵卡，提高泵效，提高举升系统防腐性能，以及延长油井检泵周期的目的。

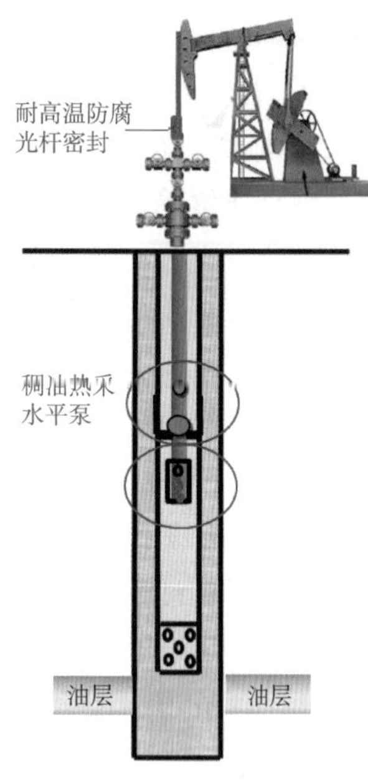

图 5－6　方案图

针对前面所述问题及原因分析，需要研究抽油泵高温密封、弹性防卡技术，配套耐高温防腐蚀光杆和光杆密封技术，形成一套生产井井下杆管柱，解决生产井高温泵卡、泵效低、腐蚀严重的问题，延长油井检泵周期。因此，杆柱优化为：耐高温耐腐蚀光杆＋双级抽油杆＋稠油热采水平泵柱塞，管柱优化为：油管＋稠油热采水平泵泵筒，如图 5－6 所示。

二、稠油热采水平泵结构设计及参数优化

稠油热采水平泵设计采用双级异径柱塞串接形成双密封液力反馈结构，辅以主动复位进排液阀副技术研制形成。以仿真分析手段，研究不同结构参数对变形能力的影响，形成柔性连接机构优化设计方案，在此基础上以仿真分析、试验验证为手段，开展连接机构变形能力及强度的影响分析。

（一）总体结构组成

稠油热采水平泵主要由上柱塞、上泵筒、下柱塞、下泵筒、柔性连杆等组成，如图 5－7 所示。

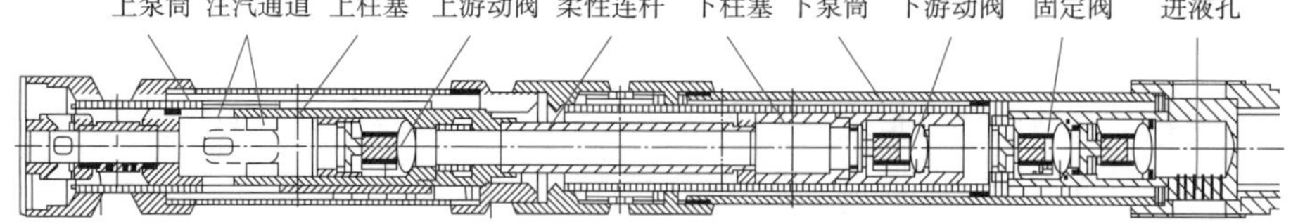

图 5－7　稠油井热采水平泵结构图

（二）泵筒、柱塞合理密封间隙的优化

高温生产条件下，泵筒、柱塞间隙的变化会导致泵效降低或者卡泵，针对这一情况，采用了 ABAQUS 软件，对泵筒柱塞之间的密封间隙、结构随温度的变化情况进行仿真分析。通过模拟计算温度、压力、泵型等因素，分析泵筒柱塞之间密封间隙的影响情况，优选适应现场应用的泵筒、柱塞之间合理的间隙。

1. ABAQUS 软件功能特点

ABAQUS 是达索 SIMULIA 公司开发的功能强大的工程模拟有限元软件，其解决问题的范围从相对简单的线性分析到许多复杂的非线性问题。ABAQUS 包括一个丰富的可模拟任

意几何形状的单元库。并拥有各种类型的材料模型库，可以模拟典型工程材料的性能，其中包括金属、橡胶、高分子材料、复合材料、钢筋混凝土、可压缩超弹性泡沫材料以及土壤和岩石等地质材料，作为通用的模拟工具，ABAQUS 除了能解决大量结构(应力/位移)问题，还可以模拟其他工程领域的许多问题，例如热传导、质量扩散、热电耦合分析、声学分析、岩土力学分析(流体渗透/应力耦合分析)及压电介质分析，如图 5－8 所示。

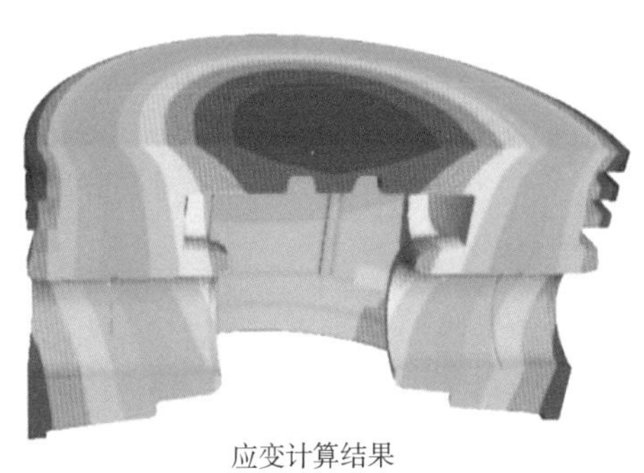

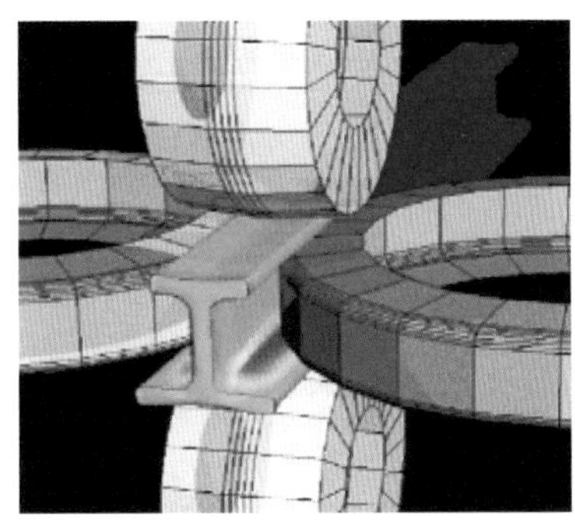

图 5－8　ABAQUS 仿真计算实例

本研究中运用 ABAQUS(6.13 版)对泵筒、柱塞之间的密封间隙、结构随温度的变化情况进行模拟。ABAQUS 可以通过直接耦合或者载荷传递顺序耦合求解不同场的交互作用，用于分析诸如热—结构耦合、热—力耦合的问题。

2. 建模、仿真过程及结果分析

根据抽油泵表面是否采取表面处理工艺，分为两种模式：泵筒、柱塞无表面处理工艺时的间隙优化；泵筒、柱塞有表面处理工艺时间隙优化。

1)泵筒、柱塞无表面处理工艺时的间隙优化

(1)建模。

根据调研，生产井抽油泵中 57 泵占比达 92%，所以，仿真分析中以 57 泵为例进行介绍分析。图 5－9 为 Φ57mm 泵筒和柱塞的几何尺寸图形，作为研究过程中的一个建模实例，泵筒内径为 57.15mm，长度为 6600mm，柱塞外径为 57.075mm，长度为 400mm，其密封间隙按 0.075mm 计算。泵筒和柱塞的材质为 45#钢，建模过程中以 45#钢的基本信息作为建模的参数，弹性模量为 2.09×10^{11} Pa，泊松比为 0.269，热膨胀系数为 1.371×10^{-5}/℃。所建模型如图 5－10 所示。

(2)施加约束条件。

根据抽油泵在井下的不同工作状态，边界条件选择两种方式，第一，对泵筒的上下两个端面进行 $Y=0$ 约束，使其在轴向不能运动，对泵筒及柱塞的 X、Z 轴(即径向)不进行约束，使其可以自由膨胀。然而，考虑到实际生产过程中有些生产井的泵筒的下端未进行任何的绑定处理，所以采用第二种约束条件。第二，对泵筒及柱塞的上端面(顶端面)进行 $Y=0$ 的约束，使顶端面在轴向不能运动，对泵筒及柱塞的 X、Z 轴(即径向)不进行约束，使其可以自由膨胀。

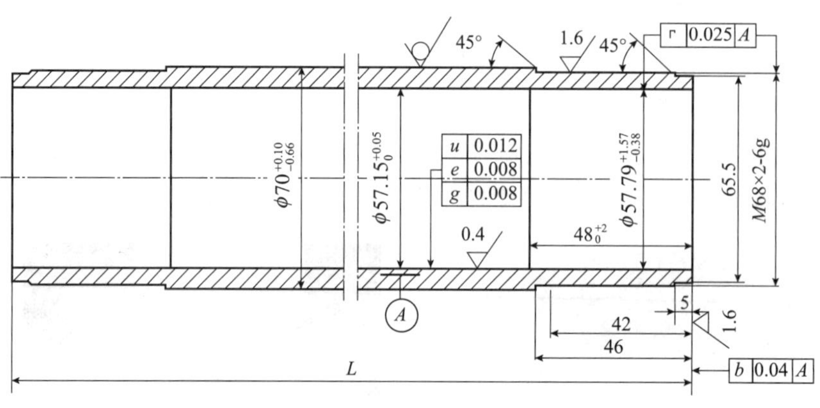

(a)Φ57mm泵筒

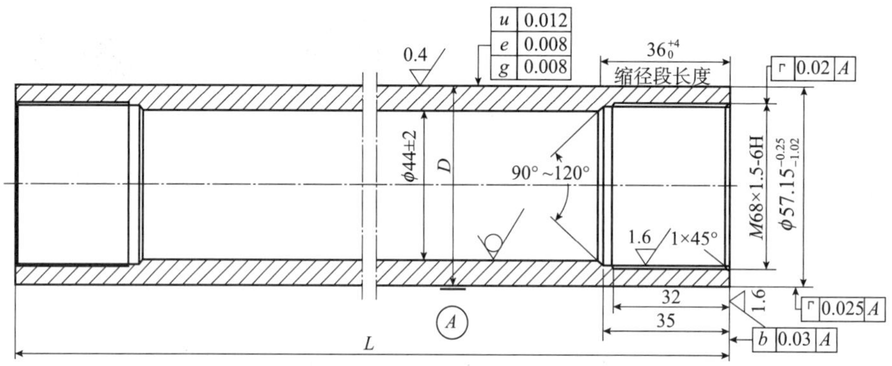

(b)Φ57mm柱塞

图 5－9　Φ57mm 泵筒及柱塞几何尺寸图(单位：mm)

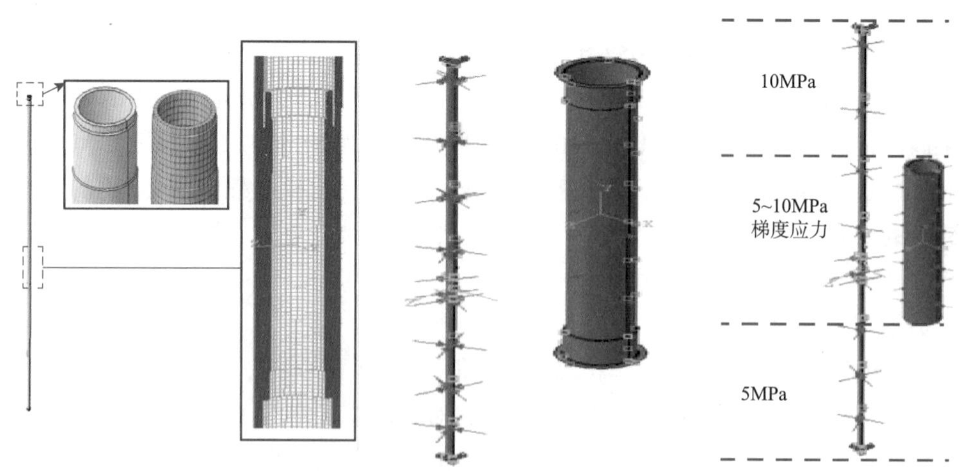

图 5－10　泵筒及柱塞模型图及施加压力载荷图

在生产过程中，泵体及柱塞周围存在着液体压力，设定井深为 1000m，沉没度为 500m，因此对泵筒的外壁及柱塞的内壁施加 5MPa 载荷，对柱塞的外壁及柱塞位置对应的泵筒内壁施加一个 5～10MPa 的梯度载荷，柱塞以上泵筒内壁施加 10MPa 载荷，柱塞以下泵筒内壁施加 5MPa 载荷。如图 5－10 所示。

对整个模型施加一个温度场，初始温度为 25℃，模型升温范围为 50～200℃，每隔 50℃对整个模型的应力、应变进行计算。施加温度场后，柱塞随对应位置的剖面的应力分布图如图 5－11 所示。

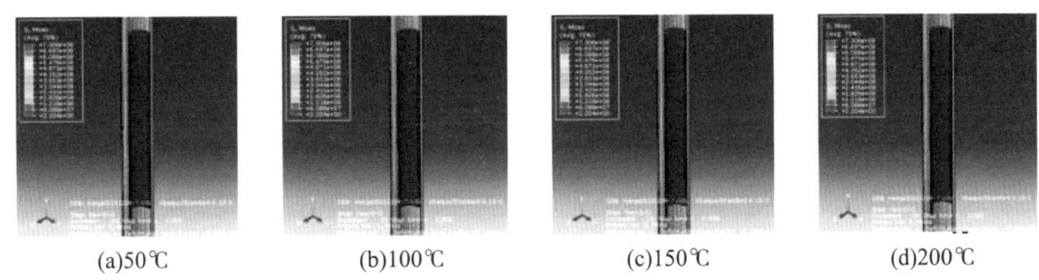

(a)50℃ (b)100℃ (c)150℃ (d)200℃

图 5－11 施加温度场后柱塞对应位置的剖面应力分布图

(3)仿真计算过程及结果分析。

按照上述分析的两种边界条件的施加方式，将软件的仿真计算过程及结果分析分为两个，即泵筒两端面施加边界条件仿真计算过程及结果分析、泵筒和柱塞顶端面施加边界条件仿真计算过程、结果分析。

①泵筒两端面施加边界条件仿真计算过程及结果分析。

密封间隙可以通过式(5－1)～式(5－4)进行计算，设定：泵筒柱塞的使用温度为 T℃，泵筒室温下内径为 D_{pu}，柱塞室温下外径为 D_{pl}，泵筒 T℃内壁应变为 E_{pu-T}，柱塞 T℃外壁应变为 E_{pl-T}，

室温下密封间隙为：

$$d_{rt} = D_{pu} - D_{pl} \tag{5-1}$$

式中，d_{rt}为室温下密封间隙，mm；D_{pu}为室温下内径，mm；D_{pl}为室温下外径，mm。

那么 T℃时，泵筒的内径为：

$$D_{pu}^{T} = D_{pu} \times (1 + E_{pu-T}) \tag{5-2}$$

柱塞的外径变化为：

$$D_{pl}^{T} = D_{pl} \times (1 + E_{pl-T}) \tag{5-3}$$

密封间隙为：

$$d = D_{pu}^{T} - D_{pl}^{T} = D_{pu} \times (1 + E_{pu-T}) - D_{pl} \times (E_{pu-T}) \tag{5-4}$$

式中，E_{pu-T}、E_{pl-T}均可根据实际工况的仿真计算获得。

a)温度对泵筒、柱塞内外径变化规律影响分析。

图 5－12 为泵筒、柱塞的内外壁的径向应变随温度的变化图，由图 5－12 可以看出，泵筒的内外壁的应变相同，柱塞与泵筒相同，内外壁的应变也相同，泵筒的径向应变由初始状态的 0 增大至 200℃的 0.30%，柱塞的径向应变由初始状态的 0 增大至 200℃的 0.25%。

虽然泵筒、柱塞内外壁的径向应变相同，但其尺寸不同，因此泵筒及柱塞内外壁的膨胀量不同，如图 5－13 所示，泵筒外壁的膨胀量最大，柱塞内壁的膨胀量最小。泵筒外壁

直径方向膨胀了0.212mm，而柱塞内壁膨胀了0.133mm。

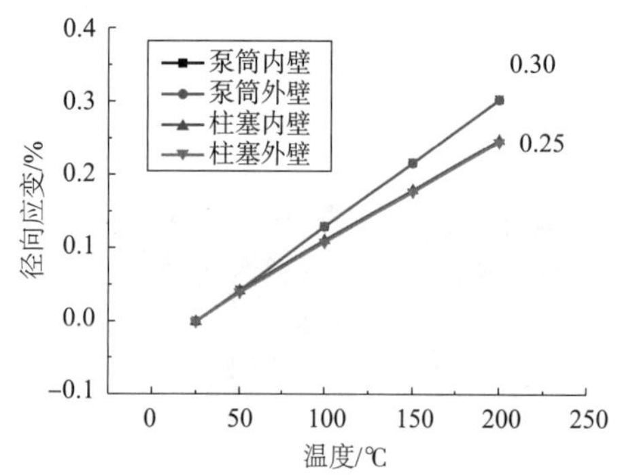

图5-12　泵筒、柱塞内外壁应变随温度的变化图

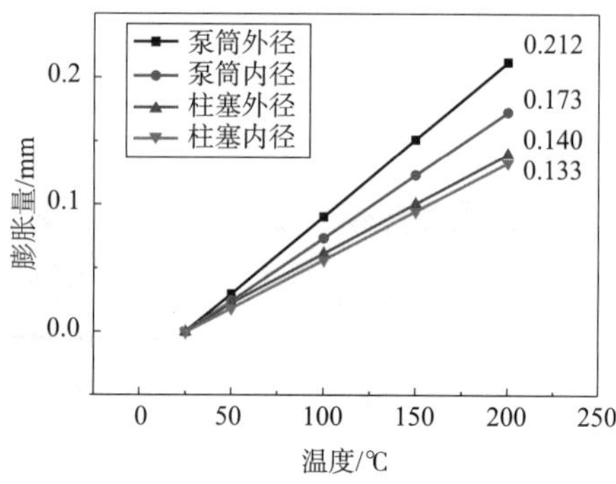

图5-13　内外径变化量随温度变化

b）温度对密封间隙的影响规律分析。

如图5-14所示，Φ57mm泵筒两端面施加$Y=0$的边界条件，即泵筒两端施加约束条件时，密封间隙随温度的变化图。由图5-14可知，泵筒及柱塞的密封间隙随温度的升高逐渐增大，柱塞和泵筒均呈现膨胀现象。密封间隙由25℃的0.075mm增大至200℃的0.108mm，密封间隙增大了44%，泵筒两端施加约束时，泵筒不向轴向方向扩张，泵筒在轴向压力的作用下，只能从径向方向向四周扩张，而柱塞未施加约束，柱塞处于自由膨胀状态，因此泵筒的膨胀量比柱塞的大。

c）压力对密封间隙的影响规律分析。

图5-15为压力分别为柱塞内壁分别0MPa、10MPa、15MPa，泵筒外壁施加10MPa，泵筒与柱塞密封间隙由上至下为10MPa至5MPa的梯度压力，柱塞上部泵筒内壁施加10MPa压力，柱塞下部泵筒内壁施加5MPa压力时，泵筒及柱塞的密封间隙随温度的变化图，由图5-15可以看出，不同的井下压力时，泵筒及柱塞的密封间隙均随温度的升高而增大。在同一温度时，柱塞内壁施加0MPa压力时，密封间隙最大，而施加15MPa压力时密封间隙最小。同一温度，0和15MPa密封间隙相差0.006mm，因此柱塞内压力的变化对密封间隙的影响不显著。

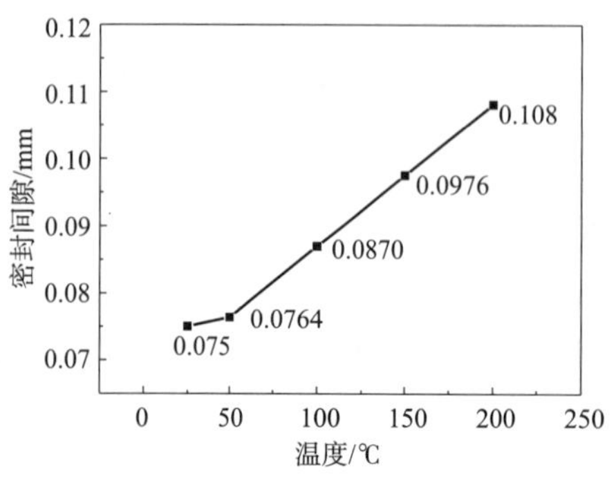

图5-14　泵筒及柱塞密封间隙随温度变化图

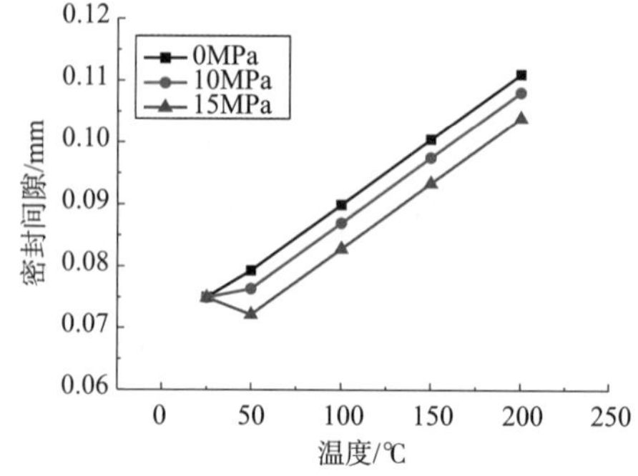

图5-15　不同压力下间隙随温度变化图

柱塞外壁施加5MPa的压力，对柱塞内壁不施加压力时，相当于对柱塞的外壁施加一

个挤压力，阻碍柱塞的膨胀。对柱塞内壁施加15MPa的压力时，柱塞内壁的压力大于柱塞内壁的压力，相当于对柱塞的内壁施加了一个挤压力，有助于柱塞的膨胀，因此对柱塞内壁不施加压力比对柱塞内壁施加15MPa的压力时，密封间隙增大。

d)不同的泵型间隙随温度变化规律分析。

图5－16为不同泵型的泵筒、柱塞的径向应变随温度的变化图，由图5－16可以看出，同一温度下，泵型不同时，泵筒的径向应变相同，柱塞的径向应变也相同，也就是说泵筒的和柱塞的径向应变的变化与泵型无关。

图5－17为不同泵型的间隙随温度的变化曲线，由图5－17可以看出，不同泵型的间隙随温度的升高均呈现增大的趋势，但其增大的速率不同，即其随温度变化的膨胀率不同。虽然泵筒、柱塞的径向应变随温度的变化一致，但不同泵型的泵筒和柱塞的尺寸不同，即间隙膨胀的基数不同，因此，不同类型泵筒、柱塞的间隙变化量不同。因此泵型尺寸越大，密封间隙变化量越大。

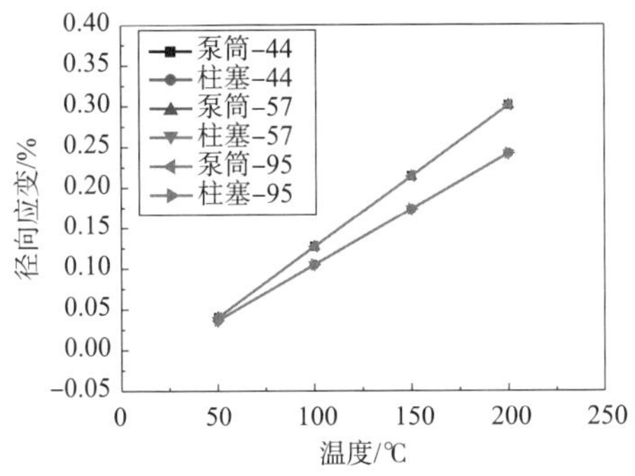

图5－16　不同泵型的泵筒、柱塞的径向应变随温度的变化

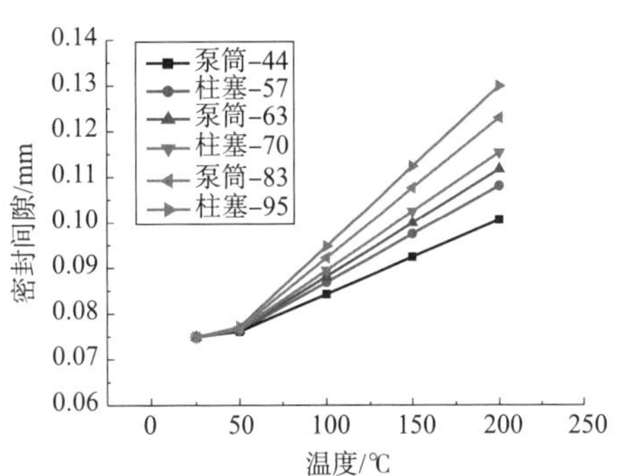

图5－17　不同泵型的间隙随温度变化曲线

e)仿真结果分析。

由ABAQUS仿真计算可以获得T℃时，泵筒内壁及柱塞外壁的应变值E_{pu}^{T}和E_{pl}^{T}，泵筒内径室温时为D_{pu}，合理的密封间隙为0.075～0.138mm，设室温时的柱塞外径为X，可以通过式(5－3)计算出X，那么室温下密封间隙$d = D_{pu} - X$。表5－1给出了不同泵型在不同使用温度下密封间隙为0.075～0.138mm时，室温下的密封间隙值。

表5－1　泵筒两端约束时，设计合理密封间隙参考表

使用温度/℃	Φ44/mm	Φ57/mm	Φ63/mm	Φ70/mm	Φ83/mm	Φ95/mm
25	0.075～0.138	0.075～0.138	0.075～0.138	0.075～0.138	0.075～0.138	0.075～0.138
50	0.074～0.137	0.074～0.137	0.073～0.136	0.073～0.136	0.073～0.136	0.073～0.136
100	0.066～0.129	0.063～0.126	0.062～0.125	0.060～0.123	0.058～0.121	0.055～0.118
150	0.058～0.121	0.052～0.115	0.050～0.113	0.047～0.110	0.042～0.105	0.038～0.101
200	0.050～0.112	0.042～0.105	0.038～0.101	0.035～0.097	0.027～0.090	0.024～0.083
250	0.041～0.104	0.031～0.094	0.027～0.089	0.022～0.084	0.017～0.075	0.013～0.065

②泵筒和柱塞顶端面施加边界条件仿真计算过程及结果分析。

a）温度对内泵筒、柱塞尺寸变化的影响规律分析。

图5－18为泵筒和柱塞顶端面施加边界条件时，泵筒及柱塞径向应变随温度变化图，由图5－18可以看出，泵筒及柱塞的应变均随温度的升高而增大，并且两者之间只相差0.003%，如此小的差距，可能是由于计算误差导致。泵筒和柱塞只有顶端固定时，其径向应变是相同的。

图5－19为柱塞和泵筒顶端施加约束时，内外径的变化量随温度的变化图，由图5－19可以看出，随着温度的升高，泵筒外径随时间的变化曲线斜率最大，因此其变化率最大，柱塞内径随温度的变化曲线斜率最小，其变化率最小，泵筒内径及柱塞外径随时间变化曲线非常接近，200℃时，仅相差0.001mm，且变化率处于泵筒外壁和柱塞内壁之间。泵筒和柱塞内外壁的径向应变相同，泵筒和柱塞内外径的尺寸不同，这造成了泵筒及柱塞内外径变化量的差异性。

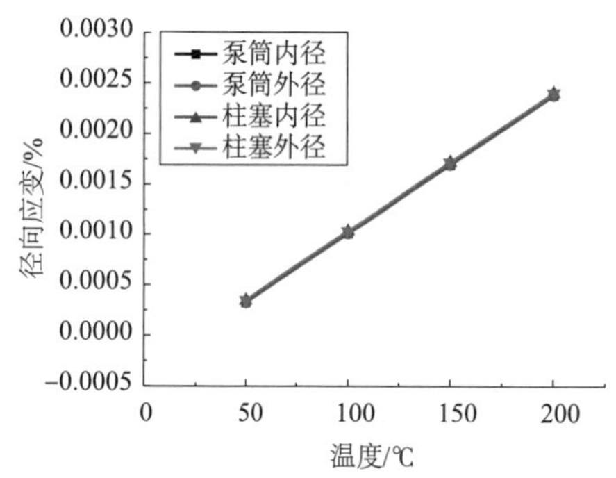

图5－18　泵筒及柱塞径向应变随温度变化图

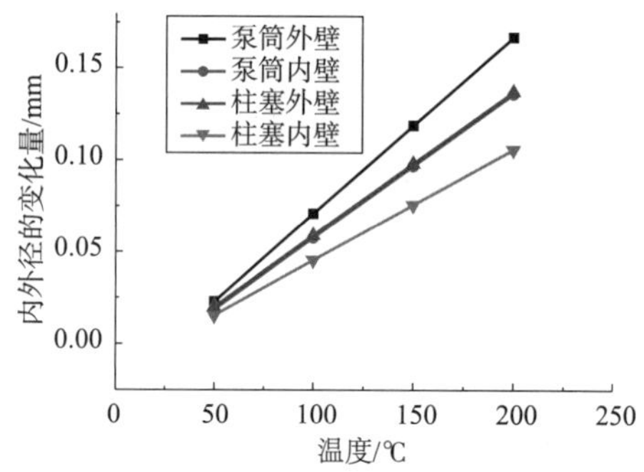

图5－19　泵筒和柱塞的内外壁变化量随温度的变化

b）温度对密封间隙的影响规律分析。

图5－20为泵筒和柱塞顶端施加约束时，间隙随温度的变化图，由图5－20可以看出，泵筒、柱塞之间的间隙尺寸随温度的升高而增大，由50℃的0.0736mm增大至0.0737mm，仅仅增大了0.0001mm，可以认为一端约束时，间隙尺寸不发生变化。密封间隙小于0.075mm，是因为泵筒内压大于柱塞与泵筒之间的压力。

c）压力对间隙变化的影响规律分析。

图5－21为压力分别为柱塞内壁分别0MPa、10MPa、15MPa，泵筒外壁施加10MPa，泵筒与柱塞密封间隙由上至下为10MPa至5MPa的梯度压力，柱塞上部泵筒内壁施加10MPa压力，柱塞下部泵筒内壁施加5MPa压力时，泵筒及柱塞的密封间隙随温度的变化图，由图5－21可以看出，不同的井下压力时，泵筒及柱塞的密封间隙均随温度的升高而增大。柱塞内压力大于密封间隙中的压力时，密封间隙小于0.075mm。压力由0MPa增大至15MPa时，密封间隙变小了0.0043mm，说明压力对密封间隙的影响非常小。

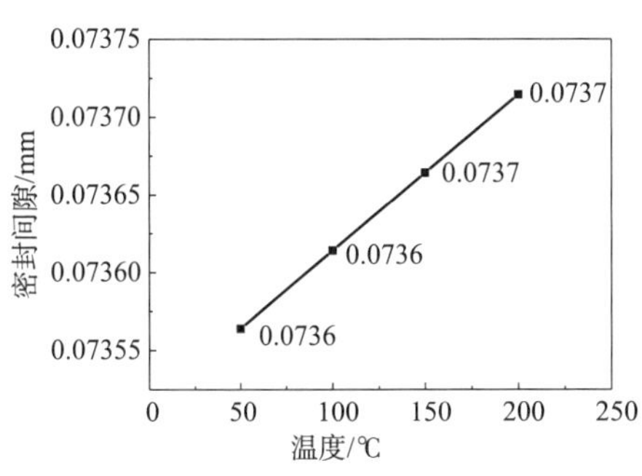

图 5－20　密封间隙随温度变化图

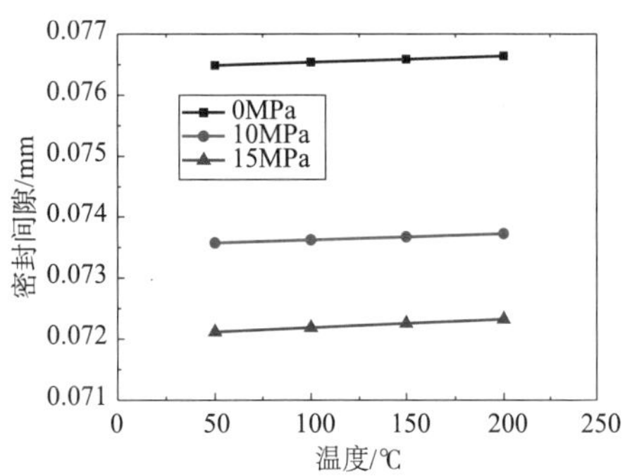

图 5－21　不同压力下，密封间隙随温度变化图

柱塞外壁施加 5MPa 的压力，对柱塞内壁不施加压力时，相当于对柱塞的外壁施加一个挤压力，阻碍柱塞的膨胀。对柱塞内壁施加 15MPa 的压力时，柱塞内壁的压力大于柱塞内壁的压力，相当于对柱塞的内壁施加了一个挤压力，有助于柱塞的膨胀，因此对柱塞内壁不施加压力比对柱塞内壁施加 15MPa 的压力时，密封间隙增大。

d)温度对不同泵型的密封间隙的影响规律分析

目前现场用抽油泵的主要型号有 *Φ*44 泵、*Φ*57 泵、*Φ*63 泵、*Φ*70 泵、*Φ*83 泵、*Φ*95 泵，为了保证所用的所有泵型都能够有合理的优化选择，对这些泵型的温度对间隙的影响规律进行了分析。

图 5－22 为不同泵型的密封间隙随温度的变化图，由图 5－22 可以看出，不同泵型的密封间隙均随温度的升高而增大，但是变化量不大，间隙尺寸的变化量在 0.001mm。同一温度下，泵型尺寸越大，密封间隙尺寸越小，这是由于柱塞内壁的压力比外壁压力大，在同一个压力差下，管径越大，管径变形越大。因此管径越大，密封间隙尺寸越小。

e)温度对轴向变化的影响规律分析。

图 5－23 为轴向应变随温度的变化图，由图 5－23 可以看出，柱塞和泵筒顶端被约束后，其轴向应变是相差不大的，200℃时仅相差 0.002%，可以作为计算误差忽略掉，400℃时轴向应变为 0.24%。

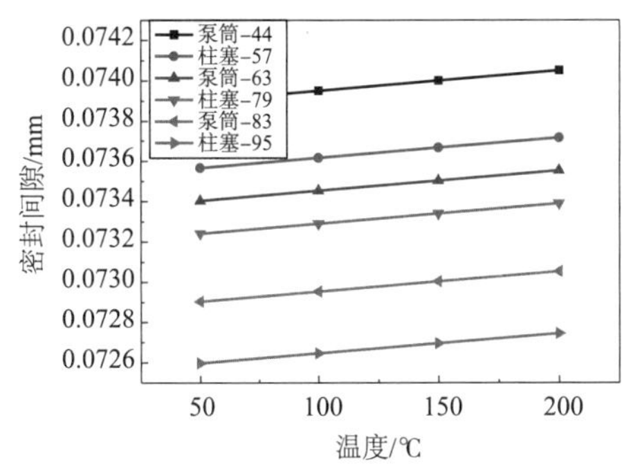

图 5－22　不同泵型的密封间隙随温度的变化图

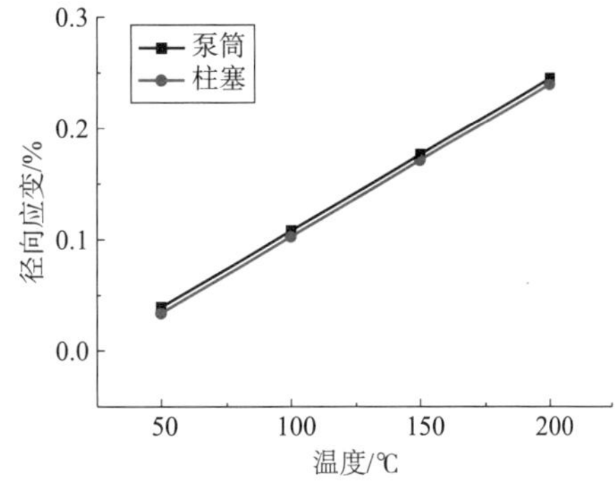

图 5－23　轴向应变随温度的变化图

图 5－24 为轴向变化量随温度的变化图，由图 5－24 可以看出泵筒变化量大于柱塞的

变化量。200℃时，泵筒的伸长量为16.17mm，柱塞的伸长量为0.96mm。

2)表面处理后泵筒、柱塞密封间隙计算

(1)建模。

图5－25为Φ57泵筒和柱塞的几何尺寸图形，作为本项目研究过程中的一个建模实例，泵筒内径为57.55mm，镀层厚度为0.2mm，长度为6600mm，柱塞外径为56.675mm，镀层厚度为0.2mm，长度为400mm，其密封间隙按0.0375mm计算。泵筒和柱塞的材质为45#钢，建模过程中以45#钢的基本信息作为建模的参数，弹性模量为2.09×10^{11}Pa，泊松比为0.269，热膨胀系数为1.371×10^{-5}/℃，镀层的参数参照铬的基本信息，弹性模量为2.5×10^{11}Pa，泊松比为0.12，热膨胀系数为0.562×10^{-5}/℃，所建模型如图5－25所示。

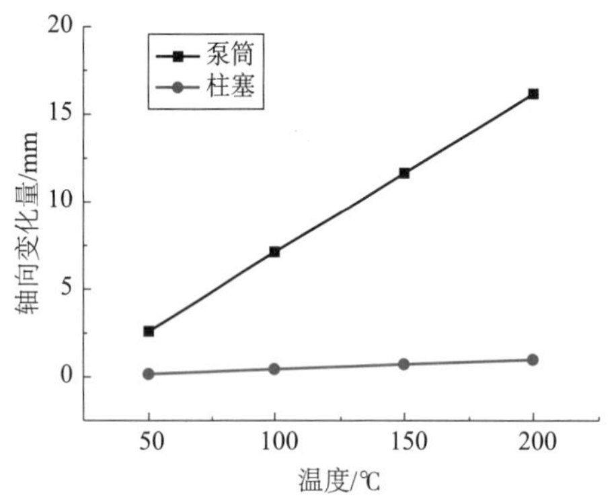

图5－24　轴向变化量随温度的变化

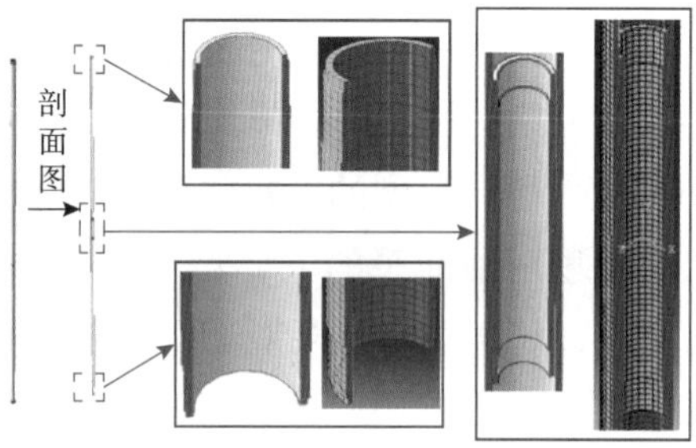

图5－25　Φ57mm泵筒、柱塞及镀层模型图

(2)施加约束条件。

由于无镀层的计算过程中，对泵筒和柱塞的上端面施加边界条件时，密封间隙是不变化的，因此有镀层模型计算过程中边界条件选择对泵筒及镀层的上下两个端面进行$Y=0$约束，使其在轴向不能运动，对泵筒、柱塞及镀层的X、Z轴(即径向)不进行约束，使其可以自由膨胀。

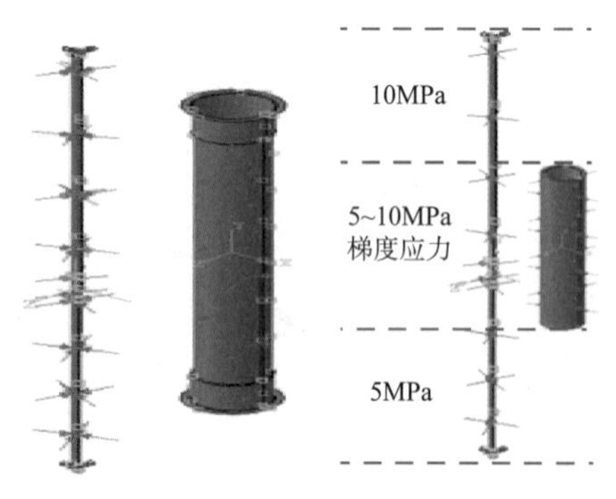

图5－26　泵筒、柱塞及镀层施加压力载荷图

在生产过程中，泵体及柱塞周围存在着液体压力，因此对泵筒的外壁施加5MPa应力，对柱塞内壁施加10MPa应力，模拟地下液体对泵筒外壁及柱塞内壁的压力。对柱塞的外壁的镀层及与柱塞对应位置泵筒的内壁的镀层施加5～10MPa的梯度应力，柱塞上部泵筒内壁镀层施加10MPa应力，柱塞下部泵筒内壁镀层施加5MPa应力。如图5－26所示。

对整个模型施加一个温度场，初始温度为25℃，模型升温范围为150～200℃，每隔50℃对整个模型的应力、应变进行计算。施加温度场后，柱塞随对应位置的剖面的应力分布图如图5－27所示。

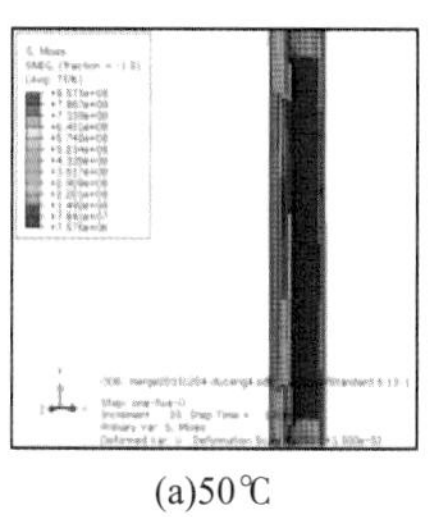
(a)50℃

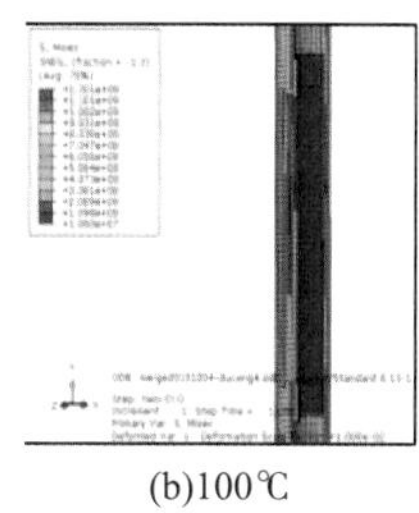
(b)100℃

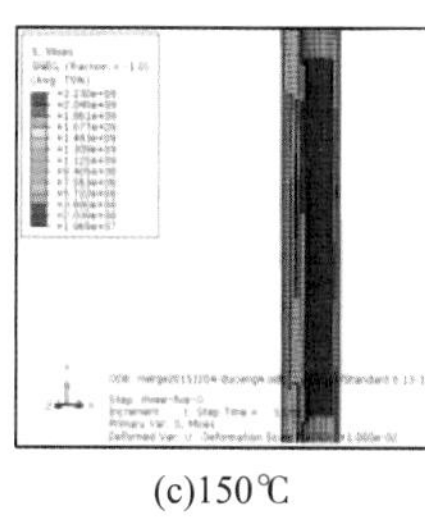
(c)150℃

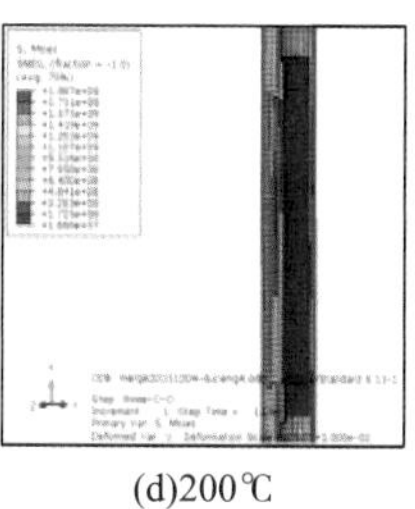
(d)200℃

图 5-27　施加温度场后柱塞对应位置的剖面应力分布图

(3)仿真计算过程及结果分析。

具体计算过程与无表面处理后泵筒、柱塞密封间隙计算，下面直接分析结果。

图 5-28 为泵筒、柱塞及其镀层的径向应变随时间的变化图，由图 5-28 可见，泵筒、柱塞及镀层的应变是非常接近的，并且随着温度的升高，变化量大，200℃时，相差 0.007%。

泵筒内壁和柱塞外壁有镀层时，密封间隙随温度变化如图 5-29 所示，密封间隙随温度的升高而增大，密封间隙由 25℃的 0.075mm 增大至 200℃的 0.1101mm。

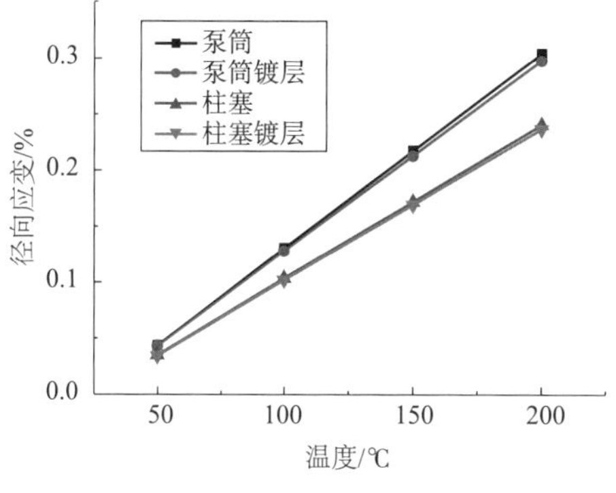

图 5-28　泵筒、柱塞及其镀层径向应变随时间变化图

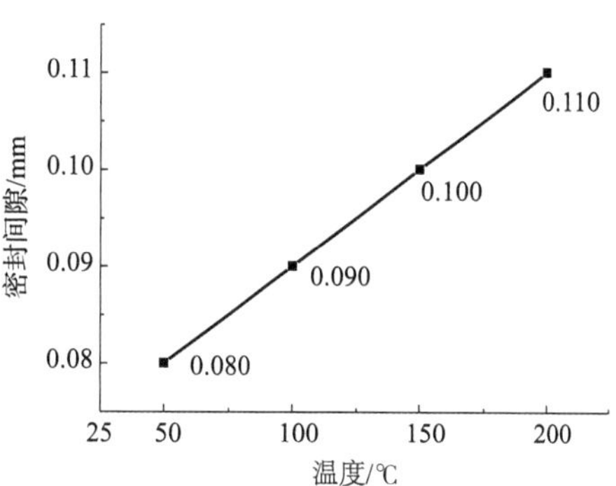

图 5-29　有镀层泵筒、柱塞密封间隙随温度变化图

图 5-30 为泵筒和柱塞表面有镀层和无镀层时，密封间隙随温度的变化图。由图 5-30 可以看出，有无镀层时，密封间隙均随温度的升高而增大，但是两者之间相差非常小，差值的最大值为 0.006mm。

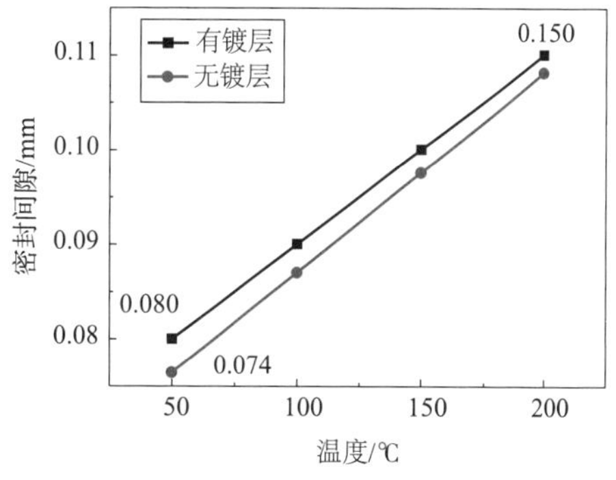

图 5-30　镀层对密封间隙变化的影响图

3. 结论

(1)泵筒两端施加约束时，径向应变随温度的升高而增大，同时密封间隙随温度的升高而增大，且随着泵型尺寸的变大而增大，Φ57mm 泵的密封间隙从 25℃的 0.075mm 增大至 200℃的 0.108mm，增大了 44%；井下压力对密封间隙的影响较小，15MPa 与 0MPa 密封间隙相差

最大，为 6×10^{-3}mm。

(2)泵筒、柱塞一端施加约束时，轴向、径向变形量均随温度的升高而增大，温度、泵型、压力对密封间隙的影响均不大。

(3)两端约束时，有镀层的密封间隙均随温度的升高而增大，25℃至200℃，由0.075mm增大至0.1101mm，增大了46.8%，有无镀层密封间隙的最大差值为0.006mm，因此镀层对密封间隙的影响非常小。

(4)对泵筒、柱塞之间的密封间隙进行设计时，可以参考表5－1。

(三)水平段适应性研究

抽油泵工作于水平段，首先遇到的难题是泵阀的开关失灵。原有抽油泵阀球是设计在直井或小斜度井段使用，依靠阀球重力实现启闭，当抽油泵进入大斜度井段或水平段后，需要额外的推动力助其复位。

另外，要实现防垢注采，一般需要用到长柱塞，而长柱塞在大斜度井段往复运动存在一些问题，需要通过结构设计克服。

1. 抽油泵水平段工作状况

如图5－31所示，常规泵的柱塞在大斜度井段或者水平段长时间弯曲往复运动，井斜导致的弯曲作用完全由柱塞承担，时间一长则导致泵无法正常工作。而稠油井水平泵采用两个柱塞串联的方式，在两个柱塞之间增加一个柔性连杆，这样，弯曲作用由柔性连杆承担，不影响泵的工作。

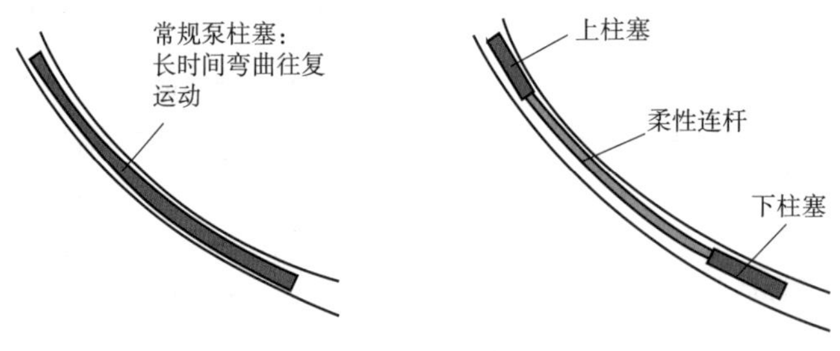

图5－31　井斜适应性原理图

2. 结构设计及强度校核

柔性连杆为了表现出较大的柔性，采用薄壁细长管件实现。由于水平泵的特殊结构，该柔性连杆在抽油泵运行过程中受到的轴向拉伸载荷很小，因此设计时其壁厚取4mm，外径取42mm，方便选材加工，长度根据抽油泵冲程和结构设计，取为7750mm。根据这一结构尺寸，对其开展了抗拉和弯曲疲劳强度校核。

柔性连杆强度校核，主要包括抗拉强度和抗弯曲疲劳强度。利用Ansys软件，对连杆受拉和弯曲时的状态进行模拟(图5－32、图5－33)，确定了受拉和弯曲时的应力分布状态，通过强度校核，确定连杆的安全尺寸。

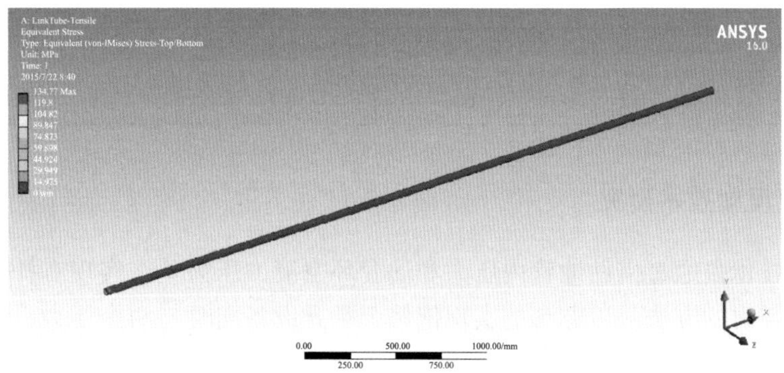

图 5－32　连杆受拉时应力分布图

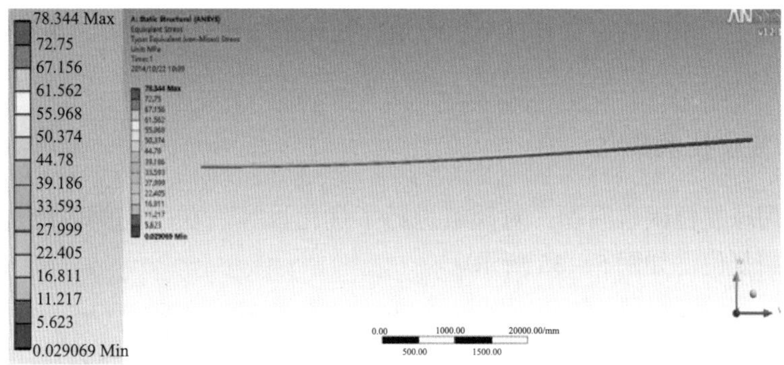

(a)应力小于80MPa

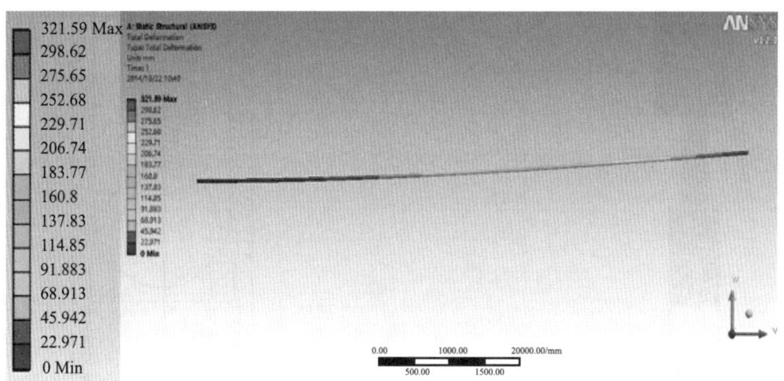

(b)应力为0~321.59MPa

图 5－33　连杆弯曲时应力分布图

受拉模拟参数及模拟结果如表 5－2 所示。

表 5－2　连杆受拉模拟参数表

模拟井深/m	加载载荷/N	材料强度/MPa	抗拉疲劳强度/MPa	最大应力/MPa	模拟结论
1500	60000	600	180	134.77	安全

弯曲模拟参数及模拟结果如表 5－3 所示。

表 5－3　连杆弯曲模拟参数表

模拟井斜/(°/100m)	加载位移/mm	材料强度/MPa	弯曲疲劳强度/MPa	最大应力/MPa	结论
20	312	600	258	78	安全

(四)液力反馈技术研究

液力反馈技术是通过借助油管内压力和油套环空液力压力差，实现有杆泵系统下冲程时对杆柱下行增力的方法。该方法的实现依赖于举升设备同时与两个压力系统的直接接触作用，因此一般在进行液力反馈技术应用过程中会涉及抽油泵的密封副，并且会出现成对的密封副，其中一套密封副会与两个压力系统接触。

为了克服因为井斜和油稠而造成的杆柱缓下问题，设计了上大下小两柱塞串联的结构，利用油套压差，该结构可在杆柱下行时给杆柱提供一个向下的力，解决杆柱缓下。如图 5－34 所示。

(五)阀球复位技术研究

为了解决阀球复位困难问题，对阀组进行了优化设计。在固定阀内增加了复位弹簧，保证阀球的强制复位。如图 5－35 所示。

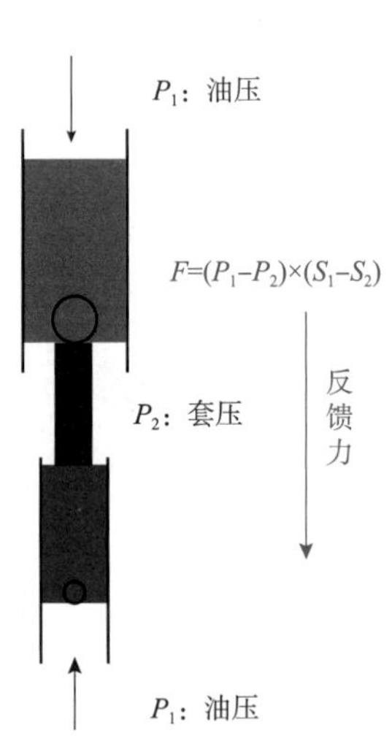

图 5－34　液力反馈原理图

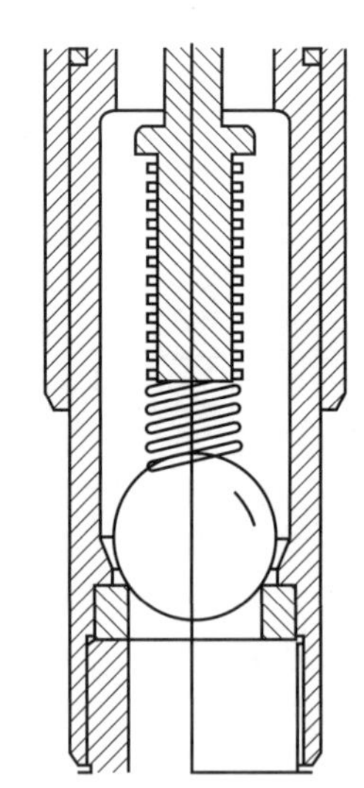

图 5－35　阀球强制复位原理图

阀球复位技术已经广泛应用，但早先的复位结构存在一个活动的弹簧顶杆，易与阀罩气死进而限定阀球跳动。通过改进的结构设计，现在由弹簧直接驱动阀球，免除了卡死的风险，同时更容易精确控制阀球的跳高。

(六)设计计算

1. 理论排量计算

稠油热采水平泵的抽汲原理与常规泵的相同，计算公式为：

$$Q = 1440FSN \text{ 即 } Q = KSN \tag{5-5}$$

式中，Q 为泵的理论排量，m^3/d；F 为柱塞截面积，m^2；S 为悬点冲程，m；N 为冲次，次/min；K 为泵常数，m^3/d。

2. 强度校核计算

1)泵筒抗内压能力校核

以 $\Phi57$ 泵为例计算，其泵筒材料为 45#钢，抗压能力 = 355/2.5 = 142MPa，外径 69.9mm，内径 56.9mm，外内径之比 1.23，该泵筒为厚壁圆筒，内壁上应力最大。其应力计算分别为：

$$\sigma_r = p_i \times (K^2/k^2 - 1)/(K^2 - 1) \tag{5-6}$$

$$\sigma_\theta = p_i \times (K^2/k^2 + 1)/(K^2 - 1) \tag{5-7}$$

$$\sigma_z = p_i \times 1/(K^2 - 1) \tag{5-8}$$

式中，σ_r 为径向应力，MPa；σ_θ 为周向应力，MPa；σ_z 为轴向应力，MPa；k 为所求应力点半径与内径之比，1；K 为泵筒外内径之比，1.23；p_i 为内压，设为 18MPa。

计算得：$\sigma_r = -18\text{MPa}$；$\sigma_\theta = 26.5\text{MPa}$；$\sigma_z = 35.1\text{MPa}$

根据规定，$\sigma_1 = \sigma_r = -18\text{MPa}$；$\sigma_2 = \sigma_\theta = 26.5\text{MPa}$；$\sigma_3 = \sigma_z = 35.1\text{MPa}$

泵筒材料为 45#钢，属塑性材料，通常以屈服的形式失效，按第四强度理论公式(5-9)进行校核。

$$\sigma_{r4} < [\sigma] \tag{5-9}$$

式中，σ_{r4}为相当应力，MPa；$[\sigma]$为许用应力，MPa，142MPa。

其中

$$\sigma_{r4} = \sqrt{[(\sigma_1 - \sigma_2)^2/2 + (\sigma_2 - \sigma_3)^2/2 + (\sigma_3 - \sigma_1)^2/2]} = 49.36\text{MPa} \tag{5-10}$$

所以泵筒抗内压能力足够。

2)泵筒在内压作用下径向变形量校核

以 $\Phi57$ 泵为例，其泵筒外径 69.9mm，内径 56.9mm，外内径之比 1.23，该泵筒为厚壁圆筒，试验过程中泵筒内外均有压力，现以最恶劣的条件只承受外压进行计算，两端开口。其表达式为：

$$u = -K^2 \times [(1-r)k + (1+r)/k] \times p_o \times R_i/[E \times (K^2 - 1)] \tag{5-11}$$

式中，u 为径向变形量，mm；k 为所求应力点半径与内径之比，1；K 为泵筒外内径之比，1.23；E 为材料弹性模量，2.058×10^{11} Pa；r 为材料泊松比，0.26；p_o 为试验外压，28MPa；R_i为内半径，28.45mm。

所以 $u = -0.028\text{mm}$，负号表示半径缩小。

Ⅲ级泵间隙$[\mu]$为 0.075～0.138mm，$|u| < [u]$，泵筒径向变形量满足要求。

3)柱塞强度校核

柱塞零部件除调心部分以外，其余均为标准件，标准件不进行强度校核，只对调心轴的强度进行校核，以 57mm 泵为例，调心轴在工作过程中承受上部液柱及柱塞本身自重造成的拉应力，因此，需对其抗拉能力进行校核。调心轴承受的载荷表达式为：

$$p = \frac{\pi}{4} D^2 L \rho g + W \tag{5-12}$$

式中，D 为柱塞直径，0.0572m；L 为最大下泵深度，取 1800m；W 为柱塞本身重力，160N；ρ 为液体密度，$0.9 \times 10^3 kg/m^3$；g 为重力加速度，$9.8m/s^2$。

计算得 $p = 40935N$

最大拉应力在调心轴直径最小处。其表达式为：

$$\sigma = P/A = \frac{P}{\pi({d_1}^2 - {d_2}^2)/4} \tag{5-13}$$

式中，d_1 为调心轴外径，0.038mm；d_2 为调心轴内径，0.029mm。

$$\sigma = P/A = \frac{P}{\pi({d_1}^2 - {d_2}^2)/4} = \frac{40935}{3.14 \times (0.038^2 - 0.029^2)/4} = 86.48MPa \tag{5-14}$$

调心轴所用材料为 35CrMo 调质处理，其许用应力：

$$[\sigma] = \frac{\sigma_s}{n} = \frac{835}{2.5} = 334MPa \tag{5-15}$$

$\sigma < [\sigma]$，因此，调心轴的强度满足要求。

3. 系列化设计

为满足井产液量要求，对稠油热采水平泵进行了系列化设计，根据现场需要，设计了 Φ57.2mm、Φ69.9mm、Φ95.3mm 三种型号的抽油泵，排量系数分别是 3.67、5.54 和 10.27，冲程 6m，具体参数如表 5－4 所示。

表 5－4　稠油热采水平泵基本参数

型号	排量系数	排量范围/m^3	最大泵深/m	最大冲程/m
Φ57.2×6	3.67	<66	1800	6
Φ69.9×6	5.54	<99	1300	6
Φ95.3×6	10.3	<185	700	6

(七)中间试验

为确保稠油热采水平泵的各项指标符合设计要求，保证现场试验能顺利进行，在石油工程技术研究院试验中心进行了检测和中间试验。

1. 阀球阀座密封性能试验

1)试验目的

检验阀球与阀座的密封性能，保证泵阀在井下关闭时，密封可靠，不发生漏失。

2)试验方法

①将配研好的阀球与阀座彻底清洗，并用清洁的布擦干；

②将阀球放在与阀座配研好的密封面上；

③开启真空泵；

④将阀座及阀球置于真空泵吸入口处，并让阀座底面平放在真空泵吸入口的密封软橡胶板上；

⑤用手轻轻压住阀球，当阀球吸在阀座密封面上后将手松开，观察真空表指针，当真空度达到64.32kPa时，关闭真空泵，3s内若真空度不下降，用手将阀球转动一下，开启真空泵，重复试验，如真空度在保持时间内仍达到以上指标，那么这对阀球与阀座的密封性能试验为合格。

3）试验结果及结论

依上述方法，分别对泵的固定和游动阀球阀座进行试验，共试验57.2mm、69.9mm和95.3mm泵游动、固定阀组件各一套，全部合格（表5－5）。

表5－5　阀球阀座密封性能试验结果表　　kPa

名称	真空度指标	试验真空度	结论
57.2mm泵游动阀球、阀座	64.32	64.32	合格
69.9mm泵游动阀球、阀座	64.32	64.32	合格
57.2mm泵固定阀球、阀座	64.32	64.32	合格
69.9mm泵固定阀球、阀座	64.32	64.32	合格
95.3mm泵游动阀球、阀座	64.32	64.32	合格
95.3mm泵游动阀球、阀座	64.32	64.32	合格

2. 间隙漏失量试验

为保证泵在下井工作后不会因漏失量过大而降低泵效，测试在规定的压力下，稠油热采水平泵柱塞与泵筒的间隙漏失量是否在Q/SH 1020 0354—2017《有杆抽油泵选择推荐方法》中规定的范围内（该泵加工间隙标准为3号）。

1）试验方法

稠油热采水平泵上端接专用试压工装接头，试验介质为GB 252—2015规定的10号轻柴油，试验压力为10MPa。待漏失量稳定后计量1min，漏失量应符合Q/SH 1020 0354—2017《有杆抽油泵选择推荐方法》中“配合间隙最大漏失量推荐值”规定。

2）试验结果及结论

试验结果如表5－6所示。从试验结果可以看出，泵的间隙漏失量在规定最大漏失量推荐值范围内，试验合格。

表5－6　间隙漏失量测试结果表

序号	泵径/mm	最大漏失量推荐值/（mL/min）	实际测试漏失量值/（mL/min）	试验结论
1	57.2	1360	1157	合格
2	69.9	2140	1996	合格
3	95.3	2920	2622	合格

3. 泵总成密封和承压强度试验

试验验证泵筒各螺纹在井下液柱压力作用下的密封性能和承压强度是否符合抽油泵标准要求。

1)试验方法

将总装好的泵，中间不装柱塞，平放在支架上；之后上部拧紧试压接头，下部接丝堵，使固定阀处于开启状态；最后开启试压泵，当压力表指针上升到规定的试验压力后，关闭试压泵，仔细观察压力表指针变化情况。若保压3min，压降不超过0.5MPa，则试验合格。

2)试验结果及结论

试验结果如表5-7所示，在规定的试验压力下泵的压降均不超过规定值，全部合格。

表5-7 泵总成密封性能试验结果表

序号	泵径/mm	试验压力/MPa	3min后压降/MPa	试验结论
1	57.2	16	0.1	合格
2	69.9	16	0.2	合格
3	95.3	16	0.2	合格

4. 试验结论

由试验数据分析可知，稠油热采水平泵阀球阀座密封性试验、泵总成密封和承压强度、间隙漏失量等技术参数均达到了设计要求，可以进入现场试验。

5. 性能特点

与普通泵相比，该泵具有以下特点。

(1)防卡防偏磨能力强。该泵柱塞采用三级密封结构，密封单元结构短，短柱塞本身具有不易砂卡的特点；短柱塞之间连接调心装置，自适应泵筒微弯曲变形，消除柱塞、泵筒间憋劲偏磨，保证杆柱顺利下行；柱塞上端设计为等径刮砂结构，可最大限度减少沉降砂粒及垢进入密封间隙，造成泵卡。

(2)寿命长。固定阀、游动阀均设计为球阀，球阀采用弹簧自动复位结构，依靠弹簧力的作用迫使球阀关闭，解决了稠油井抽油时阀球关闭滞后问题，球阀与滑套式锥阀相比，明显延长阀球寿命，提高了抽油泵的可靠性。

(3)适应范围广。该泵适应井底温度300℃，泵筒、柱塞间隙适应高温变化，避免了高温导致泵效降低或者卡泵问题，可耐油井产出液腐蚀。柱塞自适应泵筒微弯曲变形，可用于斜井。

三、材质试验优选

(一)表面防腐材料优选

针对高温高压H_2S/CO_2腐蚀条件下，不同表面处理工艺的柱塞、泵筒的表面材料的抗脱落性能还不清楚，一旦脱落会引发局部腐蚀、卡泵等。通过模拟高温高压 H_2S/CO_2 工况腐蚀试验，优选出了适应采油的耐腐蚀、抗脱落的表面喷、镀工艺。

1. 腐蚀失重试验

1)腐蚀试验方法及设备

(1)试验标准与方法。

依据标准 Q/SH1020 2450—2016《二氧化碳驱油田采出液腐蚀评价方法》、Q/SH1020 3016—2022《二氧化碳驱油田采出液腐蚀速率 测试方法——反应釜法》、Q/SH1020 3199—2024《矢量法测定腐蚀速率的不确定度评定》规定的方法进行试验。腐蚀速率表达式为：

$$R = \frac{8.76 \times 10^7 \times (M - M_1)}{STD} \tag{5-16}$$

式中，R 为腐蚀速率，mm/a；M 为试验前的试样质量，g；M_1 为试验后的试样质量，g；S 为试样的总面积，cm^2；T 为试验时间，h；D 为材料的密度，kg/m^3。

(2)试验装置及设备。

在试验过程中应用磁力驱动高温高压反应釜来模拟实际腐蚀工况环境，高压釜工作原理和失重挂片的挂载方式如图 5-36 所示，其中失重挂片安装在聚四氟乙烯材质的夹具上，通过调节高压釜的转速带动试片模拟流速。

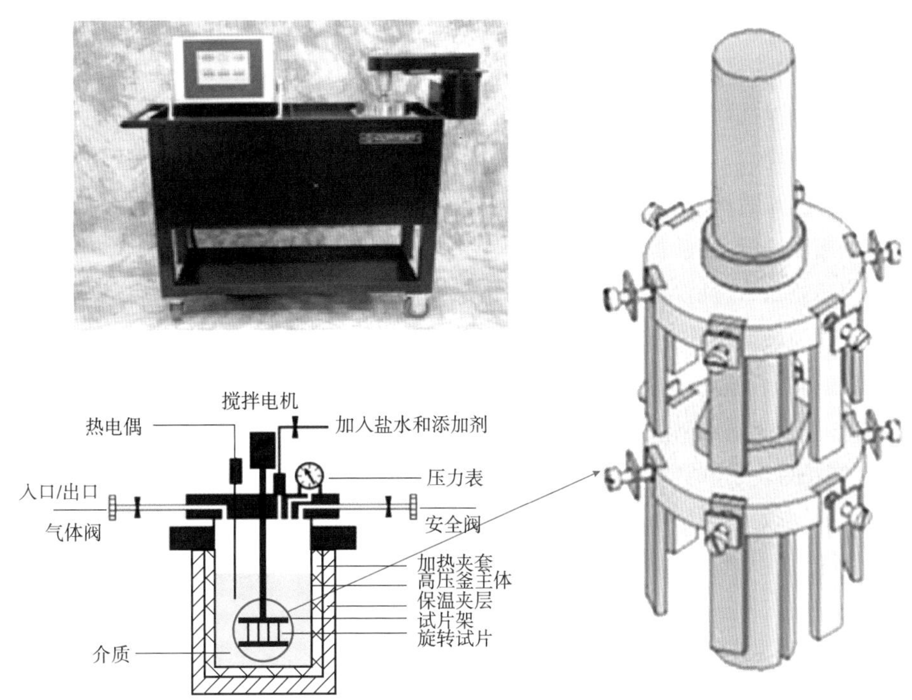

图 5-36　试样在反应釜中的挂载方式

(3)试验步骤。

①按试验要求配制模拟水，搅拌使之混合均匀，配置后 24h 内使用。

②将试片先用滤纸擦净，然后放入盛有丙酮的器皿中，用脱脂棉除去试片表面油脂后，再放入无水乙醇中浸泡约5min，进一步脱脂和脱水。取出试片放在滤纸上，用冷风吹干后再用滤纸将试片包好，贮于干燥器中，放置1h后再测量尺寸和称量，精确至0.1mg。将处理后的试片装聚四氟乙烯材质的夹具上，用螺丝拧紧固定。

③按试验要求将模拟水加入高温高压釜中，将装好试片的夹具装入高温高压釜中，试样完全被溶液浸没(涉及缓蚀剂的试验，按照缓蚀剂应用方式模拟缓蚀剂应用条件，将挂片挂入规定浓度的缓蚀剂溶液中进行评价)，使试样处于液相环境中。将高温高压釜密闭装好，关闭入口阀门。

④升温至目标温度，使温度达到恒定。开启高温高压釜进气阀门，通入CO_2气体，静置30min，使CO_2气体充分溶解，并达到目标压力；最后通入氮气使釜内总压达到目标压力，关闭进气阀门，使高温高压釜处于密闭状态。通过调节高温高压釜的转速带动试片，使试片线速度达到需要的速度，开始计时。

⑤将高温高压釜的温度设定为需要的温度，试验周期为168h(7天)。

⑥当试验时间达到168h时，停止转动，开启高温高压釜出气阀门将气体排到碱液槽，将气体中和吸收，然后把釜盖拆除，取出试片并进行观察，记录表面腐蚀及腐蚀产物黏附情况后，立即用清水冲洗掉试验介质并用滤纸擦干，然后拍照。

⑦将试片放入丙酮中，用脱脂棉除去试片表面油污后，再放入无水乙醇中浸泡5min，进一步脱脂和脱水。将试片取出放入配制好的酸清洗液中浸泡5min，同时用镊子夹少量脱脂棉轻拭试片表面的腐蚀产物。从清洗液中取出试片，用自来水冲去表面残酸后，立即将试片浸入氢氧化钠溶液(60g/L)中，30s后再用自来水冲洗，然后放入无水乙醇中浸泡约5min，清洗脱水两次。取出试片放在滤纸上，用冷风吹干，然后用滤纸将试片包好，贮于干燥器中，放置1h后称量，精确至0.1mg。

⑧观察并记录试片表面的腐蚀状况，若有点蚀，记录单位面积的点蚀个数，并用点蚀测深仪测量出最深的点蚀深度，参照GB/T 18590—2001《金属和合金的腐蚀　点蚀评定方法》。因为人眼的最低分辨率为0.2mm，所以采用显微镜或扫描电镜，并将表面形貌放大20倍观察点蚀分布情况以计算点蚀密度，测量点蚀深度。

⑨应用光电子能谱和X射线衍射仪对试样表面形成的腐蚀产物组成进行分析。

⑩试验结果的表示和计算。

测量、计算结果的数值需要修约时，按GB/T 8170的有关规定执行。

取三个平行试片测定的平均腐蚀速率的算术平均值作为测定结果，平均腐蚀速率表达式为：

$$V_{corr}=\frac{8.76\times10^4\times(m-m_t)}{S_1\cdot t\cdot\rho} \tag{5-17}$$

式中，V_{corr}为均匀腐蚀速率，mm/a；m为试验前试片质量，g；m_t为试验后试片质量，g；S_1为试片的总面积，cm^2；ρ为试片材料的密度，g/cm^3；t为试验时间，h。

点蚀速率表达式为：

$$V_t = \frac{8.76 \times 10^3 \times h_t}{t} \tag{5-18}$$

式中，V_t 为点蚀速率，mm/a；h_t 为试验后试片表面最深点蚀深度，mm；t 为试验时间，h。

2)试样材质及试验条件

试样分为镀层试样和阀球、阀座试样，镀层试样包括喷焊、镍磷镀、镀铬，阀球阀座材质为硬质合金。腐蚀试验温度为300℃，H_2S 浓度为5800mg/L，CO_2 分压为0.02MPa，总压为15MPa，溶液中离子浓度按照胜利油田地下水离子最高浓度值。如表5－8和表5－9所示。

表5－8 腐蚀失重试验条件

序号	试验内容	试验条件	试验材质
1	模拟高温高压 H_2S 环境腐蚀失重试验	温度：300℃ H_2S 浓度：5800mg/L CO_2 分压：0.2MPa，总压：15MPa 溶液配方：Cl^-：7.765g/L， HCO_3^-：1.098g/L， Ca^{2+}：0.281g/L， Mg^{2+}：0.092g/L	喷焊柱塞
2			镀铬泵筒
3			镍磷镀泵筒
4			硬质合金阀球、阀座

表5－9 镀层结合力试验条件

序号	试验内容	试验条件	试验材质
1	模拟高温高压 H_2S 环境腐蚀失重试验	温度：300℃ H_2S 浓度：5800mg/L CO_2 分压：0.2MPa，总压：15MPa 溶液配方：Cl^-：7.765g/L， HCO_3^-：1.098g/L， Ca^{2+}：0.281g/L， Mg^{2+}：0.092g/L	喷焊柱塞
2			镀铬泵筒
3			镍磷镀泵筒

3)腐蚀失重试验内容与结果分析

(1)镀层腐蚀失重试验结果。

喷焊腐蚀速率最大为0.4170mm/a，镍磷镀腐蚀速率居中，为0.0853mm/a，而镀铬的腐蚀速率最小，为0.0350mm/a。

①镀层腐蚀试验试样宏观照片。

喷焊最重，试样表面有一层非常厚的腐蚀产物，镀铬试样腐蚀较轻，腐蚀后试样仍呈现金属光泽。镀层试样表面均未出现点蚀(图5－37)。

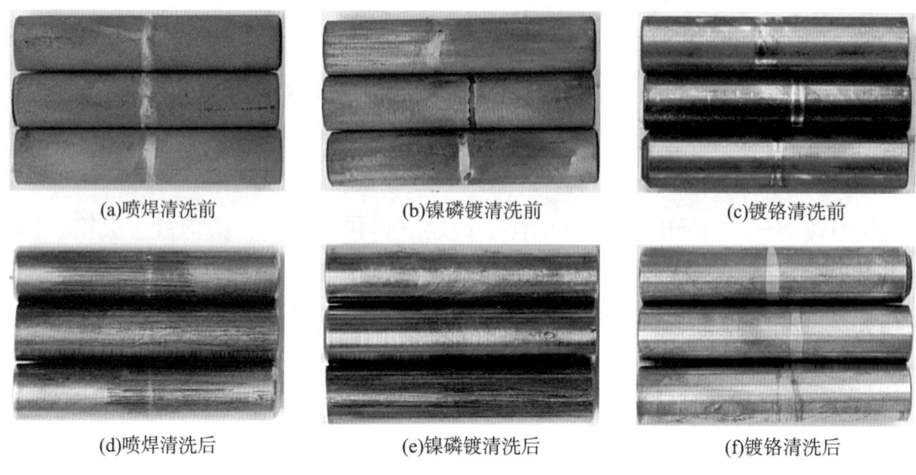

(a)喷焊清洗前　(b)镍磷镀清洗前　(c)镀铬清洗前

(d)喷焊清洗后　(e)镍磷镀清洗后　(f)镀铬清洗后

图 5－37　镀层试样宏观照片

②镀层腐蚀试验试样微观照片。

喷焊和镍磷镀试样表面存在致密的腐蚀产物膜，腐蚀较为严重，镀铬层表面有微量的腐蚀产物(图 5－38、图 5－39)。

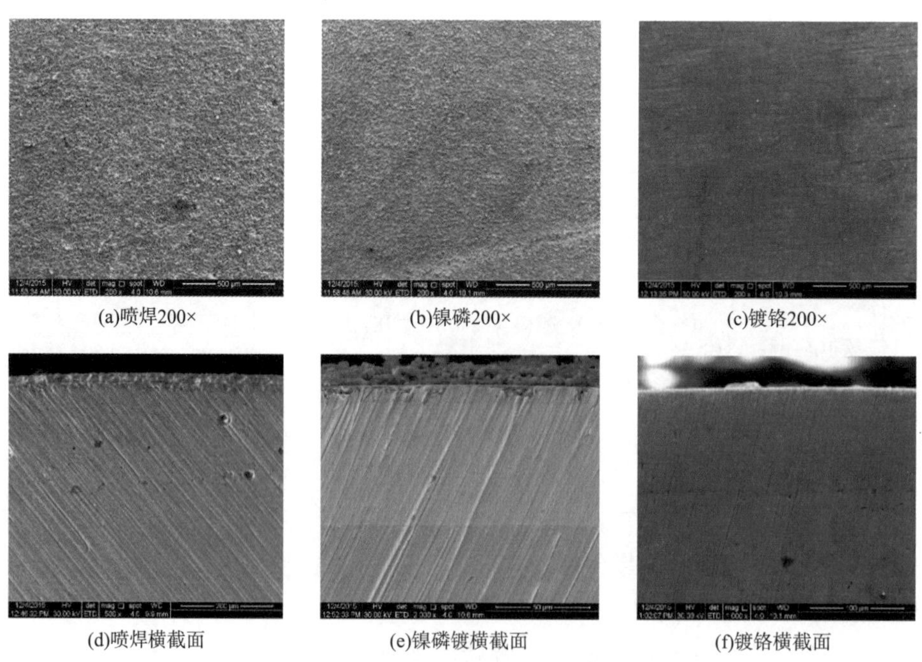

(a)喷焊200×　(b)镍磷200×　(c)镀铬200×

(d)喷焊横截面　(e)镍磷镀横截面　(f)镀铬横截面

图 5－38　镀层试样微观照片及横截面照片

镀层腐蚀试验试样 EDS

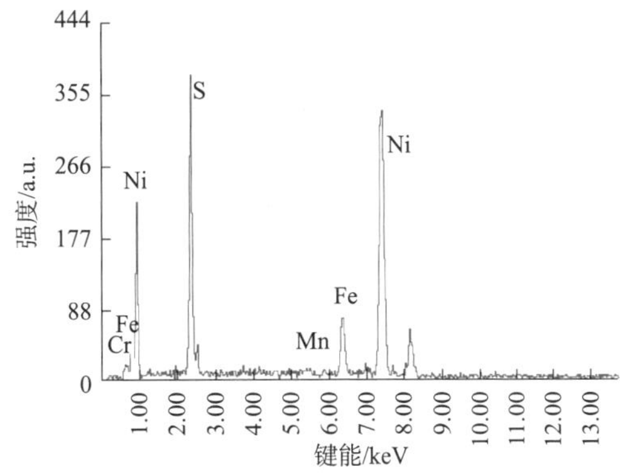

元素	质量分数/%	原子分数/%
SK	26.89	40.03
CrK	01.19	01.09
MnK	00.83	00.72
FeK	08.59	07.34
NiK	62.50	50.82

(a)喷焊试样

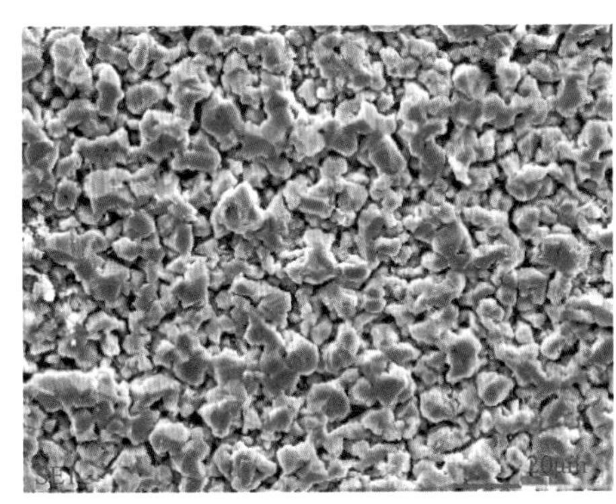

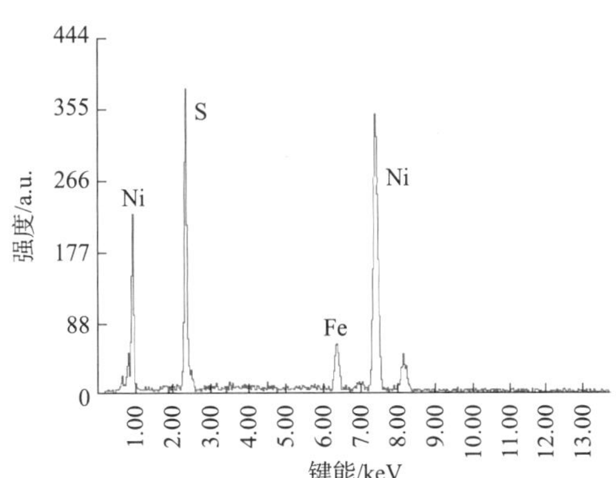

元素	质量分数/%	原子分数/%
SK	28.30	41.82
FeK	07.73	06.56
NiK	63.97	51.62

(b)镍磷镀试样

图 5－39 镀层试样元素分析

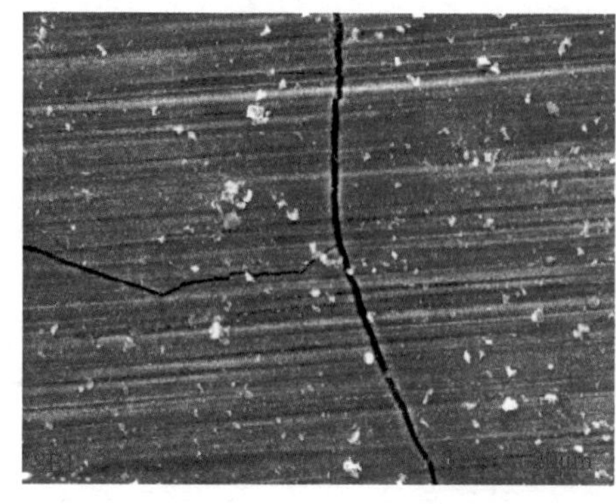

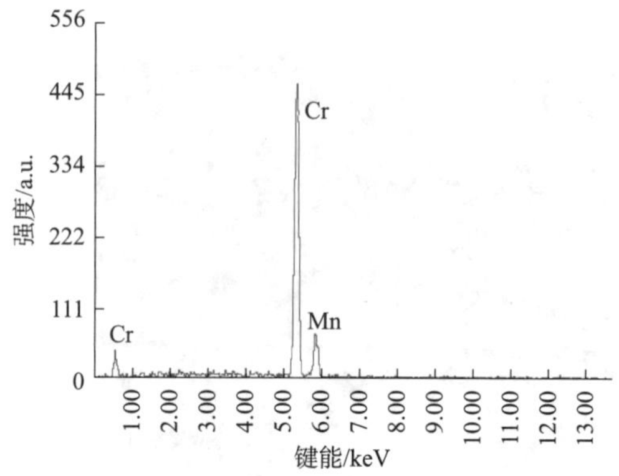

元素	质量分数/%	原子分数/%
CrK	95.86	96.07
MnK	04.14	03.93

(c)镀铬试样

图 5－39　镀层试样元素分析(续)

喷焊试样腐蚀产物中含 S、Ni、Fe 等元素以及少量的 Cr 和 Mn。镍磷镀试样腐蚀产物中含 S、Ni、Fe。镀铬试样表面 EDS 中含大量的 Cr 和少量的 Mn，没有 S 元素，由此可见镀铬试样的腐蚀最轻。

(2)阀球阀座腐蚀失重试验结果。

与常规阀副相比，硬质合金的腐蚀速率较小，为 0.0111mm/a。因此，从腐蚀速率来看，阀球/阀座使用硬质合金是可以的。

①阀球/阀座腐蚀试验试样宏观照片。

硬质合金阀球、阀座表面均覆盖了一层薄薄的腐蚀产物，经清洗后，试样表面仍有明显的金属光泽(图 5－40)。

(a)常规阀副

(b)硬质合金阀副

图 5－40　阀球阀座宏观照片

②阀球、阀座腐蚀试验试样微观照片。

阀球、阀座腐蚀后试样表面附着着一层薄薄的腐蚀产物，腐蚀很轻(图 5－41)。

(a)常规阀副

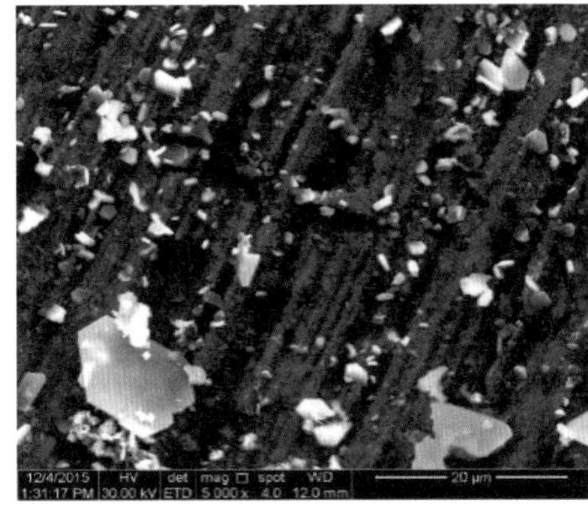

(b)硬质合金阀副

图 5－41 阀球阀座微观照片

4)腐蚀试验结论

喷焊腐蚀速率最大为0.4170mm/a，镍磷镀腐蚀速率居中，为0.0853mm/a，而镀铬的腐蚀速率最小，为0.0350mm/a，可优选镀铬、镍磷镀表面处理工艺。

硬质合金材质的阀球、阀座的腐蚀速率较低，可以优先选择。

2. 镀层结合力试验

常用抽油泵泵筒、柱塞均采取表面处理工艺，表面镀层与基体结合是否牢固是影响抽油泵寿命的重要因素。为了试验抽油泵镀层的可靠性，采取两种试验方法进行了镀层结合力试验，分别是热震试验法、阴极试验法。

1)热震试验

依据GB/T 5270—2005《金属基体上的金属覆盖层电沉积和化学沉积层附着强度试验方法评述》，由于镀层与基体金属之间的膨胀系数不同，把带有镀层的试样加热，而后骤然冷却，便可测定镀层的附着强度。将镀层试样加热至300℃保温1h，然后将试样放入水中骤冷。图5－42为热震法试验后，喷焊、镍磷镀、镀铬试样表面均未出现镀层剥离现象，说明三种镀层的结合强度较好。

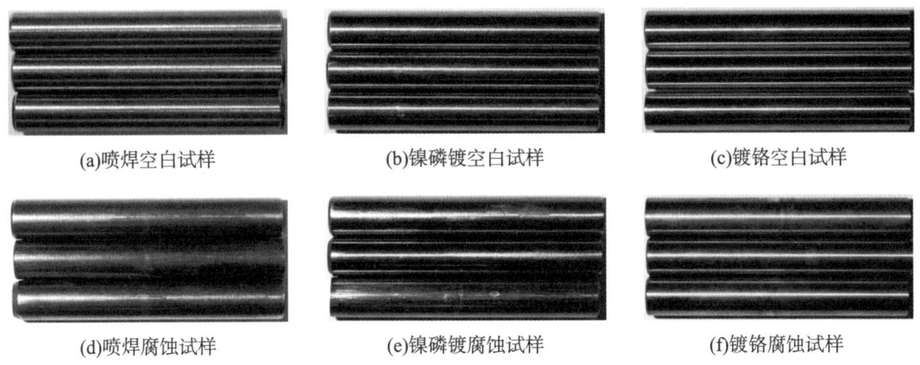

(a)喷焊空白试样 (b)镍磷镀空白试样 (c)镀铬空白试样

(d)喷焊腐蚀试样 (e)镍磷镀腐蚀试样 (f)镀铬腐蚀试样

图 5－42 热震法试样宏观照片

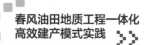

2)阴极试验

依据 GB/T 5270—2005《金属基体上的金属覆盖层电沉积和化学沉积层附着强度试验方法评述》，将镀覆的试件在溶液中作为阴极，在阴极上仅有氢析出。由于氢气通过一定覆盖层进行扩散时在覆盖层与基体金属之间的任何不连续处积累产生压力，致使覆盖层发生鼓泡。采用硫酸(5%重量比)溶液，在60℃、电流密度为10A/dm^2 经15min后观察镀层是否鼓泡。

图5-43为阴极试验后，试样表面宏观照片，由图5-43可见，阴极试验后试样表面未发生剥离和鼓泡。

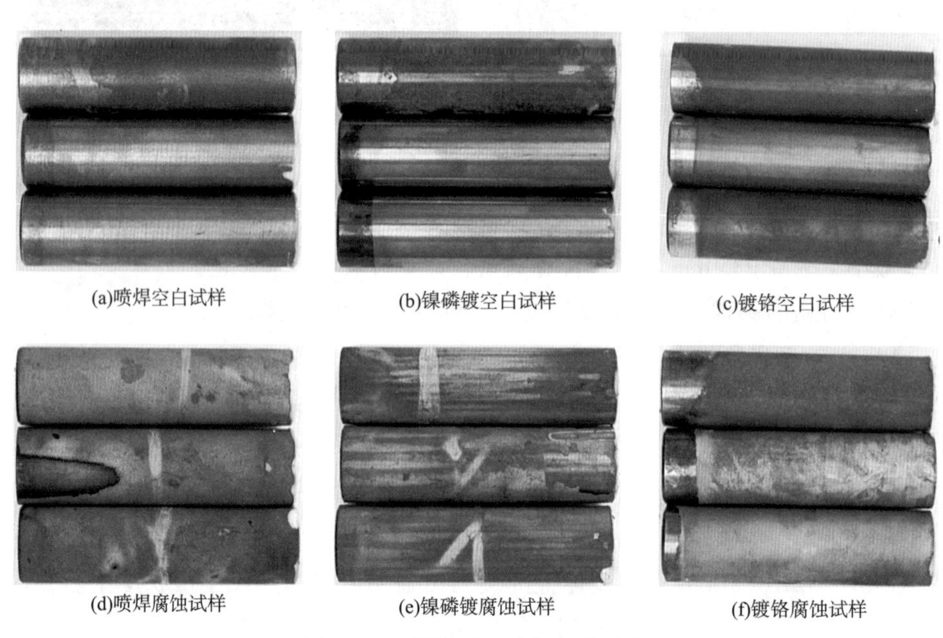
(a)喷焊空白试样 (b)镍磷镀空白试样 (c)镀铬空白试样

(d)喷焊腐蚀试样 (e)镍磷镀腐蚀试样 (f)镀铬腐蚀试样

图5-43 阴极试验试样宏观照片

3)结论

喷焊、镍磷镀、镀铬与基体的结合强度均较好，都可满足生产井镀层与基体结合的需求。

(二)柔性结构材质优选

为了实现较大的柔性，柔性连杆采用薄壁细长管件实现。连杆的长度尺寸主要受抽油泵冲程控制，外径及壁厚可在满足强度条件下进行优化。利用有限元分析软件，选取不同的材料性能参数，对其开展了抗拉和弯曲疲劳强度校核，通过模拟分析确定其优选加工材料及结构参数(图5-44)。

受拉模拟参数及模拟结果如表5-10所示。

表 5－10 连杆受拉模拟参数表

模拟井深/m	加载载荷/N	环境温度/℃	材料类型	材料强度/MPa	抗拉疲劳强度/MPa	最大应力/MPa	模拟结论
1500	60000	300	45#钢	600	180	134.77	安全
1500	60000	300	40Cr	960	288	134.77	安全
1500	60000	300	35CrMo	980	294	134.77	安全

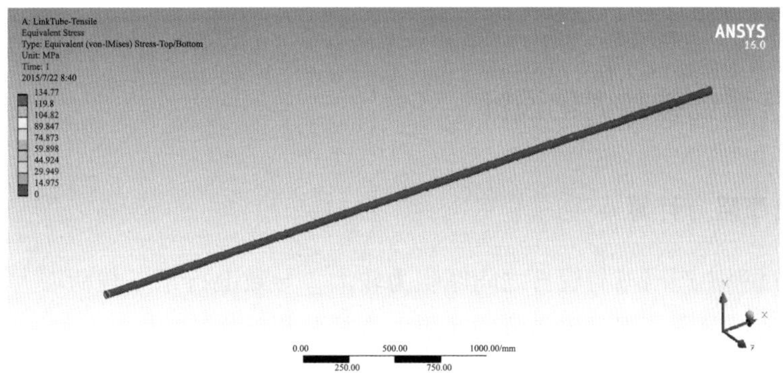

(a)应力为0~134.77MPa

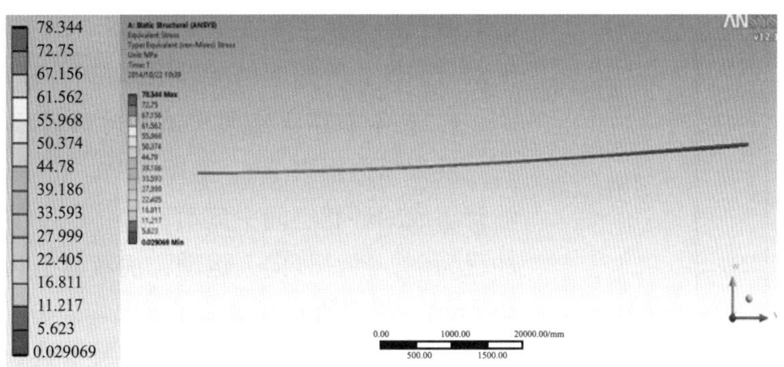

(b)应力为0~78.344MPa

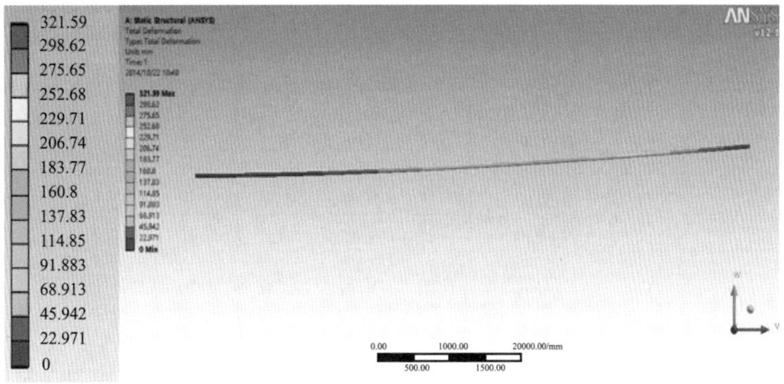

(c)应力为0~321.59MPa

图 5－44 连杆受拉时应力分布图

弯曲模拟参数及模拟结果如表 5 - 11 所示。

表 5 - 11　连杆弯曲模拟参数表

模拟井斜/(°/100m)	加载位移/mm	环境温度/℃	材料类型	材料强度/MPa	弯曲疲劳强度/MPa	最大应力/MPa	结论
30	312	300	45#钢	600	258	78	安全
30	312	300	40Cr	960	403	78	安全
30	312	300	35CrMo	980	400	78	安全

四、举升系统参数优化设计

(一)流动摩阻力计算

稠油生产过程中产出液与管杆之间摩阻力较大，导致上行悬点载荷增大，下行杆柱缓下。为了优化生产参数，需对流体流动摩阻力进行分析计算。

流体流动产生的作用力是由流体运动时的能量损失引起的。在管道内，黏性流体运动时的能量损失包括流体在等截面积管道内的摩擦阻力引起的沿程压力损失和由管道形状改变、流速受到扰动、流动方向变化等引起的局部阻力损失。

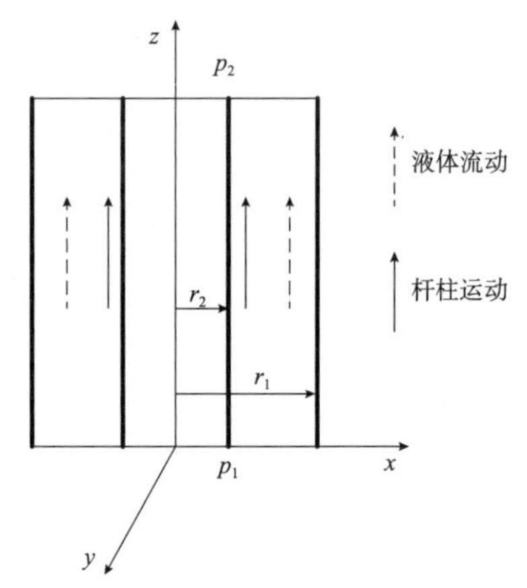

图 5 - 45　同心圆柱环状空间结构

1. 流体在环状空间中流动时的沿程压力损失

沿程压力损失 Δp，单位为 Pa。井液在抽油杆柱和油管组成的环状空间中流动，必将产生压力损失，以上冲程为例，抽油杆向上运动，油液向上运动，如图 5 - 45 所示。规定所有变量的正方向均向上。

诺维 - 司托克斯方程式(N - S 方程式)是实际流体的运动方程式，它是分析实际流体流动特性的基础。当假设流体的黏度不变并且不可以压缩时，用公式表述为：

$$X-\frac{1}{\rho_l}\frac{\partial p}{\partial x}+\upsilon\left[\frac{\partial^2 u_x}{\partial x^2}+\frac{\partial^2 u_x}{\partial y^2}+\frac{\partial^2 u_x}{\partial z^2}\right]=\frac{\mathrm{d}u_x}{\mathrm{d}t} \tag{5-19}$$

$$Y-\frac{1}{\rho_l}\frac{\partial p}{\partial y}+\upsilon\left[\frac{\partial^2 u_y}{\partial x^2}+\frac{\partial^2 u_y}{\partial y^2}+\frac{\partial^2 u_y}{\partial z^2}\right]=\frac{\mathrm{d}u_y}{\mathrm{d}t} \tag{5-20}$$

$$Z-\frac{1}{\rho_l}\frac{\partial p}{\partial z}+\upsilon\left[\frac{\partial^2 u_z}{\partial x^2}+\frac{\partial^2 u_z}{\partial y^2}+\frac{\partial^2 u_z}{\partial z^2}\right]=\frac{\mathrm{d}u_z}{\mathrm{d}t} \tag{5-21}$$

式中，X、Y、Z 分别表示直角坐标系(x、y、z)中对应方向上的质量力，MPa；ρ_l、υ、u、t 分别表示流体的密度、运动黏度、运动速度和时间，g/cm^3、m^2/s、m/s、h；带下标的情况表示对应下标方向上的分量(以下同)。

假设井液的流动为层流，层流的特点是流体流动时流线稳定，并且质点只有流动方向的轴向流速，如果这样建立坐标，如图 5－45 所示，油管与抽油杆的环形管道是竖直放置的，管道轴与 Z 坐标重合。则有：$u_x=0$，$u_y=0$，$u_z=u(\mathrm{m/s})$。由于管道的直径并不十分大，重力的影响可以忽略。则其单位质量力为：$X\approx0$，$Y=0$，$Z=0$；代入 N－S 方程得：

$$-\frac{1}{\rho_l}\frac{\partial p}{\partial x}=0 \tag{5-22}$$

$$-\frac{1}{\rho_l}\frac{\partial p}{\partial y}=0 \tag{5-23}$$

$$-\frac{1}{\rho_l}\frac{\partial p}{\partial z}+\upsilon\left(\frac{\partial^2 u_z}{\partial x^2}+\frac{\partial^2 u_z}{\partial y^2}+\frac{\partial^2 u_z}{\partial z^2}\right)=\frac{\mathrm{d}u_z}{\mathrm{d}t}=\frac{\partial u_z}{\partial t}+u_z\frac{\partial u_z}{\partial z} \tag{5-24}$$

由此可见，压力 $p(\mathrm{Pa})$ 只是 z 的函数，$\frac{\partial p}{\partial z}=\frac{\mathrm{d}p}{\mathrm{d}z}$；假设管道是等断面的，所以 u_z 不随 z 和 t 而变，只是 x 与 y 的函数，即 $\frac{\partial u_z}{\partial t}=0$，$\frac{\partial u_z}{\partial z}=0$，$\frac{\partial p}{\partial t}=0$。则上式可写成：

$$\frac{\mathrm{d}p}{\mathrm{d}z}=\mu\left(\frac{\partial^2 u_z}{\partial x^2}+\frac{\partial^2 u_z}{\partial y^2}\right) \tag{5-25}$$

其中，

$$\mu=\rho_l\upsilon \tag{5-26}$$

式(5－25)中等号的右端是 x、y 的函数，而等号左端是 z 的函数，只有当等式两端等于常数时才能成立，即：$\frac{\mathrm{d}p}{\mathrm{d}z}=常数=\frac{p_2-p_1}{l_\mathrm{r}}=\frac{\Delta p}{l_\mathrm{r}}$。由于 $\Delta p=p_2-p_1$ 是长度为 $l_\mathrm{r}(\mathrm{m})$ 的抽油杆两端面间的压力差，则有：

$$\frac{\partial^2 u}{\partial x^2}+\frac{\partial^2 u}{\partial y^2}=\frac{\Delta p}{\mu\cdot l_\mathrm{r}} \tag{5-27}$$

因为讨论的是圆环中的流动，对称于 z 轴，采用以 z 为心轴的圆柱坐标(θ、r、z)讨论较方便，由圆柱坐标和直角坐标的关系可知：

$$\frac{\mathrm{d}^2 u}{\mathrm{d}r^2}+\frac{\mathrm{d}u}{r\mathrm{d}r}=\frac{\Delta p}{\mu\cdot l_\mathrm{r}} \tag{5-28}$$

对其积分两次可得：

$$u=\mathrm{c}_1\ln r+\frac{\Delta pr^2}{4\mu\cdot l_\mathrm{r}}+c_2 \tag{5-29}$$

对于如图 5－45 的半径为 $r_1(\mathrm{m})$ 和 $r_2(\mathrm{m})$ 的同心环形断面管道，式(5－29)中的积分常数可由边界条件决定：当 $r=r_1$ 时，井液附着在油管壁上，$u=0$；当 $r=r_2$ 时，井液附着在抽油杆柱上，流速和抽油杆的运动速度相同，$u=v_\mathrm{rs}$。代入(5－25)可得：

$$c_1=-\frac{\Delta p({r_1}^2-{r_2}^2)}{4\mu\cdot l_\mathrm{r}\ln(r_1/r_2)}-\frac{v_\mathrm{rs}}{\ln(r_1/r_2)} \tag{5-30}$$

$$c_2=\frac{\Delta p}{4\mu\cdot l_\mathrm{r}}\left[\frac{({r_1}^2-{r_2}^2)\ln r_1}{\ln(r_1/r_2)}-{r_1}^2\right]+\frac{v_\mathrm{rs}\ln r_1}{\ln(r_1/r_2)} \tag{5-31}$$

所以井液在环状空间的流速为：

$$u=\frac{\Delta p}{4\mu\cdot l_{\mathrm{r}}}\left[\frac{r_1^{\ 2}-r_2^{\ 2}}{\ln(r_1/r_2)}(\ln r_1-\ln r)-(r_1^{\ 2}-r^2)\right]+\frac{v_{\mathrm{rs}}}{\ln(r_1/r_2)}(\ln r_1-\ln r) \qquad (5-32)$$

上式中包含两项：第一项是由压强差造成的流动，速度沿径向间隙呈抛物线分布，如图 5 - 46(a)所示，称为压差流；第二项是由中间圆柱的运动造成的流动，间隙中的流速呈线性分布，如图 5 - 46(b)所示，称为剪切流。由两种简单流动合成的结果，实际情况下，杆柱的运动方向有可能向下，则第二项前符号取“ - ”。同心圆柱环状空间中层流的速度分布规律如图 5 - 47 所示，是压差流和剪切流的叠加。

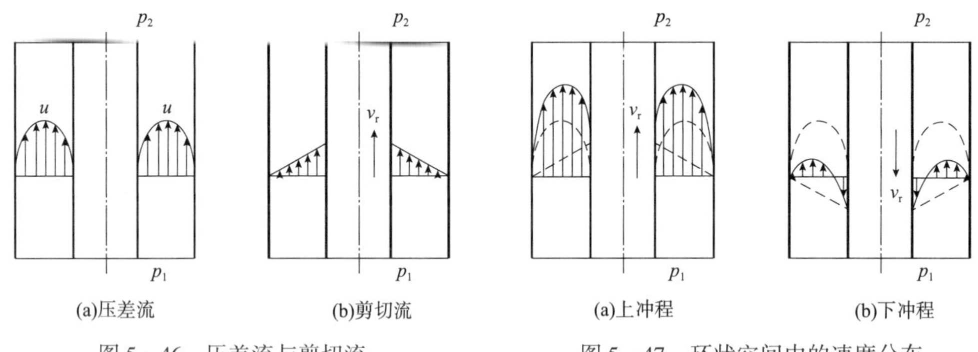

图 5 - 46　压差流与剪切流　　　　图 5 - 47　环状空间中的速度分布

设在环形空间内离管轴心为 r 处取一薄层，其厚度为 $\mathrm{d}r$(m)，如图 5 - 48 所示，则通过此薄层圆环的流量 $\mathrm{d}Q=2\pi\cdot u\cdot r\mathrm{d}r$，由此得通过圆环的总流量 $Q(\mathrm{m^3/s})$为：

$$\begin{aligned}Q&=\int_{r_2}^{r_1}2\pi ur\mathrm{d}r\\&=2\pi\int_{r_2}^{r_1}\left\{\frac{\Delta p}{4\mu\cdot l_{\mathrm{r}}}\left[\frac{r_1^{\ 2}-r_2^{\ 2}}{\ln(r_1/r_2)}(\ln r_1-\ln r)-(r_1^{\ 2}-r^2)\right]+\frac{v_{\mathrm{rs}}}{\ln(r_1/r_2)}(\ln r_1-\ln r)\right\}r\mathrm{d}r\\&=\frac{\pi\Delta p\,(r_1^{\ 2}-r_2^{\ 2})^2}{8\mu\cdot l_{\mathrm{r}}}\left[\frac{1+2\ln r_1}{\ln(r_1/r_2)}-3\right]+\pi\cdot v_{\mathrm{rs}}(r_1^{\ 2}-r_2^{\ 2})\left[\frac{1+2\ln r_1}{2\ln(r_1/r_2)}-1\right]\end{aligned} \qquad (5-33)$$

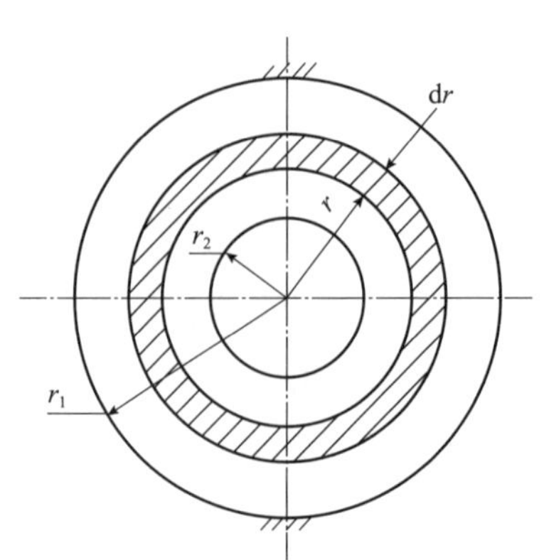

图 5 - 48　环状空间截面

这就是层流时流体流过同心环状管道的流量公式。如果流量可知，可求管道在 l_r 长度上产生的压力差 $\Delta P(\mathrm{Pa})$，其表达式为：

$$\Delta p = \frac{4\mu \cdot l_r\{2Q\ln(r_1/r_2) - \pi \cdot v_{rs}(r_1^2 - r_2^2)[1 + 2\ln r_1 - 2\ln(r_1/r_2)]\}}{\pi(r_1^2 - r_2^2)^2[1 + 2\ln r_1 - 3\ln(r_1/r_2)]} \tag{5-34}$$

在抽油杆和油管组成的环状管道中，$r_1 = \frac{d_t}{2}$，$r_2 = \frac{d_r}{2}$；其中 l_r 为单根抽油杆的长度，m。将上述提条件代入式(5－34)可得到单根抽油杆两端面之间的压力损失，其表达式为：

$$\Delta P_{rs} = \frac{16\mu \cdot l_r\{8Q_{as}\ln(d_t/d_r) - \pi \cdot v_{rs}(d_t^2 - d_r^2)[1 + 2\ln(d_t/2) - 2\ln(d_t/d_r)]\}}{\pi(d_t^2 - d_r^2)^2[1 + 2\ln(d_t/2) - 3ln(d_t/d_r)]} \tag{5-35}$$

$$\Delta P_{rx} = \frac{16\mu \cdot l_r\{8Q_{ax}\ln(d_t/d_r) - \pi \cdot v_{rx}(d_t^2 - d_r^2)[1 + 2\ln(d_t/2) - 2\ln(d_t/d_r)]\}}{\pi(d_t^2 - d_r^2)^2[1 + 2\ln(d_t/2) - 3\ln(d_t/d_r)]} \tag{5-36}$$

由于抽油机一个冲程之内的流量很小，对 ΔP_r 的影响也比较小，因此 Q_{as}、Q_{ax} 可按平均流量计算。

式中，v_{rs} 为上冲程中抽油杆的速度，包含方向，m/s；v_{rx} 为下冲程中抽油杆的速度，包含方向，m/s；ΔP_{rs}、ΔP_{rx} 为单根抽油杆两端面在上、下冲程的压力损失；Q_{as}、Q_{ax} 为上、下冲程中流体通过环状空间的平均流量。

$$Q_{as} = \frac{Q_s}{t_s} \tag{5-37}$$

$$Q_{ax} = \frac{Q_x}{t_x} \tag{5-38}$$

$$Q_x = \frac{\pi}{4}d_r^2 \cdot S_p \tag{5-39}$$

式中，Q_s、Q_x 为抽油机上、下冲程的排量，m^3/s；t_s、t_x 为抽油机在上、下冲程所用的时间，s；S_p 为活塞冲程，m。

上冲程时，游动阀关闭，使悬点承受抽油杆柱自重 W_r 和柱塞上液柱载荷 W_l，这两个载荷作用方向都向下。同时，固定阀打开，使油管外一定沉没度的液柱对柱塞下表面产生方向向上的压力 $P_{压}$。因此，上冲程时，悬点静载荷 $P_{静上}$ 等于：

$$\begin{aligned} P_{静上} &= W_r + W_l - P_{压} = \rho_r A_r Lg + \rho_l L(A_p - A_r)g - \rho_l h_{沉} A_p g \\ &= (\rho_r - \rho_l)A_r Lg + \rho_l A_p(L - h_{沉})g \end{aligned} \tag{5-40}$$

式中，$h_{沉}$ 为泵的沉没度，m；A_p 为活塞截面积，m^2，$A_p = \frac{\pi}{4}d_p^2$，d_p 为柱塞直径；A_r 为抽油杆截面积，m^2，$A_r = \frac{\pi}{4}d_r^2$；ρ_r 为抽油杆材料密度，$\rho_r = 7850\mathrm{kg/m^3}$。$\rho_l$ 为液体密度，$\mathrm{kg/m^3}$。

抽汲含水原油时，液体密度应采用混合液的密度。可按式(5－41)来近似计算：

$$\rho_1 = f_w \rho_w + (1 - f_w)\rho_o \tag{5-41}$$

式中，ρ_o 为原油密度，$\rho_o = 950\text{kg/m}^3$；$\rho_w$ 为水的密度，$\rho_w = 1000\text{kg/m}^3$；$f_w$ 为原油含水率。

下冲程时，固定阀关闭，使液柱重量移到固定阀和油管上。游动阀打开，使悬点只承受抽油杆柱在液柱中的重量 W'_r(kg)。因此，下冲程时悬点的静载荷 $P_{静下}$(Pa)等于：

$$P_{静上} = W_r' = (\rho_r - \rho_1) A_r g L \tag{5-42}$$

在下死点，对抽油杆柱来说，悬点载荷由下冲程的 $P_{静下}$变为上冲程的 $P_{静上}$，增加了一个载荷 $\Delta P'$，载荷增加使抽油杆柱伸长，伸长的长度为 $\lambda_{杆}$(m)。当悬点上移一个距离 $\lambda_{杆}$时，由于同时产生的抽油杆柱伸长的结果，使柱塞还停留在原来的位置，即柱塞对泵筒没有相对运动，因而不抽油。在抽油杆柱加载的同时，油管柱卸载，引起油管长度缩短，缩短的长度为 $\lambda_{管}$。这样一来，虽然悬点带着柱塞一起上移，但由于油管柱的缩短，使油管柱的下端也跟着柱塞往上移动，柱塞对泵筒还是没有相对运动，还不能抽油，一直到悬点经过一段距离 $\lambda = \lambda_{杆} + \lambda_{管}$以后，柱塞才开始抽油。

$$\Delta P' = P_{静上} - P_{静下} = \rho_1 A_p (L - h_{沉}) g \tag{5-43}$$

$$\lambda_{杆} = \frac{\Delta P' \cdot L}{E \cdot A_r} \tag{5-44}$$

$$\lambda_{管} = \frac{\Delta P' \cdot L}{E \cdot A_{管}} \tag{5-45}$$

式中，E 为钢材的弹性模数，等于 $2.1 \times 10^{11}\text{N/m}^2$(或 Pa)；$A_{管}$ 为油管管壁的断面积，m^2。

$$f_{管} = \frac{\pi}{4}(d_{tw}{}^2 - d_t{}^2) \tag{5-46}$$

式中，d_{tw}为油管外径，m。

$$\lambda = \lambda_{杆} + \lambda_{管} \tag{5-47}$$

综上表明，悬点从下死点到上死点虽然走了冲程长度 S(m)，但是抽油杆柱和油管柱的静变形结果，使抽油泵柱塞的有效冲程长度 S_p(m)比 S 小 λ，λ 称为冲程损失。所以：

$$S_p = S - \lambda \tag{5-48}$$

上死点和下死点的情况恰恰相反，由于抽油杆柱缩短 $\lambda_{杆}$，油管柱伸长 $\lambda_{管}$，一直到悬点经过一段距离 $\lambda = \lambda_{杆} + \lambda_{管}$ 以后，柱塞才开始排油。因此，在排油过程中，柱塞的有效冲程长度 S_p 比悬点冲程 S 减少了一个同样的静变形 λ 值。

单根抽油杆两端面间的压力损失产生的作用力作用在其上部的接箍上，则流体流动产生的压力差在上、下冲程中对单个接箍的作用力 ΔF_{rs}(N)、ΔF_{rx}(N)分别为：

$$\Delta F_{rs} = \frac{\pi}{4}(d_s{}^2 - d_r{}^2) \cdot \Delta P_{rs} \tag{5-49}$$

$$\Delta F_{rx} = \frac{\pi}{4}(d_s{}^2 - d_r{}^2) \cdot \Delta P_{rx} \tag{5-50}$$

2. 井液流经抽油杆柱变径处产生的局部阻力损失

如图 5－49 所示，截面 1－1 和 1′－1′为抽油杆和油管组成的环状空间，截面 2－2 为接箍和油管组成的环状空间。当井液流经接箍下端面时，管道截面积由 1－1 截面突然缩小成 2－2 截面；当井液流经接箍上端面时，管道截面积由 2－2 截面突然扩大成 1′－1′截面。

突然缩小管的局部阻力损失 h_{m1}(N)计算公式为：

$$h_{m1}=\xi_1\frac{{U_2}^2}{2g} \tag{5-51}$$

突然扩大管的局部阻力损失 h_{m2}(N)计算公式为：

$$h_{m2}=\xi_2\frac{{U_2}^2}{2g} \tag{5-52}$$

式中，U_2 为 2－2 截面的平均流速，m/s，可由 $Q_a=U_2A_{st}=\frac{\pi({d_t}^2-{d_s}^2)}{4}U_2$ 求得；U_1 为 1－1 截面的平均流速，m/s，可由 $Q_a=U_1A_{rt}=\frac{\pi({d_t}^2-{d_r}^2)}{4}U_1$ 求得；ξ_1、ξ_2 分别为突然缩小管、突然扩大管的局部阻力系数。

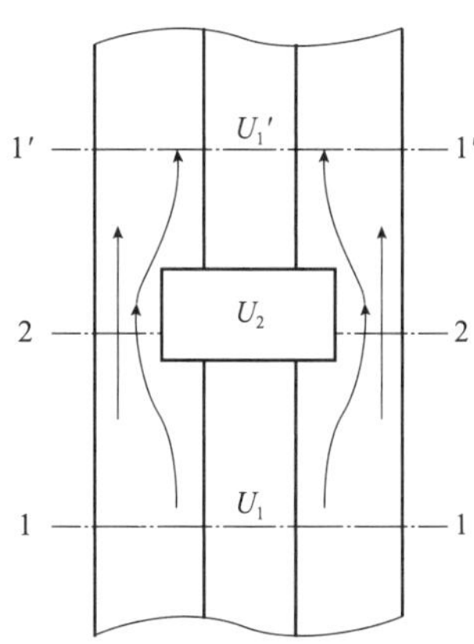

图 5－49　流体在环状空间变径处的流动

$$\xi_1=1+\frac{1}{{C_v}^2\cdot{C_c}^2}-\frac{2}{C_c} \tag{5-53}$$

$$\xi_2=\left(\frac{{d_s}^2-{d_r}^2}{{d_t}^2-{d_s}^2}\right)^2 \tag{5-54}$$

C_c 为收缩系数，即接箍和油管组成的空间与抽油杆和油管组成空间的截面积之比。

$$C_c=({d_t}^2-{d_s}^2)/({d_t}^2-{d_r}^2) \tag{5-55}$$

C_v 为流速系数。

$$C_v=\frac{U_2}{U_1} \tag{5-56}$$

$$U_{2s}=\frac{4Q_{as}}{\pi({d_t}^2-{d_s}^2)} \tag{5-57}$$

$$U_{2x}=\frac{4Q_{ax}}{\pi({d_t}^2-{d_s}^2)} \tag{5-58}$$

$$U_{1s}=\frac{4Q_{as}}{\pi({d_t}^2-{d_r}^2)} \tag{5-59}$$

$$U_{1x}=\frac{4Q_{ax}}{\pi({d_t}^2-{d_r}^2)} \tag{5-60}$$

$$\xi_{1s}=1+\left(\frac{U_{1s}}{U_{2s}}\right)^2\frac{1}{{C_c}^2}-\frac{2}{C_c} \tag{5-61}$$

$$\xi_{1x}=1+\left(\frac{U_{1x}}{U_{2x}}\right)^2\frac{1}{{C_c}^2}-\frac{2}{C_c} \tag{5-62}$$

式中，U_{2s}、U_{2x}为上、下冲程中流体通过 2－2 截面的平均流速，m/s；U_{1s}、U_{1x}为上、下冲程中流体通过 1－1 截面的平均流速，m/s；ξ_{1s}、ξ_{1x}分别为突然缩小管上、下冲的局部阻力系数。

则上、下冲程时，井液通过一个接箍过程中产生的局部阻力损失分别为：

$$h_{ms} = \xi_{1s}\frac{U_{2s}^{2}}{2g} + \xi_2\frac{U_{2s}^{2}}{2g} \tag{5-63}$$

$$h_{mx} = \xi_{1x}\frac{U_{2x}^{2}}{2g} + \xi_2\frac{U_{2x}^{2}}{2g} \tag{5-64}$$

则井液流动产生的局部阻力损失在上、下冲程中对单个接箍产生的作用力 ΔF_{ms}(N)、ΔF_{mx}(N)分别为：

$$\Delta F_{ms} = \frac{\pi}{4}(d_s^2 - d_r^2)h_{ms} \tag{5-65}$$

$$\Delta F_{mx} = \frac{\pi}{4}(d_s^2 - d_r^2)h_{mx} \tag{5-66}$$

综上可知，井液流动对一个接箍产生的作用力包括两部分，一是井液在抽油杆和油管组成的环状空间中流动时的沿程压力损失对接箍产生的作用力，二是井液流经抽油杆接箍时的局部阻力损失对接箍产生的作用力。井液流动在上、下冲程对每个接箍产生的作用力 ΔF_{lss}(N)、ΔF_{lsx}(N)分别为：

$$\Delta F_{lss} = \Delta F_{rs} + \Delta F_{ms} \tag{5-67}$$

$$\Delta F_{lsx} = \Delta F_{rx} + \Delta F_{mx} \tag{5-68}$$

设 n 为整个抽油杆柱中接箍的个数，则井液流动对整个抽油杆柱产生的作用力为：

$$F_{lss} = n\frac{\pi}{4}(d_s^2 - d_r^2)\cdot(\Delta P_{rs} + h_{ms}) \tag{5-69}$$

$$F_{lsx} = n\frac{\pi}{4}(d_s^2 - d_r^2)\cdot(\Delta P_{rx} + h_{mx}) \tag{5-70}$$

3. 计算条件

设泵深垂深800m，动液面垂深600m，即沉没度200m，套管内径154.8mm，产出液黏度3000mPa·s，含水90%，油管内径76mm，油管内采用22mm抽油杆，泵型70mm，冲程6m，冲次1.5～2min^{-1}。

4. 摩阻力计算

1)井液进泵摩阻力分析

抽油泵进液摩阻主要来自过阀阻力。由于阀座孔径相对于柱塞直径较小，因此阀座处流速一般较高，缩径造成的节流效应产生较大的能量损耗。

过阀摩阻采用下式进行计算：

$$f_o = \frac{1.5N_k}{729\mu_f}\times\frac{A_p^3(1 - A_o/A_p)}{A_o^2}\times(Sn)^2\rho_l \tag{5-71}$$

式中，f_o为井液进泵摩阻力，N；N_k为排液阀数量；μ_f为流量系数；A_p为柱塞有效截面积；A_o为阀座内孔面积；S 为冲程；n 为冲次；ρ_l为井液密度。

其中与抽油泵有关的参数为柱塞截面积 A_p和阀座内孔面积 A_o。将其中相关项进行变换，可得：

$$\left(\frac{A_p}{A_o}\right)^2 \times (A_p - A_o) \tag{5-72}$$

可以看出，尽量缩小 A_o 与 A_p 之间的差距，可减小进泵摩阻力 f_o。

2) 管内流动摩阻力计算

上冲程：黏滞摩擦力 7678N，抽油杆与油管摩擦力 400N；半干摩擦力 1176N。

下冲程：黏滞摩擦力 9971N，抽油杆与油管摩擦力 400N；过阀阻力 652N。

(二) 举升参数优化

对采用注采一体水平泵举升技术的油井，需优选抽油机机型，要求综合考虑悬点载荷与减速器扭矩两方面的影响。

1. 抽油机悬点载荷

有杆泵采油在运行时，抽油机驴头悬点上作用的载荷有静载荷、动载荷和摩擦载荷三类。

1) 静载荷 W_j

静载荷包括抽油杆自重(即抽油杆在空气中的重力)、抽油杆在油液中的重量、柱塞上部液柱形成的静液柱载荷。

悬点载荷中的第一部分是静载荷，其中上下两个冲程需分别讨论。对于上冲程，不仅有抽油杆的自重，当然还有液柱的重量，所以是两部分的总重；而对于下冲程，并不是工作行程，只是起到恢复作用，因此只计算抽油杆在井液中的重力。下面列出具体计算过程。

(1) 上冲程。

在上冲程中，游动阀关闭，柱塞上下流体不连通，产生悬点静载荷的力包括：

①抽油杆柱重力和柱塞上受流体压力。

$$W_r = A_r \rho_r g L_p = q_r L_p \tag{5-73}$$

式中，W_r 为抽油杆在空气中的重量，N，方向向下；A_r 为抽油杆截面积，m^2；ρ_r 为抽油杆密度，kg/m^3；L_p 为抽油杆柱长度(即泵深)，m；q_r 为每米抽油杆在空气中的重力，N/m。

②作用于柱塞上部环形面积上的流体压力。

对于举升液柱，此压力大小为：

$$W_L = \rho_L g L_p (A_p - A_r) \tag{5-74}$$

式中，W_L 为柱塞上部环形面积上的流体压力，N；ρ_L 为井中液体密度，kg/m^3。

$$\rho_L = \rho_w f_w + \rho_o (1 - f_w) \tag{5-75}$$

式中，ρ_w 为水的密度，kg/m^3；ρ_o 为油的密度，kg/m^3；f_w 为含水率，%；A_p 为柱塞横截面积，m^2。

(2) 下冲程。

在下冲程中，由于游动阀打开，而固定阀关闭，柱塞上、下液体连通，油管内液体的浮力作用在抽油杆柱上。所以，下冲程作用在悬点上的抽油杆柱的重力减去液体的浮力，即它在液体中的重力。而液柱载荷通过固定阀作用在油管上。井口回压减轻了悬点载荷。在实际计算中，一般可忽略井口回压造成的悬点载荷。这样，下冲程中的悬点静载荷仅为抽油杆柱在液体中的重力，即：

$$W_{j2} = (\rho_r - \rho_L) g L_p A_r \tag{5-76}$$

2）动载荷 W_d

动载荷包括抽油杆柱和油管内的流体做不等速运动而产生的抽油杆和液柱的动载荷及惯性载荷。

抽油机带动抽油杆柱和液柱进行周期性的变速运动中会产生惯性力，引起杆柱和液柱弹性振动均作用于悬点，而这些载荷的大小和方向均与悬点的运动状态有关，故称动载荷。

悬点动载荷主要包括杆柱引起的惯性载荷和液柱引起的惯性载荷。

惯性力的方向与加速度方向相反。习惯取加速度向上为正，取向下的载荷为正。忽略杆柱的弹性，将其视为一集中质量，则杆柱惯性载荷就等于杆柱质量与悬点加速度的乘积，即：

$$I_r = W_r \frac{a_r}{g} \tag{5-77}$$

若忽略液体的可压缩性，则液柱惯性载荷就等于液柱质量乘以液柱运动的加速度。由于油管内径和抽油泵直径不同，故杆管环形空间内的液体运动速度和加速度也就不等于泵柱塞的运动速度和加速度（忽略杆柱弹性，视柱塞运动即为悬点运动）。为此引入加速度修正系数 ε，则液柱惯性载荷为：

$$I_L = \varepsilon W_L \frac{a_r}{g} \tag{5-78}$$

$$\varepsilon = \frac{A_p - A_r}{A_{tf} - A_r} \tag{5-79}$$

式中，ε 为加速度修正系数；A_{tf}为油管的流通断面面积，m^2。

由于下冲程中的液柱不随悬点运动，因而不存在惯性载荷。

所以，上冲程悬点惯性载荷为：

$$W_{d1} = I_r + I_L \tag{5-80}$$

下冲程悬点惯性载荷为：

$$W_{d2} = I_r \tag{5-81}$$

3）摩擦载荷 W_c

摩擦载荷包括光杆和密封装置的摩擦力、抽油杆和液体之间的摩擦力，抽油杆和油管之间的摩擦力，液体在杆、管环形空间的流动阻力，液体通过泵阀和柱塞内孔的局部水力阻力，以及柱塞和泵筒之间半干摩擦阻力。

抽油杆柱与油管之间的摩擦力在上、下冲程中都存在，其大小在直井内通常不超过抽油杆重力的1.5%。柱塞与泵筒之间的摩擦力在上、下冲程中都存在，一般在泵径不超过70mm时，其值小于1717N。抽油杆柱与液柱之间的摩擦力发生在下冲程，其方向向上，是稠油井内抽油杆柱下行遇阻的主要原因。阻力的大小随杆柱下行速度变化，其最大值可近似地表示为：

$$F_3 = 2\pi\mu_L L\left[\frac{m^2-1}{(m^2+1)\ln m-(m^2-1)}\right]v_{max} \tag{5-82}$$

式中，F_3 为抽油杆柱与液柱之间的摩擦力，N；μ_L为井液动力黏度，mPa · s；L 为抽油杆长度(同前面的 L_p)，m；m 为油管内径与油杆直径之比；v_{max}为抽油杆柱最大下行速度，m/s。

应当指出，由于井液黏度既受到温度的很大影响，又与液体中的含气量有关，随井深变化较大，所以应当分段计算不同井段的黏度与摩擦力。

(1)油柱与油管之间的摩擦力。

该摩擦力发生在上冲程，其方向向下，故增大悬点载荷。根据高黏度油井现场资料统计，约为 $0.77\times F_3$。

(2)液体通过游动阀的阻力。

在高黏度大产量油井中，液体通过游动阀产生的阻力往往是造成抽油杆下部弯曲的主要原因，对悬点载荷会造成不可忽略的影响。

视柱塞运动为简谐运动时：

$$F_5 = \rho_L g A_p h_f = \frac{1}{729}\frac{\rho_L A_p^3}{\mu^2 A_v^2}(Sn)^2 \tag{5-83}$$

式中，A_p为柱塞截面积，m^2；A_v为阀孔截面积，m^2；μ 为阀孔流量系数。

于是，通过以上的分析，抽油机在上、下冲程时的悬点总载荷分别为：

①上冲程：

$$W_1 = W_{j1} + W_{d1} + W_{c1} \tag{5-84}$$

②下冲程：

$$W_2 = W_{j2} + W_{d2} - W_{c2} \tag{5-85}$$

2. 减速器扭矩

减速器扭矩经验计算公式为：

1)对于游梁机

$$M = 0.236\times(P_{max}-P_{min})\times S \tag{5-86}$$

2)对于皮带机

$$M = 0.5\times(P_{max}-P_{min})\times S \tag{5-87}$$

式中，M 为减速器扭矩，N · m；S 为冲程，m。

假定沉没度为300m，井液密度为1000kg/m^3，通过计算悬点载荷与减速器折合扭矩，如表5-12所示。

对于生产参数冲程、冲次的选择，可根据单井产液量需要和实际生产情况，可参考表5-12进行适当调整。

表5-12 载荷及减速器折合扭矩计算

下泵深度/m	悬点载荷/t			减速器折合扭矩/kN·m	
	杆柱	最大	最小	皮带机	游梁机
800	2.16	4.69	2.46	11.15	5.26
900	2.59	6.38	3.05	16.65	7.86
1000	3.02	8.08	3.63	22.25	10.50
1100	3.46	9.78	4.22	27.8	13.12
1200	3.89	11.47	4.81	33.3	15.71
1300	4.32	14.04	6.26	38.9	18.36

第四节 浅薄层稠油热采井监测配套技术

一、高精度井温及微差井温测试技术研究

在调研国内外先进技术的基础上，根据现场要求确定技术指标，通过技术调研及前期实验选择满足要求的传感器、电子元器件等关键部件。对于关键技术，采用多种方案设计，通过实验确定最佳解决方案，精心研制高灵敏度高精度的温差传感器、高灵敏度的接箍信号检测单元、耐高温电子电路、高速采集及大容量存储技术，通过大量试验和整机试验，逐步完善，最终达到总体性能要求。

目前国内外电子元件耐温较低，军品级电子元件工作温度可达125℃，即使部分专门用于测井的高温元器件，工作温度最高也只能达150℃，也远远不能满足热采井的测试要求，这种情况下，采用金属绝热筒解决元器件的耐高温问题是较可行的方案，该方案只要合理设计、精心制造金属绝热筒，并尽可能减少电子元器件工作产生的热量，就能保证在一定的测井时间内，绝热筒内的温度不超过元器件的最高工作温度。

（一）系统组成

热采水平井井温及微差井温测试系统主要由井下仪器、地面数据回放系统及井下仪器保护筒组成。井下仪器组成如图5-50所示。

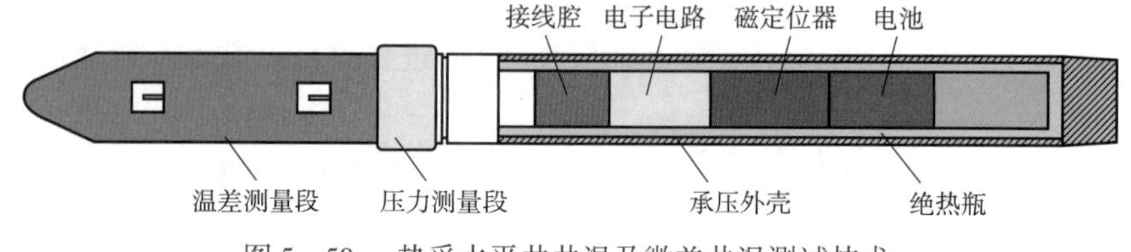

图5-50 热采水平井井温及微差井温测试技术

1. 井下仪器

井下仪器主要由压力传感器、温差传感器、CCL磁定位器、电子电路、高温电池等金属承压外壳等组成。该仪器采用相隔一定距离的双点温度传感器直接获得微差井温信号，能够更加准确地测定温场微弱的变化。

深度测量采用存储式磁定位器测量套管接箍位置。

2. 地面回放系统

测试仪下井前通过地面回放系统与计算机连接，完成仪器校验及设置工作，仪器下井测试完毕后将仪器采集的数据回放到计算机进行存储、显示、分析与打印。

(二)测试方法

具体步骤包括如下。

(1)将仪器放入保护筒内，利用油管将井下仪器输送到指定的水平段，停留测试一定的时间后，将仪器提出。同时在仪器的下放和提升过程中也每隔一定的深度作短暂停留，以便进行不同深度的数据采集。

(2)仪器下井过程中，为防止仪器受到撞击等原因而出现问题，整个仪器放入带有弹簧缓冲的保护筒内。

(3)单片机数据采集存储系统将传感器的输出信号放大后按预先设定的时间程序定时采集并压缩后存储于大容量数据存储器中，测试结束后通过地面回放系统，将测试数据回放到地面计算机中进行处理，用专用的解释系统对测试数据进行计算处理，最后绘制API标准的解释成果图。

(三)井下仪器原理与结构

1. 压力测量单元

1)压力测量原理

压力测量采用进口的耐高温应变式压力传感器，是在硅片上用扩散或离子注入法形成四个电阻，并将其接成一个惠斯登电桥。当没有外加压力时，电桥处于平衡状态，电桥输出为零。当有外加压力时，电桥失去平衡而产生输出电压，该电压与压力有关，通过检测电压，可得到相应的压力值。电路设计如图5－51所示。

图5－51输出电压的毫伏级信号，为了精确地从高共模电压中检测出这种微弱的输出电压，电路采用了共模电压抑制能力的差分放大器，电路如图5－52所示。

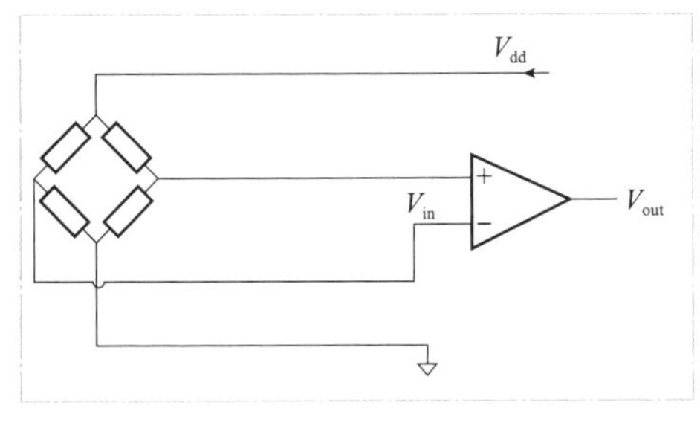

图5－51　电路设计图

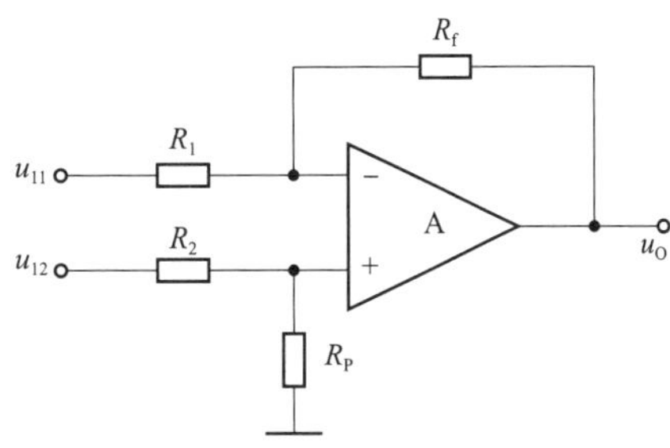

图5－52　共模电压差分放大器

$R_f(\Omega)$为电压负反馈电阻，相对于U_{i1}而言，是并联电压负反馈，相对于U_{i2}而言，是串联电压负反馈。R_1与R_2分别是两个信号源的等效内阻，Ω。由于运放工作在线性区，所以可以利用叠加原理求得：

$$U_o = U_{o1} + U_{o2} \tag{5-88}$$

式中，U_{o1}是U_{i1}工作，而$U_{i2}=0$时的输出电压；U_{o2}是U_{i2}工作，而$U_{i1}=0$时的输出电压，μV。

$$U_{o1} = -\frac{R_f}{R_1}U_{i1} U_{o2} = \frac{U_-}{R_1}(R_1 + R_f) \tag{5-89}$$

因为：

$$U_- = U_+ = \frac{R_p}{R_2 + R_p}U_{i2} \tag{5-90}$$

可得：

$$U_{o2} = \frac{R_1 + R_f}{R_1}\frac{R_p}{R_2 + R_p}U_{i2} \tag{5-91}$$

所以：

$$U_o = U_{o1} + U_{o2} = \frac{R_1 + R_f}{R_1}\frac{R_p}{R_2 + R_p}U_{i2} - \frac{R_f}{R_1}U_{i1} \tag{5-92}$$

若满足平衡条件$R_1 /\!/ R_f = R_2 /\!/ R_p$，则：

$$U_o = \frac{R_f R_1 + R_f}{R_2}\frac{R_2 R_p}{R_1 R_f}\frac{}{R_2 + R_p}U_{i2} - \frac{R_f}{R_1}U_{i1} = \frac{R_f}{R_2}U_{i2} - \frac{R_f}{R_1}U_{i1} \tag{5-93}$$

若满足对称条件$R_1 = R_2$，$R_f = R_p$，则当满足对称条件$U_o = \frac{R_f}{R_1}(U_{i2} - U_{i1})$时，放大器差模电压增益$A_{ud}$为：

$$A_{ud} = \frac{U_o}{U_{i1} - U_{i2}} = -\frac{R_f}{R_1} \tag{5-94}$$

2)运放的选型

考虑到金属保温筒工作后期内部温度较高，运放的温漂直接影响到系统的测量精度，我们选用了低漂移CMOS运放，技术指标如下：超低失调电压5μV(max)，零点漂移0.05μV/℃(max)，静态电流570μA，单电源供电2.7～5.5V，输入电压噪声1.4μV_{pp}(f=0.01～10Hz)，共模电压(V－)－0.1V～（V＋）－1.5V，共模抑制比130dB(TYP)，额定工作温度－40～125℃，最大工作温度－40～150℃。通过实验确定，以上运放完全满足要求。

3)压力传感器的选择

压力传感器要在井下高温高压等恶劣环境下长期工作，经过对比，我们选择了进口的高温压力传感器，技术参数如表5－13所示。

表5－13　压力传感器技术指标

额定量程/MPa	超压能力	破裂压力	激励电源	工作温度/℃	补偿温度/℃	零点漂移
30	2倍额定压力	3倍额定压力	10VDC	350	350	±2% FS/100°F(TYP.)

2. 温度与温差测量单元

温度及温差测量采用稳定性好、响应快的铂电阻作为传感器，微差测量采用两只优选的铂电阻温度传感器，两只传感器相距 400 ~ 1000mm，测量电路采用恒流源方式，如图 5 - 53 所示。

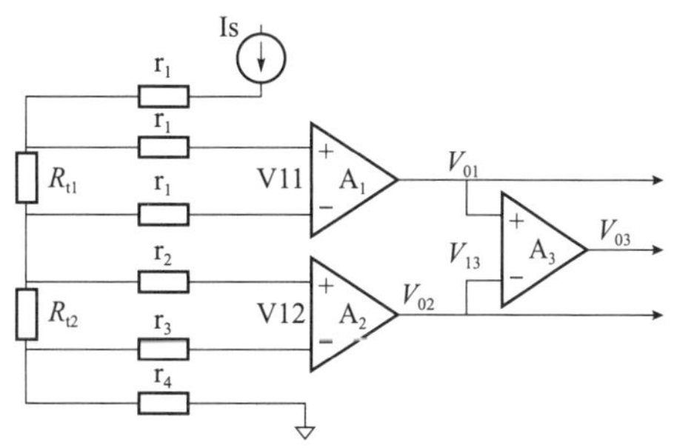

图 5 - 53　温度及微差测量电路图

恒流源电流同时流过温度传感器 R_{t1} 和 R_{t2}，R_{t1} 两端的弱电压信号经 A_1 放大后，作为温度信号送 A/D 转换器进行数据采集，同时还送放大器 A_3 的正向输入端，R_{t2} 两端的弱电压信号经 A_2 放大后送放大器 A_3 的反向输入端，两个信号的差值经放大后输出作为温差信号送 A/D 转换器进行数据采集，放大器 A_1 的放大倍数为 G_1，放大器 A_2 的放大倍数为 G_2，放大器 A_3 的放大倍数为 G_3。

$$V_{01} = R_{t1} \times I_s \times G_1 \tag{5-95}$$

$$R_{t1} = V_{01} \div (I_s \times G_1) \tag{5-96}$$

$$V_{02} = R_{t2} \times I_s \times G_2 \tag{5-97}$$

电路设计时，使 $G_1 = G_2$，那么，

$$V_{0s} = (V_{01} - V_{02}) \times G = (R_{t1} \times I_s \times G_1 - R_{t2} \times I_s \times G_2) \times G_3$$

$$= (R_{t1} - R_{t2}) \times I_s \times G_1 \times G_3 = \Delta R_t \times I_s \times G_1 \times G_3$$

$$\Delta R_t = V_{05} \div (I_s \times G_1 \times G_3) \tag{5-98}$$

从式(5 - 95) ~ 式(5 - 98)可以看出，当恒流源和放大器的增益不变时，只要获得 R_{t1} 和 ΔRt 的值，即可根据铂电阻温度对照表求得温度与温差。

3. 接箍磁定位器

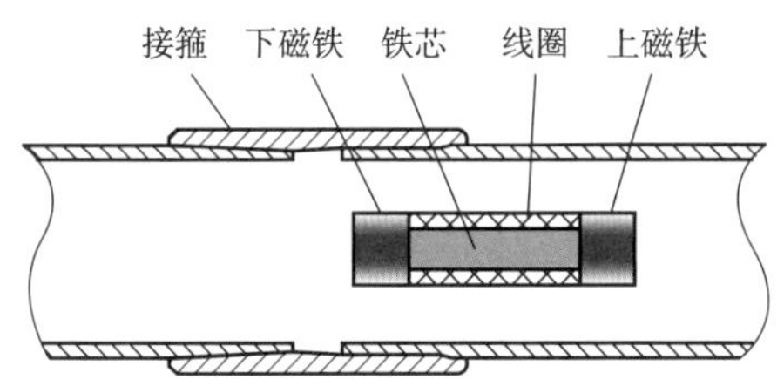

图 5 - 54　接箍磁定位结构图

接箍磁定位器的结构见图 5 - 54，在感应线圈骨架的两端安装两块磁铁，测井过程中，当仪器在套管中移动时，在非接箍位置，由于套管是均匀的，通过磁定位器铁芯的磁通量不发生改变，感应线圈中不会产生感应电势；而当仪器经过套管接箍位置时，磁定位器与套管接箍之间的间隙增加，磁力线通过路径的磁阻增加，使通过线圈的磁通量发生变化，会在线圈中产生感应电势，该电压值经放大处理和 A/D 转换后存放到存储芯片内。经地面处理系统转换成线圈两端电势变化的连续曲线来识别接箍位置。

(四)数据采集系统设计

单片机数据采集存储系统将来自传感器的信号放大，然后按预先设定的时间程序定时

采集存储于大容量数据存储器中，测试结束后通过地面回放装置，将测试数据回放到地面计算机中进行处理，再经专用的解释系统对测试数据进行计算处理，最后绘制 API 标准的解释成果图。单片机数据采集存储系统硬件原理框图如图 5－55 所示。

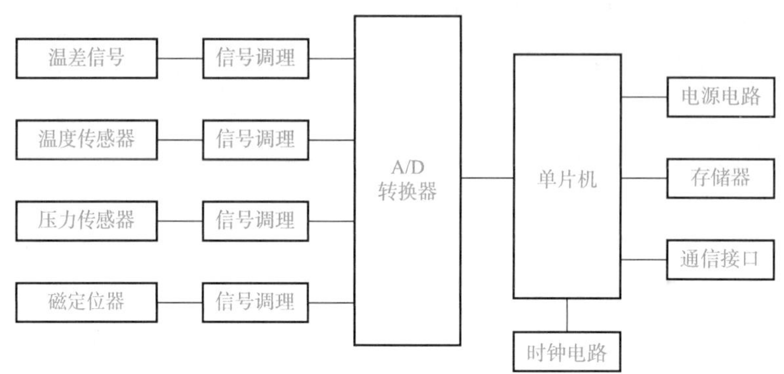

图 5－55　热采水平井微差井温及井压测试数据采集原理

单片机数据采集存储系统系统框图如图 5－56 所示。

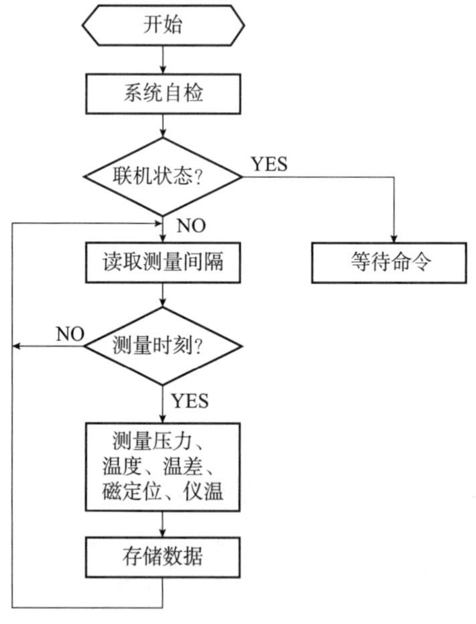

图 5－56　数据采集框图

(五)测试系统模拟试验

1. 压力传感器试验

将压力传感器放入鼓风恒温箱内，连接电源与压力管路，在不同的恒温温度下，逐渐加压，分别记录压力从 0～30MPa 变化时传感器的信号输出，如表 5－14 所示。

表 5－14 校准前压力传感器实验记录表

温度点/℃	压力点/MPa						
	0	5	10	15	20	25	30
50	－0.009	0.9557	1.925	2.892	3.855	4.8217	5.788
100	－0.0011	0.996	1.992	2.987	3.9875	4.9855	5.994
150	0.0093	1.040	2.071	3.1015	4.1335	5.1669	6.212
200	0.0305	1.095	2.158	3.222	4.285	5.350	6.531
250	0.045	1.1435	2.2367	3.331	4.426	5.520	6.634
300	0.0552	1.180	2.300	3.425	4.5555	5.686	6.836
350	0.065	1.210	2.365	3.520	4.6732	5.831	7.042

由表 5－14 可见，虽然压力传感器本身具有温度补偿功能，但高温仍会产生较大的误差。为了进一步提高测量精度，可采取系统温度补偿措施。通过反复实验后确定本方案采用最小二乘拟合算法进行压力传感器的温漂校正。首先根据压力传感器的工作温度选取几个温度点(一般为 4 个)，在每个温度点下做一组压力实验数据，所有数据组成表 5－14，获得原始实验数据后，在温度实验点 1 下，利用这 n 个压力实验点的标准值 P_1、P_2……P_n 和原始值 P_{y11}、P_{y12}……P_{y1n} 进行横向最小二乘三次拟合运算，拟合出一条曲线：

$$y = b_{11} + b_{12}x + b_{13}x_2 + b_{14}x_3 \tag{5-99}$$

式中，x 为压力的原始值，MPa；y 为压力的实际值，MPa。

同样，在温度实验点 2、3、4 下也分别拟合出一条曲线，其系数形成如下所示的方阵：

$$\begin{matrix} b_{11} & b_{12} & b_{13} & b_{14} \\ b_{21} & b_{22} & b_{23} & b_{24} \\ b_{31} & b_{32} & b_{33} & b_{34} \\ b_{41} & b_{42} & b_{43} & b_{44} \end{matrix} \tag{5-100}$$

再利用 4 个温度实验点对应 4 条曲线的第一个系数 b_{11}、b_{21}、b_{31}、b_{41} 和 4 个温度实验点的温度标准值 T_1、T_2、T_3、T,℃；进行纵向最小二乘三次拟合运算，拟合出一条曲线：

$$y = c_{11} + c_{12}x + c_{13}x_2 + c_{14}x_3 \tag{5-101}$$

式中，x 为实测温度的实际值,℃；y 为加入温度因素后的曲线方程中的第 1 个系数。

同样道理，可拟合出后 3 条曲线：

$$Y = c_{21} + c_{22}x + c_{23}x_2 + c_{24}x_3 \tag{5-102}$$

$$Y = c_{31} + c_{32}x + c_{33}x_2 + c_{34}x_3 \tag{5-103}$$

$$Y = c_{41} + c_{42}x + c_{43}x_2 + c_{44}x_3 \tag{5-104}$$

将式(5－102)～式(5－104)中的系数保存。在实际测量时，调入这些系数，将实测温度实际值 T 分别代入式(5－102)～式(5－104)，求出加入温度因素后的曲线方程中的 4 个系数 b_1、b_2、b_3、b_4：

$$b_1 = c_{11} + c_{12}T + c_{13}T_2 + c_{14}T_3 \tag{5-105}$$

$$b_2 = c_{21} + c_{22}T + c_{23}T_2 + c_{24}T_3 \tag{5-106}$$

$$b_3 = c_{31} + c_{32}T + c_{33}T_2 + c_{34}T_3 \tag{5-107}$$

$$b_4 = c_{41} + c_{42}T + c_{43}T_2 + c_{44}T_3 \tag{5-108}$$

进而得出加入温度因素后的曲线方程：

$$y = b_1 + b_2x + b_3x_2 + b_4x_3 \tag{5-109}$$

将实测压力原始值 p(MPa)，代入式(5－109)，就可以求出经过温漂校正以后的实测压力的实际值 P：

$$P = b_1 + b_2py + b_3py_2 + b_4py \tag{5-110}$$

表 5－15 为经过温漂校正后的实测记录。

表 5－15　校准后的压力传感器实验记录表

温度点/℃	压力点/MPa						
	0	5	10	15	20	25	30
50	0.02	5.01	10.00	14.97	19.98	25.02	30.03
100	0.01	5.01	9.99	14.99	19.97	25.03	30.04
150	0.02	5.00	10.0	15.01	20.02	25.03	30.03
200	0.03	5.02	10.01	15.02	20.01	25.02	30.04
250	0.04	5.04	10.03	15.04	20.03	25.04	30.05
300	0.03	5.02	10.03	15.05	20.03	25.05	30.04
350	0.02	5.03	10.03	15.03	20.05	25.06	30.05

其中最大绝对误差为 0.06MPa，相对误差为(0.06/30)×100/100＝0.2%，达到设计要求。

2. 温度传感器试验

将温度传感器放入烘箱内，接上温度指示仪(精度 0.1 级)，测量结果如表 5－16 所示。

表 5－16　温度传感器　　℃

标准值	指示值	绝对误差
0	0.1	0.1
100	100.3	0.3
200	200.2	0.2
300	300.3	0.3
400	400.4	0.4

最大误差为 0.4℃，满足设计要求。

3. 温差传感器试验

最大误差为 0.08℃(表 5－17)，满足设计要求。

表 5－17　温度传感器　℃

标准值	指示值	绝对误差
－10	－10.06	－0.06
－5	－5.05	－0.05
0	0.02	0.02
+5	+5.07	0.07
+10	+10.08	0.08

(六)系统配置及技术说明

1. 系统配置

系统配置如表 5－18 所示。

表 5－18　系统配套

序号	名称	型号规格	单位	数量
1	井下仪器筒	Φ76mm×3900m，耐压：40MPa	台	1
2	高温压力传感器	测量范围：0～30MPa 工作温度：350℃	只	1
3	高精度温度传感器	Pt100，0～350℃，温差精度：0.1℃	只	2
4	CCL 磁定位		套	1
5	耐高温精密低温漂信号调理电路		套	1
6	单片机系统硬件及系统			
7	数据采集存储控制板硬件及系统		套	1
8	快速数据采集及大量数据压缩存储系统			
9	进口高温电池	150℃	组	1
10	通信专用电缆	USB/232	根	1
11	上位机系统		套	1

2. 通信协议

通信接口：RS232/USB；

通信波特率：9600bps；

数据长度：8bit；

起始位：1bit；

停止位：1bit；

奇偶校验：无。

(七)主要技术指标

①温度测量范围：0～400℃；

分辨率：0.01℃；

精度：±0.5℃。

②温差测量范围：-10～10℃；

分辨率：0.01℃；

精度：±0.1℃。

③压力测量范围：0～30MPa；

分辨率：0.01MPa；

精度：0.25% FS。

④仪器直径：小于 Φ76mm。

⑤工作时间：24h(350℃环境下)。

二、水平井井温测试资料解释系统

(一)解释系统组成及功能

水平井井温资料解释系统，是使用 Visual Basic 语言编写(图 5－57)，在 Visual Studio Enterprise Edition 6.0 编辑环境下开发的，以光盘方式存储的计算机程式。系统严格按照石油工业应用系统工程规范和蒸汽吞吐井注采工艺方案设计等石油工业标准设计完成。

图 5－57　系统界面

水平井井温资料解释系统主要模块包括数据输入模块、数据显示及修改模块、数据处理模块、数据解释模块等(图 5－58、图 5－59)。

水平井井温资料解释系统(图 5－60)开发用于对水平井蒸汽吞吐井的吸汽剖面进行有效的解释，其功能是将整理好的井温测井数据、黏温曲线数据、地质数据和井筒数据以及其他相关参数(图 5－61)输入系统，系统可以将这些相应的数据进行显示和分析，并根据实际的情况计算、分析和解释出水平井井筒沿程各项参数，解释绘制出水平井井温测井解释图(图 5－62)，其中包括水平井沿程吸汽百分数剖面图、吸汽量剖面图以及产液剖面图，可以很直观地看出各个微元段的解释情况，同时对当前测试井的测试信息进行解释和分析，并对解释井段的油层性质给予有效的结论，为实际生产井的现场作业提供有力的理论依据。

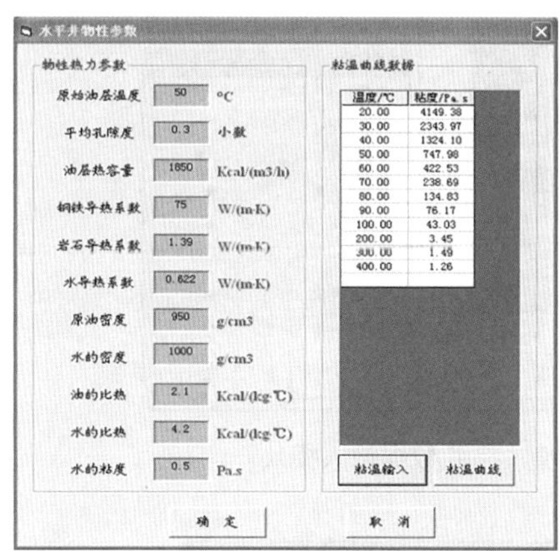

温度/℃	粘度/Pa.s
20.00	4149.38
30.00	2343.97
40.00	1324.10
50.00	747.98
60.00	422.53
70.00	238.69
80.00	134.83
90.00	76.17
100.00	43.03
200.00	3.45
300.00	1.49
400.00	1.26

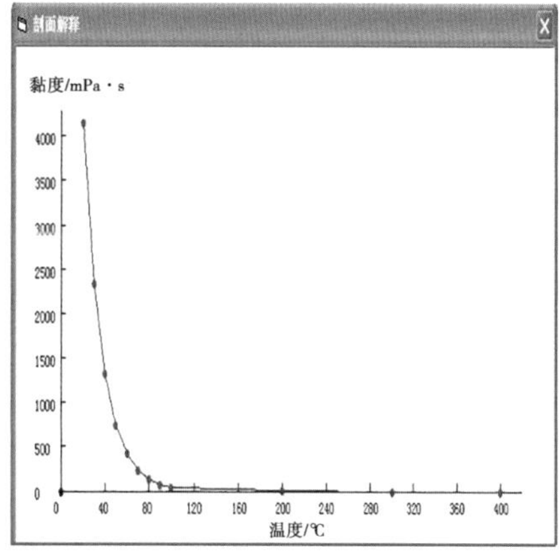

图 5－58　水平井物性参数静态数据及黏温曲线

测深/m	孔隙度	渗透率/md	泥石含量
1000.00	20.48	27.72	-1.00
1000.25	31.96	841.12	-1.00
1000.50	30.88	610.00	-1.00
1000.75	29.92	459.12	-1.00
1001.00	29.06	355.66	-1.00
1001.25	28.48	298.87	-1.00
1001.50	28.79	327.88	-1.00
1001.75	29.46	400.18	-1.00
1002.00	30.24	505.47	-1.00
1002.25	31.21	672.65	-1.00
1002.50	31.72	783.82	-1.00
1002.75	31.77	796.25	-1.00
1003.00	31.70	778.30	-1.00
1003.25	31.53	740.18	-1.00
1003.50	31.46	724.64	-1.00
1003.75	31.53	741.62	-1.00
1004.00	31.72	783.82	-1.00
1004.25	20.25	25.93	-1.00
1004.50	20.72	29.81	-1.00
1004.75	21.00	32.35	-1.00
1005.00	21.21	34.50	-1.00
1005.25	21.39	36.40	-1.00
1005.50	21.38	36.26	-1.00
1005.75	21.20	34.38	-1.00
1006.00	20.87	31.16	-1.00

图 5－59　水平井测井数据

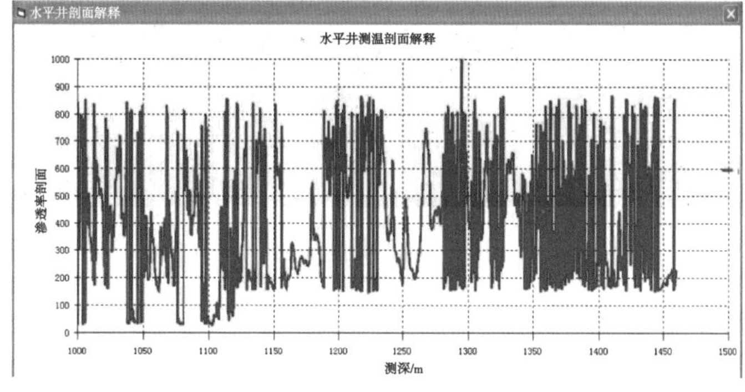

图 5－60　渗透率剖面显示

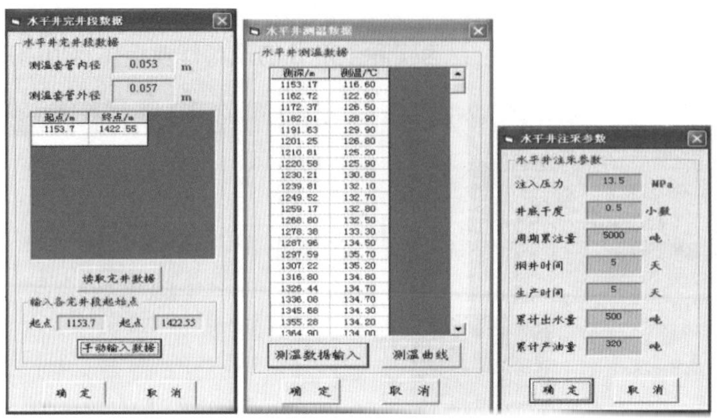

图 5-61　水平井注采、测温、完井数据输入模块

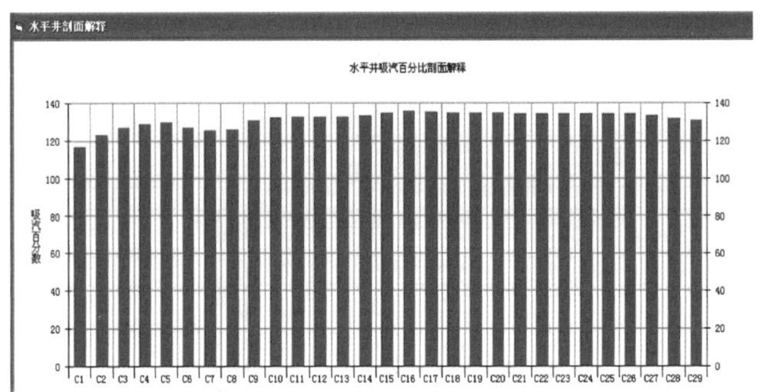

图 5-62　沿程温度剖面显示

(二)数据运行计算模块

通过水平井井温测井数据的输入之后，运行计算(图 5-63)。

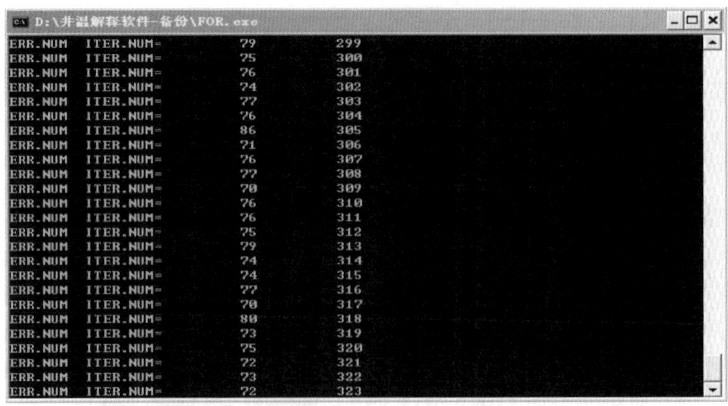

图 5-63　计算过程

(三)解释结果显示模块

经过计算可以对各射孔层段的吸热量的相对比例进行解释。通过井温剖面解释方法计

算模型，分别对各射孔层段的实际吸热量、产液量等具体数值进行解释。

一方面用户根据系统显示的信息手工输入符合系统需要的各种数据，另一方面用户必须提前准备好一部分数据文件，系统将直接调用数据文件进行运算。这些数据输入完成后可以直接保存为数据文件，以利于以后调用再次运行。

1. 资料输入

若用户已执行过注蒸汽井筒沿程动态参数解释模块可直接执行本模块，进行井温测井解释；否则还需要重新输入相应的数据后方可执行。

2. 解释分析

通过水平井井温资料解释方法对井温测井信息进行解释，可解释出吸汽量和吸汽百分比、产液百分数等参数(图 5－64～图 5－66)。

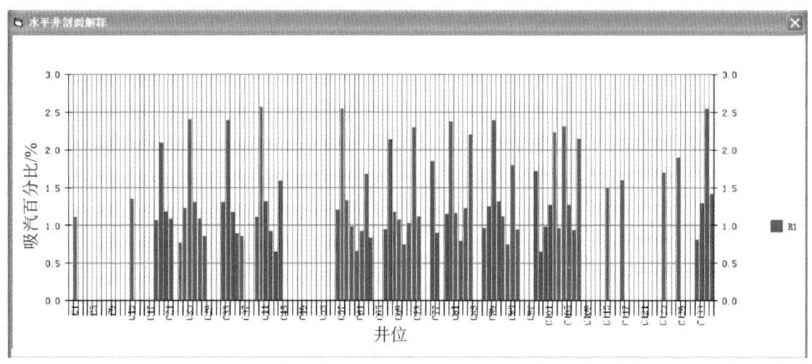

图 5－64　吸汽百分比剖面解释成果

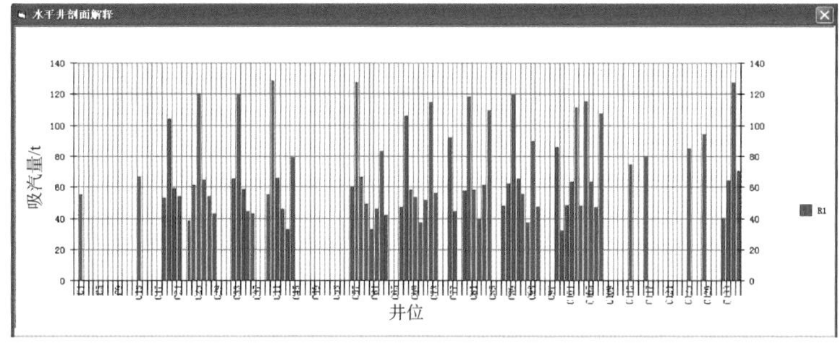

图 5－65　吸汽量剖面解释成果

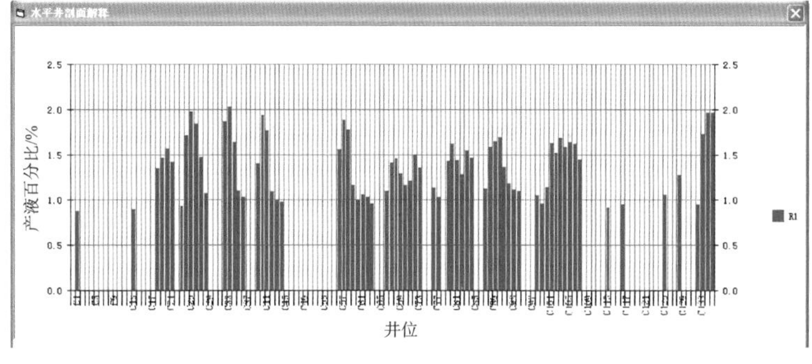

图 5－66　产液百分数解释成果

第六章 >>>

地面系统"五化"工程工厂一体化

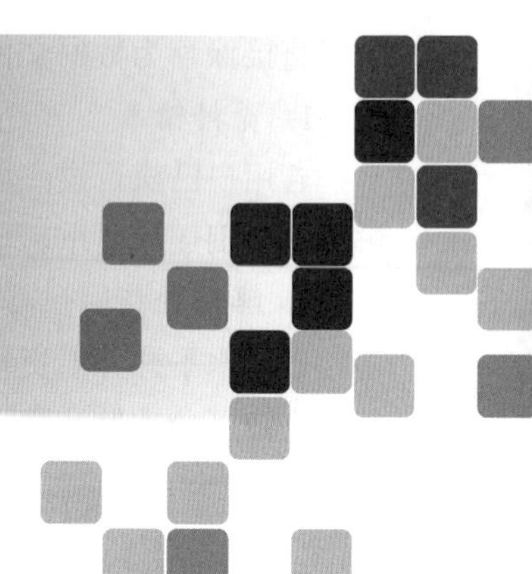

地质工程一体化的地面配套，是如何实现地面建设的"五化"(标准化设计、工厂化预制、模块化施工、机械化作业、信息化管理)要求，地面系统提升效率的要求。

面对经济新常态和有效降低开采成本的严峻形势，胜利油田从2012年4月开始就启动了"三化"(标准化设计、模块化建设、标准化采购)工作，上游企业在推进过程中增加了"信息化提升"。

以胜利油田为例，2012—2013年，胜利陆上油田根据新区产能建设油藏类型、开发方式和地面条件，选取排601-20、史127、桩23、青东5、埕北4E五个示范区开展标准化设计工作。示范区实施过程中实现了从节点、单元、模块、构件、元器件的标准化，形成了一系列设计成果，具体包括26个标准化系列、45个标准化功能单元、117座标准化站场、684套标准化图纸、538项标准化技术规格书、51种非标设备定型。标准化设计覆盖率简单工程100%、大中型站场改造85%，缩短设计周期45%，节约投资15%。示范区标准化设计缩短设计周期，减少占地面积，优化投资成本。实现单井视频全覆盖、必要的生产数据全部上传；实现井场、计量站、增压站无人值守，接转站、注水站、联合站集中控制，生产指挥中心统一调度。

2013—2018年，胜利陆上油田老区全面进行信息化提升改造，共建成"四化"管理区112个，实现井场、计量站、增压站无人值守，接转站、注水站、联合站集中控制，生产指挥中心统一调度。实现扁平化管理结构，建立局、厂、管理区三级油气生产指挥系统(PCS)。

胜利海上油田陆续建成标准化井口平台和标准化采修一体化平台80多座，形成了胜利油田海上标准化设计成果，主要包含采购文件模板(技术规格书、数据表等)、标准图集(典型标准化采修一体化平台总体布置图、典型标准化采修一体化平台工艺流程图、典型标准化采修一体化平台典型安装图)、标准化三维设计模型、标准化采修一体化平台模块等系列成果。

目前各油气田还普遍存在系统流程复杂、负荷率低、技术水平落后、设备设施老化、信息化管理水平低等问题，必须通过推行“五化”建设，进一步对生产流程进行优化简化、进一步优化传统的管理流程和劳动力结构，提高油气田开发效益及劳动生产效率。

与“四化”相比，“五化”能更全面地覆盖到工程建设的各个环节。“五化”各部分环环相扣，是一个有机整体。标准化设计是基础和龙头，工厂化预制是标准化设计的延伸，模块化施工是工厂化预制成果的实现方式，机械化作业是实现工厂化预制和模块化施工的手段，信息化管理是各环节协调统一、高效运转的保障。

地面工程建设项目推行“五化”的意义主要表现在以下三个方面。

1. 工程建设模式变革大势所趋

随着进入工业4.0、互联网+的时代，在石油石化行业，工程建设模式是变革大势所趋。“五化”是促进工程建设企业转变发展方式，优化组织模式，提高工程建设进度和质量，提高经济效益，建设精品工程的重要举措。

2. 中国石化油气田地面工程发展的需要

胜利油田等中国石化各油田经过多年开发建设，均进入开发后期，必须打破固有观念的束缚，必须变革传统的地面建设模式。如何通过技术进步，缩短建设周期，提高施工质量，降低劳动强度，降低安全风险，进一步提高生产效率，均是变革的重点。“五化”应运而生，能够很好地解决此类问题。

3. “油公司”发展之路的重要支撑

新春石油开发有限公司等中国石化各油田先后经历了快速增储上产和高速高产稳产阶段，目前正处于持续稳定发展阶段。为了走高效发展之路，按照集团公司要求，严格控制用工总量，减少人工成本，采取专业化管理，推行“油公司”管理模式。

第一节　技术现状及难点

一、技术现状

春风油田位于新疆维吾尔自治区车排子地区，距克拉玛依市约70km。产能规划区域位于国家重点公益林区，部分为农田。因其特殊的地理位置，具有资源优势(全疆煤炭预测资源量2.19×10^{12}t，占全国的40%)，水资源时空分布不均，产能区域用水短缺劣势。此外，随着公众环保意识的增强，国家及政府部门相关政策的出台，对油田的生产开发提出了更高要求，建设绿色油田是大势所趋，也是油田自身实现可持续发展的出路。

工程所涉及油藏位于白垩系下白垩统吐谷鲁群组上段，油藏厚度2~6m，油藏深度

200～600m，属于浅薄稠油油藏。浅薄稠油油藏具有埋藏浅、厚度薄、原油稠（油层温度下原油黏度 $5\times10^4 \sim 9\times10^4$mPa·s）、油层分布散的特点，开采十分困难。特别是到开发后期，由于汽窜和地下剩余油分散，导致含水率急剧上升、产油量快速下降，但采收率并不高，地下仍有大量剩余油资源等，严重制约稠油热采的规模收益。

春风油田地面井位部署分布在6个区块，分别为排601北区、中区、南区，排6南区，排601－20块和排612块，沿西北方向狭长分布，占地面积18km×3.7km，约合67.32km^2，新建产能 101×10^4t/a，需采用注蒸汽方式开采。井台部署分1～6井式6种，其中以2井式井台最多，占比46.6%；井台间距大，平均350m；单井产能低（7.2t/d）、黏度大、不含气、含水率低（58%～68%）、出油温度低（40℃），冬季温度低（－40℃），地广偏远、无已建设施及社会依托等导致的原生性的管输劣势带来的对一次投资和运行能耗的高需求，也即传统计量、枝状双管集输和三级布站方式，亟须在涉及产能区域新的技术突破及创新以实现效益开发。

尤其是产能区块位于当地重点公益林保护区，而新疆气候干燥，生态系统简单且极为脆弱。如何在确保建产后经济、安全运行的前提下，解决好投资与环保、效益开发与可持续发展之间的矛盾，亦成为本次地面工程设计中的难点和重点。

二、主要技术难点

传统计量、枝状集输和三级布站方式，在春风油田应用必然导致一次投资和运行能耗高。产能建设的前提是可实现油田的效益开发，但要保持油田的可持续发展，势必还将在地面集输和处理工艺设计中面临如下挑战和难题。

（一）稠油功图计量技术规模化应用是实现枝状集输的关键

油井的计量方式长期以来一直是制约油田地面集输方式的关键因素，要从根本上实现地面集输工艺的优化、简化，常规稠油计量方式必须取得在技术上的突破。同时，在春风油田产能开发建设的过程中，实现当地原生性生态系统的有效保护，优化管网、减少占地。

功图计量在稠油油田没有成功应用实例，在排601北区局部井口应用，数据显示平均误差±25%，远远超出规范要求的计量最大允许误差。目前已有的示功图计算机算产的方法主要适用于稀油井，且要求示功图相对规范，有效冲程段载荷波动范围小。对于稠油，特别是特超稠油原油黏度高、产液变化大、影响载荷变化因素增多，因此造成非常规功图较多，使得针对稀油的示功图计算机算产软件难以准确选取有效冲程段，导致产液量计算误差大。对稠油井，特别是特超稠油井的适应性较差。为此，创新通过密度阈值确定有效冲程的方法，实现稠油功图量油准确率大于95%。

根据勘探开发预测，春风油田自2009年正式投入开发开始，需历经6年的滚动开发，最终建成产能 101×10^4t/a。油气地面工程设计最初资料的取得来自探井及地质开发预测数据，与实际工程生产运行过程中气油比、产液量、含水率及原油黏度等数据总存在较大出入。因此，创新通过的密度阈值确定有效冲程，实现稠油功图量油的方法在规模化应用过程中，面临实际工况条件下的不确定性因素的影响，而这种影响有时可能是致命性的。那么，面对这种不确定性，如何提升创新方法的适应性和可优化提升空间，使其更好地服务生产，成为摆在油田设计师面前的难关。

(二)采出水资源化工艺集成及核心设备应用

区域产能采用注蒸汽的方式进行开采，首先是清水来源的问题。产能区域清水资源短缺，而采出水富余。富余采出水回注易发生串层而造成环境污染，且环保政策要求2013年底胜利油田全部实现零排放，因此，目前富余采出水的出路只能是资源化利用。

目前国内外油田已建立的稠油采出水资源化处理工程，大部分稠油采出水含盐量较低，只需在预处理的基础上通过“(化学软化) + 离子交换”，可达到注汽锅炉用水水质要求。高盐稠油采出水资源化工程采用的技术为MVC机械压缩蒸发脱盐工艺，其技术核心——蒸汽压缩工艺被以色列、日本、美国等少数国家垄断，国内应用需全套设备进口，导致工程投资极高；而国内目前MVC机械压缩蒸发脱盐工艺仍处在现场试验阶段。TVC热力压缩蒸发脱盐工艺在脱盐用途方面，国内主要与低温多效蒸发集成，在海水淡化方面有所应用，而西部新区采出水余热资源丰富，对高温高压采出水可采用本工艺进行脱盐处理。

稠油采出水资源化利用除了较严格的水质净化要求外，技术重点是脱盐除硬。脱盐除硬工艺的选择应充分利用水中的热能资源，并考虑本地区的能源特点和气候特点。本工程中采出高盐稠油采出水资源化再利用技术的突破成为本次绿色生态油田建设面临的第二道难关。

通过技术的攻关及验证，解决规模化应用过程可能存在问题，形成适合春风油田浅薄油层开发可持续发展的一整套地面集输处理工艺技术。

本次产能区块涉及6个区块(排601北区、中区、南区，排6南区，排601－20块和排612块)，729口油井的蒸汽吞吐开采，通过规模化应用稠油功图量油的方法，集输方式由枝状变为串接，减少了一级布站，并减少征地，实现当地原生生态系统有效保护的同时，还可降低系统运行电耗及热耗；对富余采出水资源化利用，在实现油田生产零排放的同时，克服了区块清水短缺的劣势，解决了锅炉用水及集输用热问题。

通过更新观念，树立勘探、开发和地面工程一体化理念，持续不断地进行科学优化，突破制约油田高效开发的技术瓶颈，实现地面工程投资效益的最大化。结合该区块环境条件、油藏特点和开发方式的实际情况，始终贯彻环保节能的理念，优化集输及处理过程中的每个环节，力求做到工艺优化、简化，设备高效、可靠，力争降低工程投资及运行费用，力求实现节能降耗的绿色生产。针对胜利西部新区在稠油热采开发过程中，采出水富余与清水资源短缺的矛盾，立足油区生产特点和区域自然条件，充分利用采出水系统余热资源，研发适合西部新区采出水特性与生产特点的采出水资源化配套技术。

第二节 地面井口及集输管网技术

一、井口工艺研究

(一)流变性分析

1. 乳化油配制

因温度对乳化油的稳定性有影响，因此原油乳化油配制时要确保混调器转速、搅拌时间、温度等条件保持统一。不同组成的原油会随存放时间延长而老化，但程度不尽相同，因此配制的油样要尽快完成试验内容，同时分析试验结果时要注意这一潜在因素的影响。每批实验用原油乳化油一次配制完毕，保证乳化油乳化性质的同一性。

根据混合油的质量比，分别称取原油量及水量，油水在50℃温度下恒温30min。将水、油混合放入HT-2型乳化油混调器内，在500r/min条件下均匀搅拌10min，完成原油乳化油制备。实验用的原油乳化油一次制备，保证乳化油乳化性质的同一性。

2. 测试步骤

把配制好的油水乳化油50℃预热后装入流变仪，编制好程序。用同一个程序测定不同温度下的原油黏度，以保证测试条件的统一性，在半对数坐标上绘制原油黏温曲线。测定依据标准SY/T 0520—2008《原油黏度测定 旋转黏度计平衡法》。

3. 测试结果

测试结果如表6-1、图6-1和图6-2所示。

表6-1 含水乳化油视黏度数据 mPa·s

条件	温度/℃					
	40	50	60	70	80	90
净化油	4021	2035	965	502	301	224
4%乳化油	4142	2099	983	521.3	316	247.5
30%乳化油	5452	2263	1010	578.6	377	282.8
40%乳化油	7096	2773	1169	630.4	422	328
45%乳化油	8067	2966	1284	697	456.8	361.9
50%乳化油	6468	2454	1010	616.1	357	231.9
60%乳化油	3589	1432	613	323.5	170.6	103
70%乳化油	1737	653	331.6	152	82	47.3
80%乳化油	895	304	133.6	65.6	33.1	18.5
净化油密度(20℃)	0.9581					

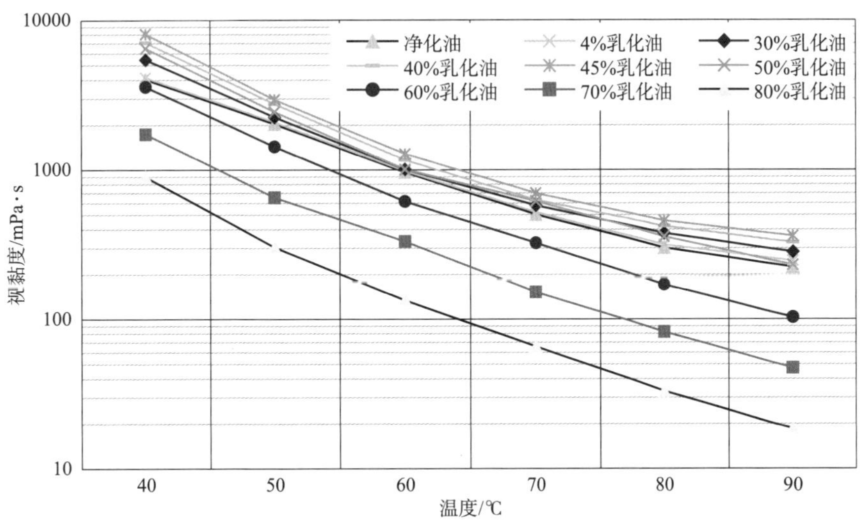

图6－1　含水乳化油黏温曲线

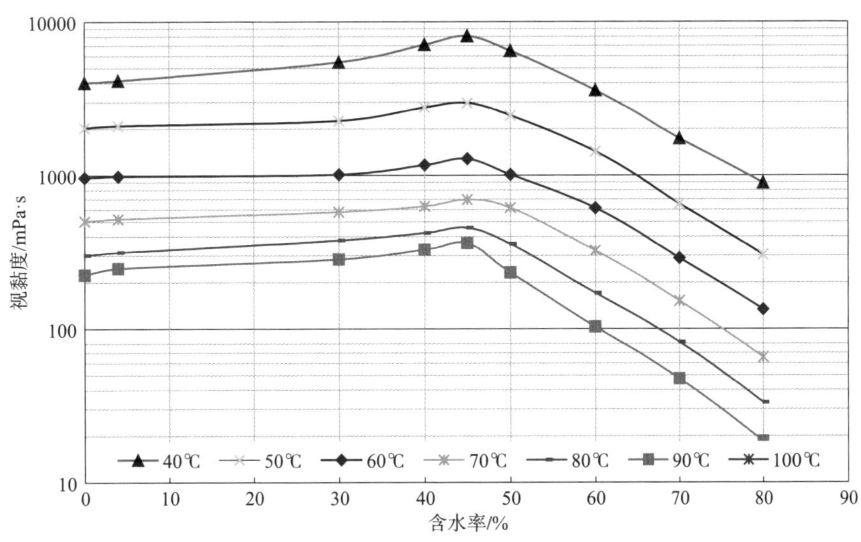

图6－2　含水率反向点曲线

由表6－1、图6－1及图6－2可以看出，含水反相点为45%。排601区块第一年含水率为58.7%，前三年平均含水率为65.3%，含水率在反相点以上，输送条件较好。从表6－1可以看出，含水率在60%时，输送温度在70℃以上视黏度低，输送条件较好。

(二)井口集输工艺研究

1. 稠油集输工艺方法及应用

原油集输是原油生产的重要环节之一，其工艺的先进性和经济性直接影响到原油生产的综合技术经济指标。因此，寻求经济高效的稠油集输工艺，是降低稠油生产成本的重要方面。

目前，国内外稠油输送过程中常用的降黏方法包括加热法、稀释法、掺热水或活性水法、乳化降黏法、低黏液环法等。

1）稠油加热输送方法

稠油加热输送方法主要是通过加热的方法提高稠油的流动温度，以降低稠油黏度，从而减少管路摩阻损失的一种稠油输送方法。稠油中胶质与沥青质分子的结构特点及相互作用，使稠油体系形成了一定程度的 π 键和氢键，随着温度的升高，体系获得足够的能量时，π 键和氢键被破坏，使得稠油黏度大幅降低。

在加热方式上，主要有加热炉加热法和电加热法。采用加热炉加热原油，燃料是天然气或燃料油。加热输送方法是传统的方法，目前仍是国内外原油的主要集输方法。加热方法最大的缺点是当管线温度降至环境温度时，易发生凝管事故。因此在管线的启动和停输工况下，要用一种替代油品置换管路中的稠油。在启动工况下，在稠油进入管道之前，先用这种替代油品预热管路；在管路停输前，将管路中的稠油全部置换掉，以确保管路下一次的顺利启动。

电加热法的应用越来越广泛，与传统热载体法相比，具有以下优点：①热效率高；②温度控制灵活，可以在较大的范围内调节温度，可以间歇加热，沿管线可以有不同的加温强度；③结构紧凑、装配简单、金属材料用量少；④适应性强、惯性小、容易实现自动化运行，但能耗高。

2）稠油掺稀输送方法

稠油掺稀输送方法就是将稠油稀释，降低稠油的黏度，以混合物的形式进行输送的一种方法。常规的稀释方法是，在稠油进入管道之前，先将稠油与一些低黏液态碳氢化合物混合在一起，这样就可以降低稠油的输送黏度。常用的稀释介质包括：凝析油、含蜡原油、炼油厂中间产品（如石脑油等）以及其他轻油。

向稠油中掺入稀油，得到的混合物的黏度与稀油的掺入量之间呈指数关系。稀释剂的注入量主要取决于稠油与稀释剂的相容性。例如，掺入稠油中的凝析油占比为5% ~35%（体积），而如果用轻质原油作为稀释介质，则掺入量更大。例如，胜利草桥油田，其含蜡原油的掺入量为(1：1.5) ~ (1：1)。

目前，新疆、胜利、河南等国内油田对距离较远的接转站，采用掺稀油降黏方法。

稠油掺稀输送方法的优点：①可以直接利用常规的原油输送系统来输送稠油；②在停输期间不会发生稠油凝固现象。

稠油掺稀输送方法的缺点：①稀油来源必须有保障；②需要建专门的管线把稀油从产地输至油田与稠油掺混；③稠油中掺入稀油，对稠油和稀油的油质都有较大的影响，很难最有效地利用稠油和稀油资源。

3）掺热水法或活性水法

掺热水法或活性水法是指在稠油中掺入大量的热水（或活性水）而进行油水混运，该工艺在胜利、辽河、中原油田得到较为广泛的应用。活性水来源于接转站或原油脱水站分出的采出水，在井口掺入活性水达到降黏保温输送目的。胜利油田东部油区普遍采用掺水集输、计量站计量的双管集输流程，掺水至综合含水率80%以上，单井集油和掺水管线呈放射状布置，形成了东部油田地面集输的采掺分开计量站模式。

4)乳化降黏输送方法

稠油掺水形成水包油型乳状液进行输送是另外一种较经济的稠油输送方法。采用这项技术可以把黏度非常大的碳氢化合物制成乳状液的形式。通过加入化学添加剂，稠油以微小球体的形式稳定地悬浮在水中，从而大大降低了稠油的表观黏度，减小了管线中泵送稠油时所需要的功率。将水包油乳状液这项技术应用到稠油输送时，需考虑以下几个方面：①选择一种稳定效果最佳的化学药剂，以便形成较稳定的乳状液；②乳状液具有较好的流动性和稳定性；③乳状液易于破乳。

有关乳化降黏剂的配方研究，主要包括非离子型—阴离子结合型、阴离子型、阳离子型及复配型等四种类型。乳化降黏技术在美国、加拿大等应用已较成熟，国内20世纪90年代，对辽河、胜利、大港等油田也进行了此项技术的试验，积累了许多经验，取得了初步的成果。

缺点：选择一种稳定效果好的化学药剂，以便形成一种较稳定的乳状液，否则出现薄膜破裂，稠油会重新聚集，但又不能太稳定，否则不利于破乳；由于稠油组成存在很大的差异，单独的一种乳化配方很难适应各种性质差异的稠油，造成了使用上的局限性；稠油组成如何影响乳化降黏效果，乳化降黏剂的结构与其性能的关系如何，至今仍未得到明确的答案。

2. 春风油田井口集输工艺研究

春风油田采用先吞吐后汽驱的开采方式，根据地质预测，吞吐阶段产液量低，前3年单井产液量在20m^3/d左右，综合含水率第1年为58.7%，第2年为68.5%，第3年为68.7%，根据排601-平2油井的化验结果，原油反相点在45%，尽管第一年原油含水在反相点以上，但由于油井产液量低，井口出油温度低(40℃)需采用井口加热或掺水输送的方式。

集输工艺考虑采用掺水输送的方式，但稠油区块采出液含水率上升快，到第4年汽驱阶段综合含水率为77.7%，5年以后，综合含水率在80%以上，且液量增加，基本维持在70~80m^3/d，若采用掺水系统，则运行3年的时间，运行时间短，造成掺水管网的浪费。

若在井口设加热炉，由于井口没有伴生气，燃料需采用油或煤，不管采用哪种燃料，初期加热炉设置过多，都比较困难，且管理难度更大，加热点分散且单点处理量小，烟气治理难度大。

春风油田采用先吞吐后汽驱的开采方式，蒸汽热源充足，因此稠油集输采用井口掺蒸汽的方式，一方面减少了掺水系统运行时间短带来的投资浪费，另一方面能解决稠油集输需要的热源，后期含水率高时可以适当减少掺蒸汽的量或者不掺蒸汽，以更好地满足蒸汽驱对蒸汽量需求增加的要求。通过比较，采用掺蒸汽降黏井口集输工艺，管网投资比掺水集输的降低12%，运行费用降低34.5%。因此采用井口掺蒸汽加热集输工艺。

(三)蒸汽掺入量计算

计算获取了井口集输管线蒸汽掺入量。具体数据如表6-2所示。

表6-2　井口所需掺蒸汽量　　t/d

井口出油温度/℃	井口集输温度/℃			
	60	70	80	90
50	0.26	0.54	0.82	1.11
60		0.27	0.55	0.83
70			0.27	0.56
80				0.28

吞吐周期末期，井口出油温度降低至40~50℃，为满足集输要求，从表6-2可以看出，井口出油温度由50℃升高到80℃，所需蒸汽量为0.82t/d。考虑到产液的波动性，以及井口出油温度的不确定性，每口井蒸汽掺入量为0.26~1.11t/d，掺入压力<1.5MPa，满足地面集输的要求。由于油井生产工况复杂，掺入点设置灵活，除满足井筒掺蒸汽的需求外，井口、选井阀组后汇管等均设掺入点，具体可根据生产实际需要调整掺入蒸汽量。

(四)注采掺一体化优化

1. 注采合一管线

目前，稠油集油流程主要有注采合一、注采分开两种流程。单井集油工艺采用注采合一集输技术，注汽管道可以兼顾集油管线功能，即单井注汽、采油共用一条管线，方便了生产管理。但注采合一集输流程适用于蒸汽吞吐阶段，蒸汽驱开发时，部分注汽管线作为生产井的采油管线，会造成管线投资高。

胜利油田东部采用注采分开的集输工艺，考虑春风油田西部注蒸汽、气候条件恶劣的实际情况，井口至选井阀组采用注采合一管线，解决冬季运行困难的问题。

2. 注采掺一体化优化研究

设计了三类不同的注采一体化工艺流程，计算获取了不同方案对应的经济投资，优化注采一体化的工艺流程。

方式1：每口井井口至选井阀组管线均采用注采合一管线，每条注采合一管线伴输一条中压掺蒸汽管线。流程图如图6-3所示。

方式2：单井井口至选井阀组管线同方式1，二井式平台上两条注采合一管线，一条掺蒸汽管线。流程图如图6-4所示。

方式3：单井井口至选井阀组管线同方案A，二井式平台上一条注采合一管线，一条单井集油管线，一条掺蒸汽管线。流程图如图6-5所示。

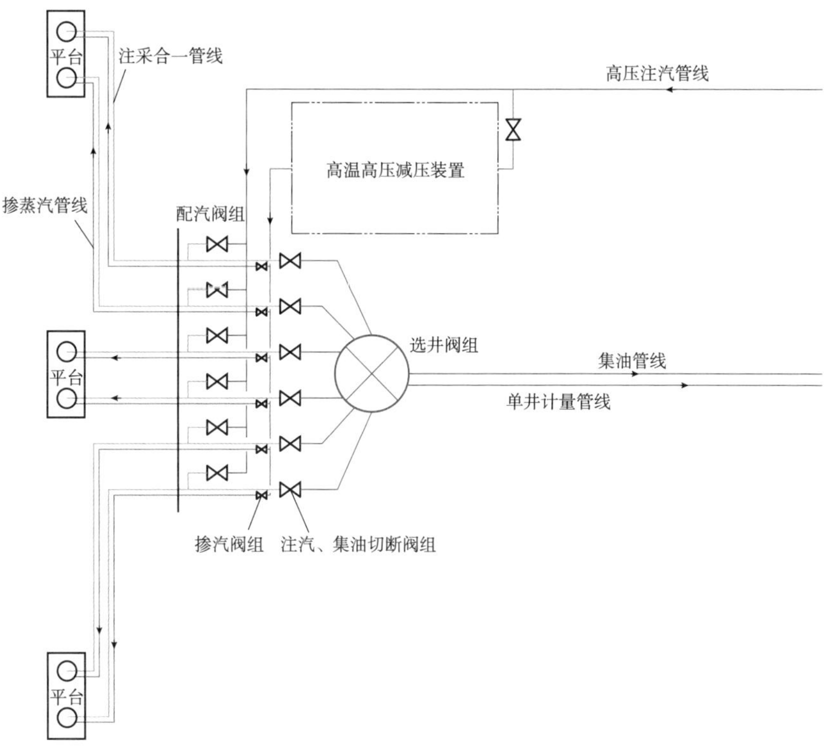

图6－3　两条注采合一、两条掺蒸汽管线流程图

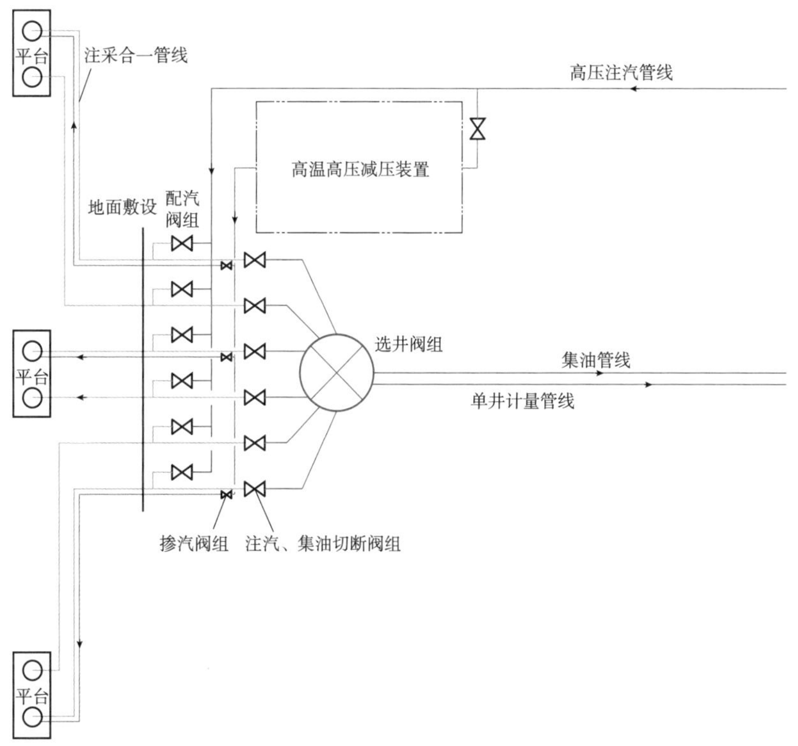

图6－4　两条注采合一、一条掺蒸汽管线流程图

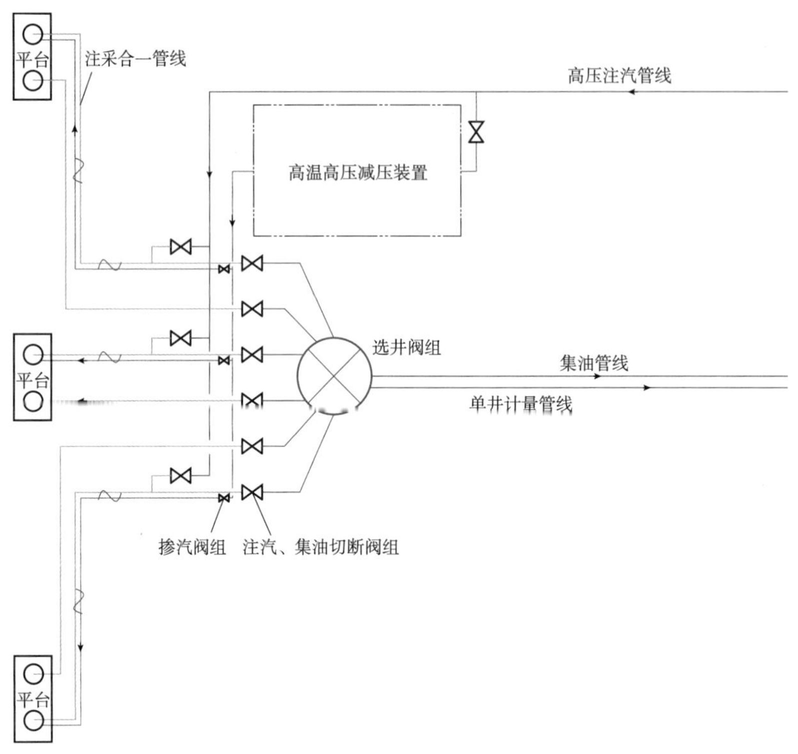

图 6－5　一条注采合一、一条单井集油、一条掺蒸汽管线流程图

这三个方式的投资对比如表 6－3 所示。

表 6－3　投资对比　　万元

对比项目	方式 1	方式 2	方式 3
工程费	6819.82	6698.39	5778.92

从节约投资的角度考虑，推荐方式 3：一条注采合一管线、一条单井集油管线、一条掺蒸汽管线。

（五）地面、地下整体优化

排 601 南区共部署生产井 160 口井，其中 5 口为储层控制和观察井。确定采用丛式井和单井钻探方式，布井方式一：生产井组台 57 个（每个台子 2 口井），单井 41 口；布井方式二：生产井组台 62 个（5 井式井台 5 个，4 井式井台 10 个，3 井式井台 7 个，2 井式井台 29 个），单井 11 口。选用 ZJ32 型钻机。

采油工程选用 Φ70 大斜度泵、8 型抽油机进行机械采油，抽油机电机功率为 22kW/台。注汽速率为 8～10t/h，注汽强度水平井为 12t/m，直井为 250t/m。注汽井口干度≥70%。根据该区块的整体配套工艺，采油工艺推荐采用环空伴热井筒降黏工艺。井筒掺蒸汽参数：压力 3.2MPa，每口油井用蒸汽量 2.0t/d。

排 6 南区钻井平台多为 2 井式平台，投资高，地面建议尽量钻井尽量组台的方式，因此在排601南区的研究中，地面、钻井一体化优化，对不同钻井布井方式进行综合对比(表6-4)。

表6-4 布井方式比选

对比项目	布井方式一	布井方式二
集输及配套/万元	9731.92	9249.89
注汽管网/万元	12386.35	11759.74
集输+注汽工程费/万元	22118.28	21009.64
井口回压/MPa	最远油井回压0.85	最远油井回压0.90

从节省投资的角度，确定排601南区采用以多口油井相对集中的丛式井布置，以5井式、4井式为主的布井方式，地面节省投资1108万元，整体投资降低5%。根据排6南和排601南区块地面、地下统一考虑的丛式井布置方式，实现油田钻井工程和井网建设的最优化，在春风油田地面工程建设中得到大量应用，为国内油田的开发起到借鉴作用。

(六)研究结论

(1)通过对春风油田的油品进行流变性分析，确定含水率在60%时，输送温度在70℃以上输送条件较好。

(2)结合国内各油田稠油集输方法，在调研分析的基础上提出适合春风油田的井口掺蒸汽加热降黏工艺。

(3)通过计算不同井口出油温度和集输温度的掺蒸汽量，确定能满足集输要求的蒸汽掺入量，为生产运行具有指导意义。

(4)对于2口油井丛式井平台，从油井到选井阀组的管线进行了优化，4条线(2条注采合一、2条伴掺蒸汽)优化为3条(减少1条伴掺蒸汽管线)，最终优化为3条管线(1条注采合一、1条集油、1条伴掺)。

(5)通过对不同钻井布井方式进行综合对比，实现油田钻井工程和井网建设的最优化。

二、集输管网研究

(一)水力热力计算模型

多相管流混输研究的主要目的是进行工艺计算，而工艺计算的重点是进行压降和温降计算，压降计算目前大多采用以试验为基础的半经验/半理论关系式，如Beggs&Brill关系式和Mukherjee&Brill关系式等。在压降计算过程中，由于需要用到的热物性参数(如溶解气油比、气液混合物的黏度、气液间表面张力等)都与温度有关，因此多相流的温降计算是压降计算的基础，在工艺计算中占有重要的地位。另外，多相流沿线的温降对加热器的设计和对了解气液相平衡等都具有重要的意义。

1. 温降计算模型

计算混输管线的温降，通常使用如下假设：①管道截面积不变；②不考虑气体和液体的加速损失；③不考虑微元管段中的相变热；④稳定流动。

1）温降

满足以上4个假设，则温降计算公式为：

$$T_Z=(T_0+b)+(T_R-T_0-b)\exp(-aL)-D_i\frac{x_{wg}c_{pg}}{c_p}\left(\frac{P_R-P_Z}{aL}\right)[1-\exp(-aL)] \quad (6-1)$$

式中，$a=\frac{K\pi D}{Gc_p}$，$b=\frac{giG}{K\pi D}$，$i=\frac{P_R-P_Z}{g\rho_1 L}$，$g$ 为重力加速度，m/s^2；T_Z为长为 L 的混输管道终点温度，K；T_R 为长为 L 的混输管道起点温度，K；T_0 为环境温度，K；P_Z为长为 L 的混输管道终点压力，Pa；P_R为长为 L 的混输管道起点压力，Pa；K 为总传热系数，W/(m^2·℃)；D 为管道外直径，m；G 为质量流量，kg/s；c_p为比热，J/(kg·℃)；L 为管道长度，m；i 为油流水力坡降，(°)。

2）D_i 计算公式

（1）如果计算时采用组分模型，则有：

$$D_i=\left(\frac{\partial T}{\partial P}\right)_h=\frac{T\left(\frac{\partial v}{\partial T}\right)_P-v}{c_{pg}} \quad (6-2)$$

由式(6-2)对天然气的各组分进行计算，可以得到每一组分的 D_i。

（2）如果为黑油模型，目前有两个相关式可以计算 D_i。

①根据俄罗斯公式计算，则有：

$$D_i=\frac{(E_1/T_{pj}^{\ 2}-E_2)}{1000c_{pg}\times10^6} \quad (6-3)$$

②根据参考文献计算，则有：

$$D_i=\frac{4.1868\times10^6T_cf(P_r,\ T_r)}{P_cc_{pg}} \quad (6-4)$$

其中，若 $1.6\leqslant T_r\leqslant2.1$ 且 $0.8\leqslant P_r\leqslant3.5$，则：

$$f(P_r,\ T_r)=2.343T_r^{-2.04}-0.071(P_r-0.8) \quad (6-5)$$

目前主要采用以下三种混输管线温降计算模型：①不考虑天然气的焦耳汤姆逊效应和液体的摩擦生热，计算温降；②以气液质量分率为基础，既考虑天然气的焦耳汤姆逊效应，又考虑液体的摩擦生热；③将持液率代替质量含气率，计算油气水的混合比热。

其中不考虑天然气的焦耳—汤姆逊效应和液体的摩擦生热，计算终点温度偏高、误差偏大；用持液率代替质量含气率计算油气水混合物的比热，能减小误差，因此本研究的混输管线温降计算模型采用持液率代替质量含气率计算油气水混合物比热的方法。

2. 热油管道的总传热系数的计算

埋地热油管道散热的传递过程由三部分组成，即油流至管壁的放热，钢管壁、沥青绝缘层或保温层的热传导和管外壁至周围土壤的传热（包括土壤的导热和土壤对大气及地下水的放热）。在稳定传热的情况下，热油管道经过长期运行，已在管内外建立了稳定的温度场，在同一时间内各部分所传递的热量相等，其热平衡关系可表示为：

$$K\pi D(T_y - T_0) = \alpha_1 \pi D_1 (T_y - T_{b1}) = \frac{2\pi\lambda_i}{\ln D_{(i+1)}/D_i}(T_{bi} - T_{b(i+1)}) = \alpha_2 \pi D_w (T_{b(i+1)} - T_0) \tag{6-6}$$

式中，D_w为管道最外围的直径，m；D_i、D_{i+1}为钢管、沥青绝缘层及保温层的内径和外径，m；λ_i 为与上述各层相应的导热系数，W/(m·℃)；T_y 为油温,℃；T_0 为埋深处的自然地温,℃；T_{b1}为钢管内壁的温度,℃；T_{bi}、$T_{b(i+1)}$为钢管、沥青绝缘层及保温层内外壁温度,℃；α_1 为油流至管内壁的放热系数，W/(m^2·℃)；α_2 为管外壁至土壤的放热系数，W/(m^2·℃)；D 为计算直径，m，对于无保温管道，取钢管外径；对于保温管道，可取保温层内外直径的平均值。

推导得出总传热系数的计算公式为

$$\frac{1}{KD} = \frac{1}{\alpha_1 D_1} + \sum \frac{1}{2\lambda_i}\ln\frac{D_{(i+1)}}{D_i} + \frac{1}{\alpha_2 D_w} \tag{6-7}$$

1)油流至管内壁的放热系数 α_1 的计算

(1)牛顿流体。

放热强度决定于油的物理性质及流动状态。可用 α_1 与放热准数 Nu、自然对流准数 Gr 和流体物理性质准数 Pr 间的数学关系式表示。

在层流时，$Re<2000$，且 $Gr\times Pr>5\times10^2$ 时，则有：

$$Nu_y = 0.17\,Re_y^{0.33}\,Pr_y^{0.43}\,Gr_y^{0.1}\left(\frac{Pr_y}{Pr_{bi}}\right)^{0.25} \tag{6-8}$$

式中，脚注“y”表示各参数取自油流的平均温度,℃；脚注“bi”表示各参数取自管壁的平均温度,℃。

$$Nu_y = \frac{\alpha_1 D_1}{\lambda_y};\quad \mathrm{Pr}_y = \frac{v_y c_y \rho_y}{\lambda_y};\quad Gr_y = \frac{d_1^3 g\beta_y (T_y - T_{bi})}{v_y^2} \tag{6-9}$$

可得油流至管内壁的放热系数 α_1 为：

$$\alpha_1 = 0.17\frac{\lambda_y}{D_1}Re_y^{0.33}Pr_y^{0.43}Gr_y^{0.1}\left(\frac{Pr_y}{Pr_{bi}}\right)^{0.25} \tag{6-10}$$

式中，λ_y 为油的导热系数，W/(m·℃)；v_y 为油的运动黏度，m^2/s；ρ_y 为油的密度，kg/m^3；c_y为油的比热容，J/(kg·℃)；β_y 为油的体积膨胀系数，1/℃；g 为重力加速度，m/s^2；其他符号意义同前。

在激烈的紊流情况下，$Re>10^4$，$Pr<2500$ 时

$$\alpha_1 = 0.021\frac{\lambda_y}{D_1}Re_y^{0.8}Pr_y^{0.44}\left(\frac{Pr_y}{Pr_{bi}}\right)^{0.25} \tag{6-11}$$

当 $2000<Re<10^4$，流态处于过渡状态时，放热现象往往突然增强，目前还没有较可靠的计算式，下式仅供参考

$$Nu_y = K_0\,Pr_y^{0.43}\left(\frac{Pr_y}{Pr_{bi}}\right)^{0.25} \tag{6-12}$$

式中，系数 K_0 是 Re 数的函数，可由表 6-5 查得。

表 6－5　系数 K_0 与 Re 的关系

$Re\times10^{-3}$	2.2	2.3	2.5	3.0	3.5	4.0	5.0	6.0	7.0	8.0	9.0	10
K_0	1.9	3.2	4.0	6.8	9.5	11	16	19	24	27	30	33

回归 K_0 与 Re 的关系式得：

$$K_0=0.327\,Re^{0.555}-21.2 \tag{6-13}$$

利用此公式得到的 K_0 与表中给定数据最大误差为 16.86%。

所以，可得：

$$\alpha_1=\frac{\lambda_y}{d_n}(0.327\,Re_y{}^{0.555}-21.2)Pr_y^{0.43}\left(\frac{Pr_y}{Pr_{bi}}\right)^{0.25} \tag{6-14}$$

也有文献提供为：

$$\alpha_1=0.012\,\frac{\lambda_y}{D_1}(Re_y{}^{0.87}-280)Pr_y^{0.4}\left(\frac{Pr_y}{Pr_{bi}}\right)^{0.11} \tag{6-15}$$

所以牛顿流体油流至管内壁的内部放热系数可总结为：

$$\begin{cases} Re<2000,\ \alpha_1=0.17\,\dfrac{\lambda_y}{d_n}Re_y^{0.33}Pr_y^{0.43}Gr_y^{0.1}\left(\dfrac{Pr_y}{Pr_{bi}}\right)^{0.25}; \\ 2000<Re<10^4,\ \alpha_1=0.012\,\dfrac{\lambda_y}{D_1}(Re_y{}^{0.87}-280)Pr_y^{0.4}\left(\dfrac{Pr_y}{Pr_{bi}}\right)^{0.11}\text{或者} \\ \alpha_1=\dfrac{\lambda_y}{d_n}(0.327\,Re_y{}^{0.555}-21.2)Pr_y^{0.43}\left(\dfrac{Pr_y}{Pr_{bi}}\right)^{0.25}; \\ Re>10^4,\ \alpha_1=0.021\,\dfrac{\lambda_y}{d_n}Re_y^{0.8}Pr_y^{0.44}\left(\dfrac{Pr_y}{Pr_{bi}}\right)^{0.25} \end{cases} \tag{6-16}$$

由上述一系列计算式可见，紊流状态下的 α_1 比层流时大得多，通常情况下均大于 100 W/(m^2·℃)，二者可能相差数十倍。因此，紊流时的 α_1 对总传热系数的影响很小，可以忽略。而层流时的 α_1 则必须计入。

(2)非牛顿流体。

关于非牛顿流体圆管传热中对流放热系数的 α_1 的计算，尚不成熟，尤其是对于长管道，资料更少。有文献建议沿用牛顿流体的 α_1 计算式，但其中的各项准数应按非牛顿流体的物性计算。例如对于假塑性流体 Re 数的计算应按 Re_{MR} 计算：

$$Re_{MR}=\frac{\rho D^n V^{2-n}}{K\left(\dfrac{3n+1}{4n}\right)^n 8^{n-1}}=\frac{DV\rho}{\mu_{PSu}} \tag{6-17}$$

式中，μ_{PSu} 为假塑性流体的表观黏度，Pr 数和 Gr 数中的黏度均用 μ_{PSu} 代入。

2)管外壁至土壤的放热系数 α_2

埋地管道的管外壁至土壤的传热是管道散热的主要环节。管外壁的放热系数 α_2 是管道散热强度的主要指标。传热学中将埋地热管道的稳定传热过程简化为半无限大均匀介质中连续作用的线热源的热传导问题，并假设起始为均匀分布的土壤温度，且后来任一时刻土壤的表面温度都是 T_0。并假设土壤至空气的放热系数 $\alpha_{ta} \to \infty$。在上述假设的基础上，由源汇法得出，管壁至土壤的放热系数为：

$$\alpha_2 = \frac{2\lambda_t}{D_w \ln\left[\frac{2h_t}{D_w} + \sqrt{\left(\frac{2h_t}{D_w}\right)^2 - 1}\right]} \tag{6-18}$$

式中，λ_t为上壤导热系数，W/(m·℃)；h_t为管中心埋深；m；D_w为与土壤接触的管外壁，m。

式(6-18)推导中未考虑土壤自然温度场及土壤表面与大气热交换对管道散热的影响，计算大口径浅埋的热油管道时误差较大。

当(h_t/D_w)>2 时，式(6-18)可近似为：

$$\alpha_2 = \frac{2\lambda_t}{D_w \ln \frac{4h_t}{D_w}} \tag{6-19}$$

3. 压降计算模型

目前世界上发表的多种两相流压降计算公式大体上可以分为以下三种。

第一类是均相流模型压降计算公式。把气液混合物看作一种均匀介质，按单相管线计算，只是由实验和实测数据确定气液沿管供输时的水力摩阻系数。目前国内常用的计算公式多数属均相流模型。

第二类是分相流模型压降计算公式。较著名的有 Lockhart－Martinelli 和 Dukler 压降计算法。

第三类是流型模型压降计算法。这类方法首先确定流型。由于流型不同能量损失机理也不同，因而计算公式也不尽相同。

近年来国外的研究多数倾向于后两种类型的计算，因为后两种类型的公式在理论上能更好地反映两相流的机理和能量损失规律。下面介绍水平气液两相管流的压降常用的几种方法。

1) Beggs－Brill 相关式

(1)压降梯度计算式。

$$-\frac{dp}{dl} = \frac{[H_l\rho_l + (1-H_L)\rho_g]g\sin\theta + \lambda \frac{2wM}{\pi d^3}}{1 - \frac{[H_l\rho_l + (1-H_L)\rho_g]ww_{sg}}{p}} \tag{6-20}$$

式中，p 为 dl 管段内流动介质的平均绝对压力，Pa；H_L为截面含液率，无因次；λ 为气液混输水力摩阻系数，无因次；ρ_g、ρ_l 为气液相密度，kg/m³；M 为气液混合物质量流量，kg/s；w 为气液混合物流速，m/s；w_{sg}为气相表观流速，m/s；d 为管内径，m；θ 为管段倾角，度或弧度。

当截面含液率等于1或等于0时，式(6－20)即为单相液体或单相气体管路的压降梯度计算式。式中有两个未知数，水力摩阻系数和截面含液率都需通过实验求得。

(2)截面含液率。

由实验数据标绘的截面含液率 H_L 与管路倾角 θ 的关系如图6－6所示。图中 R_L 为体积含液率，在不同的 R_L 下有形状类似的截面含液率与倾角的关系曲线。

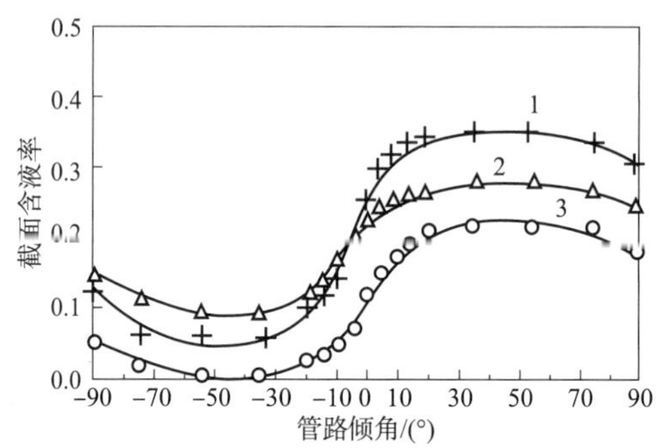

图6－6 截面含液率与倾角的关系

由实验曲线中，B－B得出如下结论。

①管段倾角大于3°时，实验中未发现分层流型。

②倾角由水平逐步增加时，液体流速减慢，含液率增加。倾角约为50°时，管段内截面含液率最高。进一步增加倾角时，液体不时充塞管路流通截面，出现气顶液体向上流动现象，液体流速增加，截面含液率又有所下降。

③在下坡管段观察到的流型几乎为分层流。当管段由水平逐步向下倾斜时，液体流速增大，截面含液率下降；倾角约为－50°时，截面含液率达到最小值。之后，流型转变为环状流，由于管壁和液体的黏性阻力，液体流速减慢，截面含液率又有所回升。

引入倾角修正系数 ϕ，其表达式为：

$$\phi=\frac{H_L(\theta)}{H_L(0)} \tag{6-21}$$

式中，$H_L(\theta)$ 为倾角为 θ 时的截面含液率,%；$H_L(0)$ 为水平管截面含液率,%。

水平管截面含液率 $H_L(0)$ 取决于体积含液率 R_L 和富劳德准数 $Fr=w^2/(gd)$。为归纳实验数据的方便，B－B(1977年又经布朗修正)将两相管路的流型分为四种：①分离流，包括分层流、波浪流和环状流；②过渡流；③间歇流，包括气团流和段塞流；④分散流，包括气泡流和弥散流(或称液雾流)。

由实验得出的两相管路流型判别准则如表6－6所示。实验得出的水平管截面含液率的计算通式为：

$$H_L(0)=\frac{aR_L^b}{Fr^c} \tag{6-22}$$

式中，a、b、c 皆为系数，其值取决于流型，如表6－7所示。

过渡流的截面含液率按式(6－23)计算。

$$H_L(0)_T = AH_L(0)_S + BH_L(0)_I \tag{6-23}$$

$$A = (L_3 - Fr)/(L_3 - L_2),\ B = 1 - A \tag{6-24}$$

式中，下标 T、S、I 分别表示过渡流、分离流和间歇流。

表 6-6　管路流型判别准则

流型	判别准则		L 的计算式
	R_L	Fr	
分离流	<0.01	$<L_1$	$L_1 = 316R_L^{0.302}$ $L_2 = 9.252 \times 10^{-4} R_L^{2.4684}$ $L_3 = 0.10R_L^{-1.4516}$ $L_4 = 0.5R_L^{-6.738}$
	≥0.01	$<L_2$	
过渡流	≥0.01	$>L_2$ 且 $<L_3$	
间歇流	≥0.01 且 <0.4	$>L_3$ 且 $<L_1$	
	≥0.4	$>L_3$ 且 $\leq L_4$	
分散流	<0.4	$\geq L_1$	
	≥0.4	$>L_4$	

表 6-7　系数 a、b、c 值

流型	a	b	c
分离流	0.980	0.4846	0.0868
间歇流	0.845	0.5351	0.0173
分散流	1.065	0.5824	0.0609

按式(6-22)和图 6-6，可求得某一 R_L 下与图 6-6 形状类似的 $\phi-\theta$ 曲线。曲线表明，在倾角为 ±50°处，ϕ 值有最大值和最小值。该曲线用下式描述：

$$\phi = 1 + C\left[\sin(1.8\theta) - \frac{1}{3}\sin^3(1.8\theta)\right] \tag{6-25}$$

$$C = (1 - R_L)\ln(dR_L{}^e N_{lw}{}^f Fr^g) \tag{6-26}$$

$$N_{lw} = w_{sl}\left(\frac{\rho_1}{g\sigma}\right)^{0.25} \tag{6-27}$$

式中，N_{lw} 为液相表观流速准数；d、e、f、g 为与流型有关的系数，如表 6-8 所示。

表 6-8　系数 d、e、f、g 值

流型	d	e	f	g
上坡分离流	0.011	-3.768	3.539	-1.614
上坡间歇流	2.96	0.305	-0.4473	0.0978
上坡分散流	$C=0$　　$\phi=1$			
下坡各流型	4.70	-0.3692	0.1244	-0.5056

由表 6-8 看出，上坡分散流时管段倾角对截面含液率无影响。此外，在实验范围内下坡管段流型几乎是分层流，故各流型的 C 值计算式一致。

对 $\theta = 90°$ 的垂直管路

$$\phi = 1 + 0.3C \tag{6-28}$$

(3)两相水力摩阻系数。

设：均质流的水力摩阻系数为 λ_0，两相流水力摩阻系数与均质流摩阻系数之比为 λ/λ_0。λ/λ_0 与截面含液率 $H_L(\theta)$、体积含液率 R_L 的实验关系如图 6－7 所示。图示曲线用式(6－29)～式(6－31)表示：

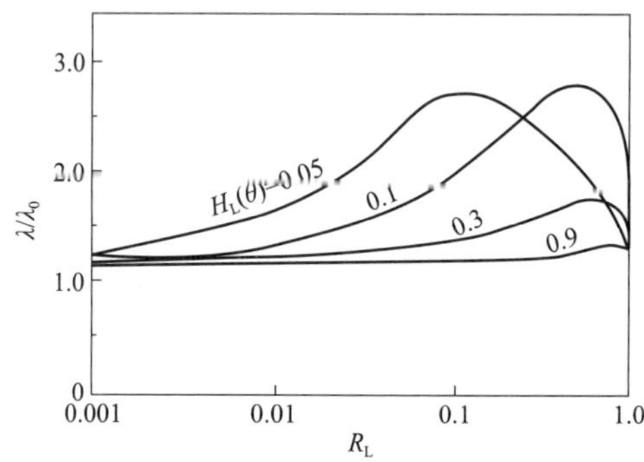

图 6－7　λ/λ_0 与 R_L 和 $H_L(\theta)$ 的实验关系

$$(\lambda/\lambda_0) = e^n \tag{6-29}$$

$$n = \frac{-\ln m}{0.0523 - 3.182\ln m + 0.8725\ (\ln m)^2 - 0.01853\ (\ln m)^4} \tag{6-30}$$

$$m = \frac{R_L}{[H_L(\theta)]} \tag{6-31}$$

当 $1 < m < 1.2$ 时，$n = \ln(2.2m - 1.2)$。

对水力光滑管，均质流水力摩阻系数 λ_0 由穆迪(moody)图查得，或用式(6－32)、式(6－33)计算：

$$\lambda_0 = \left[2\lg\left(\frac{Re_0}{4.5223\lg Re_0 - 3.8215}\right)\right]^{-2} \tag{6-32}$$

$$Re_0 = \frac{dw\rho_f}{\mu} = \frac{dw[\rho_l R_L + \rho_g(1 - R_L)]}{[\mu_l R_L - \mu_g(1 - R_L)]} \tag{6-33}$$

在众多考虑管路起伏影响的混输管路水力计算方法中，B－B 压降计算是唯一考虑下坡管段能量回收的计算方法。

B－B 相关式曾一度在石油工业中十分流行。随着使用增多，逐步暴露求截面含液率的相关式有明显的缺陷。下坡流动时，截面含液率的计算值明显过大，导致计算的管路压降值偏小。此外，在某些条件下，下坡流动时倾角修正系数 ϕ 还可能出现负值，从物理意义上无法解释。

式(6－26)的 ϕ 对倾角 θ 求一阶和二阶导数，可得出 $C = 1.5$ 为 ϕ 出现负值的分界值，$C > 1.5$ 时 ϕ 在表 6－9 的倾角范围内小于零。因而，文献建议，下坡管段最好不使用 B－B 相关式，而采用其他相关式进行计算。

表 6－9 不同 C 值下出现 $\phi<0$ 的倾角范围

C	θ	C	θ
1.501	−56 ~ −44	2.00	−81 ~ −19
1.510	−61 ~ −41	3.00	−88 ~ −12
1.520	−64 ~ −37	3.30	−89 ~ −11
1.530	−66 ~ −34	3.342	−90 ~ 0

2）Mukherjee－Brill 相关式

Brill 等也认为，B－B 相关式的缺点为：没有直接提出计算截面含液率的相关式；估算的截面含液率偏高；由一种流型转变为另一种流型时，含液率不连续，使两相水力摩阻系数也不连续，这与实际管路不符等。因而，通过试验得出 M－B 相关式。

（1）流型分界。

提出一组以无因次准数表示的、适用于各种管路倾角的流型分界相关式，其形式表现如下：

①$\theta>0$（上倾管），气泡流－段塞流间的转型相关式为：

$$N_{\mathrm{lwBS}}=10\exp(\lg N_{\mathrm{gw}}+0.94+0.074\sin\theta-0.855\sin^2\theta+3.695N_{\mathrm{l}}) \quad (6-34)$$

②θ 等于任何值，段塞流－环状流间转型相关式为：

$$N_{\mathrm{gwSM}}=10e^{(1.401-2.694N_{\mathrm{l}}+0.521N_{\mathrm{lw}}^{0.329})} \quad (6-35)$$

③$\theta\leqslant 0$（水平和下倾角），气泡流－段塞流转型相关式为：

$$N_{\mathrm{gwBS}}=10\exp[0.431+1.132\sin\theta-3.003N_{\mathrm{l}}-1.133\sin\theta\lg N_{\mathrm{lw}}-0.429(\lg N_{\mathrm{lw}})^2\sin\theta] \quad (6-36)$$

④$\theta\leqslant 0$（水平和下倾角），分层流边界相关式为：

$$N_{\mathrm{lwST}}=10\exp[0.321-0.017N_{\mathrm{gw}}-4.267\sin\theta-2.972N_{\mathrm{l}}-0.033(\lg N_{\mathrm{gw}})^2-3.925\sin^2\theta] \quad (6-37)$$

其中，

$$N_{\mathrm{lw}}=w_{\mathrm{sl}}\left(\frac{\rho_{\mathrm{l}}}{g\sigma}\right)^{0.25} \quad (6-38)$$

$$N_{\mathrm{gw}}=w_{\mathrm{sg}}\left(\frac{\rho_{\mathrm{l}}}{g\sigma}\right)^{0.25} \quad (6-39)$$

$$N_{\mathrm{l}}=\mu_{\mathrm{l}}\left(\frac{g}{\rho_{\mathrm{l}}\sigma^3}\right)^{0.25} \quad (6-40)$$

式中，N_{gw}、N_{lw} 分别为气、液相表观流速准数；N_{l} 为液相性质准数；w_{sg}、w_{sl} 为气、液相表观流速，m/s；θ 为管路倾角，（°），向上倾斜为正，向下倾斜为负；下标 BS 为气泡流－段塞流；SM－段塞流－环状流；ST－分层流。

以空气－煤油为介质，管路向下倾斜 70°时，用上述相关式画出的流型分界图如图 6－8 所示。图中还标出实验中观察到的流型结构，以便比较。按 M－B 法判别倾斜管路流型时，按图 6－8 的程序进行。

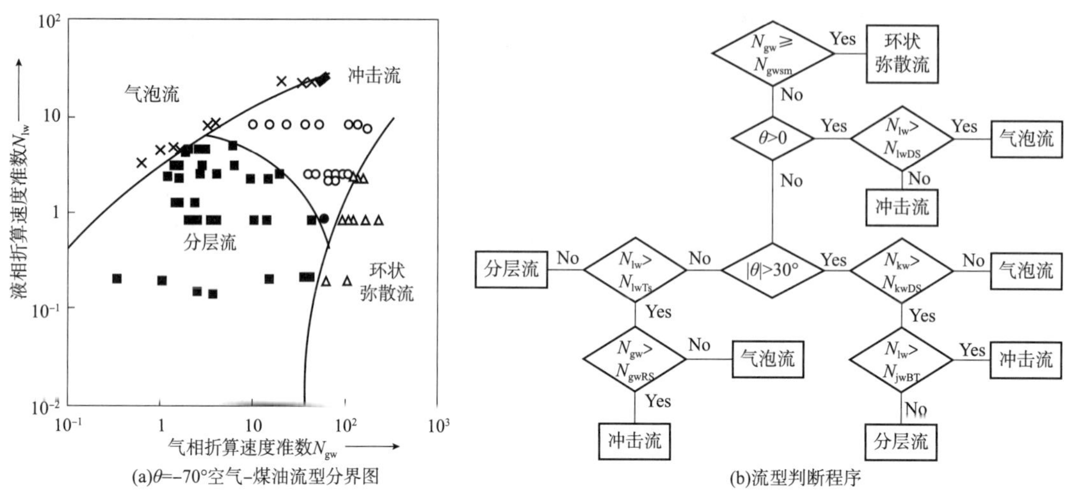

图 6-8　Brill 倾斜管流型图

(2)持液率相关式。

用非线性方程回归实验数据，得出截面含液率的相关式

$$H_L = e^{\left[(C_1 + C_2\sin\theta + C_3\sin^2\theta + C_4N_L{}^2)\frac{N_{gw}{}^{C5}}{N_{lw}{}^{C6}}\right]} \tag{6-41}$$

式中，$C_1 \sim C_6$ 为系数，按表 6-10 选取。

当倾角为 50°和 -50°时，按式(6-41)计算的持液率达到最大值和最小值。

表 6-10　系数 C 值

流动方向	流型	系数					
		C_1	C_2	C_3	C_4	C_5	C_6
上坡和水平	全部	-0. 380113	0. 129875	-0. 119788	2. 343227	0. 475686	0. 288657
下坡	分层	-1. 330282	4. 808139	4. 171584	56. 262268	0. 079951	0. 504887
	其他	-0. 516644	0. 789805	0. 551627	15. 519214	0. 371771	0. 393952

(3)压降相关式。

两相管路的压降由高程、加速和摩阻压降三部分组成。M-B 提出了各部分的计算式。

①高程压降。

$$\text{分层流}\quad \Delta p_h = \rho_g g \Delta l \sin\theta \tag{6-42}$$

$$\text{非分层流}\quad \Delta p_h = \rho g \Delta l \sin\theta \tag{6-43}$$

式中，Δl 为管段长度；ρ_g、ρ 为气相密度和气液混合物真实密度。

②加速压降。

$$\text{分层流}\quad \Delta p_a = 0 \tag{6-44}$$

$$\text{非分层流}\quad \Delta p_a = \frac{\rho w_{sg} \mathrm{d}p}{\bar{p}} \tag{6-45}$$

式中，$\bar{p}$ 为计算管段的平均压力，MPa。

③摩阻压降按流型给出计算式。

气泡流和段塞流可按均相流计算：

$$\Delta p_{\mathrm{f}}=\frac{\lambda_{\mathrm{H}}w^{2}\rho_{\mathrm{H}}\Delta l}{2d} \tag{6-46}$$

式中，λ_{H}为均相流水力摩阻系数，按均相流的雷诺数分为层流和湍流，层流 λ_{H}按 $64/Re_{\mathrm{H}}$计，湍流由 Moody 图或 Colebrook 公式计算。其表达式分别为：

$$Re_{\mathrm{H}}=\frac{dw\rho_{\mathrm{H}}}{\mu_{\mathrm{H}}},\qquad \mu_{\mathrm{H}}=\beta\mu_{\mathrm{g}}+(1-\beta)\mu_{\mathrm{l}} \tag{6-47}$$

分层流多数情况下，分层流的持液率很小，气液界面宽度 s_{i} 约为气相湿周 s_{g} 的10% ~20%。由稳态动量方程，管路摩阻压降为：

$$-A\frac{\mathrm{d}p}{\mathrm{d}l}=[\tau_{\mathrm{wg}}s_{\mathrm{g}}+\tau_{\mathrm{wl}}(\pi d-s_{\mathrm{g}})]+(\rho_{\mathrm{l}}A_{\mathrm{l}}+\rho_{\mathrm{g}}A_{\mathrm{g}})\sin\theta \tag{6-48}$$

式中，τ_{wg}、τ_{wl}为气液相与管壁的剪切力；s_{g}为气相湿周。

3) Eaton 压降计算法

(1) Eaton 实验简述。

Eaton 等用了三种直径的管线进行试验：在 2in(1in = 2.54cm) 和 4in 的试验管线中用到了水、原油、馏分油三种不同液体，测试中所用的气体均为天然气。

(2) Eaton 持液率相关式。

$$H_{\mathrm{l}}(0)=\psi\left[\frac{N_{\mathrm{lw}}{}^{0.575}}{N_{\mathrm{gw}}N_{\mathrm{D}}{}^{0.0277}}\left(\frac{P}{P_{\mathrm{b}}}\right)^{0.05}\left(\frac{N_{\mathrm{l}}}{N_{\mathrm{lb}}}\right)^{0.10}\right] \tag{6-49}$$

其中，

$$N_{\mathrm{lw}}=w_{\mathrm{sl}}\left(\frac{\rho_{\mathrm{l}}}{g\sigma}\right)^{1/4} \tag{6-50}$$

$$N_{\mathrm{gw}}=w_{\mathrm{sg}}\left(\frac{\rho_{\mathrm{l}}}{g\sigma}\right)^{1/4} \tag{6-51}$$

$$N_{\mathrm{l}}=\mu_{\mathrm{l}}\left(\frac{g}{\rho_{\mathrm{l}}\sigma^{3}}\right)^{1/4} \tag{6-52}$$

$$N_{D}=D\left(\frac{g\rho_{\mathrm{l}}}{\sigma}\right)^{1/2} \tag{6-53}$$

$$\text{令 } X=\frac{N_{\mathrm{lw}}{}^{0.575}}{N_{\mathrm{gw}}N_{D}{}^{0.0277}}\left(\frac{P}{P_{\mathrm{b}}}\right)^{0.05}\left(\frac{N_{\mathrm{l}}}{N_{\mathrm{lb}}}\right)^{0.1} \tag{6-54}$$

由于 Eaton 持液率的关系曲线，持液率在(0, 0.2)区间内，曲线变化平缓，计算误差较大。

(3) 压降相关式。

Eaton 认为，影响压降和流型的参数相同，故其压降相关式可用于各种流型。

Eaton 由能量平衡方程式最后推出的压降相关式为：

$$-144\left[\frac{w_{\mathrm{L}}}{\rho_{\mathrm{L}}}+\frac{w_{\mathrm{g}}}{\rho_{\mathrm{g}}}\right]\Delta P+\frac{w_{\mathrm{L}}\Delta v_{\mathrm{L}}^{2}+w_{\mathrm{g}}\Delta v_{\mathrm{g}}^{2}}{2g_{\mathrm{c}}}+\frac{fw_{\mathrm{t}}\overline{v_{\mathrm{g}}}^{2}}{2g_{\mathrm{c}}d}\Delta X=0 \tag{6-55}$$

从式 6-55 可以看出，Eaton 压降相关式没有考虑高程损失，只考虑了摩阻损失和加速损失。此时可以采用 Flanigan 相关式计算高程损失，人们称这时的 Eaton 压降式计算法为 Eaton Flanigan 混合模型压降计算法，简称 EF。

(4) Eaton 流型划分。

Eaton 用因次分析方法推出的两个无因次量，即气液混合物的雷诺数和韦伯数，并提出用这两个准数划分流型：

$$\text{雷诺数}\quad (N_{Re})_t = 1488.1617\left[\frac{w_t H_L^2}{d\mu_t}\right] \tag{6-56}$$

其中，

$$\mu_t = \mu_L H_L + \mu_g (1 - H_L) \tag{6-57}$$

$$\text{韦伯数}\quad (N_{We})_t = 453.4736\left[\frac{\overline{\rho_L} v_L^2 H_L^{0.5}}{\sigma} + \frac{\overline{\rho_g} v_s^2 (1 - H_L)^{0.5}}{\sigma}\right] \tag{6-58}$$

与以前研究者不同的是，Eaton 认为，流型不是一个独立变量，影响水平管压降损失的参数也影响流型。因此，流型和压降均为非独立变量。在求能量损失相关式的过程中证实了上述结论。

(二)计量方式优选研究

稠油单井计量技术是制约串接集输工艺的关键技术之一，也是需要解决的难题。在春风油田的开发过程中，随时对单井计量技术进行调研分析和改进，选择适用的计量方式，为集输工艺的优化提供技术支持。

分析排 601 北区的计量方式，认为功图计量在胜利油田的应用整体误差在 ±25%，且当时没有在类似稠油油田成功应用的先例，因此采用了较适合的单井智能气液计量遥控监测装置。但现场应用后发现该装置对高温工况及低温环境温度不适应。

在排 601 中区、排 6 南区、排 601 南区，对适用于稠油的计量方式进行比选，采用了适合春风油田工况的旋流分离多相计量装置。

排 601-20 区块研究过程中，对计量方式进行优选研究。

计量主要包括质量计量、体积计量和功图计量三大类，各类计量方式在胜利油田的应用情况如表 6-11～表 6-13 所示。

表 6-11　油井计量方式应用情况

计量方式	质量计量							体积计量	功图计量
类别	常规分离器	双分离器	称重式计量	旋流分离	活动计量车	多井式自动计量装置	质量流量计	多功能罐液位翻板	示功图远传
应用数量	2077	128	291	87	13	7	16	454	4432
量油井数	14886	1620	1110	832	381	54	130	454	4432

表 6－12　分液量计量误差情况

计量技术	液量≤10t/d		液量 10(不含 10)～30t/d		液量 30(不含 30)～70t/d		液量＞70t/d	
	井次/次	平均误差/%	井次/次	平均误差/%	井次/次	平均误差/%	井次/次	平均误差/%
油井计量分离器	65	17	116	14.53	205	9.21	145	8.46
旋流分离多相计量	25	9.99	90	5.69	57	5.44	22	6.16
称重式油井计量器	21	9.98	50	8.85	63	9.49	28	14.24
示功图	35	11.69	68	9.07	70	9.25	17	9.17

表 6－13　分黏度计量误差情况

计量技术	0～50mPa·s		50(不含 50)～10000mPa·s		10000(不含 10000)～50000mPa·s		＞50000mPa·s	
	井次/次	平均误差/%	井次/次	平均误差/%	井次/次	平均误差/%	井次/次	平均误差/%
油井计量分离器	246	8.92	175	9.38	75	15.37	35	14.54
旋流分离多相计量	34	2.72	140	6.73	20	4.41	0	0
称重式油井计量器	0	0	78	9.84	55	11.07	29	14.87
示功图	129	7.53	36	10.72	12	15.38	15	20.47

排 601－20 区块吞吐阶段单井产液量在 20t/d 左右，汽驱阶段单井产液量在 40t/d 左右，原油黏度 2384～3449mPa·s，从表 6－12、表 6－13 可以看出，在排 601－20 块的油井生产条件下，除示功图计量误差最大为 10.72% 外，其他计量方式误差均在 10% 以内，因此以上几种计量方式均能满足规范中的计量误差要求，即采用计量装置误差要求 10% 以内，采用软件计量误差要求 15% 以内。

1. 油井计量分离器

油井计量分离器分为两种，一种是两相分离玻璃管(或磁翻转液位计)计量，另一种是两相分离仪表计量。

1)两相分离玻璃管(或磁翻转液位计)计量

(1)计量原理。

根据连通器原理，玻璃管液位计(磁翻板液位计)和分离器构成连通器，液位计液位随分离器液位下降而上升，通过记录液位计内液位上升一定高度所需时间计算油井日产液量。

计量原理图如图 6－9 所示，计量装置安装实物如图 6－10 所示。

(2)特点。

①数据不能实时上传；②气量少的油井，压液面操作困难；③人工化验含水，人工录取数据；④稠油黏度比较大时，易造成挂壁。

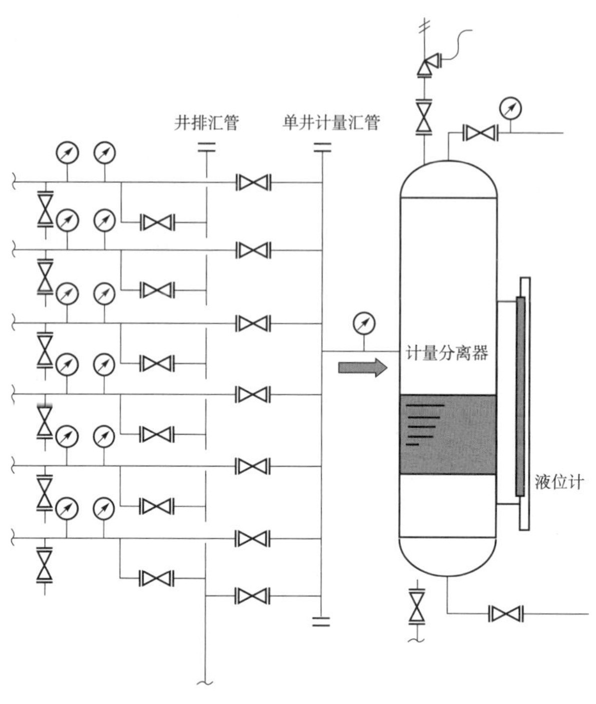

图 6-9　计量原理图

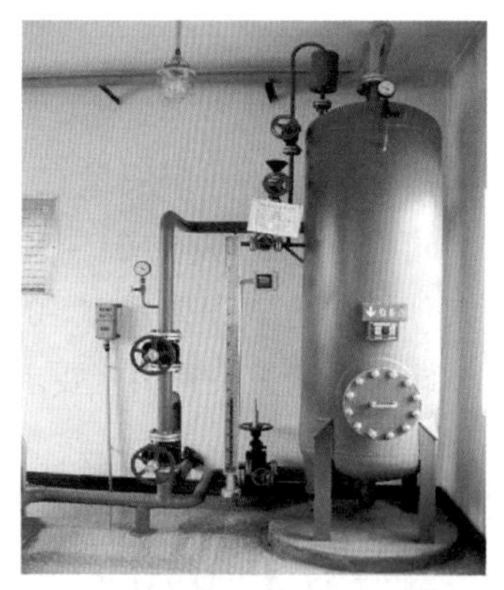

图 6-10　计量装置安装实物

(3)使用情况。

玻璃管液位计计量分离器是目前油田应用最广泛的计量技术，也是两相分离器计量的代表性技术。

2)两相分离仪表计量

两相分离仪表计量采用计量仪表对气相、液相进行计量，解决了玻璃管量油不能实时上传的问题。

(1)计量原理。

分离器的液面依靠浮子式油气三通调节阀变压控制，不改变油井回压，系统控制简单、平稳，分离出的天然气由旋进旋涡气体流量计计量、液相由质量流量计计量，可根据油水密度计算纯油、纯水量。计量原理图如图 6 – 11 所示。

(2)特点。

对于少气的稠油井，压液面操作较困难。但由于采用仪表计量，解决了人工化验及原油含水的问题，同时减轻了工人劳动强度，实现了原油产量的数据上传。

(3)使用情况。

该计量装置自 1995 年研制成功后先后在青海、新疆、华北及胜利等油田应用 200 多套，其中在胜利河口、临盘、孤东、孤岛等采油厂应用近 100 套，并在海洋厂的浅海平台实现了无人值守。

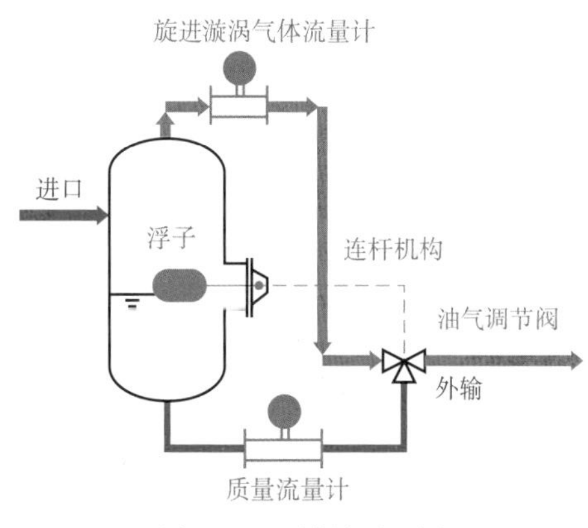

图 6 – 11　计量原理图

2. 旋流分离多相连续计量装置

1)计量原理

旋流分离多相连续计量装置采用旋流分离技术将油井采出液分离成气、液两相，分离后的液相通过质量流量计进行液量计量，气相通过气表实现气量计量，进而通过计算含水率计算油量，最后实现对油气水进行三相计量。计量原理图如图 6 – 12 所示。

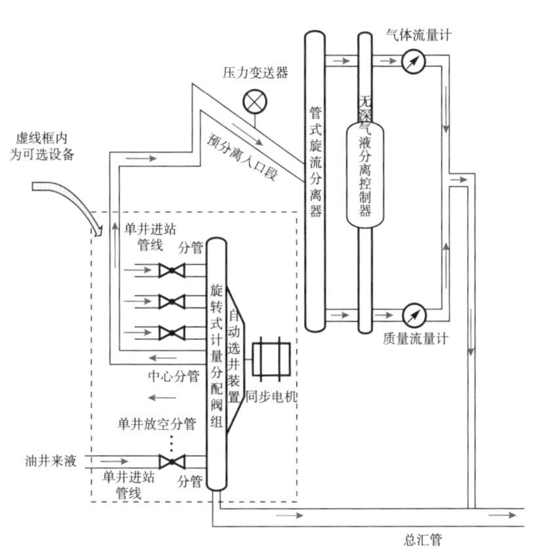

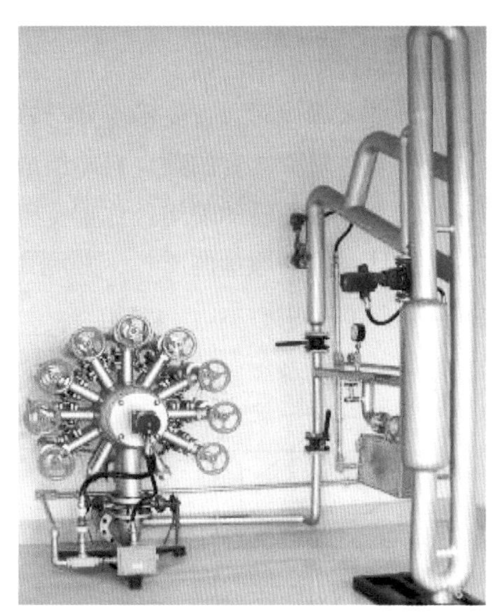

图 6 – 12　旋流分离多相连续计量原理图

2)特点

①能进行油气水的分相计量；②实现了油气的分离，对气量的适应性强；③计量采用质量流量计，需定期校正。

3)使用情况

旋流分离多相连续计量装置是滨南采油厂自主研发的单井计量装置，近两年在油田逐步得到较广泛的应用。目前，胜利油田应用 87 套，春风油田安装 19 套，在用 12 套，对 31 口油井进行标定，液量误差在 2.91%，含水率误差 2.84%，计量精度高；气表耐温不满足需求，气量不准。实物如图 6－13 所示。

图 6－13 旋流分离多相连续计量装置

3. 称重式油井计量装置

1）计量原理

该计量装置主要由罐体、分离器、翻斗机构、称重传感器、位置传感器等部件组成。原油从入口进入罐体时，首先沿伞状分离器铺开流入漏斗，进入分布器后流入翻斗装置。翻斗装置由两个对称放置的独立料斗组成，翻斗下方装有称重传感器，左右位置传感器监测翻斗的状态，在翻转的瞬间，称重传感器将翻转的重量信号传入控制器，通过累计一定时间内流经计量罐的原油的质量，并利用计算及特殊的修正方法换算为油井的日产液量。计量原理如图 6－14 所示。

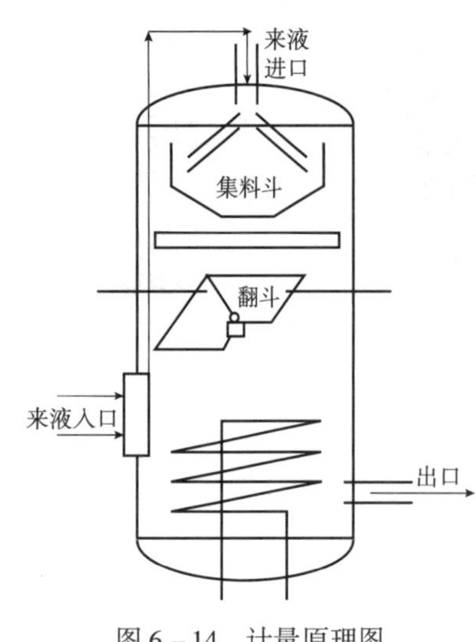

图 6－14 计量原理图

2）特点

①保持腔体内有一定的气体，存在补气的可能；②原油挂壁、气量冲击时计量精度受影响。

3）使用情况

①辽河、克拉玛依、胜利均有应用；②胜利油田主要用于石油开发中心、河口及滨南采油厂等，运行情况较好；③胜利油田总计使用 291 套。

4. 示功图计量

示功图计量分析系统是以油井抽油机泵体为计量器具，以示功图量液仪为数据采集、处理和显示仪表的油井产量计量方法，是计算机软件技术在油井产量计量上的成功应用。其现场配置安装模式如图 6－15 所示。

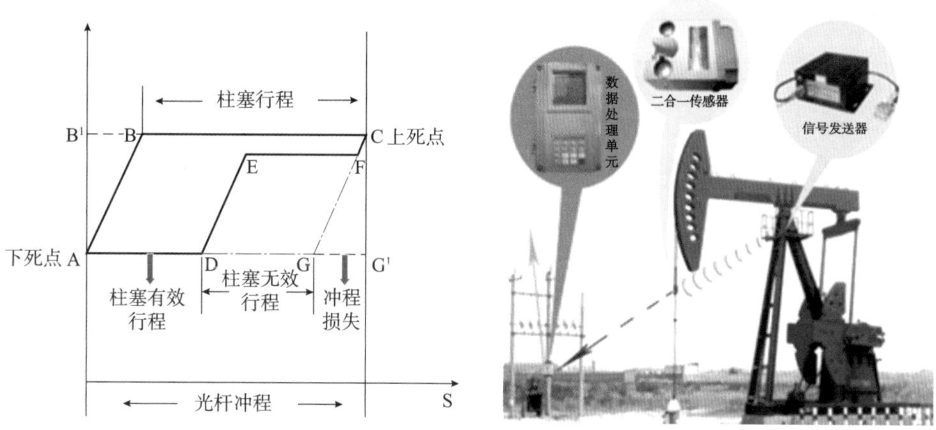

图 6－15　示功图计量分析系统

1) 计量原理

利用示功图中有效冲程计算每个冲程产液体积，利用油管内混合液密度换算出油井产液量。

2) 特点

示功图计量计算中涉及参数较多、影响因素复杂，需根据使用工况不定期校正。

3) 利用密度阈值确定有效冲程方法

传统功图计量是根据抽油机井光杆的载荷－位移变化曲线，即油井的示功图，确定抽油泵游动凡尔的开闭合点，计算出抽油泵的有效冲程，结合抽油泵泵径、冲程、冲次等生产参数计算油井的日产液量。

利用密度阈值确定有效冲程方法，是将示功图分解为多个载荷点，再将载荷点投影到纵轴(载荷)上，根据载荷点在纵轴(载荷)上的密度阈值确定有效冲程段所在的载荷范围，进而确定有效冲程段长度并计算油井日产液量。能够最大限度减少由于示功图不规范对有效冲程段选取的影响。

4) 使用情况

目前已有的示功图计算机算产的方法主要适用于稀油井，要求示功图相对规范、有效冲程段载荷波动范围小。对于稠油，原油黏度高、产液变化大、影响载荷变化因素多，因此造成非常规功图较多，使得针对稀油的示功图计算机算产软件难以准确选取有效冲程段，导致产液量计算误差大，对稠油井，特别是特超稠油井的适应性较差。

利用密度阈值确定有效冲程方法示功图计量在胜利油田稠油区块现场试验主要在现河采油厂草 13 块和胜利采油厂坨 82 块。

(1) 现河采油厂草 13 块。

现河采油厂草 13 块油田生产监测管理系统在现河采油厂共安装了 21 口油井，抽取三矿 9 队 10 口采油井对示功图量油功能进行分析对比，如表 6－14、表 6－15 所示。

表 6-14　抽取油井生产情况

序号	井号	采油阶段	安装日期	抽油机机型	含水率/%	黏度/mPa·s	井口温度/℃
1	C13 - P37	转抽初期	2012.3.23	游梁式	96.0	2768	49
2	C13 - P61	转抽初期	2012.3.23	游梁式	74.0	569.2	65
3	C13 - P32	转抽中期	2012.3.24	游梁式	95.2	1607	49
4	C13 - P86	转抽中期	2012.3.24	游梁式	87.0	439	41
5	C13 - P3	转抽末期	2012.3.26	皮带式	99.1	1354	53
6	C13 - P5	转抽末期	2012.3.20	游梁式	99.1	5488	43
7	C13 - P6	转抽末期	2012.7.30	皮带式	98.0	8326.3	36
8	C13 - 15	冷采井	2012.7.30	皮带式	90.7	2968	37
9	C13 - 115	冷采井	2012.7.30	皮带式	39.0	286.1	24
10	C13 - 113	冷采井	2012.7.17	游梁式	78.3	559.6	15

表 6-15　示功图量油分析对比

井号	罐车标定产量/(t/d)	功图量油罐车校准值/(t/d)	功图量油罐车校准与罐标相对误差/%
C13 - P37	51.4	52.0	1.17
C13 - P61	10.2	10.5	2.94
C13 - P32	49.8	48.6	2.41
C13 - P86	33.2	32.2	3.01
C13 - P3	56.2	58.0	3.20
C13 - P5	54.0	53.4	1.11
C13 - P6	47.4	46.5	1.90
C13 - 15	41.0	40.0	2.44
C13 - 115	2.6	3.0	17.65
总液量	345.8	344.2	0.45
平均相对误差			3.98

从表6-15可以看出，现河采油厂草13块所测试油井的功图量油平均相对误差在5%以内。

(2)胜利采油厂坨82块。

胜利采油厂坨82块的整体情况：流体原油黏度10000～76000mPa·s；30口井罐车标产液量753.9t，功图量油724.9t，相差29t，误差3.8%，总体误差较小。表6-16、表6-17是功图量油误差分析对比。

表 6-16　按周期功图量油分析对比

周期	<2月	2～4月	>4月	平均
井数/口	9	8	13	30
总误差/%	6.41	9.25	1.61	3.8
单井绝对误差/%	13	11.7	23.1	15.9

表 6－17　按误差范围功图量油分析对比

误差率	<－10%	－10%<误差<0	0<误差<10%	>10%	合计
占井数/口	9	10	2	9	30
占比/%	30	33.33	6.67	30.00	100

从表 6－16、表 6－17 可以看出，对于胜利采油厂坨 82 块黏度在 10000～76000mPa·s 的超稠油，功图计量各周期总误差均在 10% 范围内，误差率在－10%～10% 的比例为 40%。

5. 计量方式对比

根据排 601－20 区块油品性质，为满足信息化水平提升，对可以实现实时上传的几种计量方式进行综合对比，如表 6－18 所示。

表 6－18　油井计量方式对比

对比内容	两相分离仪表计量	称重式计量装置	旋流分离计量装置	功图法计量
测量范围	液量、油量	液量、油量	液量、油量	液量
测量原理	容器分离＋质量流量计	翻斗称重	旋流分离＋质量流量计	功图量油
计量精度	<10%	<10%	<10%	<15%
影响计量因素	气量、黏度、液量；需定期标定	气量、黏度、液量、多通阀密封情况，需定期标定	气量、质量流量计标定情况、多通阀密封情况	井下工况、定期标定情况
信息化配套	实现数据实时测试、连续计量、数据远传			
安装及保温	室内或室外，可橇装化	室外安装	室内安装或橇装化	井口安装
安全	室外安装，便于油气散发	室外安装，便于油气散发	室内安装，不便于油气散发	井口安装，利于油气扩散
能耗	用电负荷低	用电负荷低	保温房内厂家自带电加热器、电伴热带等，用电功率大	不用电
维修维护依托	胜利油田东部、塔河油田	克拉玛依	胜利油田东部	胜利油田东部
设备价格	设备价格 18 万元（不含多通阀）	高(29 万元)（含多通阀）	高(48 万元)（含多通阀）	1 万元/口油井

通过表 6－18 对比论证，认为四种计量方式都能满足液量计量的要求，但是都不能实现单井产含水率检测，两相分离和旋流分离计量只能采用质量流量计反算含水率。采用常规的含水率分析仪价格在 10 万元左右，价格较高，目前各油田都不能实现单井产液的低成本含水率检测。

通过以上分析对比，功图计量能满足计量精度要求，成本低、管理方便，同时能简化地面工艺流程，因此，排 601－20 块计量方式推荐采用示功图软件计量。

(三)串接集输工艺研究

根据计量方式的不同，同时针对春风油田排6南区以及排601中区和南区已经基本形成以旋流分离计量为主的计量模式，集输管网进行两种方式研究。

方式一：集中计量流程(配套设备计量)集输方式是在井场设置选井阀组、计量装置，每座计量装置管辖一定数量的油井，油井产液集中计量后进入增压泵站，来液在增压泵站计量后串接进入春风联合站。

方式二：功图计量、串接流程(配套软件计量)是指油井采用示功图计量，单井计量完成后串接进入增压泵站，来液在增压泵站计量后串接进入春风联合站。

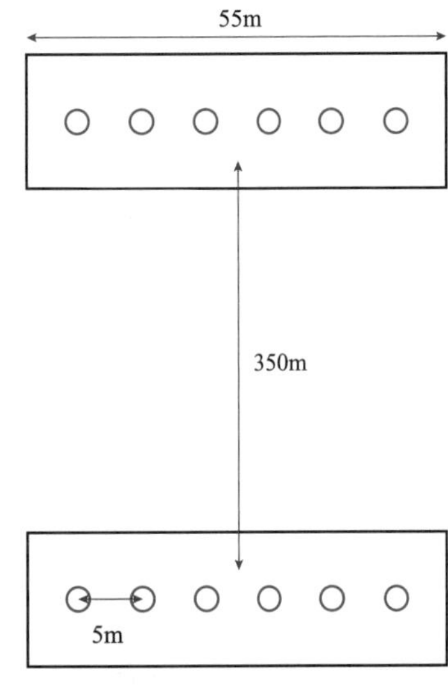

图6－16　六井式平台

1. 方式一：集中计量流程

集中计量流程是指1套计量装置管辖多套选井阀组，每套选井阀组控制多口油井，选井阀组到井口的管线采用“注采合一”管线或者“注采掺”管线，辐射布置。为满足标准化设计需求，尽量统一设备规格。

1)选井阀组的设置

选井阀组的功能是实现计量装置所管辖单井的选择性计量。进口为各单井来液，出口有两条管线，一条为计量管线，去计量装置满足计量需求；另一条为汇管，除计量油井之外的其他油井液量汇总后去集输汇管。

根据钻井工程布置，平台有单井式、2井式、3井式、4井式、5井式、6井式。针对3～6井式平台，对两个平台共用1套选井阀组方式与两个平台各设1套选井阀组方式进行经济比较。图6－16是两座六井式平台，图6－17、图6－18是两座6井式的平台设置选井阀组方式的对比。

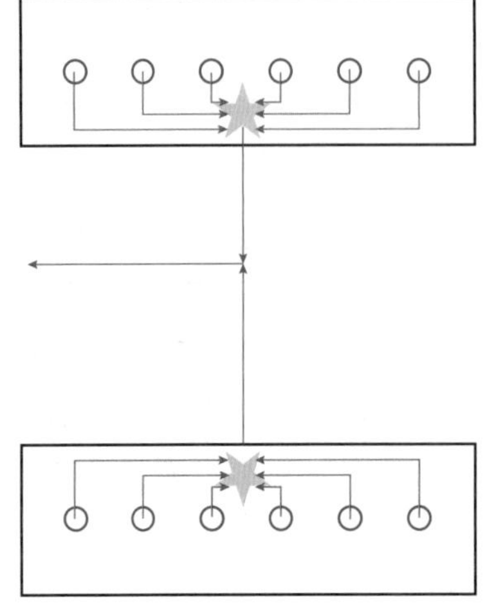

图6－17　每个平台设1套选井阀组

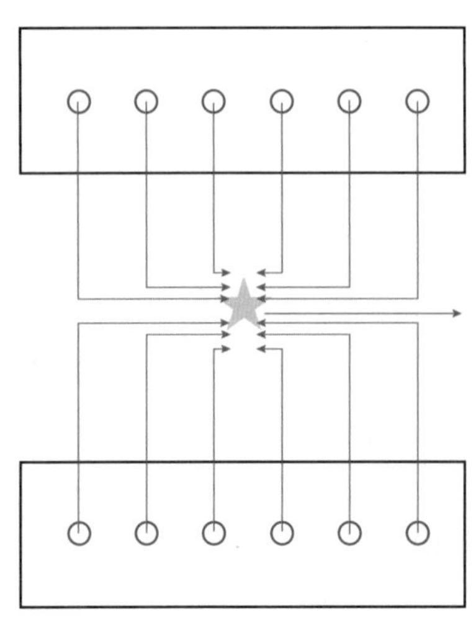

图6－18　两个平台共用1套选井阀组

通过比较发现，两个平台共用1套选井阀组，选井阀组至井口管线较长、管线投资较高。两个平台共用1套选井阀组，投资593.3万元；每个平台设1套选井阀组，投资362.5万元。而且每个平台设1套选井阀组管理方便，便于实现标准化，因此3~6井式平台每座平台设1套选井阀组。

根据平台相对关系，对于单井式、2井式平台，2~4座平台设1个多通选井阀组，3~6井式的平台，每座平台设1套选井阀组。

2)计量方式

计量装置担负着井口产液的计量任务，井口来液经多通阀选井后，一路输送至计量装置计量，一路混输到计量装置后经过增压泵站增压，输送至春风联合站进行处理，距离春风联合站较近的16口油井直接输至春风联合站处理。

根据选井阀组的布置，1~3个选井阀组设1套计量装置。

3)集输管网

以图6-19为模型进行计算。

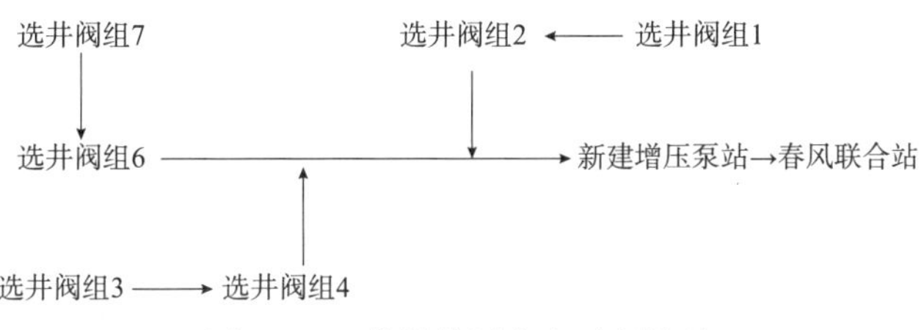

图6-19　集输管网走向示意模型

(1)单井出油管线。

最远单井距离计量装置0.81km。吞吐阶段，单井产液含水率低，混合黏度大；到汽驱阶段，单井产液量增加、含水高、混合黏度低，因此根据吞吐阶段和汽驱阶段的液量分别进行单井出油管线的计算。

吞吐阶段：单井产油量最大为第1年7.5t/d，综合含水率61%；汽驱阶段：单井最大产油量为第4年7.9t/d，综合含水率78.7%，单井最大产液量为第9年单井产油为6.5t/d，综合含水率85.6%。井口出油温度按80℃，计量装置压力按0.7MPa计算。水力、热力计算结果如表6-19所示。

表6-19　单井管线水力、热力计算成果表

序号	管径/mm×mm	井口温度/℃	井口回压/MPa	计量装置温度/℃	阶段
1	ϕ76×4	80	0.91	59.7	吞吐
			0.89	69.9	汽驱最大产油量
			0.85	71.9	汽驱最大产液量
2	ϕ89×4	80	0.81	58.1	吞吐
			0.80	69.1	汽驱最大产油量
			0.77	71.2	汽驱最大产液量

通过表 6－19 对比计算可以看出，吞吐阶段液量低、黏度大的条件下，计算更不利，因此，方案中的其他计算按吞吐阶段液量进行计算。

从表 6－19 中还可以看出，单井管线选用 Φ76mm×4mm 和 Φ89mm×4mm 均能满足规范要求的井口回压小于 1.5MPa 的要求。但是由于方案设计单井出油管线与热力的井口注汽管线共用一条管线，热力单井注汽管线采用 Φ89mm×9.5mm，利用 Pipephase 9.2 对管线进行校核，水力、热力计算结果如表 6－20 所示。

表 6－20　单井管线水力、热力计算校核

序号	管径/mm×mm	井口温度/℃	井口回压/MPa	计量装置温度/℃	阶段
1	Φ89×9.5	80	0.89	60.5	吞吐
			0.87	70.3	汽驱最大产油量
			0.84	72.3	汽驱最大产液量

从表 6－20 中可以看出，选择 Φ89mm×9.5mm 管线，井口回压小于 1.0MPa，因此 Φ89mm×9.5mm 注采合一管线可以满足单井出油的要求。

(2)集油管线。

利用 Pipephase 9.2 软件，按图 6－19 建立模型进行计算，以增压泵站进站压力为 0.3MPa 反算井口回压。由于吞吐阶段液量低、黏度大的条件下，计算更不利，所以集油管线按吞吐阶段来液参数进行计算。单井产油量 7.5t/d，综合含水率 61%。管径的选择如表 6－21、表 6－22 所示。

表 6－21　选井阀组所辖油井距离及管线规格表

序号	阀组	平台	油井	距离/km	管线规格/mm×mm
1	阀组 1	平台 2－6	排 7－平 64、65	0.44	Φ89×9.5
		平台 2－10	排 7－平 66、67	0.05	Φ89×9.5
		平台 2－12	排 7－平 68、69	0.41	Φ89×9.5
2	阀组 2	平台 2－2	排 7－平 56、57	0.80	Φ89×9.5
		平台 2－5	排 7－平 58、59	0.41	Φ89×9.5
		平台 2－9	排 7－平 60、61	0.05	Φ89×9.5
		平台 2－11	排 7－平 62、63	0.42	Φ89×9.5
3	阀组 3	平台 2－1	排 7－平 50、51	0.47	Φ89×9.5
		平台 2－3	排 7－平 52、53	0.05	Φ89×9.5
		平台 2－7	排 7－平 54、55	0.42	Φ89×9.5
4	阀组 4	平台 2－4	排 7－平 46、47	0.05	Φ89×9.5
		平台 2－8	排 7－平 48、49	0.43	Φ89×9.5
5	阀组 6	平台 6－1	排 7－斜 92、93、97、98、103、104	0.05	Φ89×9.5

续表

序号	阀组	平台	油井	距离/km	管线规格/mm×mm
6	阀组 7	平台 2-14	排 7-平 21、22	0.18	Φ89×9.5
		平台 4-1	排 7-平 83、84、86、87	0.05	Φ89×9.5

表 6-22　距离及管径一览表

序号	起点—终点	距离/km	管径/mm×mm
1	阀组 7—阀组 6	0.28	Φ114×4
2	阀组 3—阀组 4	0.18	Φ114×4
3	阀组 6—阀组 4	0.48	Φ159×5
4	阀组 4—阀组 2	1.03	Φ159×5
5	阀组 1—阀组 2	0.18	Φ114×4
6	阀组 2—增压泵站	0.17	Φ159×5

水力、热力计算成果如表 6-23、图 6-20 所示。

表 6-23　水力、热力计算成果表

油井平台	井口压力/MPa	井口温度/℃	阀组距离/m	阀组名称	阀组温度/℃	距离增压泵站/m	增压泵站压力/MPa	增压泵站温度/℃
PT2-4	0.63	74	405	阀组 4	66.7	800	0.3	65
PT2-8	0.54	67.5	50					
PT2-2	0.70	84	810	阀组 2	66.4	800		
PT2-5	0.80	74	410					
PT2-9	0.71	67	50					
PT2-11	0.80	74	420					
PT2-6	0.81	75.5	430	阀组 1	67.5	970		
PT2-10	0.72	68	50					
PT2-12	0.84	75.5	405					
PT6-1	0.59	69	50	阀组 6	68.4	1080		
PT2-1	0.84	78	465	阀组 3	68.8	1245		
PT2-3	0.68	69.5	50					
PT2-7	0.82	77	420					
PT2-14	0.70	71.5	170	阀组 7	69.5	1340		
PT4-1	0.68	70	50					

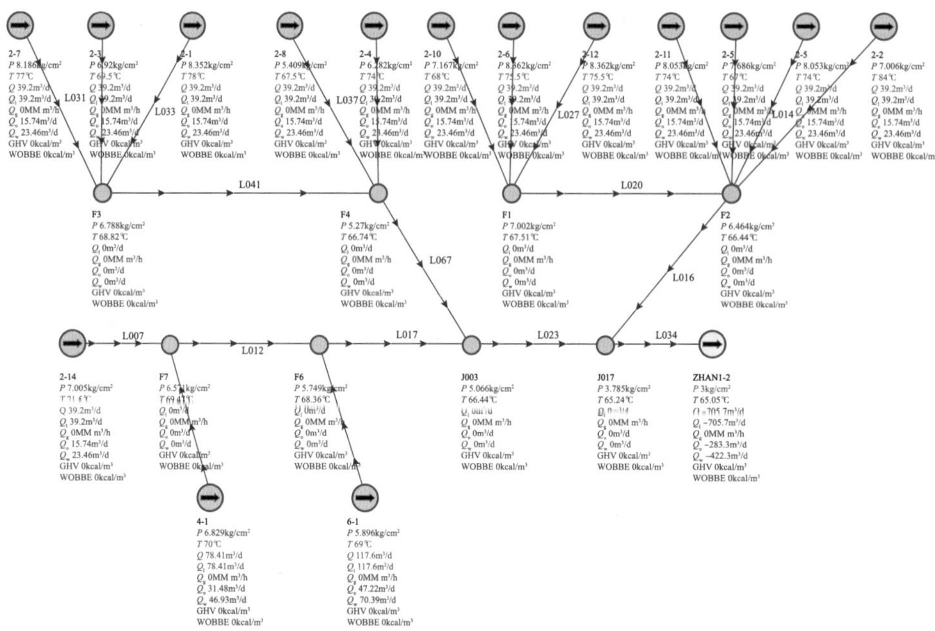

图 6－20　水力热力计算成果图

从表 6－23 可以看出，井口回压均小于规范要求的 1.5MPa，因此表 6－21、表 6－22 中所选择的管线管径可以满足要求。

选取增压泵站所管辖的较远的 1 口油井为例进行研究，如图 6－21 所示。

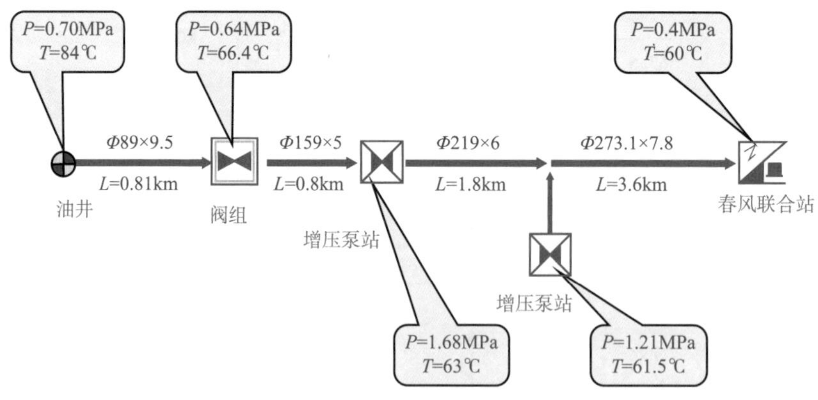

图 6－21　集油管线示意图

从图 6－21 中可以看出，满足春风联合站进站温度和压力要求条件下，最远井的外输温度为 84℃。

4）增压泵站外输管线

为减少外输管线，增压泵站串接进春风联合站。最远增压泵站距离春风联合站约 5.4km，联合站按进站温度 60℃、进站压力 0.4MPa 计算，吞吐阶段单井产油量 7.5t/d，含水率 61%，利用 Pipephase 9.2 进行水力、热力计算，计算成果如表 6－24、表 6－25 所示。增压泵站相对关系示意图如图 6－22 所示。

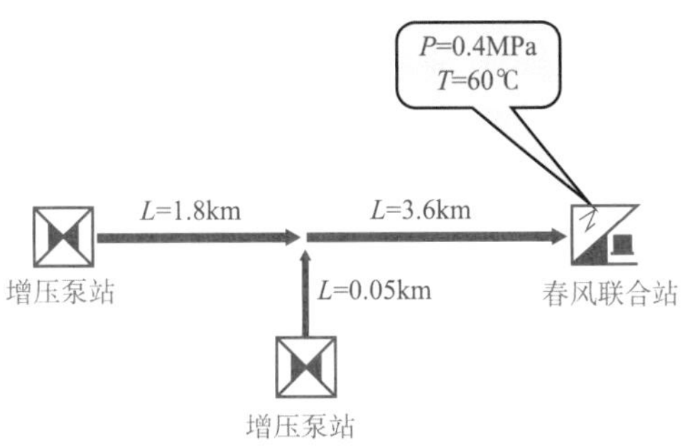

图 6-22　增压泵站相对关系示意图

表 6-24　2#增压泵站至春风联合站外输管线水力、热力计算成果表

序号	管径/mm×mm	增压泵站		进站压力/MPa	进站温度/℃	流速/(m/s)
		压力/MPa	温度/℃			
1	Φ219×6	2.36	61.5	0.4	60	0.94
2	Φ273.1×7.8	1.20	61.5			0.60
3	Φ323.9×7.8	0.79	62			0.42

从表 6-24 中可以看出，选用 Φ219mm×6mm 的管线，增压泵站压力过高；选用 Φ323.9mm×7.8mm 的管线，流体流速偏低。因此，该段管线选用 Φ273.1mm×7.8mm 的管线。

表 6-25　1#增压泵站至 2#增压泵站外输管线水力、热力计算成果表

序号	管径/mm×mm	1#增压泵站		2#增压泵站		流速/(m/s)
		压力/MPa	温度/℃	压力/MPa	温度/℃	
1	Φ159×5	3.02	62.5	1.20	61.5	0.94
2	Φ219×6	1.68	63			0.49
3	Φ273.1×7.8	1.40	63			0.31

从表 6-25 中可以看出，选用 Φ159mm×5mm 的管线，增压泵站压力过高，选用 Φ273.1mm×7.8mm 的管线，流体流速过低。因此，该段管线选用 Φ219mm×6mm 的管线。

增压泵站外输管线水力热力计算成果图如图 6-23 所示。

2. 方式二：功图计量、串接流程

功图计量、串接流程即油井采用示功图计量，单井计量完成后串接进入增压泵站，井口至增压泵站管线串接布置。

1）集油管网

选取较远增压泵站所管辖油井中集油长度较远的支线为例，如图 6-24 所示，增压泵站进站温度按 65℃、进站压力按 0.3MPa，利用 Pipephase 9.2 进行计算，水力、热力计算成果见表 6-26、图 6-25。

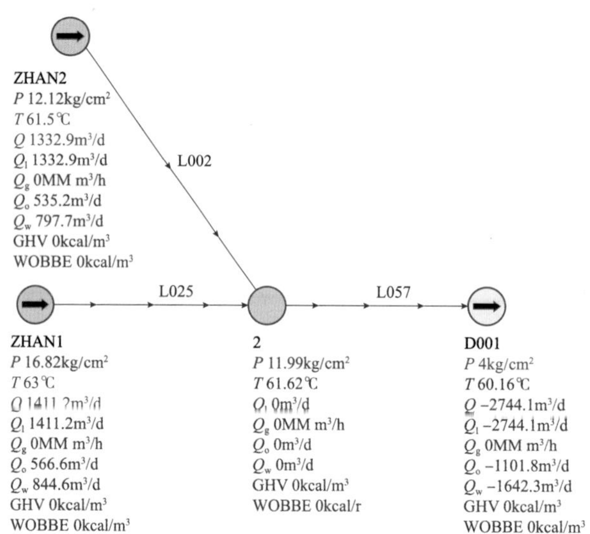

图 6－23　增压泵站外输管线水力热力成果图

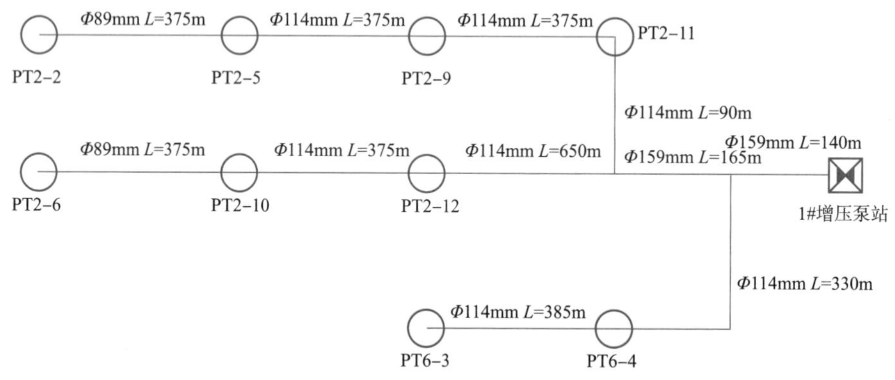

图 6－24　1#增压泵站支线走向示意图

表 6－26　水力热力计算成果表

油井平台	井口压力/MPa	井口温度/℃	与增压泵站距离/m	增压泵站压力/MPa	增压泵站温度/℃
PT6－3	0.67	67	470	0.3	65
PT6－4	0.69	69	855		
PT2－11	0.42	67	395		
PT2－9	0.53	68	770		
PT2－5	0.61	71	1145		
PT2－2	0.69	76	1520		
PT2－12	0.58	69	955		
PT2－10	0.64	73	1330		
PT2－6	0.73	78	1705		

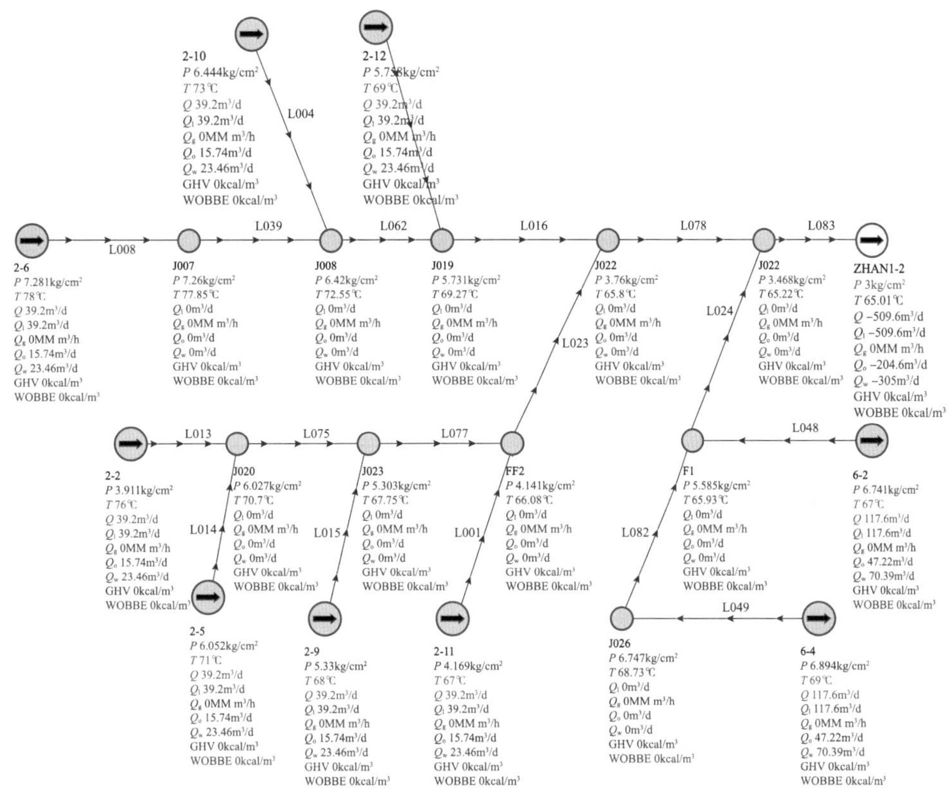

图 6－25　水力热力计算成果图

从表 6－26、图 6－25 可以看出，图 6－24 所选管径可以满足集输要求，井口回压均小于规范要求的 1.5MPa。集油管线采用 40mm 耐高温泡沫黄夹克保温。

选取增压泵站管辖较远的 1 口油井为例进行研究，水力热力计算成果如图 6－26 所示。

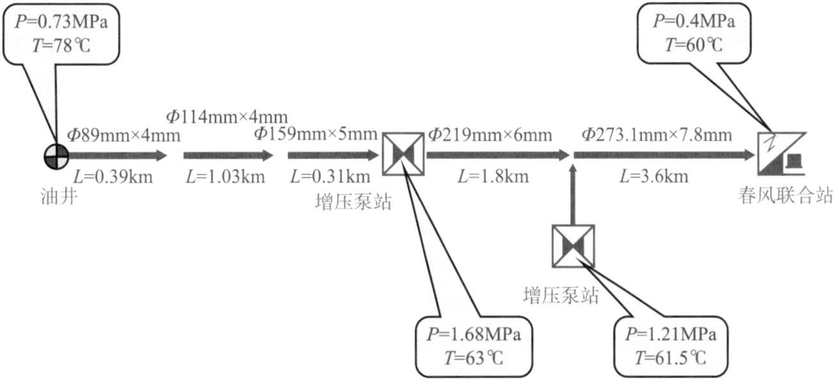

图 6－26　集油管线水力、热力计算成果示意图

从图 6－26 中可以看出，采用功图计量、串接流程时，在满足春风联合站进站温度和压力的条件下，最远油井的出油温度在 78℃。

2)增压泵外输管线

由于两个集输方式增压泵站的位置以及所辖油井相同，因此，增压泵外输管线同方式一。

3. 集输管网方案对比

表6－27是对集中计量流程与功图计量、串接流程两种集输方式站外管网投资对比。

表6－27 集输管网投资对比

方式	投资
方式一：集中计量	18404.97
方式二：功图计量、串接	15507.88
减少投资	2897.09

从表6－27中可以看出，功图计量、串接流程投资明显低于集中计量流程的，可节省投资2897.09万元。

因此，集输管网采用功图计量、串接流程。

第三节 示范标准化建设

排601－20块作为春风油田首个“四化”示范区，形成1－6井式注采合一标准化井场7个系列、600m^3/d标准化水源井泵房4个系列、增压泵站1个系列的标准化设计(表6－28)。形成8种(2—6井式配汽阀组、水源井泵房、通信杆、增压泵橇、计量橇、进站阀组、采油井口、控制柜等)模块15个系列。完成70项标准化技术规格书；完成500m^3事故缓冲罐1种非标设备的定型设计。最终达到规模系列化、工艺流程通用化、站场平面标准化、安装预配模块化、设备管线定型化、建设标准统一化6个标准化，提高设计水平和效率，缩短设计周期。

表6－28 标准化设计统计表

油藏类型	节点	设计规模	功 能	完成系列
西部稠油油藏	井场	1—6井式	抽油机、多功能控制柜、配汽阀组、采油井口、通信杆	7
	增压泵站	2000t/d	进站阀组、增压泵房、计量自控及配电、事故缓冲罐、通信杆	1
	水源井	600m^3/d	水源井泵房	4

一、注采合一标准化井场

井场主要将蒸汽通过蒸汽分配阀组，计量后分配到井口，井口采出液通过管线汇集到集油干线，对于每口油井的出油压力、温度进行采集，满足抽油机载荷位移、冲程、冲次、抽油机电压、电流、电量的采集上传。井台的视频音频数据采集上传实现无人值守。

采用功图计量、串接集输工艺，形成1—6井式井场的标准化设计，其中单井井场包括设减压装置和不设减压装置2个系列，其他井场均为带减压装置井场，总计7个标准系列。

规模：单井产液量吞吐阶段20t/d，汽驱阶段40t/d，综合含水率60%～90%；单井掺蒸汽量≤2.0t/d；用电负荷22kW/口。

主要功能包括蒸汽分配、计量，井口注汽、采油、油井产液量的汇集，产量计量、生产数据的采集、视频监控等，实现远程控制。

二、标准化水源井泵房

规模600m³/d，主要包括水源井泵外输管线及阀门，自控通信RTU柜1台，照明配电箱1台。主要功能是将地层中的水通过泵打入供水管网，流量、压力等参数上传，实现远程控制，达到无人值守(图6－27、图6－28)。

水源井按四种不同方位设计，形成4个系列，完成7项技术规格书。

图6－27　注采合一标准化井场效果图

图6－28　标准化水源井泵房效果图

三、标准化增压泵站

形成的标准化站场主要包括2000t/d标准化增压泵站1座，为1个系列。

增压泵站完成29项标准化技术规格书、1种非标设备的定型设计、完成3类模块(进站阀组橇、单螺杆提升泵橇、计量橇块)的设计(图6－29)。

图6－29　标准化增压泵站效果图

规模2000t/d，功能主要包括站外来液的事故缓冲、增压、计量及含水分析，同时配套站场的视频监控功能，站内流量、含水率、温度、压力、液位、泵的各类参数等上传，实现远程控制，达到无人值守水平。

四、标准化联合站

形成标准化联合站(图6－30)一座，春风二号(图6－31)是胜利油田建设的首座标准化联合站。原油处理规模 60×10^4t/a，采出水处理规模 10000m^3/d。形成进站阀组模块、$6\times5000m^3$ 油罐区、联合泵房模块、混掺装置模块、交接计量模块、$2\times200m^3$ 消防水罐模块、加药间模块、污水泵房模块消防泵房模块标准化设计。春风二号联合站完成58项标准化技术规格书，完成22种设备或单体的标准化设计，完成 5000m^3 加高一次沉降罐、5000m^3 二次沉降罐、5000m^3 净化油罐、2000m^3 加高一次除油罐、1000m^3 缓冲罐、2000m^3 消防水罐等11种非标设备的定型设计。

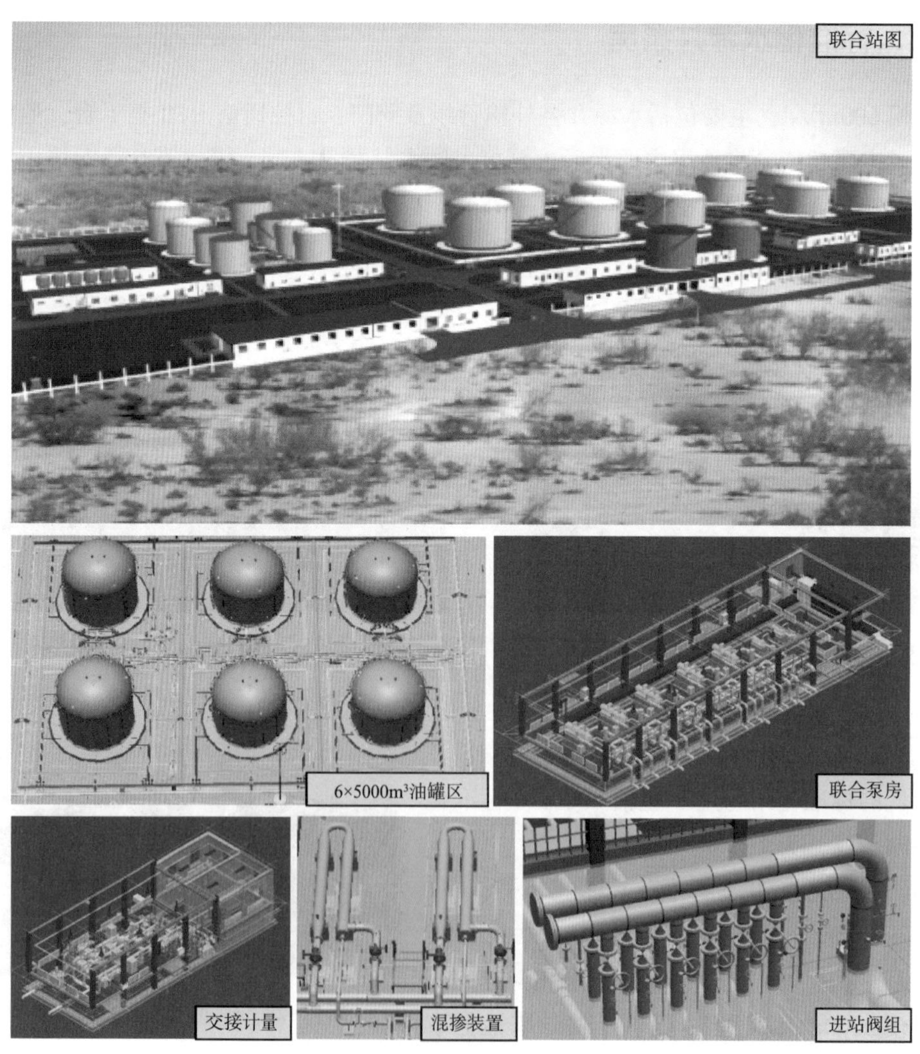

图6－30　标准化联合站

五、信息化提升

春风油田按照“四化”要求的高水平自动化要求。将控制和管理分为以下三级。

(1)第一级为调控中心管理级：对各站进行远程监测和视频监控，实行统一调度管理。在正常情况下，由调度控制中心对各站进行监控。

(2)第二级为站场控制级：在增压泵站、井口和联合站，分别通过站控 PLC 系统和 RTU 系统对站/井口内工艺变量及设备运行状态进行数据采集、监视，联锁保护及远程控制。

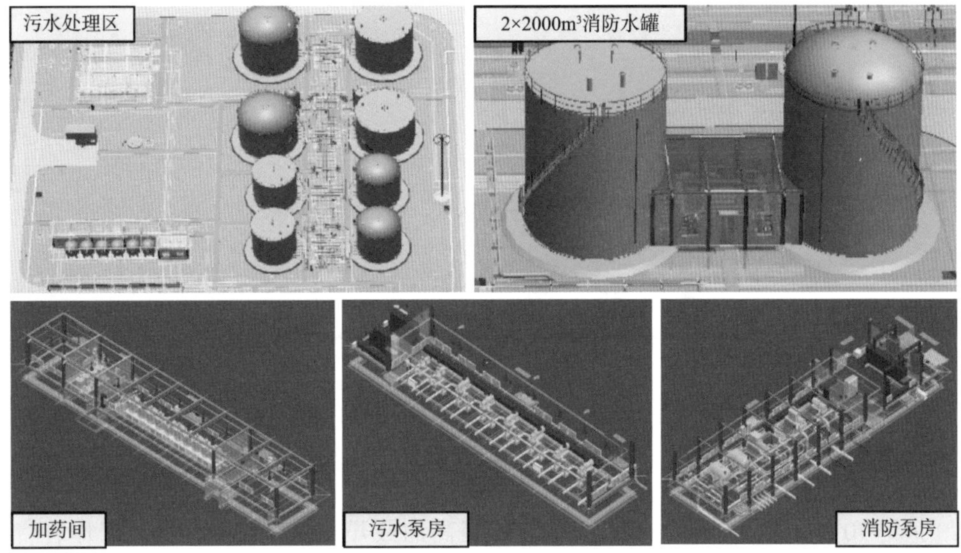

图 6－31 春风二号联合站效果图

(3)第三级为就地控制级：可在现场对工艺单体或设备进行手/自动就地控制。当进行设备检修或关停时，可采用就地手动控制。

信息化提升技术方案的主要内容包括优化油井控制柜的设置、优化通信杆的设置、优化视频监控的设置及方式、优化视频广播、优化各测控点的参数、优化计量方式、优化压力设备选型、优化液位设备选型等。采取的主要措施：依照减少用工，井场、增压泵站实现无人值守的原则，提升自动化水平，重要数据自动检测并上传，可以实时检测数据的动态变化，重点设备实现远程管控，油区内实现无死角视频监控。集输布站方式优化，减少管理环节，实现生产资源优化，实现了增压站无人值守，联合站人员精简，实现人力资源优化。对关键节点参数实行智能化趋势超前预警、超前分析、超前化解，提高了安全运行水平和应急响应能力，实现了由事故后处置向超前预防的转变。利用在线数据和视频监控，改变了人工巡井、巡线方式，通过电子巡检，从以前的室外工作到如今的室内监控，实现了人工现场操作向远程自动管控的转变。

第七章 >>>
智能油田建设发展数字一体化

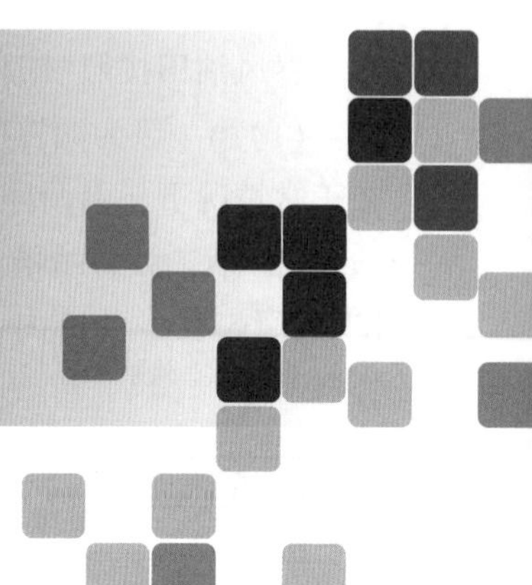

第一节　技术现状及难点

一、技术现状

20 世纪 70 年代，为降低油藏开发成本，提高油藏开发综合效益，油藏工作者将现代管理理念引入油藏开发管理中，形成了一种现代油藏经营管理油田的开发理念和方法体系，引起了广泛关注。近年来，传感技术和计算机的飞速发展和普及，使得井组远程监控、远程控制技术和油藏数值模拟技术得到了广泛的应用，新技术、新方法层出不穷。这些新技术和方法不仅拓宽了人们的视野，还推动了油田建设和生产系统进行全面革新。智能油田便是在这种背景下提出了油藏管理方法。

在国内外各大油田建设中都对智能油田提出了自己的理解。

英荷皇家壳牌集团勘探开执行官 Malcolm Brinded 对智能油田定义："A smart field is an asset that we can continual optimize 24 hours a day，7 days a week."即智能油田是一周 7 天，一天 24 小时连续优化的资产。

石崇东等提出智能油田是通过分析环境层、数据层、模型层、应用层等不同领域综合制定与实施油田的合理高效开采。张凯等认为智能油田意味着面对开发过程中的动态分析、自动历史拟合、开发方案优化及提高采收率等主要生产问题，能够基于实时大数据"感知"油藏开发中的问题，利用先进的模型"分析"存在的问题，通过智能优化方案"思考"最佳策略与方案，最终辅助油田工程师"决策"现场实施。智能油田建设就是使计算机或智能设备逐步代替或在一定程度上代替人工脑力劳动的过程。石玉江等认为数字油田代替了人的重复性的统计工作，是应用知识的过程，智能油田代替的则是人的部分分析归纳工作，是创造知识和知识共享的过程，是勘探开发技术、开采配套产业、油田生产及决策、现代信息技术应用等多种业务智能化协同发展的必然结果。

新疆油田认为：智能化油田就是能够全面感知的油田，能够自动控制的油田，能够预测趋势的油田，能够优化决策的油田。大庆油田理解为：智能油田 = 数字油田 V2.0 = DOF（数字油田）+ Cloud（云计算）+ IOT（物联网）+ BD（大数据）= IOF（Intelligence be - cause of Big Data）。

智能油田系统是一个循环管理决策系统，首先通过地下的传感、传输系统和地面收集系统将油井生产参数实时汇总到大型的数据库中，生产技术人员通过油藏数值模拟软件快速地将数据库中的生产数据进行模拟、分析、处理，获取实时的地下动态，利用最优化理论，找到最优的生产工作制度，进而通过远程控制系统对生产制度进行实时的调控，实现油气资源开发最优化和经济价值最大化。概括地说，就是“采集 - 模拟 - 决策 - 控制”，既可以最大限度地降低油藏开发的风险，又可以降低油藏开发成本，提高经济效益。

世界各大石油公司借助新的方法和技术，纷纷开始致力于发展智能油田的相关技术及理论研究，智能油田已成为未来提高原油采收率，实现油气资源开发最优化和经济价值最大化的重要发展方向。

目前许多世界知名石油公司已经开始了智能油田的生产管理模式初步建设及应用。

如埃克森美孚与微软合作，在其二叠纪盆地油田开发中应用数据湖、机器学习和云计算等技术，进行智能油气田建设。从广泛的传感器网络中收集数据（如来自井口的压力和流量等）并存储在云平台中，科学家和分析人员可以从任何地方进行无缝、实时的访问，使用人工智能和机器学习等先进的数字技术，深入挖掘数据价值支持业务决策优化和工作流自动化。预计到2025年，智能化技术支持二叠纪盆地油田的产量增长50000 bbl/d，并希望在未来十年通过改进分析和提高资产运行效率创造数十亿美元的净现金流，在油田的整个生命周期中，实现降低成本，提高产量并减少甲烷排放。

壳牌在马来西亚 Borneo 海面的 SF30 油田开展智能油田试点建设，利用油井生产测试数据和地质油藏等数据，建立可靠的大数据模型，通过模型对生产状况进行精准预测，实时优化油井举升效率。基于预测结果更快地调整举升流量、温度与压力等参数，实现每1 ~ 5min 调整一次，极大地提升了举升效率。井下压力和温度传感器与液压单元控制阀开关同时接入 DCS 系统，对井下流量进行实时监控；通过远程调节液压驱动各层段的控制阀，实时优化控制井下各层段的流量，实现油井多层段优化组合采油，提高采收率0.25%。

道达尔公司通过搭建油气生产一体化协同研究平台，实现了油气藏 - 注采井 - 地面集输等生产全系统的模拟与优化，支持多学科综合研究、跨部门协同工作、多模型集成共享、油气藏可视化管理和管理层辅助决策。油气藏、注采井、地面管网和设备各环节进行生产一体化动态模拟，将单个生产环节紧密连接，在投产前进行各种开发方案的对比评估，在投产后进行开发效果的跟踪与评价，优化整个生产运行系统，实现技术研究目标高度统一，为油气田开发的智能管理提供一体化模拟模型，提高了油气田开采效率和经济效益。

中国石化也正在大力推进智能油田建设，按照“六统一”的原则，即统一规划、统一标准、统一设计、统一投资、统一建设、统一管理，在前期数字油田的基础上，围绕油藏、井、管网、设备等核心资产，借助信息技术全面辅助资产管理和效益优化，助力高效勘探、效益开发，实现资产价值最大化。具体通过推广勘探开发源头数据采集，实现了勘探开发十二大类业务数据的规范采集，实时反映几万口正开油水井的生产动态；建成4个企业级数据资源中心，管理几千多个区块(单元)的数据及成果资料；推广应用油气生产指挥系统(PCS)，实现了设备运行状态实时监控、油水井远程启停、设备参数远程调控，提高了生产效率。最终把所有油田变成一个数字生命体，即数据的有机整体。实现了企业内资源共享，形成优化合力，初步达到了效益最大化、成本最低、技术先进、管理先进的目标。其中，普光气田入选2017年国家智能制造试点示范项目。

当前，中国石化正努力推进数字化转型，建立“云平台 + App”的模式，在建成石化智云的基础上建设油田智云。智能油田核心建设内容是“1246”工程。一个云平台，智能油气田云平台；两大支撑体系，信息标准化体系、信息安全体系；四个核心能力，全面感知、集成协同、预警预测、分析优化；六个业务领域，勘探、开发、生产、集输、生产辅助、QHSE。未来，在设计出各类模块的基础上，实现油田业务定制，提高工作效率、降低人工成本、规避作业风险，推进整个中国石化所有油田业务的发展。

针对中国石化油藏地质情况复杂，部分区块井深超过8000m，成本运行高，对此，发展了智能钻完井系统。智能钻完井技术包括智能化仪器、随钻测控、钻前模拟、数字孪生技术等。当前，已有超过200口井成功应用了智能钻完井技术并安装了相关设备仪器，大幅降低了投资动辄上亿元的重点井的勘探开发风险。

中国石油“十三五”期间围绕智能油田发展，以“勘探开发统一数据湖，统一技术平台，通用应用环境”为核心，建设勘探开发梦想云，实现上游企业全业务链数据互联、技术互通、业务协同，构建共创、共建、共享、共赢的信息化建设与应用新生态，支撑业务数字化转型、智能化发展。2019年11月，勘探开发梦想云2.0投入运行，融合了人工智能、大数据、云计算、物联网、移动应用等新技术，通过数据湖及统一技术平台工作的推进，突破了以往存在的“数据难以共享、业务难以协同”的瓶颈，为油气勘探、开发生产、协同研究、生产运行、经营管理、安全环保等六大业务领域提供智能化应用支持，并在四川盆地风险勘探、塔里木油田圈闭审查、油气水井生产管理中开展了应用场景的实现。

中国海洋石油2019年开展了数字化转型顶层设计工作，提出了以“云化 + 平台化 + 敏捷开发与交付 + 云边协同”为建设思路，基于“数据 + 平台 + 应用”的云架构开展信息系统建设，利用开发运维一体化协同(Dev Ops)体系进行系统研发，采用“数据 + 算力 + 算法”的智能应用技术体系进行系统部署，实现集成、协作、共享。面向勘探开发等业务场景，开展智能油田功能设计、技术实现、功能研发，为智能油田提供稳健的技术支撑。面向油气田全生命周期，从综合研究、现场作业、业务管理到战略决策四个层次，聚焦“透明化油藏、无人化操作、协同化运营、知识化决策”四类典型场景，利用先进信息技术手段，建设新型油气田勘探开发模式，实现油田高效运营和价值提升。

二、技术难点

目前，胜利西部的新春公司基本实现了生产井自动化采集和工况监控的全覆盖。由于该油田的生产井大多位于地广人稀的戈壁荒漠中，点多、面广，井间分散，路况差，夏季地面温度高达60度，冬季气温降至－40～－30℃，环境恶劣，巡井工作强度大、时间长，部分偏远井巡井单程时间超过2h。员工每日巡井很辛苦，故障处理也是难题。智能油田建设成为最佳的选择，智能化远程监控代替人工巡井，可以极大地减少员工工作量，同时，还可以在电子屏幕前提前收到预警信号，提前采取措施，有效地提高处置及时率，减少或者避免了现场问题。

鉴于胜利西部对智能化油田建设的实际需求，近年来，公司不断开展关于智能油田的建设的调研，智能油田的建设已经渗透到公司油公司体制建设体系中，渗入科研、生产管理和综合研究的各个领域，已成为解决目前勘探开发难题的主要途径，实现了油田勘探开发一体化，为不同专业协同工作、增储上产、提高采收率、精细管理、降本增效、辅助决策、生产动态及时把握、提升油田整体发展水平和持续稳定发展提供重要支撑；成为提高综合研究水平、工作效率和经营管理水平的重要手段。

(一)智能油田在全面感知、预测预警方面的实践

全面感知是智能油田建设的基础。首先是基础网络全面覆盖，有线无线齐上阵，井场站间路路通。其次是温度、压力、流量等各类传感器配备到位，各种计量装置、各种自控设备齐全，达到了远程实时感知远程操控的水平。关键部位视频设施还能够看到真实影像，让管理人员和作业人员身临其境。春风油田各井场普遍实现了“无人值守”，极大地改善了员工工作条件、降低了劳动强度，油田工人从“蓝领”变“白领”。

预测预警均取得了良好的实效。安全事故、停产事故、漏油事故、环保事故在油田生产的诸多环节存在各类难以预测的隐患，人力巡检、看守终有疏漏之处，自动化感知设备能够根据预设的门槛值报警提醒，能够有效地减少和防范事故的发生。春风油田已经实现了生产告警、动态预警、工况预警、开发预警、应急预警等多项预警方案，能够上传现场照片、下达整改指令、跟踪落实情况、核查运行效果等，实现了从报警到事件结束的闭环管理，形成了一套智能化的运行管控模式，收到了实实在在的效果。

数据驱动是亮点。通过生产数据集成处理、应用，及时发现生产过程中的异常，进行重点、有选择性地治理，形成“数据驱动”；生产数据显示哪一口井出现异常，就派人去查看，如果没有异常，不需要巡查。由于数据驱动，新春公司已经实现了组织的扁平化，节约了大量的油田用工，产生了巨大效益。这是一种生产方式的根本性升级，将带动传统业务流程的再造和组织结构的重组。

新春在全面感知、预测预警这两个方面建设较完备，基础扎实，在数据驱动和协同优

化方面还有巨大的成长空间。如果能够采用各种数据挖掘技术和一些新的建模及优化算法，春风油田必将焕发出勃勃生机。目前的春风油田应该说已经完成了智能油田 1.0 版本的建设，为中国油田企业的信息化发展，为信息化引领油田企业转型升级树立了一个标杆，同时也为下一步快速发展打下了良好的基础。

(二)云平台是智能油田建设的基础

胜利油田勘探、开发、生产运行、经营管理等应用系统共有 600 多套，这些系统来源于总部下发、油田统建、二级自筹等，支撑了油田业务的正常开展以及油田勘探开发任务的完成。现有各种系统单项应用多、综合应用少、系统集成度不够，不能高效服务于企业的变革和创新，难以形成新的竞争优势，与企业发展战略不匹配。

针对以上现状，通过技术研究和攻关，打造企业级的集成服务云平台，建成勘探开发核心业务应用商店，创建复用性高、可视化、定制化、敏捷化的软件开发新模式，建立单点登录、集成化、个性化的软件应用新模式，构建开放互联的信息生态圈，促进两化深度融合，助推智能油田建设，形成与油田企业战略发展相匹配的信息化能力。

油田数据资产服务能力。建立油田统一数据资产管理中心，将勘探开发、经营管理等各类数据进行资产化管理，提供统一的数据服务，由用户根据需要使用最优数据，通过主数据管理，实现按需为用户提供资产服务能力，实现用户所见即所得使用。

油田软件资源服务能力。实现用户、流程、权限、日志等公用服务，建设应用组件商店，通过 ESB 总线对公共服务进行统一调度和业务编排，实现应用资源的集成、共享和可计量，打造油田统一技术支撑平台。

油田统一集成服务能力。实现基于门户的油田综合应用平台，将勘探开发、生产经营等业务领域的应用进行组件化服务化，并按照不同用户的业务需要，通过门户进行定制，为油田不同人员提供集成化应用环境。

截至目前，基础服务、业务服务主要功能基本实现，正计划在全油田推广应用。用户服务方面，为全油田的人员提供唯一的信息身份证，实现全油田用户的统一身份、集中管理、简化应用，支持统一认证和单点登录。流程服务，为油田各级应用系统提供标准化的流程开发及运行环境，实现流程实时监控、绩效分析等功能。权限服务，设计企业级的动态细粒度权限管控模型，实现对于应用、模块、功能、数据等统一的动态权限管控，构建油田专业应用的授权管理机制。日志服务，将日志功能独立出来，形成日志服务，成为云平台的基础设施服务，供所有应用调用，既可以提升软件开发的敏捷性，也可以集中统一管理油田所有应用的日志。数据服务，支持多种接口，包括 Webservice 接口、GIS 接口、REST 接口、ICE 接口，服务接口主要提供基础数据通用数据服务、进行运算处理的特定数据服务接口，通用数据接口为单 Sql 结构化数据服务，特定数据服务为某一特定主题的数据提供的服务接口，如测井曲线格式转换或某一数据集合。业务服务，管理各类业务组件和技术组件，实现油田核心业务的组件化、服务化，为各类应用的开发提供组装式的便捷技术支撑；按照油田业务分为勘探、开发、生产、经营等领域内的各种 B/S 组件和 C/S

组件，实现了组件的上传、注册、编辑、发布、下载、搜索、推荐、排行等功能，并能进行组件的使用监控和应用计量。

下步将开展基于 Docker 的云部署，实现由传统 SOA 到微服务架构的转变，实现服务的解耦、无状态、功能独立分离，并实现自动弹性伸缩，建设应用服务云平台。实现企业级信息应用二次开发平台，按照标准化、组件化、服务化、可视化的敏捷开发思路，研发实现统一流程配置、业务化表单定制、图形化向导开发、统一展现配置等开发工具，进行组装式业务应用开发，快速构建专业应用。

(三)智能油田建设是实现新型采油管理区的支撑

智能油田实现的基础是解决基层采油管理区需求，实现的前提也是采油管理区的需求，对现场的决策也由基层做，由基层实现，层级管理模式将是首要解决的问题，新型管理区的建设有效解决了上述的问题，进行人员、成本、开发等现状分析，通过优化人力资源及提升开发管理水平等措施，建立了“三室一中心”，为智能油田发展奠定基础。

新型管理区建设促管理方式向现代化转变。将智能建设配套为支撑，以生产指挥系统应用全面融入生产运行、开发管理、经营决策等方面，分层级、分系统、分专业梳理业务流程、管理制度，优化整合基础资料，保障管理区油藏经营、生产运行、队伍管理、安全环保等业务规范高效运行。充分体现智能油田改造带来的信息化、自动化提升优势，优化人力资源配置，建立适合生产经营实际，高效、顺畅的新型劳动组织形式。

生产指挥中心是新型管理区运行与管理的中枢，全面负责管理区日常生产运行、综合运行、采油管控、注汽管控、车辆调配、设备管理、QHSE、水电管理、应急管理、自控系统运维等工作。采油管理区根据目前功能和稠油生产实际，最大限度发挥“信息化”提升带来采油管理方式的改变，充分考虑与传统生产方式对比存在的不足和可能发生的突发情况，合理设置岗位，细化岗位职责，做到生产现场情况全面掌控、及时处理。

针对“四化”提升后，分别设置采油管控岗、视频监控岗、综合运行岗三个专业管控岗，24h 倒班运行，各负其责。专业管控岗是生产指挥中心的核心岗位，负责利用生产指挥系统进行业务巡检、异常事件的技术分析、现场运行管理、突发事件应急处置等工作，具有指挥专业化班组、调动外部工作力量等职能。设置视频监控及综合运行岗，负责智能油田网络、仪器仪表、软件运行等测试维护工作。

(四)数据库资源的整合为智能油田提供保障

按照油田开展了以数据库、专业子系统为主要建设内容的油田综合业务信息系统建设。系统以实现信息集成、资源共享，满足生产监控、生产管理的需要为目标。项目纵向上涉及分公司、厂(处)级单位、基层小队共四级，横向上包括勘探、开发、钻井、测井、地面工程、设备管理、技术检测、网络安全、勘探开发数据库集成平台、信息集成系统和勘探开发数据库系统等专业子系统。其中，完成了油田开发综合业务应用平台的研究与开发、基于应用平台开发了部分应用软件模块；油田开发信息采集平台的研究与开发；基于

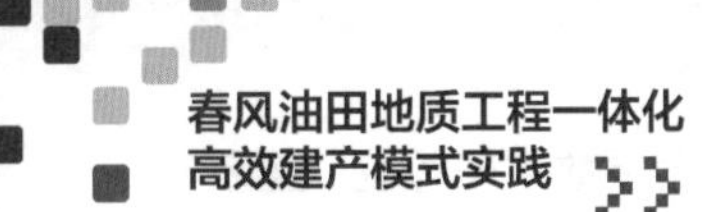

采集平台完成了油田开发信息采集系统，在数据库标准、源头数据采集、数据应用方面取得了一系列成果，公司开发信息化水平明显提高。

数据中心是实现智能油田的核心和基础。数据中心的初步建设实施为油田勘探、开发等相关专业部门搭建畅通、合理共享的协同综合研究环境提供了有力支持，将打破现有专业数据相对独立存储与应用的现状，在公司层面营造综合信息资源共享环境，实现所有公用业务组件、中间件、业务元素组织逻辑等从建立到注册、调用的一体化资源管理体系，为综合研究、生产运行、经营管理为主的综合应用体系提供了强有力的数据与相关信息支持。

（五）开发应用数据库数据建设逐步走向正轨

补充完善测井数据库、模型库和油田开发数据，开发应用数据库数据建设逐步完善。优化了开发应用数据库逻辑标准，建立了源头数据、月度数据质量审核标准，完善了常规月度数据处理系统，建稠油月度数据处理系统及规范，油田的 EPBP 数据正式上线，实现数据处理与质量控制稳步开展。完善了开发应用数据库建设体系，与汉威公司建设形成了集数据采集、数据管理、数据服务及应用的一体化支持油田开发系统，目前已基本形成了集数据采集、数据管理、数据服务及应用的一体化支持系统。数据采集可基于源头数据采集系统和月度数据处理系统，自动提取形成开发专业应用数据库；根据专业领域用户需求组织管理形成相应项目数据库，可以较好满足和支持包括地质研究、方案优化、跟踪评价、生产管理、动态分析等开发研究对于信息资料的要求。

第二节　智能油田建设关键技术

一、油井工况智能诊断技术

油井工况监测与诊断对挖掘油井潜力、预判开发风险、优化开发措施具有重要意义。近年来，随着油田工业控制系统的快速发展，示功图、电功图等油井生产动态监测数据实现了实时采集。相比其他油气采集数据，示功图由于满足均匀性强、确定性强、干扰性小、实时性强等大数据通用行业的数据特点，因而基于示功图的工况智能诊断与预测技术成为大数据和人工智能技术在油气行业最先产生实际应用效果的方向。如王相等基于油井的历史动态数据与示功图采集数据，制备了涵盖五大类 37 种工况类型的油井工况诊断样本集，设计了专用的卷积神经网络（OWD Net）进行模型训练，在现场完成 500 余万次工况诊断，准确率达 90%。

然而，从目前工况智能诊断的研究成果来看，对工况的诊断主要集中在根据示功图判断油井井筒或地层可能存在的问题方面，如管漏、活塞漏失、供液不足、出砂等，与油气开发指标相关的诊断与预测研究较少，如动液面测量，仍然以人工为主，虽然可进行示功图计算产液量，但现有方法存在计量误差大等问题，还需要人工干预，未实现真正的智能化采油。为此，基于电功图可反映抽油机井从地面到井筒的全部信息，且电参数测试精度高、数据准确、数据采集方便的特点，胜利油田研究形成了基于电功图的产液量和动液面智能计算方法。主要思路是通过电功图的波形分离及特征信息提取，并与正常工况下标准图版比较，实现抽油机井不同节点工况精细描述，作为油井工况智能诊断的判定依据；通过电功图使用小波信号分离计算有效冲程，通过上行功中举升液体做功相对变化量计算实时动液面，实现实时监控地层供液能力的变化。该算法在现场应用进行油井实时自动采集的生产数据，进行产液量和动液面计算分析，电功图计算产液量符合率达到92.12%，电功图计算动液面误差为6.69%，精度较示功图方法大大提高。

二、智能化生产运行

物联化是智能油田建设的基础，我国大庆、胜利等主力油田基于多年的物联网建设已经实现了生产现场数据的实时采集与处理，具备了油藏生产运行数据实时感知的条件，并且基于实时生产大数据开展了一系列的智能应用研究。

油田生产现场智能预警技术随着安防要求的不断提高和信息化手段的不断发展，中国各大油田生产现场都实现了视频监控的大面积覆盖，减少了现场巡井的时间和成本。然而，伴随而来的是多路海量视频数据不断产生，如果继续采用人工模式对视频进行分析研判，对监控人员的数量、个人经验和分析能力提出更高要求，将极大地影响视频应用的整体效能，因而基于视频大数据的智能识别技术快速发展，通过视频数据接口整合、视频数据解码及格式转换、虚拟矩阵架构技术、云存储技术、GIS技术以及自动识别等先进技术，可以实现视频系统的智能拓展应用。

由于缺乏油田特定场景和动作特征的识别模型，现有的视频智能分析功能受工况环境变化影响大，导致视频应用的时效性和准确性大幅降低。为此，胜利油田聚焦特定的场景和动作特征，开展了智能视频应用研究。一是研究建立了基于运动目标检测与识别的综治防恐预警模型。根据综治防恐的具体业务特征，包括周界防范、区域入侵、车辆布控、人员布控等，确定每种场景下的分析目标的结构化特征。利用混合高斯模型的背景建模方法，提高背景建模算法的运行速度和识别精度，针对运动目标提高了检测效率。采用深度学习算法，对场景中的运动目标进行深层次的特征提取和交叉比对，通过多次迭代提高了识别的准确性。二是研究建立了基于直接作业环节规范检测的安全事件预警模型研究。通过对视频进行智能分析，对直接作业环节的安全隐患进行有效的预警。根据中石化对盲板抽堵作业、高处作业、动火作业、动土作业、受限空间作业、临时用电作业、起重作业等7种直接作业环节的安全规范要求，建立各种作业场景中的结构化模型，将其作为视频智能分析的标准比对模板。通过深度学习算法，对直接作业现场的视频进行结构化处理，提取场景中的各种关键属性，与7类标准结构化模型进行比对分析，实现智能识别违规行为。

在油田生产运行、安全环保、综治维稳、应急指挥等业务场景中进行应用，直接作业环节规范检测报警准确率为75%，区域入侵准确率为90%，行为识别分析准确率为65%，实现了安全事件主动发现、快速研判、预警报警，设备运行异常的视频辅助分析，关键场所和要害部位综治反恐智能预警。

传统油井生产管理模式是出问题后再采取措施，如何利用海量生产实时数据实现生产异常问题的超前预警，是提升油田生产智能化管理的关键。基于采集的实时数据，采用趋势分析油井历史数据，建立生产故障多参数预警模型，利用偏移变量计算引擎快速存取海量实时数据，通过聚类分析、模型识别，智能筛选异常井进行故障预警。构建并应用了包括井筒工况、地面设备、地面管网三大类，抽油杆超应力、油井结蜡、抽油机皮带断等30项预警模型，累计应用油井1.5万余口，实现了数据变化异常超限报警、多参数组合趋势跟踪预警。在进行油井时率优化的过程中，深入分析影响因素，并分因素开展治理工作。针对油井结蜡、管线冻堵、设备故障等主要因素，研究参数趋势变化规律，应用多参数组合预警工具，构建载荷波动、油管漏失、机械设备传动失效3项预警模型，有效支撑问题早发现早治理，降低躺井“治未病”，油井躺井率由1.9%下降至1.7%，油井时率由96.8%提升至97.3%，为稳产增产做出较大的贡献。

第三节　智能油田发展的关键问题

习近平总书记对石油石化行业做出加大勘探力度保障国家能源安全的重要指示，集团公司做出“两个三年、两个十年”的战略安排，油田党委确立了“保障能源安全、建设一流企业”的新时代使命，在此指引下公司结合实际制定了打造“四个一流”现代化油公司的具体目标，提出“一个三年、一个五年、一个十年”的发展规划。目前公司与建成智能油田还有很大差距，对于智能油田建设发展过程中，如何夯实开发数据质量，拓展业务支持范围，实现向集成建设到应用转变，主要存在以下问题。

一、科学决策对数据资源建设与数据资源集成应用需求加大

(一)数据的完整性需要进一步提升

虽然开发专业数据完整性显著提高，但是通过调研，采油管理区普遍反映在开发应用数据库中单井静态数据、动态监测数据还不完善；测井数据库配套小层、射孔数据没有完成标注，严重制约测井数据应用；地质基础图件库图件类型还不够；地质模型库入库成果数量少，制约模型化研究与管理的普及。

(二)数据的质量需要提升

目前数据质量控制已经实现部分日度、月度数据的自动监控，但源点数据、专业数

据、开发静态数据、模型库和大部分月度数据质量仍依靠人工检查，工作量大，效率低，需要继续完善质量控制流程，细化管理制度，不断完善分析功能。

（三）数据的集成服务能力需要提升

目前建设了各类型应用数据库，满足了各专业对数据信息的需求，但随着油田进入一体化、精细化开发和信息化进入集成化建设阶段，需要综合应用测试数据、研究成果、地下和地面数据等各类数据资源进行科学决策。如地质、油藏、动态一体化综合研究，动态分析、措施优化、地层对比等专题研究对不同类型的数据获取提出更高的要求。计量集输中心反映的智能集输系统建设，需要生产技术的智能专业化安全管控，即采油管理区的智能采油系统平台的建设，因此，需要解决多信息集成共享。

二、公司管理层面业务管理系统建设需要不断完善

目前数据按业务类型、专业部门建立了业务功能模块，较好地满足了各项业务对专业化、流程化和规范化管理的需求，提高了业务管理效率，但随着智能油田的建设持续深入，目前各相对独立的业务模块不能适应一体化管理的需求，往往导致一项开发业务管理需几个系统查询数据现象的发生，需打破专业、部门、单位界限，形成全面反映开发运行管理状况的一体化的开发管理系统。

三、在智能油田建设过程中人才队伍的建设需要持续推进

目前智能油田的建设过程中只是引进了软硬件的运维队伍，只对设备的情况进行修复，对基础数据综合应用分析人才欠缺，需要加大对数据应用层人才的培养，培养采油管理区、科研所动态分析、优化决策过程的人才，真正为智能油田的实现建立人才基础。

第四节　智能油田下步工作展望

我国正在大力实施网络强国战略、国家大数据战略、“互联网+”行动计划，公司必须抓住历史机遇，发挥信息化助推油公司发展的强劲动力。作为油田智能油田建设试点单位，必须抓住这难得的历史机遇。信息化已经改变，甚至颠覆了传统的生产过程和工艺，建立了信息化条件下的管理制度、管理理念和管理模式。学会用信息化的理念和方法解决问题，应用信息化提高工作效率和管理效率，打造高效智能油田，主要开展以下四个方面的工作。

一、加快数据平台建设

一是全面监测甄别空数据（空值）、哑数据（卡死数据）、假数据（异常波动数据、问题

仪表采集的数据)，通过部署实时数据治理，保证正确数据采集率，提高实时数据质量。二是建立“四化”采集设备甄别模型，对采集设备问题进行精准定位，降低设备问题分析定位周期。三是通过对假数据、哑数据及空数据的甄别规则建立数据清洗表，形成数据“清洗池”，提高“四化”数据的可用性。

二、构建一体化开发管理平台

通过学科结合，加大认知程度和提高置信度，使地质认识更加清晰、准确。同时，学科的交叉使新认识成为可能。而且，多学科结合，使开发研究与应用一体化，能及时发现各种矛盾，减少盲人摸象造成的认识误区。完善开发应用平台框架，实现各专业子系统的统一管理。目前已建的开发管理专业子系统应用范围较广、用户量大，每个系统都有单独的用户管理、权限控制等功能，但已有多个开发管理专业子系统采用该平台框架，基于油田开发统一业务流程完善该平台框架，实现对所有子系统的统一管理、统一权限控制、统一部署升级。

三、基于目前分析系统升级完善

基于油气藏模型成果模型的建立，依托开发生产、动态监测及工程施工等数据，结合专家经验、经典案例等理论和实践成果，构建适用于稠油油藏的动态分析模型，实现油气藏的超前响应、综合分析和技术决策，同时对公司开发相关业务系统进行整合提升，实现上云上平台的要求，主要包括四个方面：一是班报数据处理优化，依托四化数据自动生成班报(4h)，为管理区班报分析决策提供依据，提升管理区智能化、精细化管理水平，实现异常自动提醒；二是地质图形功能完善提升，依托稠油模型提升地质图形、曲线组件展示功能，根据业务需求提升地质图件绘图能力；三是稠油热采分析功能挖掘，基于稠油模型提升特稠油动态分析功能一体化，实现本地、异地业务协作，成果共享应用，根据稠油业务的动态分析方式，补充完善现有功能；四是推进智能注采输管理，结合现场采油、注汽、集输业务专家的经验和历史故障、典型案例，运用大数据分析手段，固化形成特定的模型，实现从问题发现、辅助分析、落实确认、效果跟踪等全过程智能一体化闭环管理。

四、持续加强智能油田的人才队伍建设

公司引进智能油田建设复合型人才，建立人才培养计划与信息人才数据库，采取自我挖掘和人才引进两个方面，建立一套完整智能油田运行与管理体系，体系实现技术的研发、培训、推广与一体化应用。

第八章 >>>
安全生产全过程管理一体化

油田开发现场安全管控会受多种因素影响，危险源来自各个方面，从钻井施工技术及采油操作规程方面分析，主要影响因素为施工人员的专业技术水平和技能知识水平；从生产安全方面分析，主要的影响因素为设备性能、生产效率等，新春公司着重开展“142”QHSE 管理模式的安全管理机制、搭建的 QHSE 综合管理平台、强化生产现场安全管控，通过危害因素和危害程度分析、危害防护设计及应对措施、安全风险评估与应对等，保障公司生产经营工作安全、健康、稳定、有序地开展，不断推动 QHSE 高质量发展。

第一节　危害因素和危害程度分析

一、钻井工程

(一) 主要危险物质及其危害特性

在钻井过程中使用的汽油、柴油，汽油具有易燃性，属于第 3.1 类低闪点易燃液体；柴油具有可燃性，属于第 3.3 类高闪点易燃液体，具有火灾危险性。

(二) 生产工艺过程危险有害因素分析

1. 钻前工程

钻前工程施工中需要用到推土机、卡车、挖掘机、起重机等设备来进行道路、井场土方施工和基础的摆放等作业。土方施工过程中存在的危害主要包括：用推土机平井场或推打简易公路时破坏地下的管线和电缆；地面不平可能导致推土机倾倒；机械施工设备和人员在同一井场作业，配合不当发生车辆伤害、物体打击和机械伤害事故。基础施工过程中存在的危害有起重伤害、车辆伤害、机械伤害和触电，具体包括：车辆行走或基础备料卸车时，观察不清，人员站位不当导致挤伤、碾伤事故；吊装作业时，千斤顶不稳或重物重心失衡导致吊车失稳倾倒，吊臂旋转范围内有人员活动，吊物时钢丝绳索断裂，造成人员伤亡事故；搅拌机操作时，料斗下有人通过，造成人身伤亡事故；施工现场有发电机，操作不当或未使用防护用品造成触电事故。

2. 设备拆搬和安装

设备拆搬和安装作业使用车辆和设备多、作业周期长、流动作业、交叉作业频繁，较易发生车辆伤害、起重伤害、高处坠落、触电、机械伤害、物体打击等事故。施工现场存在的主要危害有高处坠落、物体打击、车辆伤害、机械伤害、起重伤害、触电等。设备运输过程中存在的主要危害：井场未被充分压实，吊车千斤基础不稳容易造成车辆倾覆；运输过程中货物未捆绑牢固，导致滑脱或坠落；吊装过程井场人员、车辆众多，容易发生车辆伤害和起重伤害事故；井场电路安装时易发生触电事故；井场动火作业时，易发生火灾爆炸事故；进入柴油罐、钻井液罐或石粉罐等受限空间进行清罐作业时，易发生窒息事故。

3. 钻进阶段

钻进阶段涉及的作业较复杂，不能超越程序进行作业，包括冲鼠洞、接钻头、下钻铤、下钻杆、接方钻杆、开泵操作、钻进、吊单根、接单根、卸方钻杆、起钻杆、起钻铤、卸钻头、井控设备安装调试作业等。

首次开钻时设备运行状态是否正常，各气、电路控制系统是否存在漏气、漏电或接错等现象等，可能造成物体打击、机械伤害、触电、设备损害等事故；钻头、钻具、套管、工具等体积和重量都较大、劳动强度大，在接方钻杆、起吊钻杆、装卸钻头、操作大钳、吊卡、推摆钻杆等过程中时，如钻台工作人员配合不好，容易发生物体打击、机械伤害等人身伤害事故；二层台操作人员操作不慎，也容易造成高处坠落、物体打击事故。下表层套管时，在钻台大门前扣好吊卡后，如不及时躲避，容易造成碰、砸、撞、挤、扭、擦伤事故。

第二次开钻的工作内容主要包括高压试运转、下钻、钻进和起钻等。在1口井的施工中，高压试运转易造成设备损坏和人身伤亡。下钻过程可能会遇到的井下复杂情况很多，如井眼垮塌、缩径、沉砂、油气上窜、井涌等，如果司钻在操作过程中注意不够或判断失误，有可能将钻具贸然下入复杂井眼，造成卡钻、顿钻等事故；如果下钻速度快，会产生很大的机动压力，容易憋漏地层。另外，在下钻过程中，钻井大绳卡进指梁会挂坏井架或二层台，容易造成物体打击和高处坠落事故；下钻过程中，如果绞车高、低速离合器不放气，刹车失灵，可能导致顿钻重大事故；用大钳紧扣操作猫头时失误，有可能造成物体打击、机械伤害事故；在二层台工作时，有可能导致高处坠落或高处落物等人身伤害事故。

钻进过程中，在井浅时，因快速钻进、钻井液性能不完善，造壁性和悬浮性能差。可能造成井眼垮塌或沉砂埋钻具。井深时，可能会遇到地层压力异常，造成井漏、井涌、井喷以及井喷失控着火等严重事故。

起钻过程中，由于井下情况复杂、处理不当，可能引起上提遇卡、转盘憋劲大、打倒车、灌不进钻井液等情况。起钻速度快或钻头泥包，导致拔活塞，容易诱发井塌、井漏、油气水侵、井涌以及井喷和井喷失控事故；如果绞车高、低速离合器不放气，防碰天车失灵，处理不当可能导致顶天车的恶性事故；如果司钻失误或与井口工作人员配合不当，可能造成单吊环起钻、崩砸井口工具、顶天车等事故的发生，可能导致一人或多人死亡的重大事故；井架工二层台操作时，容易发生高处坠落或高处落物伤人事故。

钻进过程中由于各种原因造成的复杂情况和事故还有很多，这些复杂情况多数是由操作失误造成的，另外由于井下情况复杂，发生井涌、井漏、卡钻、缩径、钻头泥包、井下落物等事故时，地面需要采取压井、划眼、倒划眼、解卡、扩眼、打捞等作业处理井下事故，这些非正常作业又容易导致井喷失控、井喷、顶天车、顿钻、单吊环起钻等地面事故的发生。

4. 固井、完井阶段

下技术套管或油层套管持续时间长、涉及工作人员多、劳动强度大，因此容易发生物体打击、高处坠落、机械伤害等事故。在固技术套管或油层套管施工过程中，固井车辆摆放时可能危害供电线路，容易造成触电、火灾或中毒窒息事故同时泵压会越来越高，井口、泵房、高压管汇、安全阀附近的流体伤人的危险性。摆放车辆未注意周围人员容易导致车辆伤害事故；管线连接及试压时容易发生物体打击事故；连接电路过程中容易发生触电事故；下灰管线连接不牢，人员站位不当，可能导致眼部伤害；替水泥浆过程中，井口、泵房、高压管汇、安全阀附近存在一定的流体伤人的危险性。完井后拆卸设备需要多工种配合作业，人员高处作业容易发生高处坠落事故，拆卸带压管线容易造成高压液体打击伤人事故；甩钻具过程中，容易发生物体打击事故。另外，电测及完井过程中存在着溢流、井涌、井喷、放射性伤害、高空坠落等危害。

5. 测井过程

在测井过程中工作人员若不穿专用个体防护用具，有发生辐射伤害的危险，另外放射源若管理不善，或在运输过程管理不到位，极易丢失，一旦丢失将带来更大的危害。

射孔弹属于二类炸药，用量大、爆炸威力大，在爆炸物品的使用、管理上若出现管理不严，使用人员大意等容易造成爆炸物品丢失危险，在使用过程中操作不规范，也易发生意外爆炸危险。

测井过程中易发生落井事故，也可能发生溢流以及卡仪器、拔断电缆、仪器落井等事故。

6. 完井后拆卸设备作业过程

完井后拆卸设备需要多工种配合作业，危险因素多，特别是拆卸钻具时，易发生吊钳伤人的事故。另外，在钻具下钻台时，也容易发生砸伤人员的事故。

7. 检修与保养过程

在设备保养或检修时，存在机械伤害、电气伤害、高处坠落等危险，甚至因此造成卡钻事故，处理卡钻事故是发生人身伤害最多的过程。

8. 井下复杂情况及井下事故处理过程

井下复杂情况和井下事故包括：井涌、井漏、井塌、砂桥、泥包、缩径、键槽、卡钻、井喷、钻具或套管断落、井下落物等。井喷失控是钻井、井下作业过程中可能发生的比较严重的事故，引起井喷的原因有：地层压力掌握不准、泥浆密度偏低、井内泥浆液柱高度降低、起钻抽吸等不当操作。井喷事故发生后往往有大量易燃易爆、有毒气体和原油喷出，可能会发生火灾、爆炸或中毒事故，对环境和人员造成较大的危害。

二、采油(气)工程

(一)主要危险物质及其危害特性

(1)原油是由各种烃类组成的一种复杂混合物，具有易燃、易爆、易蒸发和易于积聚静电的特点，根据GB 50183—2004《石油天然气工程设计防火规范》分类，本工程原油的火灾危险等级为丙类。原油的闪点高、黏度高、密度大。原油挥发出的蒸气或气体与空气混合到一定量时，即形成可爆性气体，若遇明火可能发生爆炸，从而造成极大的破坏。原油及其蒸气具有一定的毒性，特别是含硫原油的毒性更大，如有大量泄漏或不合理排放，油气若经口、鼻进入呼吸系统，能使人体器官受害而产生急性和慢性中毒。原油的电阻率一般大于1012Ω·m，在输转、储运过程中，当沿管道流动与管壁摩擦，在运输过程中与罐壁的冲击时，都会产生静电，且不易消除。如果静电放电产生的电火花能量达到或大于油气的最小点火能且油气浓度处在燃烧、爆炸极限范围内时，就会立即引起火灾、爆炸事故的发生。原油的凝点较高，冬季有可能因集输管道内部的原油凝固而造成凝管事故。

(2)伴生气的成分主要为低分子量的烷烃(如甲烷、乙烷)组成的混合物，根据GB 50183—2004《石油天然气工程设计防火规范》分类，一般油田伴生气的火灾危险性类别为甲B类，属易燃、易爆性物质。其爆炸极限范围较宽，一旦泄漏，很容易与空气形成爆炸性气体混合物，遇火源极易发生燃爆。伴生气的主要成分均属无毒、低毒或微毒气体，主要侵入途径是呼吸道、皮肤和眼睛，高浓度吸入会造成不同程度的伤害，皮肤、眼睛接触会引起刺激症状；有的低浓度长时间接触可引起神经衰弱症状。个别油井伴生气中含有硫化氢，有较强的毒性，吸入少量高浓度硫化氢可于短时间内致命，低浓度的硫化氢对眼、呼吸系统及中枢神经都有影响，伴生气中甲烷含量可达80%以上。本工程无伴生气。

(3)盐酸等作业药剂主要是用于修井酸化等，属于腐蚀性液体，具有强刺激作用，人员误接触，有造成人员灼烫的危险。由于本区块内原油含硫，在井下作业酸化等作业过程中，可能会因为化学反应等条件，造成硫化氢的产生，引起次生伤害。

(二)生产工艺过程危险有害因素分析

井下作业是采油过程中保证油水井正常生产的技术手段，在野外进行，流动性大，条件艰苦，并且与多工种协作施工，生产过程中事故隐患较多、危险性较大。井下作业内容主要有油水井维修、油水井大修、油层改造和试油。

1. 维护及常规井作业

易出现因作业前没有检查刹车系统，刹车失控造成严重的工业事故，或因超速起下造成顿钻和溜钻甚至落物事故；游动系统没有经常检查维护和保养，在解卡或重负荷作业时，发生大绳断落或井架倾斜折断等事故；井口操作不熟练或配合不当造成单吊环伤人；无证操作或不熟练绞车操作规程发生顶天车、顿钻等事件。

2. 射孔作业

施工前没有合理选配压井液引发井喷事故，或没有合理选择射孔方式；防喷装置没有检查、试压；最可能导致的事故是井喷。

3. 高压作业

高压作业主要包括压裂、注水、封堵、酸化等，这些作业属于高压作业，易出现井口闸门及连接管汇的刺漏，易造成伤人和污染等事故。

压井作业：由于压井等井下作业过程中使用的压井液在配伍等方面不符合地层要求，很容易造成井喷(特别是新区块的前期开采)，影响安全生产。

(三)地面工程

1. 主要危险物质及其危害特性

(1)原油是由各种烃类组成的一种复杂混合物，具有易燃、易爆、易蒸发和易于积聚静电的特点，本工程原油的火灾危险等级为丙类。

(2)伴生气的成分主要为低分子量的烷烃(如甲烷、乙烷)组成的混合物，一般油田伴生气的火灾危险性类别为甲 B 类，属易燃、易爆性物质。其爆炸极限范围较宽，一旦泄漏，很容易与空气形成爆炸性气体混合物，遇火源极易发生燃爆。本工程无伴生气。

2. 施工过程危险有害因素分析

本工程在建设过程中要新建抽油机、采油井口、油井在线远传计量装置、井口防盗箱、井口数字化控制柜、变压器、配电箱、集油管线、燃气管线等。在施工过程中主要涉及起重作业、用火作业、破土、临时用电和管道敷设等危险作业，施工过程中的危险有害因素辨识如下。

1)起重作业

在新建抽油机、泵、变压器等设备，以及管线敷设时，需要对设备进行吊运，在吊运过程中，因违章作业、起重设备的安全装置及保护措施失灵、吊车吊钩、钢丝绳、吊索具超载断裂，吊运时钢丝绳从吊钩中脱出，吊货物捆扎不牢固或作业时吊物下有人等情况，易发生起重伤害事故。

2)用火作业

设备、管道进行焊接和切割等用火作业之前先办理用火作业许可证。现场监护不到位、防护措施不落实等，旧管线内部介质处理不当、焊接过程中熔渣和火星的飞溅等，易导致火灾和爆炸事故的发生；焊接过程存在的弧光辐射会对操作人员造成身体危害；焊接时使用的压力气瓶使用不当，如乙炔瓶倒放等，或者由于受热受冲击等原因，导致容器内气体压力升高，超过容器的极限压力，引发气瓶的物理性爆炸或喷射。

3）破土作业

构筑设备、建构筑物基础、敷设管线以及修路时，需要挖土、打桩、埋设接地极或地锚桩等对地面进行开挖和填埋，容易引起事故。如地下情况复杂，容易造成地下电缆和管线被挖断，引起触电事故；现场支撑不牢固、未设立警示标志，容易造成坍塌和高处坠落事故；现场视线不良、推土机、挖土机等施工机械故障均容易造成车辆伤害和机械伤害。

4）临时用电作业

现场临时用电若未办理作业票证，未进行现场确认审核，擅自进行作业，而操作人员不具备相关技术，无证上岗，极易造成触电事故。作业过程中的电气设备使用不合理、缺少保护装置，操作人员违章操作等原因，极易造成触电事故。在带电设备附近进行作业，不符合安全距离或无监护措施，缺少安全标志或标志不明显，工作面不使用安全电压照明均可能引发触电事故的发生。

5）高处作业

在对抽油机、监控设施等高处的设备进行安装过程中，容易造成高处坠落、物体打击等事故，如高处作业时安全防护装置不完善或缺乏安全防护装置，人员安全培训不到位，作业时未正确使用安全带或安全带存在缺陷，作业中存在违章作业、违章指挥、违反劳动纪律的现象。

6）其他作业

由于施工现场混乱、施工人员多而杂，容易引起多种伤害同时发生的情况。在施工过程中，来往各种运输车辆可能对工作人员造成人身伤害。在管沟内对口、防腐时，土方松动、裂缝、渗水、地下塌方，护垫支撑不牢，易造成人员伤亡；管子串动和对口时，无人指挥或指挥信号不准确，易造成物体打击伤人或设备损坏。在开挖等施工作业过程中，可能不慎挖坏原有的油气水管线、电缆、通信电缆等，引发事故。各种施工机械的运动部件都可以构成对人体的机械伤害，如运动中的皮带轮、飞轮、开式齿轮，钢筋切断机刀片、搅拌机等。

第二节　危害防护设计依据及应对措施

一、危害防护设计依据

（一）法律、行政法规、部门规章

1）《中华人民共和国安全生产法》（主席令〔2021〕88 号［2021 年 6 月修订本］）

2)《中华人民共和国消防法》(主席令〔2021〕81 号[2021 年修订本])

3)《中华人民共和国职业病防治法》(主席令〔2018〕24 号[2018 年修正本])

4)《中华人民共和国石油天然气管道保护法》(主席令〔2010〕30 号)

5)《中华人民共和国特种设备安全法》(主席令〔2013〕4 号)

6)《建设工程安全生产管理条例》(国务院令〔2003〕393 号)

7)《生产安全事故应急预案管理办法》(2019 年 9 月 1 日)

8)《建设项目安全设施"三同时"监督管理暂行办法》(原国家安全生产监督管理总局令〔2010〕36 号)执行国家安监总局 77 号文[2015]

(二)技术标准

1)《企业职工伤亡事故分类》(GB 6441—1986)

2)《建筑设计防火规范(2018 年版)》(GB 50016—2014)

3)《供配电系统设计规范》(GB 50052—2009)

4)《低压配电设计规范》(GB 50054—2011)

5)《建筑物防雷设计规范》(GB 50057—2010)

6)《爆炸危险环境电力装置设计规范》(GB 50058—2014)

7)《建筑灭火器配置设计规范》(GB 50140—2005)

8)《油田油气集输设计规范》(GB 50350—2015)

9)《油田注水工程设计规范》GB 50391—2014

10)《生产过程安全卫生要求总则》(GB/T 12801—2008)

11)《工作场所防止职业中毒卫生工程防护措施规范》(GBZ/T 194—2007)

12)《工作场所职业病危害警示标识》(GBZ 158—2003)

13)《石油天然气安全规程》(AQ 2012—2007)

14)《石油天然气钻井、开发、储运防火防爆安全生产技术规程》(SY/T 5225—2012)

15)《硫化氢环境天然气采集与处理安全规范》(SY/T 6137—2017)

16)《石油天然气工程总图设计规范》(SY/T 0048—2016)

17)《胜利油田油气生产场所 HSE 警示标识及警语设置规范》(Q/SH 1020 2152—2013)

二、危害应急对策及防护措施

(一)施工过程

1)钻井工程

根据项目开发特点和危险有害因素识别结果(表 8 - 1),确定钻井过程主要危险因素,并提出相应的安全措施。

表8－1　钻井危害因素识别

序号	主要危险	阶段	起因	影响	危险等级	预防措施
1	井喷	在钻进、起下钻等过程中	承钻井地层压力异常、承钻井周围有可能造成地层异常的施工井位、设计有误、测量有误、没有及时边起钻边灌泥浆、地层漏失严重、误操作、泥浆密度低、地层压力掌握不准、起钻抽吸、停泵时环空压耗消失、起钻过程修理设备、自动灌浆装置损坏且没有发现等	处理不当造成井喷	Ⅲ	承钻开发井必须明确地层压力，钻井位区域如果有注水井、压裂施工井等可能造成地层异常压力的施工，应对比研究分析；设计合理的钻井液密度；保持钻井液密度测量仪器的有效性；起钻及时灌满钻井液；正确处理地层漏失或油水浸；严格岗位操作规程；严格控制起钻速度；合理钻井设计并严格审核；起钻前，充分循环钻井液，至少循环两周，观察后效反应；严格落实井控管理规定；起钻前必须检查自动灌浆装置的可靠性；起钻时，尽可能不修理设备(钻开油气层后)等
2	井喷失控	在钻进、起下钻及施工过程中	井喷后，没有立即关井；压井措施不当；防喷器闸板与钻具外径规范不配套；没有安装合理的防喷器；防喷系统的控制装置没有处于正确状态；储能器没有打足够合理的压力；防喷器的工作压力不足；进行固井时没有换与套管尺寸相应的防喷器芯子；下套管没有按规定灌满钻井液；现场没有配备足够的压井液；没有安装回压阀；井控系统没有按要求进行试压等	可能导致火灾爆炸	Ⅲ	关井应采取科学措施压井；安装防喷器时其闸板应与钻具尺寸外径相符；防喷器组合应满足设计要求；防喷器的工作压力必须满足控制地层压力要求；防喷系统的控制系统必须处于正常状态；储能器必须打足合理的压力；固井作业时应更换与套管尺寸相符的闸板芯子；起钻下套管必须按规定灌满泥浆；现场按设计要求配备足够数量、密度符合要求的钻井液，任何时候都应准备好带回压阀的单根钻杆；整个井控系统有效试压等
3	井喷失控着火	在钻进、起下钻施工过程中	井喷或井喷失控后，由于井底喷出物撞击顶驱、井架等金属，钻具撞击顶驱、井架等产生的撞击火花；现场明火；违章吸烟；采取一切措施无效后没有及时停柴油机、发电机；没有及时断电；有效区域内的其他火源；静电火花；柴油机和进入井场的车辆没有配备排气筒阻火器；井场用电气设备不防爆等	人员伤害、钻机钻毁、设备报废、财产损失	Ⅲ	井场电器按防爆等级设置防爆电气，所有开关设置防爆开关，井场钻井设备的布局要考虑防火的安全。严格遵守井场安全防火规定

续表

序号	主要危险	阶段	起因	影响	危险等级	预防措施
4	高压管汇事故	在钻井、固井施工作业过程中	高压管汇安装不合格、管汇质量不合格、管汇超压、管汇振动损坏	设备损坏、人员伤害	Ⅱ	高压管汇使用前严格检查并试压，高压管汇按标准安装，严禁超压使用，试压时人员远离高压管汇，高压区域设置醒目标志等
5	受力物故障事故	在施工过程中	钻井钢丝绳、刹车系统等质量差、违章操作、超载等	设备损坏、人员伤害、井下事故	Ⅱ	认真执行井场管理制度，严格进行班前检查，确保刹车及防碰天车良好可靠，严禁超速、超载，钻井提升系统应经常检查其完好可靠性等
6	钻具脱扣、断裂	在施工过程中	钻具管柱丝扣磨损或上扣扭矩不够，错扣，负荷过载，管柱钢级不够，违章操作	管柱落井、管柱损坏、井下事故	Ⅱ	管柱钻具质量检验、丝扣检查、严格操作规程、严禁超载、钻具上扣扭矩值达到规范要求等
7	卡钻顿钻事故	在施工过程中	刹车失灵、违章操作、井下有落物、井身质量差、钻井液性能差等	井下复杂事故	Ⅰ	控制钻井液密度、严格按钻井技术措施施工、确保刹车系统安全可靠、严禁违章操作
8	高处坠落	在起下钻过程、设备安装过程中	二层台操作不系安全带或安全带质量不合格，发生人员高处坠落事故	人身伤亡	Ⅱ	及时清理钻台面、梯子缸面等处的积水、积雪、泥浆；采用滑网等材料铺垫平面；清理杂物；注意行走安全；设立警示标志等；仔细检查安全带，严格按操作规程操作
9	触电事故	在钻井全过程中	对电气没有良好接地，电气设备或线路破损，操作不当等	人身伤亡	Ⅱ	所有用电设备必须良好接地；电气检修要挂牌，并在操作时有人监护；及时更新和检修电气设备和线路；严格操作规程等
10	H_2S中毒事故	在钻井施工过程中	地层可能有高浓度的H_2S、药品在地下发生化学反应生成一定量的H_2S、钻井液性能不合理、操作不当等	人身伤害、设备损坏	Ⅱ	对地层预告要科学准确，采用科学合理的钻井液钻进，严格按操作程序和方法进行操作，配合足够的H_2S检测、报警装置
11	车辆伤害事故	在搬迁、交叉作业过程中	车辆、设备就位不合理，无专人指挥，不遵守起吊规定，车速过快等	人身伤害	Ⅱ	进入井场的车辆按规定行驶，交叉作业时有专人指挥，严格执行起吊规定，严禁在起吊范围内行走、站立

续表

序号	主要危险	阶段	起因	影响	危险等级	预防措施
12	机械伤害	在施工过程中	转动设备伤害事故	人身伤害	Ⅱ	所有电机、泵等必须安装固定好护罩；液压大嵌配置防挤手装置；严格按规定操作
13	放射性危险	在测井施工作业过程中	放射源运输中未按规定配备押运人员，运输中途未按规定路线行驶，未按规定系牢，人员蓄意破坏，未按规定存放管理等	人员辐射损伤	Ⅱ	放射源运输中途严格按规定执行，运输必须由专用车辆运输，必须持押运证人员押运，必须按规定路线运输，运输中途必须向沿途当地公安局申报，必须存放于井队指定位置，在施工期间必须有专人管理，存放期间必须有专用安全标志，正确穿戴人员防护服，人员培训等
14	测斜失败事故	在测斜作业过程中	人员因素、仪器故障、测斜钢丝断裂、测斜仪器卡住等	其他伤害	Ⅰ	操作人员必须持证；严格按操作规程操作；严格执行各项规章制度；下井仪器检查验收制度；严格检查测斜钢丝；钻井队配合周密；测斜电池检查，确保有效等
15	测井仪器卡或落井	在测井过程中	操作错误；电测钢丝有断股；测井前未通井或短起下；配合不当等	严重者可能造成弃井	Ⅱ	执行操作规程、人员培训、持证上岗、仪器下井前检查、与钻井方配合密切、施工作业方案审核、测井前通井或短起下等

根据区块已完钻井测试目的层的地层压力系数，预测区块本次开发目的层地层压力，根据企业标准选择井控装置，确保在井下发生复杂情况时能有效控制井口，满足井控的需要。

井控主要措施按 Q/SH 1020 0446—2024《钻井井控装置配套、安装及检查验收》、SY/T 5964—2019《钻井井控装置组合配套、安装调试与使用规范》、Q/SL 1020 1160—2011《钻井一级井控技术》等有关井控标准及《胜利油田钻井井控工作细则》的要求执行，施工措施中严格执行井控管理九项制度，即持证井控操作制度，井控设备管理制度，钻开油气层申报、审批制度，防喷演习制度，井喷显示监测坐岗制度，钻井队干部 24h 值班制度，井喷事故汇报制度，井控例会制度，岗位责任制大检查制度。

2)采油(气)工程

采油(气)工程危害因素如表8-2所示。

表8-2　采油(气)工程危害因素识别

序号	危险类别	可能原因	可能后果	危险等级	预防措施
1	井喷	①换装井口、起下管柱作业和循环施工作业、安装井下安全阀等井下作业时，造成井内压力失衡；②防喷器失效；③抢喷工具不全；④压井、排液等措施不当	设备损坏、人员伤亡	Ⅲ	①安装灵活可靠的井口装置和防喷器；②及时检查和设备设施的完好；③制订并严格按照射孔、压井、排液等措施实施作业；④加强安全教育，预防为主；⑤选好相应密度的压井液防止井喷事故的发生；⑥优化采油工艺及井下作业工艺，制订应急措施
2	火灾	①管线或设备发生油气泄漏；②井下作业发生井喷；③雷电等；④电气设备损害、短路等引起火灾；⑤酸化后放喷，若放喷管线发生漏失	设备损坏、人员伤亡	Ⅲ	①定期检查设备、管线，及时发现和预防泄漏；②严格动火制度；③确保防雷防静电设施的可靠；④严格安全用电和配备足够的电气保护装置
3	爆炸	①设备的实际操作压力超过所能承受的压力；②设备腐蚀等造成承受压力降低，不能承受正常工作压力；③爆炸器材发生爆炸；④在高压注水、酸化、压裂过程中，造成异常超压引起爆炸	设备损坏、人员伤亡	Ⅲ	①严禁设备、管线超压工作；②定期检查、校验安全阀和压力表；③采油井站严禁烟火；④严格爆炸性物品的管理；⑤定期进行设备、管线的腐蚀检测，及时检修和更换；⑥射孔作业严格按照技术规程进行
4	机械伤害	①设备隐患；②违章操作；③精力不集中；④操作技术不规范；⑤违章指挥；⑥其他意外原因	人员伤亡	Ⅱ	①加强设备检修；②严格安全操作规程
5	触电	①井场用电线路架设、布置不合理；②线路绝缘不良；③用电设备接地不良；④作业工操作不当或违章操作；⑤其他	人员伤亡	Ⅱ—Ⅲ	①合理架设布置用电线路；②用线使用正规线；③设立触电保护器等保护装置；④及时检修电气线路，确保线路的接地、绝缘良好
6	中毒	①油气大量泄漏；②其他	人员伤亡	Ⅱ	①严格和明确油气泄漏后的应急措施；②加强操作人员的安全防护

续表

序号	危险类别	可能原因	可能后果	危险等级	预防措施
7	物体打击	①违章带压操作，设备零部件飞出伤人； ②操作不规范或不按操作规程进行操作等； ③高空落物； ④发生管线、设备刺漏等，内部高压介质发生冲击伤人； ⑤其他	设备损坏、人员伤亡	Ⅱ—Ⅲ	①严格操作规程； ②穿戴好必备的劳动防护用品； ③定期及时检查和维修设备，尤其是承压部件的牢靠性； ④严格、明确应急措施
8	高处坠落	①高空作业设备、设施存在隐患； ②安全防护不合适； ③安全措施不到位； ④其他	人员伤亡	Ⅱ—Ⅲ	①严格高空作业安全操作规程； ②穿戴好必备的劳动防护用品； ③定期检查维修安全措施，查找和改进不安全的因素
9	灼烫	①酸化作业过程中接触酸液； ②加药过程中人员接触药剂； ③其他	人员伤亡	Ⅱ	①定期检查、及时维修设备、管线等可能发生泄漏的环节； ②严格酸化过程、加药过程的工艺流程； ③穿戴必备的劳动防护用品
10	车辆伤害	①车辆违规驾驶； ②车辆发生故障	人员伤亡、车辆或设备损坏	Ⅰ—Ⅱ	①严格车辆管理规定； ②及时维修、保养车辆
11	其他	人员无防护或防护能力不足直接与酸碱性物质接触等	人员伤害	Ⅱ	采用酸碱等化学品作业人员进行有效防护，无关人员远离危险区域，按规定选用设施和容器

3）地面工程

地面工程危害因素如表 8－3 所示。

表 8－3 地面工程危害因素识别

序号	危险类别	产生原因	事故后果	危险等级	改进措施/预防方法
1	高处坠落	①高处作业临边无栏，不小心坠落； ②无脚手架、板或脚手架，板固定不牢，造成高处坠落； ③梯子无防滑措施，或强度不够、固定不牢造成跌落； ④未穿防滑鞋或防护用品穿戴不当，造成滑跌坠落； ⑤在大风、暴雨等条件下登高作业，不慎坠落； ⑥吸入有毒、有害气体或缺氧、身体不适造成坠落； ⑦作业时嬉笑打闹	人员伤害	Ⅱ	①高处作业时应对空洞设置盖板、临边设置护栏； ②按要求设置脚手架或防护网； ③梯子应按要求设置，防滑、固定牢靠； ④提供合适的劳保用品； ⑤极端天气不得施工； ⑥受限空间或有油气泄漏的地方要做分析； ⑦严格工作纪律

续表

序号	危险类别	产生原因	事故后果	危险等级	改进措施/预防方法
2	物体打击	①高处有未被固定的物体被碰撞或风吹等坠落； ②工具、器具等抛掷； ③违章作业、违章指挥、违法操作规范； ④碎片抛掷、飞溅； ⑤防护用品和工具质量缺陷或使用不当	人员伤亡、引发二次事故	Ⅱ	①高处的设备、物料等要固定好，防止掉落； ②高处使用工具、器具等不宜抛掷； ③不得违章作业、违章指挥、违法操作规范； ④提供合格的劳保用品和工具
3	起重伤害	①起重作业，因捆扎不牢或吊具强度不足、斜吊斜拉致使物体倾斜； ②吊装作业时物品坠落	人员伤亡	Ⅲ	①司机持证上岗； ②杜绝违章操作
4	机械伤害	①在土建施工、设备安装时，不注意而被碰、割、砸； ②衣物等被绞入转动设备； ③旋转、往复、滑动设备、物体撞击伤人； ④运转设备或部件发生意外损坏飞溅伤人	人体伤害	Ⅱ	①定期开展职工安全教育； ②发放并穿戴合格的劳保用品； ③设备的旋转部位等应有防护装置； ④严格执行安全操作规程
5	电气火灾	①施工现场私拉乱接电线； ②供电线路过负荷、短路； ③供电设备内部故障短路	人员伤亡	Ⅱ	①临时用电按照施工现场用电安全技术规范执行； ②对可能发生火灾的施工现场要设置灭火器等
6	触电	①电气设备、临时电源漏电； ②安全距离不够； ③绝缘损坏、老化； ④保护接地、接零不当； ⑤防护用品和工具质量缺陷或使用不当； ⑥手动电动工具类别选择不当或使用不当，疏于管理； ⑦雷击	人员伤亡、引发二次事故	Ⅲ	①用电设备要设置漏电保护装置； ②用电设备及线路要定期检查； ③焊机等设备要设置接地
7	噪声	机械设备打桩机、起重机的运转	人体伤害、引发职业病	Ⅱ	提供耳罩、耳塞等劳保用品
8	粉尘	①进行焊接作业、易产生扬尘的作业环境中作业时未佩戴眼罩、口罩等防尘设施； ②在大风天气作业； ③开挖或填埋土质干燥	人体伤害、引发职业病	Ⅱ	①为作业人员提供防尘口罩、耳塞、眼罩等； ②尽量避免在大风天气下作业； ③适当进行洒水作业

续表

序号	危险类别	产生原因	事故后果	危险等级	改进措施/预防方法
9	用火作业	①火星窜入其他设备或易燃物侵入用火设备； ②用火点周围有易燃物； ③泄漏电流危害； ④火星飞溅； ⑤气瓶间距不足或放置不当； ⑥焊接工具有缺陷； ⑦通风不良、监护不当； ⑧应急设施不足或措施不当； ⑨涉及危险作业组合，未落实相应安全措施； ⑩施工条件发生重大变化未采取相应措施	发生火灾、爆炸或触电等事故	Ⅲ	①办理用火作业许可证，实现现场监护，确保流程有效隔离或切断； ②电焊回路应搭接在焊件上，不得与其他设备搭接，禁止穿越下水道(井)； ③防止火花飞溅，注意火星飞溅方向．用水冲淋火星落点； ④氧气、乙炔气瓶间距不小于5m，二者与用火点之间不小于10m；气瓶不准在烈日下暴晒，乙炔气瓶禁止卧放； ⑤用火作业前，应检查电、气焊工具，保证安全可靠； ⑥用火过程中，遇有跑料、串料和易燃气体，应立即停止用火； ⑦监火人应熟悉现场环境和检查确认安全措施落实到位，具备相关安全知识和应急技能； ⑧用火现场备有灭火工具
10	破土作业	①未办理《破土安全作业证》； ②未对作业人员进行安全教育，作业人员未佩戴相应的劳动防护用品； ③破土作业施工现场设置护栏、盖板和警告标志，夜间未悬挂红灯示警； ④盲目挖掘，挖出电缆等继续施工； ⑤未按照操作规程进行操作施工机械； ⑥对施工现场未进行详尽分析，对周边和地下情况分析不够； ⑦在危险场所破土时，没有专业人员现场监护	发生物体打击、坍塌、中毒窒息等事故	Ⅱ	①应办理《破土作业许可证》； ②作业前，项目负责人应对作业人员进行安全教育。生产单位向施工单位指明风险点，施工单位应进行施工现场危害辨识，并逐条落实安全措施。作业前，应检查工具、现场支撑是否牢固、完好，发现问题应及时处理； ③破土作业施工现场应根据需要设置护栏、盖板和警告标志，夜间应悬挂红灯示警； ④破土临近地下隐蔽设施时，应使用适当工具挖掘，避免损坏地下设施； ⑤破土中如暴露出电缆、管线以及不能辨认的物品时，应立即停止作业，报告生产单位处理； ⑥作业现场应保持通风良好，并对可能存在有毒物质的区域进行监测
13	临时用电	①施工过程中的电气设备使用不合理、缺少保护装置，人员违章操作等； ②跨越安全围栏或超越安全警戒线，误碰带电设备； ③施工现场混乱，电气设备安全设施不健全或损坏漏电，绝缘保护层破损或保护接地失效等； ④手持电动工具，工具带电； ⑤在带电设备附近进行作业，不符合安全距离或无监护措施，缺少安全标志或标志不明显，工作面不使用安全电压照明； ⑥施工使用机具不慎碰触电缆	发生触电等事故	Ⅱ	①建立临时用电许可证制度； ②电气作业人员持证上岗； ③电气作业应加强个体防护，穿戴齐全各项绝缘防护用品； ④四周应加可靠的遮护，采取防止无关人员误入的措施； ⑤设置警示标志； ⑥电气设备、线路必须具备良好的电气绝缘，且与电压等级相匹配； ⑦人员容易触及的裸带电体必须置于人的伸臂范围以外，否则应加可靠的遮护； ⑧电气设备、线路设置接地保护、漏电保护

续表

序号	危险类别	产生原因	事故后果	危险等级	改进措施/预防方法
14	管道敷设	①管子串动和对口时，无人指挥或指挥信号不准确，易造成物品打击伤人或设备损坏； ②管件对口时手与管件无安全距离，易发生伤手事故； ③管件堆放无防滑和倾倒措施，管线意外滚动或防护用具不当，易发生管道伤人事故； ④切割管件不固定，易发生管件移位伤人事故； ⑤管件未固定就放开索具，易发生伤人事故	发生物体打击等事故	Ⅱ	①严格按操作规程作业，严禁违章作业； ②戴好安全防护用品； ③安全管理人员加强巡视现场

(二)生产运行过程

1)油气集输过程

油气集输过程中可能产生的危害如表8－4所示。

表8－4　集输过程中危害因素

序号	危险类别	产生原因	可能产生的后果	危险等级	改进措施/预防方法
一	井场				
1	触电	①抽油机配电设施因潮湿造成漏电连电； ②线路绝缘破坏、接线不符合要求； ③无接地装置或接地不良； ④违章操作，检修时带电作业违章操作	人员伤害	Ⅱ	①进行电工岗位培训，作业人员持证上岗； ②加强安全用电知识培训，提高个人防护和自救互救能力； ③经常性检查电器线路； ④保证设备接地可靠； ⑤做好电器吹灰工作，避免电器线路、设备潮湿
2	火灾爆炸	因生产井放套管油气聚积或井口油气泄漏	人员伤亡、设备损坏	Ⅲ	①严格按照操作规程作业； ②生产井附近严禁烟火； ③安全防范措施到位，清理易燃物
3	机械伤害	①作业人员操作、维修抽油设备时，违章作业； ②运动部件及设备没有防护或刹车失效	人员伤害	Ⅱ	①进行岗位培训，杜绝违章操作； ②确保设备的保护设施及刹车完好有效； ③认真落实各类维修和操作规程
4	高处坠落	①附设的梯子、平台、栏杆等损坏或不符合要求； ②登高作业，未穿戴防护用品，如防滑鞋、安全带等； ③违章作业； ④无警示标志	人员伤害	Ⅱ	①防护设施定期检修； ②正确穿戴防护用品； ③工作人员遵章操作； ④悬挂警示标志

续表

序号	危险类别	产生原因	可能产生的后果	危险等级	改进措施/预防方法
5	中毒窒息	采油过程中油气泄漏，释放出油气	人员伤亡	Ⅱ	①对员工进行培训，使其了解物质的毒性及防护知识； ②进入施工现场的作业人员必须穿戴好工作服、安全帽、手套等劳动防护用品； ③作业前及作业过程中密切进行硫化氢检测，并进行相应处理，并保证硫化氢含量符合要求后进行作业
6	容器爆炸	①井场多功能罐、油气分离器超压，安全阀泄放不良； ②特种设备焊接质量不合格，存在焊缝、砂眼等，不能承受操作压力； ③设备长时间使用腐蚀穿孔	人员伤亡	Ⅲ	①定期对设备安全阀进行检验； ②选用正规厂家合格设备，及时注册，定期对压力容器进行检验； ③对设备采用防腐措施
二	单井输油管线、集油管线				
1	火灾爆炸	(1)设计不合理，包括： ①工艺流程、设备布置不合理； ②系统工艺计算不正确； ③管道强度计算不准确； ④管道位置选择不合理； ⑤材料选材不合理； ⑥防腐蚀设计不合理； ⑦管线布置、柔性考虑不周； ⑧结构设计不合理； ⑨防雷、防静电设计缺陷。 (2)管线内表面磨损、腐蚀包括： ①选材不当、材质不达标、抗蚀性能差； ②原油含水、酸性介质等； ③原油含砂、铁锈等尘粒及杂质产生磨损。 (3)管线外表面腐蚀。 ①管材抗腐蚀性能不符合要求； ②防腐蚀措施失效； ③防腐层在运输、施工中被破坏，没有进行修补； ④管线接口处防腐不能满足工艺要求等。 (4)施工质量问题。 ①管道施工队伍技术水平低、管理失控； ②焊接缺陷； ③补口、补伤质量问题； ④检验控制问题。 (5)疲劳失效 (6)管线受外力或液压、沉重物体压轧、打击等 (7)管线漏油后未划定安全区域，外来人员在不知情的情况下点火	管线爆炸、设备损坏	Ⅲ	①根据管道穿越地段的情况，合理设计工艺流程、设备、管材的选择及防腐、防雷、防静电等相关设计； ②根据原油的性质采取合理的防腐措施； ③根据管道穿越地段土壤性质选择合理的防腐措施； ④施工作业时，作业人员应经培训合格后上岗作业，规范操作规程，加强作业现场的管理，对施工单位及特种作业人员统一管理； ⑤疲劳失效常常发生在管道不连续处、加热炉等设施上，应对这些几何不连续不稳或缺陷部位加强检查； ⑥管道敷设地段设置安全警示标志，穿越线路应报当地行政主管部门备案，配置专人定期巡检； ⑦原油泄漏抢修，首先要检测现场的油气浓度，待油气浓度降至爆炸下限以下，再进行焊接等作业，避免盲目作业，引爆泄漏的可燃物，导致管线爆炸等更为严重的事故； ⑧管线泄漏后，在管线爆炸影响范围内不允许有外来人员进入

2)配套设施运行

配套设施运行中可能产生的危害因素如表8－5所示。

表8－5　配套设施运行中危害因素

序号	危险类别	产生原因	事故后果	危险等级	改进措施/预防方法
1	电气火灾	①电气设备、电气线路绝缘损坏漏电； ②短路； ③过载； ④接触不良； ⑤散热不良	设备损坏、人员伤害	Ⅱ	①选用合格的电气产品，保证电气设备绝缘良好； ②电气设备和线路设过电压、过电流保护，避免电气设备过载运行； ③电气连接应可靠； ④电气设备散热良好
2	触电	①电气设备、电气线路绝缘损坏漏电； ②绝缘失效、屏护失效、障碍失效； ③安全距离不足； ④安全防护措施失效； ⑤人员违章或失误	人员伤亡	Ⅱ	①选用合格的电气产品，保证设备和电缆的绝缘良好； ②电力线路的敷设应避开高温、振动等易受损坏的环境； ③电气安全防护措施，如漏电保护、接零或接地保护、报警、联锁等可靠有效； ④电工作业应持证上岗，严格遵守电气作业制度和操作规程，作业时穿戴必要的绝缘防护用品； ⑤电气作业应加强监护，严禁违章意外送电； ⑥变压器、配电装置的布置应保证电气操作足够的安全距离和安全作业空间； ⑦电气设备的带电体应有可靠的遮护，外露可导电部分应有可靠接地； ⑧变、配电设备应由专人管理； ⑨在变压器、配电室等处设置醒目的防触电警示标志； ⑩避免在雷雨天气时进行野外作业

第三节　安全风险评估与应对

一、安全风险与应对措施

根据分析结果，本工程可能发生的事故类别有井喷、机械伤害、火灾爆炸、高处坠落、物体打击、中毒窒息、管道爆裂、触电、灼烫等。事故后果最严重的是井喷失控及火灾、爆炸，其危险性等级均为Ⅲ级，一旦发生，可能会造成个别人员的伤亡和较大的经济损失，应当作为本工程安全防范的重点。对于其他事故，事故后果一般为Ⅱ级或Ⅰ级，后果较轻。在对该项目全面分析、评价的基础上，从安全技术、安全管理以及施工安全等方面，提出该项目安全风险控制措施。为全面识别危害控制风险，针对该项目，委托具有资质的机构开展项目安全预评价，安全预评价不仅针对地面工程部分进行安全预评价，同时还对钻采工程进行安全预评价。

(一)安全技术措施

相关安全技术措施如表8－6所示。

表8－6　安全技术措施一览表

序号	对策措施	依据
1	油气集输	
1.1	油井井场应有醒目的安全警示标志，建立严格的防火防爆制度	AQ 2012—2007 5.6.4
1.2	抽油机外露2m以下的旋转部位应安装防护装置	SY 6320—2008 4.1.3
1.3	计量站应有醒目的安全警示标志，建立严格的防火防爆制度	AQ 2012—2007 5.6.4
1.4	输油气管道沿线应设置里程桩、转角桩、标志桩和测试桩	AQ 2012—2007 7.1.1.3
1.5	输油气管道采用地上敷设时，应在人员活动较多和易遭车辆、外来物撞击的地段，采取保护措施并设置明显的警示标志	AQ 2012—2007 7.1.1.4
1.6	设计和建设管道，应当遵守下列规定： ①埋地石油管道与居民区的安全距离不得少于15m； ②地面敷设或者架空敷设石油管道与居民区的安全距离不得少于30m； ③埋设管道，在农田的，其覆土厚度不得低于1.5m；在山区的，其覆土厚度不得低于1.2m；在可以采砂河段的，其管顶距离河床不得少于7m	《山东省石油天然气管道保护办法》第十二条； 参照国家或新疆的有关法规条例
1.7	管道建设单位应当在下列地点设置永久性安全警示标志或者标识： ①管道穿越的人口密集地段和人员活动频繁的地区； ②车辆、机械频繁穿越管道线路的地段； ③易被车辆碰撞和人畜破坏的管道沿线地段； ④管道穿(跨)越河流的地段； ⑤管道经过的路口、村庄； ⑥其他需要设置安全警示标志的地区	《山东省石油天然气管道保护办法》第十八条； 参照国家或新疆的有关法规条例
2	注汽	
2.1	注汽锅炉半露天布置时，应符合下列要求： ①注汽锅炉应适合办露天布置，室外布置的测量控制仪表和管道阀门附件应有防雨、防风、防冻和防腐等措施； ②注汽锅炉压力、温度等测量控制仪表应集中设置在操作室内； ③严寒、寒冷地区风机室外吸风时，宜有冷风加热的措施	SY/T 0027—2007 5.4.6
2.2	注汽锅炉间的操作地点和水处理间的操作地点应采取措施降低噪声；注汽站内的仪表控制室和化验室的噪声不应大于70dB(A)	SY/T 0027—2007 7.3.2

另外，根据同类项目发生的事故类型、现场调研情况，提出的补充措施如下。

(1)钻井、作业施工要严格按照设计要求选用钻井液、压井液及井下设备，安装符合要求的封井器，并严格按操作规程进行施工操作。

(2)采油井口装置应当符合 GB/T 22513—2023《石油天然气钻采　设备井口装置和采油树》规范的要求。

(3)根据《山东省石油天然气管道保护办法》第十二条、第十三条的规定，设计单井集油管线走向图，明确集输管线沿线的安全距离。参照国家或新疆的有关法规条例，设计和建设管道，应当遵守下列规定：①埋地石油管道与居民区的安全距离不得少于 15m。②地面敷设或者架空敷设石油管道与居民区的安全距离不得少于 30m。③埋设管道，在农田的，其覆土厚度不得低于 1.5m；在山区的，其覆土厚度不得低于 1.2m；在可以采砂河段的，其管顶距离河床不得少于 7m。

新建管道达不到安全距离要求且无法避让，或者管道覆土厚度达不到规定标准的，管道企业应当提出安全保护方案，经专家评审并报当地管道保护监督管理部门同意后，方可进行建设。

(4)根据《油田油气集输设计规范》(GB 50350—2015)第 10.1.5 条的规定，仪表及计算机控制系统应设置保护接地和工作接地，接地电阻值应符合下列规定：①保护接地电阻值宜小于 4Ω。当采用联合接地时接地电阻值应按被保护设备要求的最小值确定；②工作接地电阻应根据仪表制造厂家的要求确定。当无明确要求时，可采用保护接地的电阻值。

(5)根据 Q/SH 1020 2152—2013《胜利油田油气生产场所 HSE 警示标识及警语设置规范》第 5.1 条规定，油井生产现场应设置如下警示标志及警语。

①油井生产区。

a)丛式井组入口处应设置警示标志：当心落物、当心坠落、当心机械伤人、当心超压。

b)抽油机底部工字钢醒目位置应设置警语：停机断电保养、先停机后攀登。

c)抽油机爬梯横撑处应设置警语：登高系安全带。

d)抽油机护栏外侧应设置警语：旋转部位禁止靠近。

②用电控制柜、接线盒等接送电设备。

a)门外侧应设置警示标志：当心触电。

b)门外侧应设置警语：启停机戴好绝缘手套。

c)门内侧应设置警语：当心电弧、侧身操作。

③变压器。

a)变配电区应设置警示标志：禁止靠近、禁止攀登、当心触电、必须加锁。

b)应设置警示标志：禁止靠近、当心触电。

(6)根据 SY/T 6320—2016《陆上油气田油气集输安全规程》第 3.3.4 条规定，油气介质走向应有方向标识，管线、设备涂色应符合 SY 0043 的规定。

(7)根据《山东省石油天然气管道保护办法》第十八条的规定，参照国家或新疆的有关法规条例，管道建设单位应当在下列地点设置永久性安全警示标志或者标识：①管道穿越的人口密集地段和人员活动频繁的地区；②车辆、机械频繁穿越管道线路的地段；③易被车辆碰撞和人畜破坏的管道沿线地段；④管道穿（跨）越河流的地段；⑤管道经过的路口、村庄；⑥其他需要设置安全警示标志的地区。

（二）安全管理措施

（1）工程建设过程中和投入运行后，均应确保落实安全技术措施的资金投入，建立安全生产投入的长效机制，从资金和物质方面保证安全生产工作的正常进行。

（2）机械设备上的安全防护装置应完好、可靠，设备的使用和管理应定人、定责、安全附件应定期校验。

（3）压力容器、管道等特种设备在投产前运行前应进行强度和密封性试验，运行后应对密封、焊接部位进行全面检查，发现问题，应及时处理。

（4）压力容器应建立安全技术档案，应向县级以上特种设备安全管理部门登记，取得使用许可证后方可投入使用，并应定期检测合格。使用单位每年应当制定压力管道的定期检验计划。

（5）安全阀、压力表、液位计等各类安全附件应定期进行校验、检测，对检测结果做好记录。

（6）自控系统投入运行前应进行有效性试验，并做好记录，在今后的使用过程中应定时实验并记录；自控系统应采取专职人员操作和专业维护。

（7）加强设备管理，及时发现问题，消除隐患，做好设备的日常维护、定期检查保养工作，杜绝设备带病运行；加强各类安全装置（防雷防静电接地、承压管道等）的日常检查、定期检测，确保设备的安全防护装置、安全设施可靠、齐全、有效。

（8）定期对职工进行安全教育、考核，不断提高职工的安全意识和操作技能，增加安全知识。新职工上岗前应经过“三级教育”，并经考核合格后方可上岗；特种作业人员、特种设备作业人员等应经具备资质的培训机构培训、考核，取得操作许可证，持证上岗。

（9）对作业场所存在的有害因素（如噪声）应定期进行检测，为员工提供耳塞或耳罩等个体防护用品，并对员工使用进行培训，员工上岗应按规定正确穿戴劳动防护用品。

（10）建立职工健康档案，定期组织查体，定期进行作业场所的有害因素（如噪声）检测，有职业禁忌症者应调离。

（11）应根据本工程的实际情况，将新建、改扩建内容纳入新春公司的安全管理范围之内，制定相应的安全管理制度和事故应急救援预案。并对应急预案应定期进行演习，不断进行修订完善。确保每一个职工和其他有关人员熟悉和了解事故应急预案。

（12）消防设施、消防器材应每年进行一次全面检测，保证其完好可用。

（13）工程试运行 3 ~6 个月后，应由具有资质的专业中介机构进行验收评价，为总体验收做好准备。

（14）对开发过程中可能产生硫化氢，应严格按照《胜利石油管理局胜利油田分公司陆上油田硫化氢安全防护管理规定》(胜油局发〔2012〕434 号)，对可能接触硫化氢人员进行硫化氢防护培训；为涉硫化氢作业施工队伍配备必要的硫化氢检测器具和防护设施；施工作业现场醒目位置应设置警示标志和中文警示说明等。

(三)施工过程安全对策措施

(1)工程设计单位、施工单位、监理单位均应具备相应的资质，严格按照《胜利石油管理局胜利油田分公司承包商安全环保监督管理规定》要求，加强工程施工建设过程中的监督监理，严格竣工验收，确保工程质量。

(2)施工前应由施工方和建设方安全负责人对施工人员进行安全教育。

(3)本工程属改扩建项目，涉及危险性较大的作业(如用火、破土、临时用电等)，作业前必须进行危险分析，严格执行危险作业许可制度，办理相应的许可证，落实安全监护措施后方可进行。

(4)在站场内施工前应先熟悉站内工艺流程，并预先编制《施工方案》，在拆卸和安装等施工过程应严格遵守操作规程。施工单位应针对施工过程中可能出现火灾爆炸、触电、中毒窒息、起重伤害、高处坠落、车辆伤害等事故编制相应的应急救援措施，并对施工人员进行培训。

(5)动土作业前，要详细了解地下是否存在电缆、管道及其他埋设物，当接近地下电缆、管道及埋设物的地方施工时，要加强管理，防止出现事故。

(6)工程施工前，建设单位应当对有关安全施工的技术要求向施工单位进行交底，施工单位负责项目管理的技术人员应当向施工作业班组、作业人员进行交底。

二、职业卫生风险与应对

在对该项目全面分析、评价的基础上，从组织管理、工程技术、个体防护、应急救援、健康监护、卫生保健方面，提出该项目控制职业病危害措施如下。

(一)工程技术措施

防毒措施：该项目井场建设地点周边均为公益林，四周空旷、空气流动通畅，便于有毒有害物质在空气中的扩散。应加强生产系统生产设备的维护和管理，防止“跑、冒、滴、漏”。生产设备在外协大修时包含电焊及油漆作业，存在电焊烟尘、锰及其化合物、电焊弧光、苯、甲苯、二甲苯等危害，在生产设备检维修现场作业时，现场必须开放通风、排风设施；严格按照操作规程规定进行作业，并做好个体防护。

1. 防噪措施

该项目应尽量选用低噪声设备，并合理配置噪声源，将产生高噪声和低噪声的设备分开，将高噪声设备与操作人员尽量隔离。注重对设备维护和保养，保证设备处于正常运行状态，保障职业健康。

2. 总平面布局

该项目总平面布局功能分区明确，便于管理和安全生产，基本符合《工业企业设计卫生标准》。

(二)个体防护

该项目在按照要求发放的基础上，应加强个体防护用品使用的培训、监督和管理，确保工人正确使用和佩戴个体防护用品。

在进行检维修或处于其他异常情况时，必须按要求佩戴好防护用品，并严格按照操作规程或应急预案的要求作业，防止职业中毒等恶性职业卫生事故发生。

(三)应急救援措施

1. 应急救援预案及演练

该项目的应急救援纳入新春公司应急救援体系，每年应进行针对高温中暑的应急救援预案演练，演练内容重点加强中暑患者的救治和应急救援设施的使用等内容。

2. 应急救援协议

建议采油厂与有应急救援能力的医疗机构签订应急救援的援助协议，明确医疗救援的措施和步骤，医疗卫生机构应具备针对原油和伴生气中毒以及高温中暑患者的救援能力。

(四)职业卫生管理措施

1. 职业病危害因素委托检测

该项目建成后每年委托取得依法设立的省级以上政府行政部门资质认证的职业卫生技术服务机构进行检测。

2. 职业健康监护

该项目建成后，应严格落实上岗前的职业健康体检，针对原油、烃类、苯、噪声等职业病危害因素的体检，严格按照 GBZ 188—2014《职业健康监护技术规范》和《中国石化职业卫生技术规范》(2009 年)的要求执行。

3. 职业病危害因素检测结果告知

在泵房等场所设置各类警示牌、噪声危害告知牌以及检测结果公告牌。如必须戴耳罩、必须戴护目镜、必须穿戴劳保用品等。

4. 承包商作业

该项目在检维修作业可能存在承包商作业的环节，承包商的职业卫生管理应严格按照《中国石化承包商职业卫生管理规定(试行)》(中国石化安〔2013〕139 号)的规定执行。检维修承包商应对作业场所可能产生或存在的职业病危害因素采取预防及控制措施，保证防暑、防寒、防毒、防尘等职业病防护设施正常运行，提供符合国家职业卫生标准和卫生要求的工作环境和条件。

(五)施工过程职业病防护措施及建议

该项目建设施工过程中职业病防护应严格按照《中国石化承包商职业卫生管理规定(试行)》(中国石化安〔2013〕139 号)执行。

承包商承担用人单位职业病危害防治主体责任，建设单位负责对其职业卫生管理进行监督。建设单位在与承包商签订的工程合同及 HSE 管理协议中，应明确双方各自的职业卫生监督及职业病危害防治主体责任和具体措施。工程项目实行总承包的，分包合同中应明确双方各自的职业病危害防治主体责任。涉及职业健康体检、个体劳动防护用品配备、防暑降温及防寒保暖措施、应急救援设施等与职业卫生工作有关费用及管理主体的，应予以明确。建设单位工程项目管理部门负责监督检查工程项目职业卫生工作措施的具体落实情况，对查出的问题督促承包商整改，并跟踪检查。

第九章 应用案例

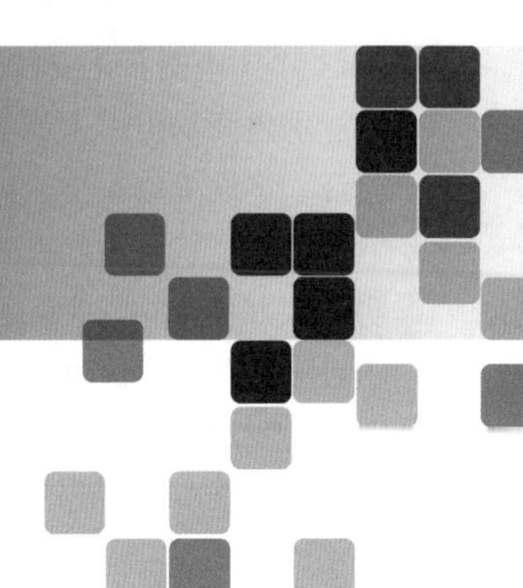

第一节 排 6 北区块

一、地质基础研究

（一）油藏基本概况

1. 构造位置

新疆春风油田，位于新疆维吾尔自治区克拉玛依市境内的前山涝坝镇，东临奎克高速，春光油田排 2 块北偏东 17km 处，距克拉玛依市约 70km。春风油田构造位置位于车排子凸起的东北部，区域构造上属于准噶尔盆地西部隆起的次一级构造单元，排 6 北区位于春风油田西北部，排 601 块北区西北部、排 6 南区东北部。

2. 地层特征

经钻井揭示，新疆春风油田排 6 北区地层自下而上分别为上古生界石炭系基岩、中生界侏罗系、白垩系吐谷鲁群组，新生界新近系沙湾组、塔西河组和独山子组以及第四系西域组（表 9－1）。据区域背景资料，经地震、钻井资料证实，各层组之间为角度或平行不整合接触，侏罗系地层直接覆盖在石炭系基岩之上，其中新近系沙湾组一段为本次方案研究的目的层。

表9－1　春风油田排6北区地层简表

地层					排6井
界	系	统	组	代码	底界/m
新生界	第四系	更新统	西域组	Q_1x	
	新近系	上新统	独山子组	N_2d	339
		中新统	塔西河组	N_1t	
			沙湾组	N_1s	432
中生界	白垩系	下白垩统	吐谷鲁群组	K_1tg	571.5
	侏罗系			J	606.5
上古生界	石炭系			C	663▽

3. 地层对比与划分

1)地层划分对比的方法和原则

根据地层接触关系和发育情况，选取标志层；以标志层控制层位和辅助标志层相结合，根据测井电性特征相似原理，按照沉积学的旋回对比原则，充分考虑油层和砂体的连通情况，综合取芯井资料，依据岩性、电性、韵律性划分地层。

2)标准层和辅助标志层

(1)标准层的确定。

在沙湾组中下部发育一套约20m的稳定泥岩，在泥岩段上部发育一套水砂，研究区内分布稳定，在三维地震剖面上和测井曲线上均有明显反映，这套砂泥组合可作为区域对比标准层。

(2)辅助标志层的确定。

该井区侏罗系地层平面分布稳定，各井均有钻遇，岩性以灰色、杂色的砾岩、角砾岩沉积为主，与上覆的白垩系吐谷鲁群组的灰色砂岩区别明显。侏罗系与上覆白垩系吐谷鲁群组相比深、中感应值剧烈抬升；自然电位、伽马曲线由锯齿状变为平直，故侏罗系地层可为区域对比的辅助标志层之一。

3)地层划分

根据地层对比的原则和方法，对排6北区内的6口井进行了统一的地层对比与划分。对比结果显示，排6北区新近系沙湾组一段油层与南部排601北区的新近系沙湾组一段含油砂体同为一套含油砂体。

从地层对比剖面图可以看出，排6北区单层发育一套含油层系，平面分布相对稳定，储层平面呈条带形分布，具有长而窄的特征，砂体向东、向西逐渐减薄，直至尖灭。

(二)构造特征

1. 区域构造背景

准噶尔盆地先后经历了多前陆盆地、统一压性断陷盆地、均衡坳陷盆地和统一前陆盆地四大演化阶段，侏罗纪时处在压性统一断陷盆地阶段，盆地处于外压内张的应力环境，盆地边缘受挤压，红车断裂形成并向东挤压，造成四棵树凹陷和昌吉凹陷分割，同时腹部地区因基底上拱形成了北东向的低隆起带。车排子凸起位于准噶尔盆地西北缘，属于车莫低凸起发育消亡过程中继承发展的产物(图 9 - 1)。

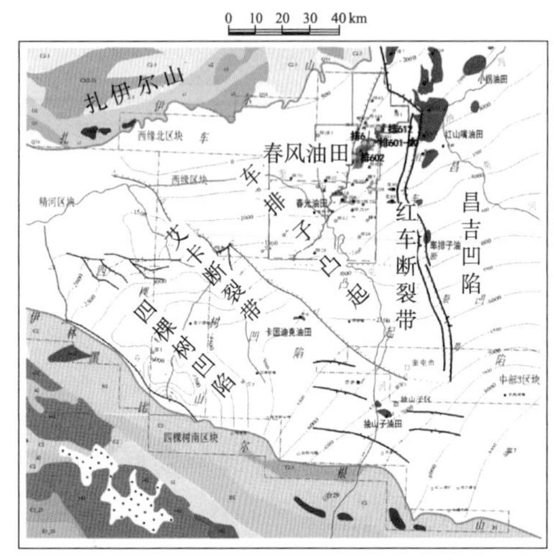

图 9 - 1　车排子地区构造单元划分图

2. 构造解释

1)层位标定

地震地质层位标定是利用人工合成地震记录，确定地震反射波与地质层位的对应关系。利用 VSP 和声波合成地震记录进行层位的标定是常用的方法。本区没有 VSP 资料，为实现构造及断层准确解释，参考邻区排 2 井 VSP 资料，通过拟合的 VSP 公式：分析得知本区与排 2 井区时深关系相关系数 R^2 = 0.9，两者的相关性非常好。

$$H = 0.0003t_2 + 0.58t - 275 \quad (9-1)$$

合成地震记录制作是利用声波时差和密度曲线计算阻抗及反射系数，与子波褶积生成。为提高合成地震记录精度，在声波时差和密度曲线在环境校正和标准化的基础上，采用提取井旁地震道的方法求取子波，精细标定了 14 口直井地层界面。通过对该区子波分析，地震子波极性为正极性；标定合成地震道的形态、动力学信息与井旁地震道很好地匹配，目的层段的相关系数为 0.7 ~ 0.8。

根据地震资料结合钻井地质分层，重点标定了 2 个地震地质界面，即吐谷鲁群组(K_1tg)顶面、侏罗系(J)顶面。

各层位地震反射特征如下。

(1)K_1tg 顶。

该界面在车排子地区与上覆地层表现为明显的角度不整合，大套地层被剥蚀，地层总的厚度自东南向西北逐渐减薄，直至尖灭。该界面在地震剖面上同相轴表现为较连续、较强振幅，界面上、下反射波下削和低角度上超现象明显，T_0 时间 0.6 ~ 1.0s。合成波与地震反射波吻合较好。

(2)J 顶。

地震波振幅强、连续，常呈强单轨或双轨出现，T_0 时间 0.6 ~ 1.3s。测井曲线具突变，界面上的上超和对下覆层的削蚀、削截形成沟谷现象明显，与上覆地层超覆不整合接触，且与下覆石炭系地层有明显差异，合成地震记录速度为突变。

通过钻井地质标定，排 6 北区新近系沙湾组一段及标志层地层反射特征明显，且与排 601 块北区一致。排 6 北区油层在地震上反射轴特征明显，为追踪解释含油砂体奠定了良好的基础。

2)地震解释

在层位标定的基础上，在平面和纵向上对主要地震地质层位以及断层进行了解释追踪。地震、地质的相互结合、相互校验，实现了主要目的层的统一闭合解释。地震解释结果显示，排6北区 $N_1s_1{}^1$ 发育多个独立的砂体。

(1)断裂系统。

春风油田断层延伸一般为几百米到数千米，断距较小，一般为10~50m，绝大部分为正断层，主体呈SW-NE或近SN向分布，其排列方式与盆地内部局部区块的构造应力场性质基本一致。

排6北区东部发育一条边界断层，南北向、西倾断层，断层延伸长度大于5km，落差20m左右；北部发育两条近东西向，北倾断层，断层延伸长度1~1.5km，落差小于20m；排6-14井区发育一条近南北向、东倾断层，断层延伸长度小于1km，落差小于10m。

(2)构造形态。

根据三维地震资料，结合钻井及测井资料，编绘了排6北区新近系沙湾组一段1砂组砂体顶面构造图。

排6北区 $N_1s_1{}^1$ 砂体顶面构造形态整体西北高东南低，为向南东倾没的单斜构造，构造整体比较平缓，构造倾角1°~2°，砂体构造顶面埋深-505~-360m。

(三)储层特征

1. 沉积相特征

1)岩性特征

春风油田排6北区砂体储层岩性主要以棕灰色砂泥质充填砾岩、棕褐色富含油细砂岩、含砾不等砾细砂岩，浅灰色油斑灰质细砂岩为主。据该块排6北区14口井测井资料分析，$N_1s_1{}^1$ 砂体岩性整体自下而上可分为三段：底部为灰色砾岩层段，中部为砂岩层段，顶部为灰质砂岩层段，粒度整体自下而上逐渐变细，整个砂体粒序呈正韵律。借鉴邻块排601北区取芯资料，其矿物成分较稳定，石英占75%，方解石占3.9%，长石占16.8%，斜长石略多于钾长石，黏土矿物占4.4%。

2)粒度特征

借鉴邻块取芯资料，该块 $N_1s_1{}^1$ 分选系数平均1.68~1.76，分选较好，粒度中值平均为0.026~0.55mm，成岩作用弱、胶结疏松。

粒度特征是水动力条件的物质表现，不同沉积环境，其粒度特征不同，借此可以进行沉积环境的分析及其相带的展布规律研究。

(1)概率累计曲线图。

借鉴邻块取芯资料，综合排601-平1(导眼)井33块样品的概率累计曲线特点，具有明显的三段式，牵引流特征，跳跃组分含量一般在85%左右，斜率较大，细截点从下到上逐渐变细，说明能量逐渐降低，具有明显的冲刷回流特征。

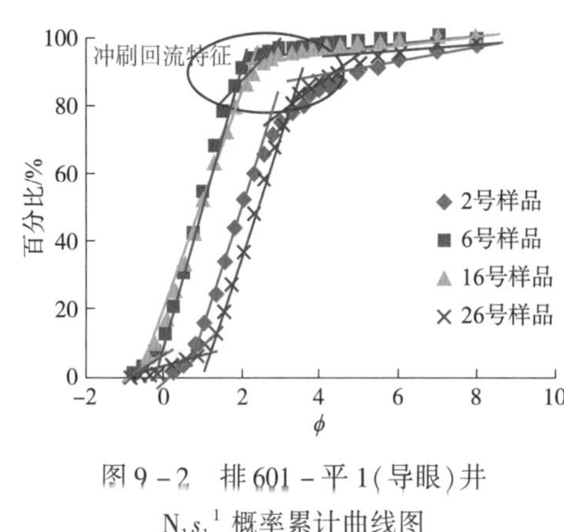

图9-2　排601-平1(导眼)井 $N_1s_1{}^1$ 概率累计曲线图

(2)C-M图。

借鉴邻块取芯资料，该块 $N_1s_1{}^1$ C-M图上反映以QR、PQ段为主，反映水体搬运能力相对较强，表明沉积作用以牵引流沉积为主(图9-2)。

3)测井相特征

该块 $N_1s_1{}^1$ 自然电位曲线多为箱形、钟形，具正韵律特征。

4)砂体几何形态

该块 $N_1s_1{}^1$ 砂体在平面上呈"条带"展布，与湖岸线近似平行。

综合物源方向、沉积背景、岩性组合、粒度概率、电性特征及砂体形态等要素，初步判断该块为辫状河水下分流河道沉积。

2. 储层物性特征

通过邻块排601-4井取芯和测井资料分析，三种层段岩性、物性差异较大，下部砾岩层段孔隙度渗透率只有 $13.6\times10^{-3}\mu m^2$；中部砂岩层段平均孔隙度平均34.8%，平均 $5150\times10^{-3}\mu m^2$；顶部灰岩层段孔隙度平均23.1%，渗透率平均 $742\times10^{-3}\mu m^2$。储层顶、底部为干层，中部油层集中，利于水平井开发。该块目的层无物性资料，排6北区测井曲线电性特征与邻块排601块北区具有相似性，故借用排601块北区孔隙度、渗透率解释模型，对排6北区物性进行了解释。

利用上述孔、渗解释模型对该块全区14口直井进行测井二次解释(表9-2)，排6井区 $N_1s_1{}^1$ 储层14口井解释孔隙度一般为30.2%~39.4%，平均为35.1%；渗透率一般为 $(498\sim5044)\times10^{-3}\mu m^2$，平均为 $3301\times10^{-3}\mu m^2$，综合分析该块 $N_1s_1{}^1$ 储层为高孔、高渗透储层。

表9-2　排6北区 $N_1s_1{}^1$ 储层物性统计表

砂体	层位	孔隙度/%				渗透率/$10^{-3}\mu m^2$			
		井数	最小值	最大值	平均值	井数	最小值	最大值	平均值
排6北	$N_1s_1{}^1$	14	30.2	39.4	35.1	14	498	5044	3301

3. 孔喉特征

借用邻块排601-平1井(导眼)和排601-4井两口取芯井压汞资料分析，$N_1s_1{}^1$ 的平均孔喉半径均值为27.4μm，一般变化范围在11.1~41.78μm；均质系数平均为0.3，一般变化范围为0.20~0.44；变异系数平均为0.72，一般变化范围为0.59~0.89(表9-3)，反映储层平均喉道半径大、孔喉分选性中等，在纵向上层内、层间的微观非均质性弱。

从毛管压力曲线图可看出，本区 $N_1s_1{}^1$ 油层排驱压力较低，一般为0.0048~0.0212MPa，利于油藏开发，在毛管压力曲线有一段明显的平台，反映 $N_1s_1{}^1$ 储层喉道较粗，而且比较集中，孔喉相对分选性好，孔喉对渗透率的主要贡献区间一般为 16～100μm。

表 9－3　排 601－平 1（导眼）$N_1s_1^1$ 压汞孔隙结构参数统计表

井号	样品号	孔隙度/%	渗透率/μm²	排驱压力/MPa	孔喉/μm			孔喉对渗透率主要贡献范围/μm	孔喉分布	
					孔喉半径均值	孔喉半径中值	最大孔喉半径		均质系数	变异系数
排 601－平 1（导眼）	4	40.00	17.6	0.0079	33.66	32.74	92.87	16～100	0.36	0.59
	11	44.20	23.6	0.0048	41.78	41.32	153.23	16～100	0.27	0.61
	20	38.85	21.4	0.0081	38.02	42.46	90.69	16～100	0.44	0.64
	27	40.50	13.3	0.0050	29.80	23.15	148.29	16～100	0.20	0.88
排 601－4	4	19.48	1.1	0.0212	11.10	5.45	34.68	16～40	0.34	0.89
	8	41.70	13.4	0.0083	27.13	25.44	88.40	16～100	0.30	0.66
	15	41.10	4.43	0.0129	13.57	13.34	56.97	6～40	0.24	0.76
	24	43.29	11.2	0.0082	24.20	22.30	89.91	16～100	0.26	0.69

4. 储层展布特征

排 6 北区井控程度低，油藏埋藏浅，且储层含一定灰质，导致储层反演难度较大，采用相控震结合地震分频分析方法，落实储层砂体边界。

1）砂体描述

地震分频技术是一种在时间域确定薄层厚度的方法。这项新技术是对单元地质体提取属性，可克服常规属性方法紧密依赖层位的弊端，利用薄层谐振体离散频率特性，分析复杂岩层内的层厚变化，识别薄地层横向分布特征，具有定量识别薄层、精细检测储层横向变化的能力。

地层对地震信号的调谐和收敛作用，不同的地质目标对地震资料的不同频率成分的敏感程度不同，浅层目标和单层厚度小的砂体突出高频成分；单频数据可以最大限度地突出薄层效应，使得薄层成像更清晰，不仅可以提高纵向分辨率，横向上也更突出了地层的横向变化和边界点。

通过对三维地震数据体进行频谱分析，频率 12～80Hz，主频 60Hz。在三维精细地震解释基础上，利用地震分频技术，对不同单频信息进行了属性提取，描述砂体边界。本区 50Hz 频率反映砂体边界较好。

在三维地震剖面上，井震对应关系较好，地震同向轴的连续性变化能反映砂体横向变化。据此追踪描述砂体边界，砂体对应的地震轴横向变化和边界点明显，根据分频属性反映的横向变化和边界点，确定该块 $N_1s_1^1$ 砂体分为多个不同的独立砂体。各砂体间宽度 10～50m 的坝间泥坪沉积，排 6－平 3 井证实边界的存在。

2）储层展布特征

以沉积相模式为指导，结合地震属性结果，利用已完钻井钻遇砂体厚度，最终确定该块 $N_1s_1^1$ 储层展布规律。

排 6 北区 $N_1s_1{}^1$ 砂体呈南西－北东向展布，砂体厚度具有中间厚向西、向东逐渐减薄特征，据该块钻遇 $N_1s_1{}^1$ 砂体 14 口井统计，单井平均砂层厚度为 5.4m，一般为 2.0～8.8m。

5. 黏土矿物分析

作为杂基充填于碎屑岩储层孔隙内的黏土矿物，因其有很大的表面积和极强的吸附能力，对各种注入剂的注入吸附都有很大影响，加之本身的变化，极大地影响驱替效果，且不同类型、不同含量的黏土矿物对流体的敏感性不同。借鉴邻块排 601 块 22 块样品 X 衍射黏土矿物分析，储层中高岭石含量较低，一般为 3%～23%，伊/蒙间层比一般为50%～75%，且黏土矿物相对总量较低，一般为 2%～8%。

6. 敏感性分析

借鉴邻块排 601 块北区试验结果表明，该块 $N_1s_1{}^1$ 储层具弱速敏、中等偏弱水敏、无酸敏、弱碱敏，盐敏临界矿化度为 18875mg/L。

7. 岩石润湿性

借鉴邻块取芯井 12 块样品润湿性分析报告，该块 $N_1s_1{}^1$ 油藏岩石润湿性测试结果为中性。

（四）流体性质

根据排 6 北区试采分析，油藏 26℃时，脱气原油黏度为 29083～84944.7mPa·s，50℃时脱气原油黏度为 2825～5879mPa·s，属特、超稠油（图 9－3）。

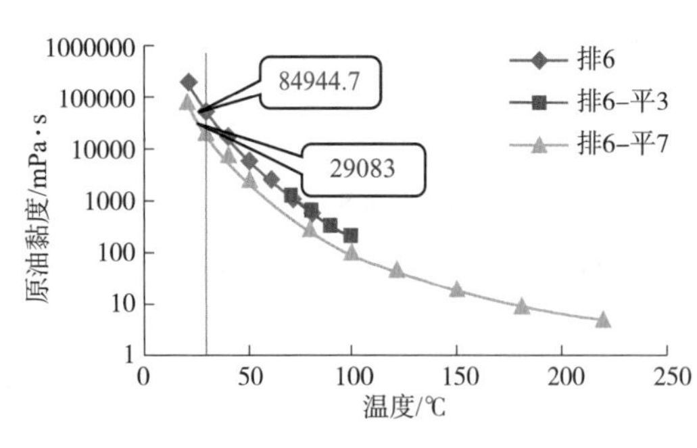

图 9－3 排 6 北区 $N_1s_1{}^1$ 黏温曲线

（五）油水关系及油藏类型

1. 有效厚度电性标准

根据 14 口直井钻井和试油成果，结合电性特征，建立起排 6 北区 $N_1s_1{}^1$ 稠油油层的有效厚度的电性标准（表 9－4）：

该块 $N_1s_1{}^1$ 油层 $Rt \geqslant 6\Omega \cdot m$，$\Delta t \geqslant 340\mu s/m$，微电极幅度差≥0.2Ω·m；干层 $2\Omega \cdot m < Rt < 6\Omega \cdot m$，$\Delta t \geqslant 340\mu s/m$，微电极幅度差＜0.2Ω·m。

表 9－4 排 6 北区 $N_1s_1{}^1$ 稠油油藏有效厚度电性标准

岩性	储层性质	含油性	电性下限标准		
			Δt/(μs/m)	Rt/Ω·m	RN－RL/Ω·m
灰质砂岩	油层	油斑以上	＜340	≥6	＜0.2
	干层	油迹以下	＜340	＜6	＜0.2

续表

岩性	储层性质	含油性	电性下限标准		
			Δt/(μs/m)	Rt/Ω·m	RN－RL/Ω·m
砂岩	油层	油斑以上	＞340	≥6	≥0.2
	干层	油迹以下	＞340	4～6	＜0.2
	同层	含油水层	＞340	4～6	≥0.2
	水层	水层	＞340	＜4	≥0.2
砂泥质充填砾岩	干层	油迹以下	＜380	4～6	＜0.2
	同层	含油水层	＜380	4～6	＜0.2
	水层	水层	＜380	＜3	＜0.2

2. 油层平面展布特征

排6北区 $N_1s_1{}^1$ 砂体有效厚度展布特征与砂体厚度基本一致，向西、向东有效厚度逐渐减薄，有效厚度一般为0.5～4.5m，平均2.7m。

3. 油藏类型

排6北区 $N_1s_1{}^1$ 砂体油藏埋深－505～－360m，与下伏图咕噜群组呈角度不整合，砂体周边分别以断层和砂体尖灭线为界，综合分析其油藏类型为浅薄层特、超稠油油藏。

(六)储量计算

1. 计算单元及计算方法

该块储量计算以单砂体为计算单元，$N_1s_1{}^1$ 砂体共分3个单元(砂体)。

1)采用容积法计算

油藏的石油地质储量计算公式：

$$N = 100A_o \cdot h \cdot \varphi \cdot (1 - S_{wi})\rho_o / B_{oi} \qquad (9-2)$$

式中，N 为石油地质储量，10^4t；A_o 为含油面积，km^2；h 为平均有效厚度，m；φ 为平均有效孔隙度；S_{wi} 为平均原始含水饱和度；B_{oi} 为平均地层原油体积系数；ρ_o 为平均地面原油密度，t/m^3。

2)参数取值

(1)含油面积圈定。以有效厚度零线和断层线共同圈定含油范围。

(2)有效厚度取值。根据该块砂体有效厚度等值图，采用面积权衡法计算各砂体有效厚度。

(3)孔隙度取值。采用该块 $N_1s_1{}^1$ 储层测井二次解释数据，综合取值为35%。

(4)原油密度。根据试采井所取油样的分析化验，原油密度0.953g/cm^3。

(5)其他参数采用邻块储量计算参数。

2. 储量计算

排6北区圈定含油面积7.05km²，石油地质储量487×10⁴t(表9-5)。排616井区$N_1s_1{}^1$石油地质储量为105×10⁴t，占总石油地质储量的21.6%；排619砂体$N_1s_1{}^1$石油地质储量为66×10⁴t，占总石油地质储量的13.6%；排6-14砂体$N_1s_1{}^1$石油地质储量为316×10⁴t，占总石油地质储量的64.8%。

表9-5 排6北区$N_1s_1{}^1$储量计算表

砂体	面积/km²	厚度/m	体积/km²·m	孔隙度/%	含油饱和度/%	地面原油密度/(g/cm³)	体积系数	单储系数/(10⁴t/km²·m)	地质储量/10⁴t
排616	1.44	3.5	5.04	35	65	0.953	1.025	21.2	105
排619	1.23	2.5	3.1	35	65	0.953	1.025	21.2	66
排6-14	4.38	3.4	14.89	35	65	0.953	1.025	21.2	316

(七)三维地质建模

三维地质建模是从三维的角度对储层进行定量的研究并建立其模型，其核心是储层地质模型。储层地质模型是储层特征及其非均质性在三维空间上的分布和变化的具体表征。储层建模实际上就是建立表征储层物性的储层参数的三维空间分布及变化模型。储层参数包括孔隙度、渗透率和含油饱和度、储层厚度等。建立储层参数模型的目的就是通过对孔隙度、渗透率和储层厚度的定量研究，准确界定有利储层的空间位置及其分布范围，从而直接为油田开发方案的制定和调整提供直接的地质依据。另外，三维地质建模可与三维油藏数值模拟直接接轨，有利于开展地质-油藏模拟的一体化研究。

1. 数据准备

本次建模利用Petrel 2009软件进行三维地质建模。建模使用的数据主要包括以下几类：14口直井井信息数据(Wellhead)，14口直井测井曲线数据(Well Log)、14口直井$N_1s_1{}^1$单井分层数据(Well Pick)、全区三维地震解释数据以及相关的岩芯分析化验数据。对以上数据进行整理与格式的转化，输入三维地质建模软件中，建立本区完整的地质参数数据库并对数据进行分析校正及标准化处理。

2. 构造模型

构造模型是在对排6北区进行三维地震构造解释的基础上得到区域背景下的构造趋势面，通过趋势面控制进行层面网格插值而取得。

3. 属性模型

本次储层属性模型的建立，是在岩相模型的控制下，以地质统计学为手段，通过区域变差函数结构分析，采用克里金确定性插值方法(Kriging)建立孔隙度模型。在孔隙度模型的基础上，利用渗透率与孔隙度的相关关系，使渗透率数据分布服从孔隙度数据分布，并采用孔隙度模型协同建立三维渗透率模型，从而确保渗透率模型与孔隙度模型的相关性和协调性。

二、热采开发经济技术界限研究

（一）经济界限研究

根据投入产出平衡原理，计算春风油田排6北区的经济极限产量、吞吐极限油汽比、蒸汽驱极限油汽比等参数。

1. 经济极限产量

油田新井经济极限初产油量是指在一定的技术、经济条件下，油井在投资回收期内的累计产值等于同期的投入之和，该井的累计产油量，称为油井经济极限产量。

新井的经济极限产量计算公式为：

$$N_p = (M + D)/(P_c - C) \quad (9-3)$$

式中，N_p 为经济极限产量，10^4t；M 为单井钻井投资，10^4 元；D 为单井地面建设投资，10^4 元；P_c 为原油价格，元/t；C 为单位经营成本，元/t。

按照新井经济极限产量计算公式，平均直井单井钻井投资取200万元，单井地面投资取160万元，水平井单井钻采投资取414万元，单井地面投资取285万元，平均单位经营成本取1106元/t，计算不同油价下，直井、水平井新井经济极限产量。当原油价格50美元/桶时，直井新井经济极限产量3432t，水平井新井经济极限产量为6663t；当原油价格70美元/桶时，直井新井经济极限产量1883t，水平井新井经济极限产量为3658t；当原油价格80美元/桶时，直井新井经济极限产量1537t，水平井新井经济极限产量为2985t（图9-4）。

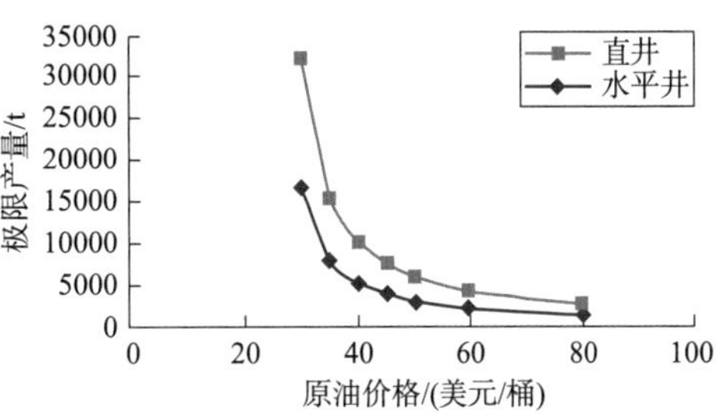

图9-4 直、水平井经济极限产量-油价关系曲线

2. 经济极限油汽比

1）蒸汽吞吐极限油汽比

蒸汽吞吐的经济极限油汽比计算公式为：

$$OSR_{min} = \frac{C_s}{P \cdot \alpha - R_s - C} \quad (9-4)$$

式中，OSR_{min}为蒸汽吞吐经济极限油汽比，f；C_s 为注汽费用，元/t；P 为原油价格，元/t；α 为原油商品率，无量纲；R_s 为资源税，元/t；C 为扣除注汽费用的吨油操作成本，元/t。

按照蒸汽吞吐经济极限油汽比计算公式，计算不同油价下，蒸汽吞吐经济极限油汽比。当原油价格50美元/桶时，蒸汽吞吐经济极限油汽比为0.12；当原油价格70美元/桶时，蒸汽吞吐经济极限油汽比为0.10；当原油价格80美元/桶时，蒸汽吞吐经济极限油汽比为0.09（图9-5）。

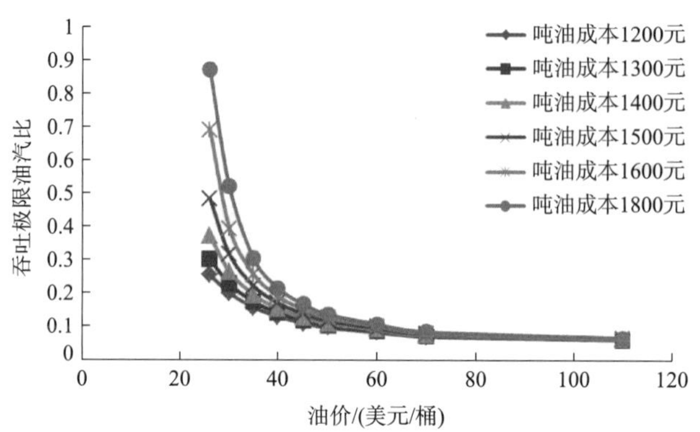

图9－5　不同吨油成本蒸汽吞吐极限油汽比与原油价格关系曲线

2)蒸汽驱经济极限油汽比

蒸汽驱的经济极限油汽比计算公式为：

$$R_s = Py(1 + 0.07 + 0.03) + D \tag{9-5}$$

$$R = R_s / P \tag{9-6}$$

$$G_j = \frac{i_2}{i_1\left[1 - \frac{C_2}{P(1-R)I}\right]F} \tag{9-7}$$

式中，G_j 为蒸汽驱经济极限油汽比，f；R_s 为吨油税金，元/t；P 为原油价格，元/t；y 为增值税率，f；D 为资源税，元/t；R 为吨油产品综合税率，f；i_1 为蒸汽利用率，f；i_2 为蒸汽耗油率，f；C_2 为吨油操作成本，元/t；I 为原油商品率，f；F 为燃料费占吨油注汽系统成本比例，f。

按照蒸汽驱经济极限油汽比计算公式，计算不同油价下，蒸汽驱经济极限油汽比。当原油价格50美元/桶时，蒸汽驱的经济极限油汽比为0.10；当原油价格70美元/桶时，蒸汽驱的经济极限油汽比为0.08；当原油价格80美元/桶时，蒸汽驱的经济极限油汽比为0.072(图9－6)。

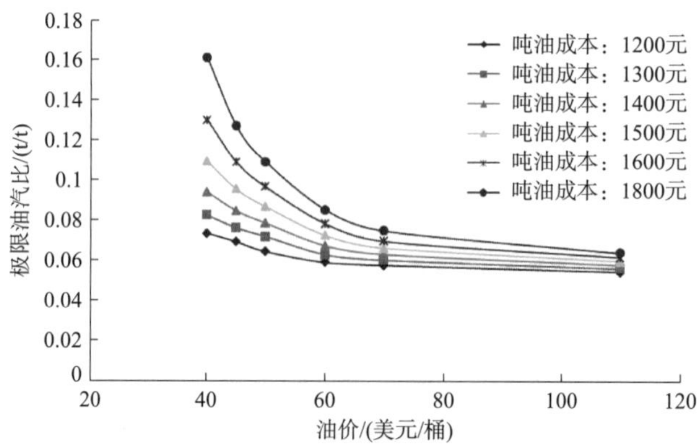

图9－6　不同吨油成本蒸汽驱极限油汽比与原油价格关系曲线

(二)热采开发技术界限研究

1. 数值模拟模型的建立

选择春风油田排6北区1口生产时间较长的试采井排6-平7井进行了历史拟合，以确定该块的油藏地质参数，在此基础上进行热采技术界限的优化研究。

1)地质模型

利用CMG软件STAR模块，根据排6-平7井所在位置的油藏地质参数建立地质模型，I方向划分为37个网格，网格步长10m；J方向划分为21个网格，网格步长10m；纵向上划分为5个网格，网格步长1m，总网格数3885个。油藏参数采用实际参数，部分借用相邻区块的参数(图9-7，表9-6)。

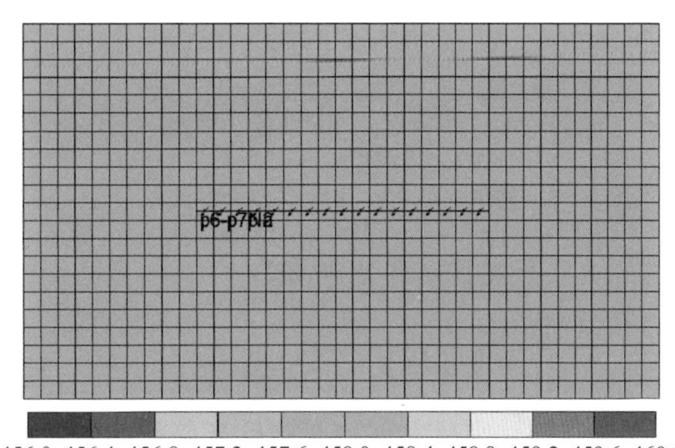

图9-7 排6-平7井二维网格模型

表9-6 排6-平7井油藏物性参数

参数	单位	数值
原始油藏温度	℃	26
地面原油密度	g/cm^3	0.953
地下含气原油黏度	mPa·s	3370
油层压力	MPa	4.6
盖底层导热系数	kJ/d·m·℃	120
盖底层热容	kJ/m·℃	1500
岩石压缩系数	1/MPa	0.0115

2)流体模型

将排6-平7井的地面脱气的黏温曲线按照经验公式和溶解气进行计算，折算到油层条件下的黏温关系，相渗曲线借用排601块北区的相渗。

3)动态模型

将排6-平7井自2012年5月至今的注降黏剂、氮气、蒸汽以及生产数据输入模型中，建立排6-平7井的动态模型。

4)历史拟合

通过调整相渗曲线、黏温曲线等参数，对排6-平7井的生产动态进行拟合，从计算结果看，第一周期末期由于热洗影响，无法拟合上，总的生产趋势与实际的生产曲线拟合地非常好(图9-8、图9-9)说明模型内选择的油藏参数与实际的吻合，可以用来进行开发技术界限优化研究。

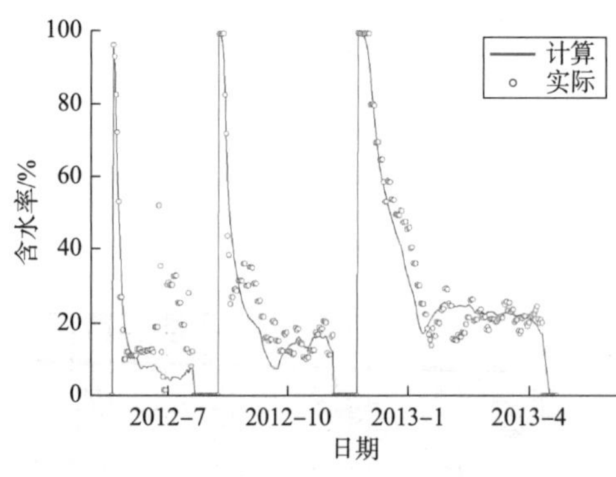

图9-8　排6-平7井含水率拟合曲线

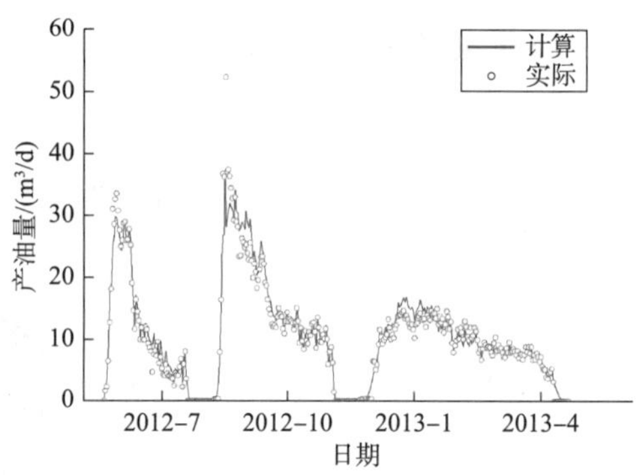

图9-9　排6-平7井日产油拟合曲线

2. 热采开发技术界限研究

1)井网优化

方案设计了水平井组合的六种井网形式：排状井网、类反五点井网、排状交错井网、类反九点井网、类反九点井网转反五点和反九点井网转排状，考虑到直井注汽较灵活，调整较方便，将水平井注汽改成直井注汽，设计了两种直-水平井组合的井网形式：交错井网和正对井网。

利用数值模拟方法优化计算了八种井网形式的开发效果，从优化的结果看，水平井组合的类反五点井网采收率和单储净产油最高，其次为水平井组合的反九点转反五点井网，排状井网次之；直-水平井组合井网的采收率和单储净产油均较水平井组合的低(表9-7)。

考虑由于钻井过程中可能造成井网的不规整，同时油藏本身非均质性也对井网有一定的影响，因此研究了不同井网形式对井网不规整以及非均质性的适应性。

为了对汽驱井网的适应性进行评价，建立了2个井网对比评价指标。

①井网适应能力：井网适应指数=井网净产油/理想条件下该井网净产油；

②井网经济效益：净产油指数=井网净产油/理想条件下最佳井网净产油。

表9-7　不同井网形式热采生产效果对比表

井网		吞吐阶段					汽驱阶段			累计产油/t	累计注汽/t	累计油汽比	采出程度/%	单储净产油/(t/10^4t)
		累计注氮气/Nm^3	累计注降黏剂/t	累计产油/t	累计注汽/t	累计油汽比	累计产油/t	累计注汽/t	累计油汽比					
水平井组合	排状	960000	480	44786	47611	0.941	101265	796861	0.127	146051	854472	0.169	50.1	1625
	反五点	960000	480	44786	47611	0.895	120204	960062	0.125	162777	1007630	0.175	54.9	1679
	排状交错	960000	480	46408	47617	0.975	91095	712791	0.128	137503	760408	0.181	47.2	1689
	反九点	960000	480	44786	47611	0.941	38700	426942	0.091	83487	474554	0.176	28.6	816

续表

井网		吞吐阶段					汽驱阶段			累计产油/t	累计注汽/t	累计油汽比	采出程度/%	单储净产油/(t/10^4t)
		累计注氮气/Nm^3	累计注降黏剂/t	累计产油/t	累计注汽/t	累计油汽比	累计产油/t	累计注汽/t	累计油汽比					
水平井组合	反九点转反五点	960000	480	44786	47611	0.941	113376	955639	0.119	158162	1003251	0.158	54.3	1564
	反九点转排状	960000	480	44786	47611	0.941	102569	931033	0.110	147355	978545	0.151	50.6	1278
直-水平井组合	正对	960000	480	30270	55697	0.543	64051	443300	0.145	94331	498996	0.189	38.9	1321
	交错	960000	480	32407	55700	0.582	70505	518677	0.136	102913	574376	0.179	38.8	1248

分别计算五种井网形式对井网不规整性和储层非均质性的井网适应指数和净产油指数，将井网不规整和储层平面非均质性四类方案进行对比，结果见表9-8、表9-9。类反九点转排状井网的井网适应能力综合排名第一，其次为排状井网。排状井网的经济效益综合排名第一，其次为类反九点转排状井网。在钻井轨迹控制较差或非均质性较强的油藏，优先采用反九点转排状或排状汽驱井网。

表9-8 不同井网形式适应能力综合评价表

	井网适应能力排序				
	1	2	3	4	5
排距不规整	排状	反九点转排状	反九点	反五点	反九点转反五点
井距不规整	排状	反九点转排状	反五点	反九点	反九点转反五点
水平井平行于渗透率变化方向	反九点转排状	排状	反五点	反九点	反九点转反五点
水平井垂直于渗透率变化方向	排状	反九点转排状	反九点转反五点	反九点	反五点
综合排名	排状	反九点转排状	反五点	反九点	反九点转反五点

综合理想状态下的生产效果，结合井网适应性情况，推荐井网为反九点转排状。

2)井距、排距优化

(1)井距优化。

对于蒸汽驱开发方式，井距大小是影响蒸汽驱成功与否的关键因素，因此对井距进行系统深入的研究，如表9-9所示。

表 9－9　不同井网形式经济效益综合评价表

	井网适应能力排序				
	1	2	3	4	5
排距不规整	排状	反九点转排状	反五点	反九点转反五点	反九点
井距不规整	反九点转排状	排状	反五点	反九点转反五点	反九点
水平井平行于渗透率变化方向	反九点转排状	排状	反五点	反九点转反五点	反九点
水平井垂直于渗透率变化方向	反九点转排状	排状	反五点	反九点转反五点	反九点
综合排名	反九点转排状	排状	反五点	反九点转反五点	反九点

利用数值模拟方法优化了 100m、120m、140m、150m、160m、170m 七个井距条件下的热采生产效果。计算结果显示：随着井距增加，采收率减小，单储净产油先增加后降低，井距 150m 左右时单储净产油最高(表 9－10)。综合考虑采出程度和经济效益，推荐井距为 150m。

表 9－10　不同井距热采生产效果对比表

井距/m	吞吐阶段					汽驱阶段			累计产油/t	累计注汽/t	累计油汽比	采出程度/%	单储净产油/($t/10^4t$)
	降黏剂/t	氮气/Nm^3	累计产油/t	累计注汽/t	累计油汽比	累计产油/t	累计注汽/t	累计油汽比					
100	120	480000	13879	24119	0.575	10048	56518	0.178	23927	80637	0.297	44.5	2186
120	120	480000	15111	24119	0.627	14667	77476	0.189	29778	101595	0.293	43.2	2314
140	120	480000	15843	24119	0.657	17180	91066	0.189	33023	115184	0.287	42.9	2352
150	120	480000	16315	24119	0.676	19888	104673	0.190	36203	128792	0.281	42.4	2365
160	120	480000	16944	24118	0.703	22575	120613	0.187	39519	144731	0.273	42.0	2361
170	120	480000	17536	24118	0.727	24005	135950	0.177	41541	160069	0.260	40.2	2229

(2)排距优化。

利用数值模拟方法优化计算了排距分别为 100m、120m、140m、150m、160m 五个排距下的生产效果，从计算结果看，随着排距的增大，采收率和单储净产油先增加后降低，排距在 140m 采收率和单储净产油最高；排距为 120m 时，由于距离太小，注汽井与生产井之间容易产生汽窜，使井之间的剩余油饱和度增大；而排距大于 150m 时，井排之间和生产井水平段中间位置的剩余油饱和度增多；排距在 140m 时，井排间和生产井水平段中间位置的剩余油饱和度相对最小。由于水平井钻井时要留 10m 的口袋，因此排距确定在 150m。

3)生产井长度

利用数值模拟方法优化了生产井长度分别为 200m、250m、300m 三种生产井长度下的生产效果，从计算结果看，随着生产井长度的增加，采收率和单储净产油先增加后降低，生产井长度250m左右采收率和经济效益最高(表9-11)，推荐生产井长度为250m。

表9-11　不同生产井长度热采生产效果对比表

注汽井长度/m	吞吐阶段					汽驱阶段			累计产油/t	累计注汽/t	累计油汽比	采出程度%	单储净产油/(t/10⁴t)
	降黏剂/t	氮气/Nm^3	累计产油/t	累计注汽/t	累计油汽比	累计产油/t	累计注汽/t	累计油汽比					
200	120	480000	16315	24119	0.676	19888	104673	0.190	36203	128792	0.281	42.4	2365
250	120	480000	17789	24119	0.738	23447	116710	0.201	41236	140830	0.293	42.1	2477
300	120	480000	19242	24119	0.798	27082	143572	0.189	46323	167691	0.276	41.9	2462

4)注汽井长度

利用数值模拟方法优化了注汽井长度分别为200m、250m、300m三种注汽井长度下的生产效果，从计算结果看，随着注汽井长度的增加，采收率增加，但单储净产油先增加后降低，注汽井长度250m左右采收率和经济效益最高(表9-12)，确定注汽井长度为250m。

表9-12　不同注汽井长度热采生产效果对比表

生产井长度/m	吞吐阶段					汽驱阶段			累计产油/t	累计注汽/t	累计油汽比	采出程度/%	单储净产油/(t/10⁴t)
	降黏剂/t	氮气/Nm^3	累计产油/t	累计注汽/t	累计油汽比	累计产油/t	累计注汽/t	累计油汽比					
200	120	480000	17445	24118	0.723	23673	137825	0.172	41118	161944	0.254	42.0	2293
250	120	480000	17789	24119	0.738	23459	116862	0.201	41248	140981	0.293	42.1	2477
300	120	480000	18913	24119	0.784	28450	164377	0.173	47363	188496	0.251	42.9	2405

5)生产井垂向位置

利用数值模拟优化计算了生产井分别位于距顶0.4m、1.2m、2.0m、2.8m、3.6m五种情况下的生产效果，从计算结果看，生产井位于上部时，采出程度和经济效益均较中下部的低(表9-13)，主要是因为生产井位于上部时，注入蒸汽向顶底层的热损失大、热利用率低、生产效果差，而位于油层中部热利用率高，因此生产井的纵向位置确定在油层的中部靠下。

表9-13　不同生产井纵向位置热采生产效果对比表

距顶位置/m	吞吐阶段					汽驱阶段			累计产油/t	累计注汽/t	累计油汽比	采出程度/%	单储净产油/(t/10⁴t)
	降黏剂/t	氮气/Nm^3	累计产油/t	累计注汽/t	累计油汽比	累计产油/t	累计注汽/t	累计油汽比					
0.4	120	480000	15771	24097	0.654	19213	105627	0.182	34983	129724	0.270	41.0	2213
1.2	120	480000	15738	24094	0.653	19292	105739	0.182	35030	129833	0.270	41.0	2218
2.0	120	480000	16315	24119	0.676	19867	104413	0.190	36183	128532	0.282	42.4	2365
2.8	120	480000	15728	24094	0.653	20547	106955	0.192	36275	131049	0.277	42.5	2352
3.6	120	480000	15673	24060	0.651	20489	109372	0.187	36162	133433	0.271	42.4	2317

6)注汽井垂向位置

利用数值模拟优化计算了注汽井分别位于距顶0.4m、1.2m、2.0m、2.8m、3.6m五种情况下的生产效果，从计算结果看，生产井位于距顶1.5m时，采出程度和经济效益最高(表9－14)，主要是因为注汽井位于顶部时，由于蒸汽超覆作用，注入蒸汽向顶部盖层的热损失大、热利用率低，而位于油层底部时，与生产井之间的重力泄油作用减小，生产效果差，因此注汽井的纵向位置确定在油层的中上部。

表9－14　不同注汽井纵向位置热采生产效果对比表

距顶位置/m	吞吐阶段					汽驱阶段			累计产油/t	累计注汽/t	累计油汽比	采出程度/%	单储净产油/($t/10^4t$)
	降黏剂/t	氮气/Nm^3	累计产油/t	累计注汽/t	累计油汽比	累计产油/t	累计注汽/t	累计油汽比					
0.4	120	480000	15738	24074	0.654	20126	179475	0.112	35864	203549	0.176	42.0	1625
1.2	120	480000	15728	24094	0.653	20663	183202	0.113	36390	207296	0.176	42.6	1651
2.0	120	480000	15728	24094	0.653	20547	184066	0.112	36275	208160	0.174	42.5	1629
2.8	120	480000	15691	24081	0.652	18575	168296	0.110	34266	192377	0.178	40.1	1542
3.6	120	480000	15608	24034	0.649	17339	162880	0.106	32947	186914	0.176	38.6	1439

7)蒸汽吞吐阶段注采参数

(1)注氮量。

利用数值模拟优化计算了注氮强度分别为100Nm^3/m、150Nm^3/m、200Nm^3/m、300Nm^3/m时的生产效果，从计算结果看，随着注氮强度的增加，采出程度和净产油先增加后降低，注不注氮气对生产效果影响很大，注入氮气后的采出程度可以提高7%，净产油也有较大程度提高(表9－15)，注氮强度在150Nm^3/m时，生产效果和经济效益最好，因此确定周期注氮强度为150Nm^3/m。

表9－15　不同周期注氮量热采生产效果对比表

注氮强度/(Nm^3/m)	周期/d	周期注降黏剂/t	累计产油/t	累计注汽/t	累计油汽比	采出程度/%	净产油/t
100	14	30000	15988	28000	0.571	19.8	9189
150	16	30000	16992	32000	0.531	21.1	10039
200	16	30000	17454	32000	0.545	21.7	10227
300	17	30000	17688	34000	0.520	21.9	9860

(2)注降黏剂量。

利用数值模拟优化计算了注降黏剂强度分别为0、0.05t/m、0.075t/m、0.1t/m时的生产效果，从计算结果看，随着注入降黏剂量的增加，采出程度增加，净产油量先增加后减小，注入量增加到0.075t/m之后，采出程度增加的趋势变小，经济效益变差(表9－16)，因此推荐注降黏剂强度为0.075t/m。

表 9－16 不同周期注降黏剂热采生产效果对比表

注降黏剂强度/（t/m）	周期/轮次	周期氮气/Nm^3	累计产油/t	累计注汽/t	累计油汽比	采出程度/%	净产油/t
0	14	30000	15988	28000	0.571	19.8	9189
0.05	16	30000	16992	32000	0.531	21.1	10039
0.075	16	30000	17454	32000	0.545	21.7	10227
0.1	17	30000	17688	34000	0.520	21.9	9860

（3）注汽强度。

利用数值模拟优化计算了注汽强度分别为 6t/m、8t/m、10t/m、12t/m 时的生产效果，从计算结果看，随着注汽强度的增加，采出程度增加，但当注汽强度在 8t/m 之后的增加幅度降低，净产油先增加后降低，在注汽强度 8t/m 时采出程度和净产油是最优的（表 9－17），因此确定注汽强度为 8t/m。

表 9－17 不同注汽强度热采生产效果对比表

注汽强度/（t/m）	周期/轮次	周期注氮/Nm^3	周期注降黏剂/t	累计产油/t	累计注汽/t	累计油汽比	采出程度/%	净产油/t
6	20	30000	15	16701	24000	0.696	20.7	10151
8	18	30000	15	17334	28800	0.602	21.5	10350
10	16	30000	15	17454	32000	0.545	21.7	10227
12	15	30000	15	17690	36000	0.491	21.9	10054

8）转驱时机

（1）反九点转驱时机。

利用数值模拟优化计算了反九点转驱时机分别为蒸汽吞吐 3 周、4 周、5 周、6 周、7 周之后转驱的生产效果，从计算结果看，随着吞吐周期的增加，采出程度增加，单储净产油先增加后降低，吞吐 6 个周期采出程度和单储净产油最高（表 9－18），此时压力在 2MPa 左右，因此转驱时机为吞吐 6 个周期之后。

表 9－18 反九点井网不同转驱时机热采生产效果对比表

地层压力/MPa	吞吐阶段						汽驱阶段			累计产油/t	累计注汽/t	累计油汽比	采出程度/%	单储净产油/（$t/10^4t$）
	吞吐周期/周	氮气/Nm^3	降黏剂/t	累计产油/t	累计注汽/t	累计油汽比	累计产油/t	累计注汽/t	累计油汽比					
4.3	3	240000	60	13610	11940	1.140	11544	93111	0.124	25154	105051	0.239	29.5	1364
3.7	4	320000	80	14481	15992	0.905	11572	92848	0.125	26053	16840	0.239	30.5	1410
3.2	5	400000	100	15184	20045	0.757	11422	92498	0.123	26606	12543	0.236	31.2	1416
3.01	6	480000	120	15728	24094	0.653	11950	89668	0.133	27678	13762	0.243	32.4	1507
2.86	7	560000	140	16271	28149	0.578	10528	88032	0.120	26798	11681	0.231	31.4	1358

(2)排状转驱时机。

利用数值模拟优化计算了反九点转排状的转驱时机分别为反九点生产2a、3a、4a、5a之后转排状的生产效果，从计算结果看，随着反九点生产时间的增加，采出程度先增加后减小，单储净产油先增加后降低，反九点生产4a时转排状的采出程度和单储净产油最高(表9－19)，因此反九点转排状井网的转驱时机确定在反九点井网生产4a之后。

表9－19　反九点转排状井网不同转驱时机热采生产效果对比表

转驱时机(反九点生产时间)/a	吞吐+反九点			反九点转排状			累计产油/t	累计注汽/t	累计油汽比	采出程度/%	单储净产油/(t/10⁴t)
	累计产油/t	累计注汽/t	累计油汽比	累计产油/t	累计注汽/t	累计油汽比					
2	16169	23689	0.689	15449	142518	0.108	31619	166207	0.190	37.0	1480
3	18922	32228	0.587	15534	135758	0.114	34456	167987	0.205	40.4	1775
4	21410	40791	0.525	14980	126089	0.119	36390	166880	0.218	42.6	1992
5	23876	49330	0.484	12282	130720	0.094	36158	180060	0.201	42.4	1822

9)注汽速度

(1)反九点蒸汽驱注汽速度。

用数值模拟方法优化计算了注汽速度分别为5t/h、6t/h、7t/h、8t/h、9t/h的生产效果，计算结果表明，随着注汽速度的增加，采出程度和单储净产油先增加后降低(表9－20)，注汽速度在6～7t/h时，效果最好，确定反九点汽驱时注汽速度为6t/h。

表9－20　蒸汽驱阶段反九点井网不同注汽速度热采生产效果对比表

注气速度/(t/h)	吞吐阶段					汽驱阶段			累计产油/t	累计注汽/t	累计油汽比	采出程度/%	单储净产油/(t/10⁴t)
	降黏剂/t	氮气/Nm^3	累计产油/t	累计注汽/t	累计油汽比	累计产油/t	累计注汽/t	累计油汽比					
5	480000	120	15728	24094	0.653	9758	73736	0.132	25485	97830	0.261	29.9	1399
6	480000	120	15728	24094	0.653	11950	89668	0.133	27678	113762	0.243	32.4	1507
7	480000	120	15728	24094	0.653	11527	86546	0.133	27254	110640	0.246	31.9	1487
8	480000	120	15728	24094	0.653	10423	80580	0.129	26151	104674	0.250	30.6	1413
9	480000	120	15728	24094	0.653	10288	78500	0.131	26015	102594	0.254	30.5	1417

(2)排状注汽速度。

利用数值模拟方法优化计算了注汽速度分别为2t/h、2.5t/h、3t/h、3.5t/h的生产效果，计算结果表明，随着注汽速度的增加，采出程度增加，但单储净产油先增加后降低(表9－21)，注汽速度在3t/h时效果最好，确定反九点转排状后的注汽速度为3t/h。

表 9－21 蒸汽驱阶段排状井网不同注汽速度热采生产效果对比表

注气速度/(t/h)	吞吐＋反九点			反九点转排状			累计产油/t	累计注汽/t	累计油汽比	采出程度/%	单储净产油/($t/10^4t$)
	累计产油/t	累计注汽/t	累计油汽比	累计产油/t	累计注汽/t	累计油汽比					
2	21410	40791	0.525	2993	37162	0.081	24403	77953	0.313	28.6	1420
2.5	21410	40791	0.525	13252	123636	0.107	34662	164427	0.211	40.6	1811
3	21410	40791	0.525	14980	126089	0.119	36390	166880	0.218	42.6	1991
3.5	21410	40791	0.525	16073	140200	0.115	37483	180991	0.207	43.9	1986

10)采注比

(1)反九点采注比。

利用数值模拟方法优化计算了采注比分别为 1、1.1、1.2、1.3 的生产效果，计算结果表明，随着采注比的增加，采出程度增加，单储净产油先增加后降低，采注比在 1.2 时采出程度和单储净产油最高(表 9－22)，确定反九点井网蒸汽驱阶段采注比为大于等于 1.2。

表 9－22 蒸汽驱阶段反九点井网不同采注比热采生产效果对比表

采注比	吞吐阶段					汽驱阶段			累计产油/t	累计注汽/t	累计油汽比	采出程度/%	单储净产油/($t/10^4t$)
	注氮量/Nm^3	降黏剂/t	累计产油/t	累计注汽/t	累计油汽比	累计产油/t	累计注汽/t	累计油汽比					
1	480000	120	15728	24094	0.653	3292	21513	0.153	19019	45607	0.417	22.3	1131
1.1	480000	120	15728	24094	0.653	9018	81971	0.110	24746	106065	0.233	29.0	1236
1.2	480000	120	15728	24094	0.653	11950	89668	0.133	27678	113762	0.243	32.4	1507
1.3	480000	120	15728	24094	0.653	12554	100625	0.125	28282	124719	0.227	33.1	1475

(2)排状采注比。

利用数值模拟方法优化计算了排状采注比分别为 1、1.1、1.2、1.3 的生产效果，计算结果表明，随着采注比的增加，采出程度增加，单储净产油增加，采注比在 1.2 时采出程度和单储净产油最高(表 9－23)，确定排状井网蒸汽驱阶段采注比为大于等于 1.2。

表 9－23 蒸汽驱阶段反九点排状井网不同采注比热采生产效果对比表

采注比	吞吐＋反九点			反九点转排状			累计产油/t	累计注汽/t	累计油汽比	采出程度/%	单储净产油/($t/10^4t$)
	累计产油/t	累计注汽/t	累计油汽比	累计产油/t	累计注汽/t	累计油汽比					
1	21410	40791	0.525	570	6723	0.085	21980	47514	0.463	25.8	1421
1.1	21410	40791	0.525	7679	75738	0.101	29089	116529	0.250	34.1	1607
1.2	21410	40791	0.525	14980	126089	0.119	36390	166880	0.218	42.6	1991
1.3	21410	40791	0.525	15375	136172	0.113	36785	176963	0.208	43.1	1942

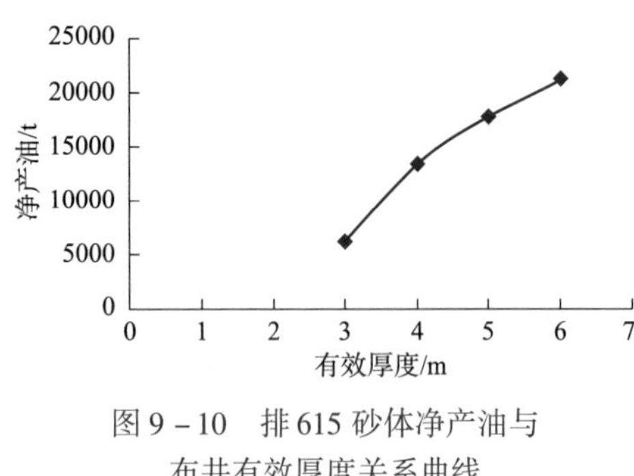

图 9－10　排 615 砂体净产油与布井有效厚度关系曲线

11）极限厚度

利用数值模拟方法计算了有效厚度分别为 3m、4m、5m、6m 时的蒸汽驱的生产效果，计算结果表明，随着厚度的增加，净产油增加，油价为 50 美元/桶时，有效厚度在 3.3m 左右时达到经济极限产量，油价为 70 美元/桶时，有效厚度在 2.8m 左右时达到经济极限产量（图 9－10），考虑到经济效益，布井极限有效厚度为 3m。

三、油藏工程设计

（一）开发原则

整体部署，整体实施；立足水平井开发，提高单井产能和储量动用率；前期以蒸汽吞吐为主，后期转蒸汽驱开发，提高采收率；加强与工程结合，采用成熟的工艺技术。

（二）开发方式

前期采用 HDNS 吞吐，后期转蒸汽驱开发。

（三）开发层系

新近系沙湾组作为一套开发层系。

（四）井位部署及指标预测

1. 布井原则

①与断层距离 100m 以上布井；有效厚度 3m 以上范围内布井；② 砂体叠置区域隔层小于 1m 的区域，水平井与其边界距离大于 150m；③水平段长度为 250m，根据砂体展布情况，考虑储量动用率略作调整；④井距 150m，排距 150m；⑤水平井与构造线平行。

2. 井位部署

在以上的布井原则指导下，在方案区内部署总井数 48 口，其中老井 17 口，监测井 3 口。部署新井 28 口，均为水平井。总动用面积 3.31km^2，总动用地质储量 304×10^4t。

3. 指标预测

1）第一年日产油能力

（1）水平井。

利用以下 2 种方法对排 6 北水平井第 1 年的日产油能力进行了计算。

①本区试采井产能。

本区试采时间较长井4口(排6－平3、排6－平7、排6－平51、排6－平61)，第1年平均生产时间303d，平均日产油能力9.3t，试采井有效厚度与全区平均厚度相近，渗透率相近，考虑全区投产量与第1口试采井产量的相关系数为0.78(图9－11)，水平井第1年日产油能力取7.0t(表9－24)。

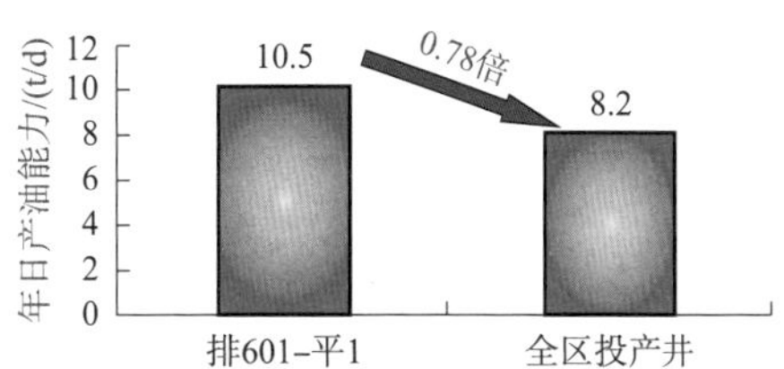

图9－11　排601－平1井与全区投产水平井年平均日产油能力对比图

表9－24　排6北投产水平井生产情况表

井号	生产时间/d	累计产油/t	单井日产油/t
排6－平51	312	2854	9.1
排6－平61	251	2814	11.2
排6－平7	309	3587	11.6
排6－平3	339	1998.6	5.9
平均	303	2813	9.3

②数值模拟方法。

数值模拟计算水平井第一年日产油能力为7.3t。综合考虑排6北水平井第一年日产油能力7.0t。

(2)直井。

排6北区的原油黏度与排612块相近，均为特稠油油藏，油藏的渗透率相近，但直井的布井区域有效厚度存在差异，统计排612块投产时间较长的5口井的平均日产油能力为6.7t，按照全区投产与试采井的产量关系折算，排612块直井第1年日产油能力为5.2t(表9－25)，考虑到两个区块有效厚度、原油黏度以及渗透率的差异，按照地层流动系数进行折算，则排6北区第1年日产油能力为4.0t(表9－26)。

因此，排6北直井第1年日产油能力取4t。

表9－25　排612块已投产井生产情况统计表

井号	生产时间/d	累计产油/t	平均日产油/t	全区投产井/(t/d)
排612	398	30446	7.6	
排612－1	368	2927.1	8	
排612－2	321	2174 3	6.8	
排612－3	276	1579.3	5.7	
排612－4	211	830.8	3.9	
平均	315	2111.2	6.7	5.2

表9－26　相似区块产能对比表

	有效厚度/m	原油黏度/mPa·s	渗透率/$10^{-3}\mu m^2$	第1年日产油能力/t
排612	7.9	37000	2712	5.2
排6北	4.3	37302	3862	4.0

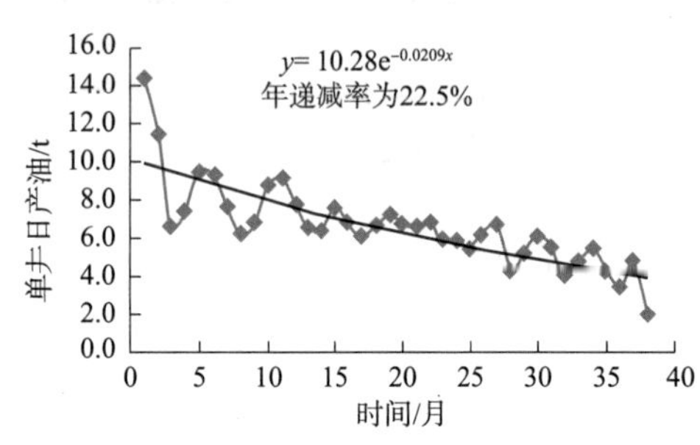

图9－12　春风油田排6南区产量随时间变化曲线

2)蒸汽吞吐递减率

根据数值模拟预测结果，结合排601北区蒸汽吞吐递减规律，蒸汽吞吐第1年递减率为20%，后期递减率10%～15%，4年后转蒸汽驱(图9－12)。

3)吞吐阶段注采参数

(1)注汽强度。

根据数值模拟优化结果，水平井注汽强度为8t/m，250m水平段周期注汽量2000t。

(2)综合时率。

根据排6北已投产的生产一年以上的水平井的生产时间统计情况，一年生产时间320d，考虑全区投产压力降低等因素影响，本块年生产取270d，综合时率为0.72。年吞吐2个周期。

4)蒸汽驱阶段递减率

由于春风油田蒸汽驱生产时间相对较短，生产规律无法借鉴。蒸汽驱阶段递减率参考新疆克拉玛依油田九1～九6区齐古组蒸汽驱的递减规律，第1年见效晚，油汽比低，取值0.15，第二、三年汽驱见效并稳产，油汽比0.23，后期递减率10%(图9－13)。

5)蒸汽驱阶段注采参数

反九点注汽速度为6t/d，反九点转反五点注汽速度为3t/h，注汽井和生产井时率均为0.8。

6)含水率上升规律

根据数值模拟预测结果，排615砂体的含水率与采出程度关系曲线如图9－14所示。

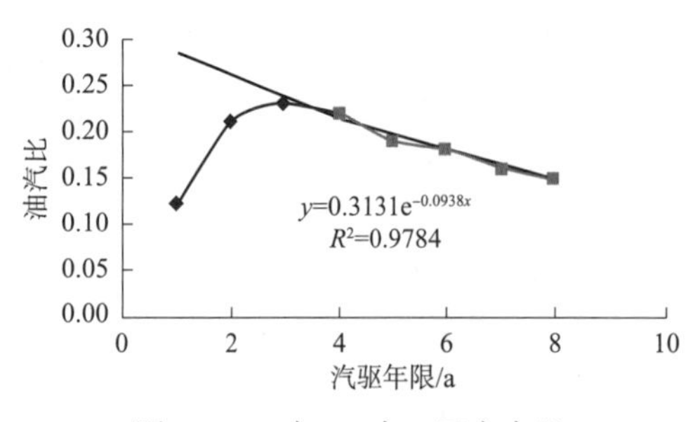

图9－13　九1－九6区齐古组油藏汽驱分年油汽比曲线

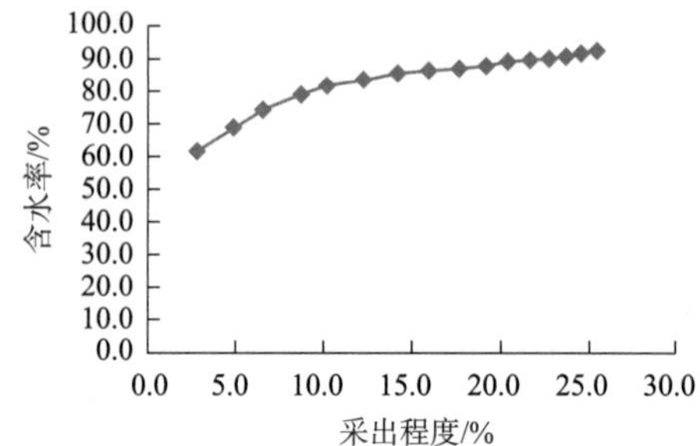

图9－14　排615砂体数值模拟计算含水率与采出程度关系曲线

7)指标预测

预计方案实施后第1年产油8.18×10^4t，前3年平均新建产能6.7×10^4t，吞吐+汽驱17年累计产油84.4×10^4t，采出程度27.8%(表9-27)。吞吐到底累计产油54.4×10^4t，采出程度17.9%(表9-28)。

表9-27 春风油田排6北区吞吐+汽驱生产指标预测表

时间/a	开发方式	注汽井/口	生产井/口		年注汽/10^4t	年产油/10^4t	含水率/%	油汽比	单井日油能力/t	累计产油/10^4t	采油速度/%	采出程度/%
			蒸汽吞吐	蒸汽驱								
1	蒸汽吞吐		45		17.2	8.18	56.6	0.476	6.7	8.2	2.7	2.7
2			45		17.2	6.47	64.4	0.376	5.3	14.6	2.1	4.8
3			45		17.2	5.50	69.8	0.320	4.5	20.1	1.8	6.6
4			45		17.2	4.95	75.1	0.288	4.1	25.1	1.6	8.3
5	蒸汽驱(排状+反九点)	9.9	18	7	24	28.6	4.9	74.7	0.171	6.8	30.0	1.6
6		12.0	18	7	24	28.6	6.5	79.3	0.229	9.1	36.5	2.2
7	蒸汽驱(排状)	20	3	22	30.4	4.6	81.4	0.151	7.0	41.1	1.5	13.5
8		20	3	22	30.4	6.2	83.6	0.203	9.4	47.3	2.0	15.6
9		20	3	22	30.4	5.9	85.1	0.193	8.9	53.2	1.9	17.5
10		20	3	22	30.4	5.4	86.1	0.179	8.2	58.6	1.8	19.3
11		20		22	29.2	4.8	87.3	0.165	7.3	63.4	1.6	20.9
12		20		22	29.2	4.4	88.0	0.150	6.6	67.8	1.4	22.3
13		20		22	29.2	4.0	89.1	0.136	6.0	71.8	1.3	23.6
14		20		22	29.2	3.6	90.1	0.124	5.5	75.4	1.2	24.8
15		20		22	29.2	3.3	90.2	0.113	5.0	78.7	1.1	25.9
16		20		22	29.2	3.0	91.1	0.103	4.5	81.7	1.0	26.9
17		20		22	29.2	2.7	91.9	0.094	4.1	84.4	0.9	27.8
合计					452.0	84.4		0.187		84.4	1.6	27.8

表 9－28　春风油田排 6 北区吞吐到底生产指标预测表

时间/a	开发方式	生产井/口		年注降粘剂量/t	年注氮气量/10^4sm^3	年注汽/10^4t	年产油/10^4t	含水/%	油汽比 t/t	单井日油能力/t/d	累计产油/10^4t	采油速度/%	采出程度/%
		水平井	直井										
1	吞吐	41	4	450.0	27.0	17.2	8.18	56.6	0.476	6.7	8.2	2.7	2.7
2		41	4		27.0	17.2	6.47	64.4	0.376	5.3	14.6	2.1	4.8
3		41	4		27.0	17.2	5.50	69.8	0.320	4.5	20.1	1.8	6.6
4		41	4		180.0	17.2	4.95	75.1	0.288	4.1	25.1	1.6	8.3
5		41	4		180.0	17.2	4.45	74.4	0.259	3.7	29.5	1.5	9.7
6		41	4		180.0	17.2	4.10	76.5	0.238	3.4	33.6	1.3	11.1
7		41	4		180.0	17.2	3.77	78.6	0.219	3.1	37.4	1.2	12.3
8		41	4		180.0	17.2	3.47	80.6	0.202	2.9	40.9	1.1	13.4
9		41	4		180.0	17.2	3.19	82.4	0.185	2.6	44.1	1.0	14.5
10		41	4		180.0	17.2	2.93	84.0	0.171	2.4	47.0	1.0	15.5
11		41	4		180.0	17.2	2.70	86.1	0.157	2.2	49.7	0.9	16.3
12		41	4		180.0	17.2	2.48	87.5	0.144	2.0	52.2	0.8	17.2
13		41			164.0	16.4	2.16	88.4	0.132	2.0	54.4	0.7	17.9
合计						222.80	54.4		0.244		54.4	1.38	17.9

排 6 北区块通过地质－工程一体化研究，实现了区块效益建产，部署 45 口水平井，动用面积 3.31km^2，动用储量 304×10^{4}t，新建产能 6.7×10^{4}t，百万吨产能建设投资 36.6 亿元，原油价格 50 美元/桶内部收益率为 8%。

第二节　排 609 区块

一、地质基础研究

（一）油藏基本概况

1. 油藏地质特征

排 609 块位于春风油田北部，东南与排 612 块相望，区域上属于准噶尔盆地西部隆起的次一级构造单元，该块 2013 年上报控制含油面积 10.5km^2，石油探明储量 1116.9×10^{4}t；排 609－14 块控制含油面积 3.14km^2，石油控制储量 230.74×10^{4}t。

2. 储层特征

1）岩性特征

春风油田排 609 块砂体储层岩性主要分为三类，即砾岩、砾状砂岩、灰质砂砾岩。

2)岩矿特征

根据排609块取芯井资料，灰质长石岩屑砂岩其矿物成分石英占37.3%，长石占24.1%，岩屑含量38.5%，填隙物为方解石胶结物含量24.3%；长石岩屑砂岩其矿物成分石英占37.7%，长石占22.7%，岩屑含量39.7%，填隙物为泥质杂基含量11.3%，岩石成分成熟度低。

3)粒度特征

排609块 N_1s 分选系数平均1.55，分选较好，粒度中值平均为0.415mm，岩性以长石砂岩为主。

粒度特征是水动力条件的物质表现，不同沉积环境，其粒度特征不同，借此可以进行沉积环境的分析及其沉积相带的展布规律研究。

(1)概率累计曲线图。

综合排609井5块样品的概率累计曲线特点，跳跃次总体和悬浮次总体明显，曲线大部分以两段式为主，具有牵引流特征，跳跃组分含量一般在85%左右，斜率较大。也有部分曲线具有不明显的三段式，滚动次总体数据点少。概率累计曲线反映三角洲沉积的特征。

(2)C－M图。

该块排609井 N_1s C－M图上反映以PQ段为主，表明沉积作用以悬浮搬运沉积为主。

4)测井相特征

排609块 N_1s 自然电位曲线多为“箱形、钟形”，具正韵律特征。根据取芯井资料，不同岩性对应的测井响应特征不同(表9－29)。

表9－29 排609井区测井响应特征表

岩性	测井响应特征					典型曲线特征
	GR	微电极	RT	AC	DEN	AC/ 200 0 m³；砂体含油性；DEN/ 1 3 m³；Rt/ 0 80 Ω·m；微梯度/ 0 15 Ω·m；微电位/ 0 15 Ω·m；GR/ 0 400 API
砂砾岩	>100	尖峰状	2～100	60～163	1.3～2.4	
灰质砂岩	相对较高	尖峰状	5～280	75～160	2.2～2.6	
砂岩（油层）	相对较低	较低，且正幅度差	20～130	107～149	1.8～2.6	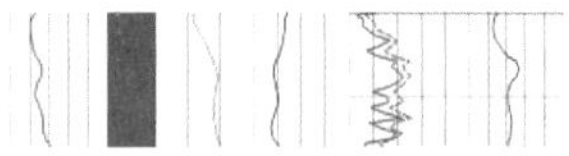
砂岩（水层）	低	较低	1.7～4	110～160	1.9～2.1	
泥岩	70～90	基线	1～1.5	135～150	2～2.1	

5）沉积相

砾石发育特征是主要相标志，岩芯资料表明，砾石成分主要为石炭－二叠系火成岩和再旋回沉积岩，排609块砾石粒径较大，一般大于0.5cm，排609块4口取芯井中，排609－12、排624井两口井砾石粒径最大，排634次之，排609最小，结合古地貌特征，判定排609块物源来自西北方向。砾石的磨圆为棱角状－次圆状，表明排609块沉积为近源沉积。通过地震资料，提取均方根振幅属性，发现在砂体平面上呈扇形分布。结合测井钻井资料，春风油田排609块砂体平面上由5期河道和朵叶体叠加组成。从第Ⅰ期到第Ⅴ期砂体自西北向东南退积沉积（图9－15）。

根据物源方向、沉积背景、岩性组合、粒度概率、电性特征及砂体形态等要素，判断该块为扇三角洲沉积。

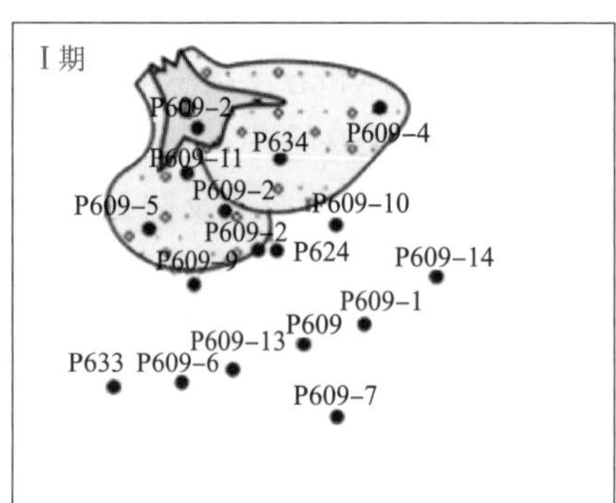

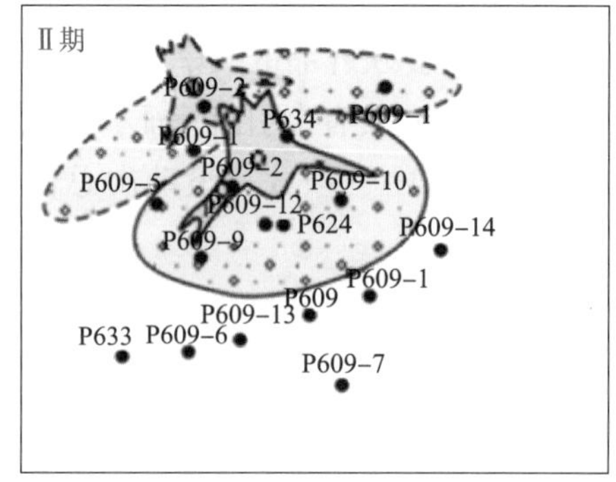

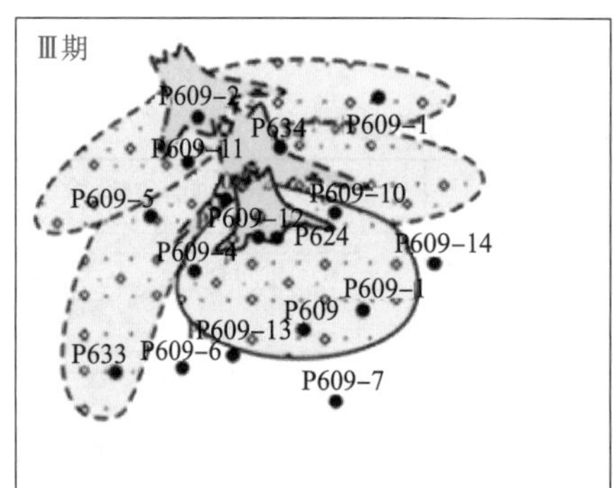

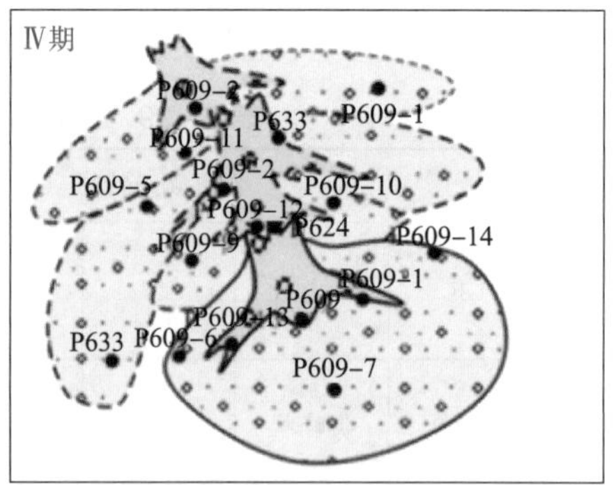

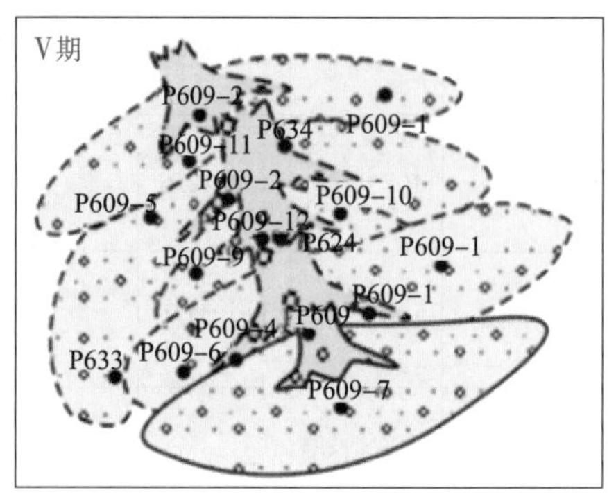

图9－15　排609块沉积期次图

3. 储层物性特征

排609块4口井(排609、排609-12、排624、排634)对目的层油层进行了取芯，其中排609-12井为密闭取芯，4口取芯井油浸级以上油砂长仅为3.65m，收获率为59.64%，有效储层收获率极低，取芯分析好储层井段代表性差(表9-30)。

表9-30 排609块沙湾组储层常规物性统计表

层位	岩性	孔隙度/%				渗透率/$10^{-3}\mu m^2$				碳酸盐/%			
		样品数	最大值	最小值	平均值	样品数	最大值	最小值	平均值	样品数	最大值	最小值	平均值
沙湾组	灰质砂岩	9	6.8	3.3	4.7	9	5.22	0.24	1.10	9	38.5	23.6	31.7
	灰质砂砾岩	12	5.5	2.7	3.9	12	37.58	0.37	4.62	3	49.1	28.2	42.0
	含砾砂岩	5	29.7	10.2	19.7	2	635.71	295.28	465.50	2	30.5	21.4	26.0

从表9-30可以看出，灰质砂岩9块样品室内分析孔隙度3.3%~6.8%，平均为4.7%，室内分析渗透率一般为(0.24~5.22)×$10^{-3}\mu m^2$，平均1.10×$10^{-3}\mu m^2$；灰质砂砾岩12块样品室内分析孔隙度为2.7%~5.5%，平均为3.9%，室内分析渗透率(0.37~37.58)×$10^{-3}\mu m^2$，平均4.62×$10^{-3}\mu m^2$；含砾砂岩5块样品室内分析孔隙度为10.2%~29.7%，平均为19.7%，室内分析渗透率(295.28~635.71)×$10^{-3}\mu m^2$，平均为465.5×$10^{-3}\mu m^2$。由于该块N_1s含砾砂岩胶结疏松，室内分析化验样品少，分析化验样品不能真实反映有效储层物性特征。排609块测井曲线电性特征与邻块排601块具有相似性，故借用排601块孔隙度、渗透率解释模型，分别如式(9-2)、式(9-3)所示，对排609块物性进行了解释。

利用上述孔、渗解释模型对该块全区16口井进行测井二次解释(表9-31)，N_1s储层16口井解释孔隙度一般为23.9%~35.3%，平均为32.2%；渗透率一般为(187~3920)×$10^{-3}\mu m^2$，平均为1962×$10^{-3}\mu m^2$；综合分析该块沙湾组储层为高孔、高渗透储层。

表9-31 排609块N_1s测井二次解释储层物性统计表

层位	孔隙度/%				渗透率/$10^{-3}\mu m^2$			
	井数	最小值	最大值	平均值	井数	最小值	最大值	平均值
$N_1s_1^1$	16	23.9	35.3	32.2	16	187	3920	1962

4. 储层非均质性

1)纵向非均质性特征

据该块排609井取芯资料和16口井测井资料分析，N_1s砂体可以分为两类，分别为Ⅰ类和Ⅱ类，其中Ⅰ类包括灰-砂-砾、砂-灰-砂、以砂为主，Ⅱ类包括灰砂交互、以灰为主、以砾为主，相对而言，Ⅰ类储层的物性比Ⅱ类储层的好。方案区储层都为Ⅰ类储层。如图9-16所示。

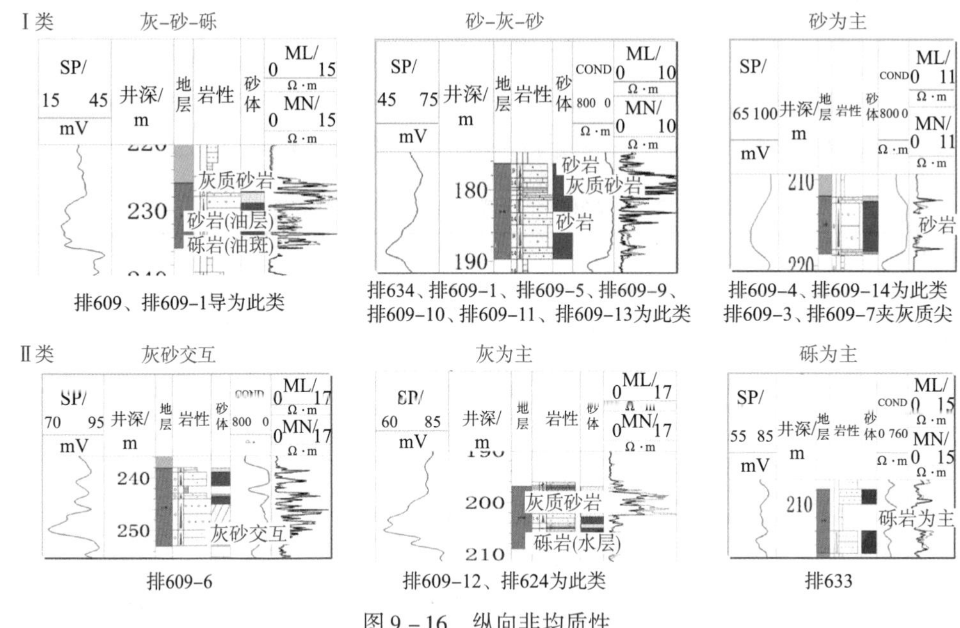

图 9－16　纵向非均质性

2）平面非均质性特征

据该块钻遇油层井统计，N_1s 砂体共有 14 口井钻遇油层，砂体厚度一般为 6.7 ~ 13.4m，平均为 10.2m，有效厚度一般为 0.9 ~ 6.5m，平均为 3.9m，净毛比一般为 0.07 ~ 0.69，平均为 0.38，N_1s 砂体孔隙度值一般为 23.9% ~ 35.3%，平均孔隙度为 32.2%，渗透率值一般为 $(187 \sim 3920) \times 10^{-3} \mu m^2$，平均渗透率为 $1962 \times 10^{-3} \mu m^2$（表 9－31），$N_1s$ 储层平面非均质性较强。

方案区砂体渗透率范围在 $(1000 \sim 3000) \times 10^{-3} \mu m^2$。

3）储层评价

由于春风油田排 609 块岩性复杂，有灰质砂岩、灰质砂砾岩，砂砾岩、砾岩、含砾砂岩，根据灰质类含量与砂岩类含量可以对储层进行评价。依据储层有效厚度、灰质含量、净毛比及渗透率等参数制定了该块储层分类评价标准（表 9－32）。

表 9－32　排 609 块储层分类评价标准

储层分类	有效厚度/m	灰质类发育状况			净毛比
		频数/（个/层）	频率/（层/m）	密度/%	
Ⅰ类储层	≥4	无	0	0	≥0.4
Ⅱ类储层	≤4	1	≤0.25	<25	≤0.4

油层无灰质类储层，或灰质类储层分布在顶部，有效厚度大于 4m、渗透率大于 $1000 \times 10^{-3} \mu m^2$，净毛比大于 0.4，为Ⅰ类储层。油层段垂向不连续，灰质类、砾岩类储层发育，合计有效厚度小于 4m，渗透率小于 $1000 \times 10^{-3} \mu m^2$，净毛比小于 0.4，为Ⅱ类储层。方案区砂体属于Ⅰ类储层。

5. 储层展布特征

1)砂体描述

通过对三维地震数据体进行频谱分析，春风油田排609块目的层频率12～80Hz，主频50Hz。在三维精细地震解释基础上，利用地震分频技术，对不同单频信息进行了属性提取，描述砂体边界。

在三维地震剖面上，井震对应关系较好，地震同向轴的连续性变化能反映砂体横向变化。据此追踪描述砂体边界，砂体对应的地震轴横向变化和边界点明显，根据分频属性和三维精细地震解释砂体地震轴反射反映砂体的横向变化和边界。

2)储层展布特征

利用不同厚度、不同速度的地层产生不同的子波，根据地质统计提取相应的子波对地震资料进行重构，产生的地震资料将最大限度地反映地层的实际情况。

参考地震属性(图9－17)提取的砂体边界，重点解剖地震剖面，结合实际钻井，做了排609块N_1s砂体厚度等值图，通过砂体厚度等值图可见，砂体分布零散，平面连续性差，有井控砂体13个，无井控砂体5个。相模式为指导，结合地震属性结果，利用已完钻井钻遇砂体厚度，最终确定该块N_1s储层展布规律。

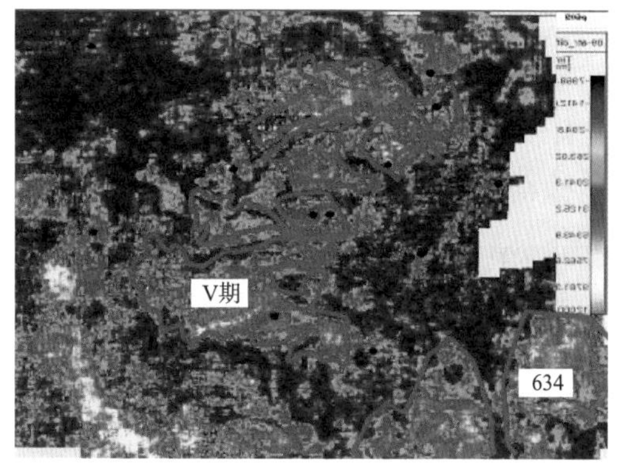

图9－17　排609块均方根振幅属性图(90Hz)

排609块方案区排609砂体沙湾组砂体平均厚度9.7m；排609－14砂体平均厚度6.8m，排634砂体平均厚度8m。

6. 黏土矿物分析

作为杂基充填于碎屑岩储层孔隙内的黏土矿物，因其有很大的表面积和极强的吸附能力，对各种注入剂的注入能力、注入剂的吸附都有很大影响，加之本身的变化，极大地影响驱替效果，且不同类型、不同含量的黏土矿物对流体的敏感性不同，所以黏土矿物的成分和含量分析相当重要。

据排609块4块样品X衍射黏土矿物分析结果，储层中高岭石含量较低，一般为15%～21%，伊/蒙间层一般为19%～46%，伊/蒙间层比一般为40%～75%，N_1s砂体黏土矿物含量3.3%，黏土矿物含量较低。

7. 敏感性评价

据排609块排634井敏感性试验结果表明，该块N_1s储层具无速敏、强水敏。排624井做了速敏、碱敏试验，岩样为灰质砾状砂岩，中途压力大于15MPa，流动仍未稳定，压力继续上升，终止试验。

方案区排609砂体和排609－14砂体无敏感性资料。

8. 岩石润湿性

根据排609块取芯井5块样品润湿性分析报告，该块 N_1s 油藏岩石润湿性测试结果为中性(表9－33)。

表9－33 排609块 N_1s 油藏岩石润湿性实验报告

层位	井号	样品号	岩石名称	水润湿指数	油润湿指数	润湿性结果
Mis	排624	1	灰色油斑砾状砂岩	0	0	中性
	排624	5	灰色油斑砾状砂岩	0	0	中性
	排624	8	灰色油斑砾状砂岩	0	0	中性
	排634	1	灰色油迹含砾细砂岩	0.00	0.04	中性
	排634	2	黑褐色油浸含砾细砂岩	0.00	0.00	中性

(二)流体性质

1. 原油性质

排609井区共有2口井3个油样密度和黏度分析。原油密度为0.94～0.97g/cm³；原油黏度不同砂体差异大，排609砂体50℃时脱气原油黏度4400mPa·s，地层温度下脱气原油黏度75000mPa·s；排634砂体50℃时脱气原油黏度7919mPa·s，地层温度下脱气原油黏度180000mPa·s(图9－18)，属超/特超稠油；排609－14砂体目前无黏度资料。

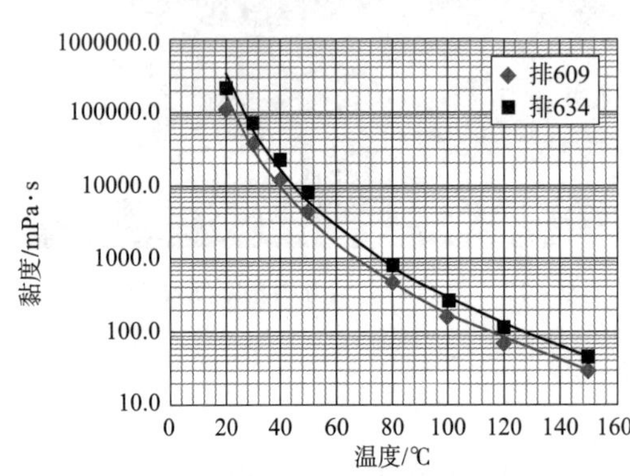

图9－18 排609块排609井、排634井 N_1s 黏温曲线

2. 地层水性质

据排607井水样分析，总矿化度45869mg/L，氯离子含量28667mg/L，水型为 $CaCl_2$ 型。

(三)温度及压力系统

根据排609－9井、排609－10井测试结果，油层中部压力为1.83～2.02MPa，压力梯度为0.92～0.967MPa/100m。地层温度为18.25～21.7℃，平均20℃。

(四)油水关系及油藏类型

1. 有效厚度电性标准

根据方案区6口井试油/试采成果，结合电性特征，建立起排609块沙湾组稠油油层的有效厚度的电性标准(表9－34)，油层：$Rt \geq 9\Omega \cdot m$，$\Delta t \geq 92\mu s/ft$。

表 9－34 排 609 块 N_1s 稠油油藏有效厚度电性标准

<table>
<tr><th rowspan="3">储层性质</th><th colspan="3">有效厚度电性标准</th></tr>
<tr><th rowspan="2">含油性</th><th colspan="2">电性下限标准</th></tr>
<tr><th>Δt/(μs/ft)(1ft＝0.3048m)</th><th>Rt/Ω·m</th></tr>
<tr><td>油层</td><td>油斑以上</td><td>≥92</td><td>≥9.0</td></tr>
<tr><td>干层</td><td>油迹以下</td><td><92</td><td><5</td></tr>
</table>

结合钻井、测井，试油试采分析，研究了排 609 块油水关系，排 609 块有多套油水系统组成。已经完钻的 16 口井中，钻遇油水界面的井有 7 口，最高界面－173m，最低界面－245m，界面高程相差大，认为不同的砂体具有不同的油水界面。

2. 油层平面展布特征

排 609 块 N_1s 砂体有效厚度展布特征与砂体厚度展布特征基本一致，向西、向东有效厚度逐渐减薄。16 口井全部钻遇 N_1s 砂体，其中 14 口井钻遇油砂，最厚单井平均体有效厚度 6.5m，位于排 634 井，一般为 2～4m。排 609 砂体：4 口井钻遇，油层厚度 4.1～4.9m，平均 4.5m；排 609－14 砂体：1 口井钻遇油层 4.6m。

3. 油藏类型

排 609 块 N_1s 砂体油藏埋深－240～－190m，砂体东西以砂体尖灭线为界，排 609 砂体有边底水，排 609－14 砂体为纯油层，综合分析其油藏类型为具有边底水的浅薄层构造－岩性超稠油油藏。

(五)储量计算

1. 计算单元及计算方法

该块储量计算平面上以单砂体为计算单元，N_1s 砂体共分 16 个单元(砂体)。

本次储量计算采用容积法。其公式如式(9－4)所示。

2. 参数取值

(1)含油面积圈定。以有效厚度零线和断层线共同圈定含油范围。

(2)有效厚度取值。根据该块各井砂体有效厚度等值图，采用面积权衡法计算各砂体有效厚度。

(3)孔隙度取值。采用该块 N_1s 储层测井二次解释数据，孔隙度取值为 32%。

(4)原油密度。根据试采井所取油样的分析化验原油密度 0.953g/cm^3。

(5)体积系数采用 2011 年储量报告，为 1.025。

3. 储量计算

在油水关系分析、砂体预测的基础上，对排 609 块各个砂体进行了储量计算。有井控区地质储量 397.03×10^{4}t，无井控区砂体储量 69.39×10^{4}t，无井控区砂体编号。排 609 块总储量 466.42×10^{4}t。

排 609 块 N_1s，圈定含油面积 3.07km^2，石油地质储量 237.48×10^{4}t(表 9－35)。

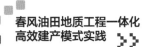

表 9－35　排 609 块 N_1s 储量计算表

单元	面积/ km^2	有效厚度/ m	孔隙度/ %	含油饱和度/%	密度/ (g/cm^3)	体积系数	单储系数/ ($10^4 t/km^2 \cdot m$)	储量/ $10^4 t$
排 609	2.2	4	32	65	0.953	1.025	19.34	170.18
排 609－14	0.87	4	32	65	0.953	1.025	19.34	67.3

二、热采开发技术界限研究

(一) 三维油藏模型建立

选取排 609 砂体作为研究对象，建立全区数值模拟模型。采用组分模型，九点中心差分计算方法。平面上 X 方向 137 个网格，Y 方向 104 个网格，网格步长都是 15m/个；垂向上根据排 609 块目的层钻遇砂体的实际情况分为 20 个层，总节点数 284960 个。输入 2 口直井轨迹、射孔数据、热传导、体积热容量物性参数、高温油水相渗。输入排 609 砂体沙湾组目的层 2012 年 12 月至 2014 年 5 月共 2 口井的日度数据和射孔资料建立动态模型。

(二) 生产动态历史拟合

数值模拟过程中，采用定液生产的方式作为油井的控制条件，采用定注汽量的方式作为注汽井的控制条件。累计产油和累计产水的拟合误差小于 5%（表 9－36），在拟合误差允许范围内；含水和日产油曲线拟合趋势与实际相吻合，拟合程度较高。对排 609 砂体沙湾组目的层开展历史拟合后，不断修正模型参数，数值模拟的最终拟合结果(图 9－19、图 9－20)总体上与该油藏的开发实际吻合，拟合结果符合数值模拟误差允许范围。

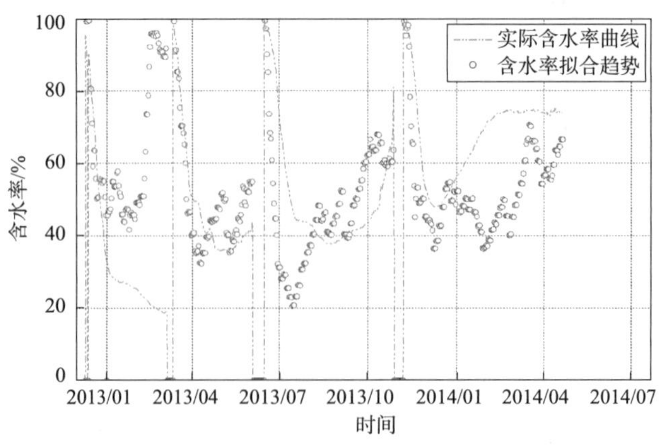

图 9－19　排 609 砂体含水率拟合曲线

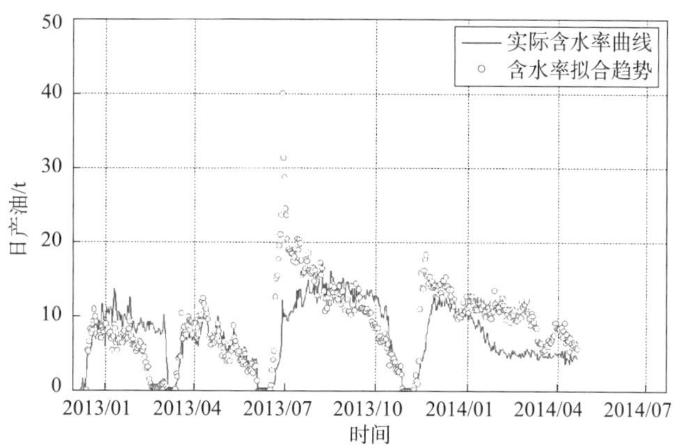

图 9-20 排 609 砂体日产油拟合曲线

表 9-36 排 609 块拟合误差统计表

	累计产油/t	累计产水/t
实际	6016.4	6759.6
计算	5763.0	6710.4
误差/%	-4.2	-0.7

(三)开发技术界限优化

在全区数值模拟模型的基础上截取一个井组模型进行技术界限的优化。

1. 井型选择

1)生产实际表明，水平井生产效果优于直井

排 609 砂体投产的直井和水平井生产动态表明，直井平均周期生产时间 182d，平均单井日产油 6.0t，累计产油 8765t，累计油汽比 0.884，回采水率 254.5%；水平井平均周期生产时间 135d，平均单井日产油 6.8t，累计产油 6395t，累计油汽比 0.537，回采水率 86.9%。由于水平井累计生产时间短，累计产量低，但水平井可以减缓边底水的推进速度，周期含水率较直井低(图 9-19、图 9-20)，但周期产量较高，可以有效延长生产时间，改善开发效果。

2)相似油田调研并与钻采工艺结合确定合适的井型

理论计算埋深不适合钻水平井。钻井工艺设计两套方案，不封淡水层的条件下，垂深大于 215m 时，钻水平井狗腿度小于 40°/100m；若封淡水层(140m)实际施工显示钻水平井难度大。

排 609-平 1 井，垂深 220m，由于位垂比大、造斜点浅、造斜率高(造斜率达到 40°/100m~45°/100m)，靠上部套管自重套管难以下入，而且在钻井过程中进行了两次填井侧钻。

因此，该块选择利用直井进行开发。

2. 井距优化

1）油藏权值模拟方法

利用油藏数值模拟方法计算了直井与水平井间距离分别为90m、110m、130m、150m共4个方案的开发效果。随着井距的增大，采出程度降低，单储净产油先增加后降低（表9－37）。分析认为，该块原油黏度高、储层厚度薄、地层温度低、热损失大、吞吐加热半径较小。井距小、热连通好、汽驱见效快、井间驱替好、采出程度高，但相同储量下钻井数增加、投资增大、经济效益变差。井距增大，钻井数减少，投资减小，经济效益趋好，当井距达到一定程度后，吞吐阶段无法有效预热，井间油层汽驱长时间不见效，汽驱阶段经济效益变差。综合分析认为井距130m时采出程度较高，单储净产油最高，推荐井距为130m。

表9－37　不同直井井距生产效果对比表

井距/m	累计产油/t	累计注汽/t	累计油汽比	采出程度/%	单储净产油/(t/10^4t)
90	10633	32358	0.329	5.3	111
110	14394	44362	0.324	4.9	157
130	17202	52364	0.329	4.2	160
150	20016	60366	0.332	3.7	156

2）油藏工程方法

利用油藏工程方法对井距也进行了计算。

应用原石油天然气总公司计划局与石油规划设计总院编写的《石油工业建设项目经济评价方法与参数》一书规定的方法。

极限井网密度（f_{min}）计算公式为：

$$f_{min}=[N\times\omega\times\alpha\times(P-O-\mathrm{TAX})]/[A\times(I_D+I_B+I_E)\times(1+R)^{T/2}] \qquad (9-8)$$

合理井网密度（f_a）计算公式为：

$$f_a=[N\times\omega\times\alpha\times(P-O-\mathrm{TAX}-L_R)]/[A\times(I_D+I_B+I_E)\times(1+R)^{T/2}] \qquad (9-9)$$

表9－38　排609块油藏工程方法计算井距

有效厚度	采出程度25%（代表吞吐）			采出程度40%（代表蒸汽驱）		
	井网密度/(口/km^2)		井距/m	井网密度/(口/km^2)		井距/m
$h=4$m	极限	87.8	106.7	极限	140.5	84.4
	合理	50.1	141.3	合理	80.1	112

该方法计算合理井距140m左右（141.3m）（表9－38）。

由于该方法未考虑油藏的原油黏度和渗透率等地质参数对井距的影响，因此采用以下方法进行了井距的计算。

$$af=\ln[N\times P\times Ed\times a/(A\times b)]+2\ln f \qquad (9-10)$$

式中，N为原油地质储量，10^4t；f为井网密度，10^3m^2；P为原油销售价格，元/t；E_d为驱油效率，0.4；a 为井网系数，$a = 0.0893 - 0.0208\log(ku_o)$；$A$ 为含油面积，10^4m^2；b 为平均单井总投资，10^4 元；u_o 为原有地下黏度，mPa·s。

利用该方法计算合理井距为128m。

综合以上考虑，最终井距确定为130m。

3. 注汽强度优化

利用油藏数值模拟方法计算了直井注汽强度分别为150t/m、200t/m、250t/m、300t/m和350t/m下的开发效果：随着直井注汽强度的增大，采出程度逐渐增加，累计油汽比逐渐降低，直井注汽强度大于250t/m之后，增油增注比小于经济极限油汽比，无经济效益（表9－39）。因此推荐直井注汽强度为200～250t/m。

表9－39 直井吞吐阶段不同注汽强度生产效果对比表

注汽强度/t/m	累计注汽/t	累计产油/t	累计油汽比	采出程度/%	增油增注比
150	30375	16335	0.538	18.6	
200	37800	17239	0.456	19.7	0.122
250	43875	17994	0.410	20.5	0.124
300	48600	18463	0.380	21.0	0.099
350	56700	19192	0.338	21.9	0.090

4. 降黏剂注入量

利用油藏数值模拟方法计算了周期注降黏剂量分别为0、5t、10t、15t、20t共5个方案。计算结果表明，是否注降黏剂对生产效果有较大影响，采出程度和净产油增幅较大。随着降黏剂注入量的增大，采出程度逐渐增加，净产油先增加后降低，降黏剂注入量大于10t之后，采出程度增幅变缓，净产油开始降低（表9－40）。因此推荐周期注降黏剂量为5～10t。

表9－40 不同降黏剂注入量生产效果对比表

周期注降黏剂/t	周期	注降黏剂/t	注氮气/Nm^3	累计注汽/t	累计产油/t	累计油汽比	采出程度/%	净产油/t
0	5	0	600000	16875	7734	0.458	8.8	1340
5	5	75	600000	16875	8962	0.531	10.2	2086
10	5	150	600000	16875	9318	0.552	10.6	1959
15	5	225	600000	16875	9607	0.569	11.0	1766
20	5	300	600000	16875	9717	0.576	11.1	1393

5. 周期注氮量

利用油藏数值模拟方法计算了周期注氮量分别为0、10000Nm^3、20000Nm^3、30000Nm^3、40000Nm^3、50000Nm^3和60000Nm^3共7个方案。计算结果表明，是否注氮气对生产效果影响较大。随着周期注氮量的增加，采出程度逐渐增加，但增加幅度不明显。

周期注氮量超过 20000Nm^3 之后，采出程度变化不大，净产油却开始显著降低，经济效益变差。说明注入氮气达到一定量之后，其增能助排的作用不再显著增大(表 9－41)。因此推荐周期注氮量为 20000Nm^3。

表 9－41　不同氮气注入量生产效果对比表

周期注氮/Nm^3	周期	注氮气/Nm^3	降黏剂/t	累计注汽/t	累计产油/t	累计油汽比	采出程度/%	净产油/t
0	5	0	75	16875	8047	0.477	9.2	1899
10000	5	150000	75	16875	9026	0.535	10.3	2696
20000	5	300000	75	16875	9226	0.547	10.3	2713
30000	5	450000	75	16875	9308	0.552	10.6	2614
40000	5	600000	75	16875	9318	0.552	10.6	2442
50000	5	750000	75	16875	9327	0.553	10.6	2269
60000	5	900000	75	16875	9335	0.553	10.6	2095

6. 转驱时机

利用油藏数值模拟方法计算了转驱时机分别为吞吐阶段采出程度达到 3.7%、5.3%、6.6%、7.6%、8.8% 共 5 个方案。计算结果表明，随着吞吐阶段采出程度的增加，最终采出程度和净产油先增加后减少，吞吐阶段采出程度 5% ~6% 之后转蒸汽驱采出程度和经济效益最好(表 9－42)。因此推荐转驱时机为吞吐采出程度 5% ~6%。

表 9－42　不同转驱时机生产效果对比表

吞吐阶段					汽驱阶段			累计注汽/t	累计产油/t	累计油汽比	采出程度/%	净产油/t
采出程度/%	降黏剂/t	累计注汽/t	累计产油/t	油汽比	累计注汽/t	累计产油/t	油汽比					
3.7	45	6646	3247	0.489	235661	25089	0.106	242306	28336	0.117	32.3	1710
5.3	60	9968	4628	0.464	228304	25377	0.111	238272	30004	0.126	34.2	3046
6.6	75	13291	5762	0.433	219594	24606	0.112	232885	30367	0.130	34.6	3077
7.6	90	16875	6676	0.396	210941	23438	0.111	227816	30114	0.132	34.3	2491
8.8	105	19937	7720	0.387	206202	22205	0.108	226139	29926	0.132	34.1	1970

7. 注汽速度

利用油藏数值模拟方法计算了注汽速度分别为 2t/h、3t/h、4t/h、5t/h 共 4 个方案。计算结果表明，随着注汽速度的增加，采出程度和净产油均增加，但随着注汽速度的增大，增加幅度减小(表 9－43)，考虑该块埋藏浅，供液能力受限，因此推荐汽驱阶段的注汽速度为 3t/h。

表9－43　不同注汽速度生产效果对比表

注汽速度/(t/h)	吞吐阶段				汽驱阶段			累计注汽/t	累计产油/t	累计油汽比	采出程度/%	净产油/t
	降黏剂/t	累计注汽/t	累计产油/t	油汽比	累计注汽/t	累计产油/t	油汽比					
2	75	16875	6676	0. 396	203041	19557	0. 096	219916	26233	0. 119	29. 9	31
3	75	16875	6676	0. 396	207194	23342	0. 113	224069	30018	0. 134	34. 2	3816
4	75	16875	6676	0. 396	210941	23438	0. 111	227816	30114	0. 132	34. 3	3912
5	75	16875	6676	0. 396	210408	23530	0. 112	227283	30206	0. 133	34. 4	4004

8. 采注比

利用油藏数值模拟方法计算了采注比分别为1、1. 1、1. 2、1. 3共4个方案。计算结果表明，采注比为1时，由于压力难以降低，蒸汽腔难以扩展，蒸汽驱无效益，随着采注比的增加，采出程度和净产油先增加后降低(表9－44)，因此推荐汽驱阶段的采注比大于1. 2。

表9－44　不同采注比生产效果对比表

采注比	吞吐阶段				汽驱阶段			累计注汽/t	累计产油/t	累计油汽比	采出程度/%	净产油/t
	降黏剂/t	累计注汽/t	累计产油/t	油汽比	累计注汽/t	累计产油/t	油汽比					
1	75	28620	14002	汽驱无效益								
1. 1	75	16875	6676	0. 396	193124	19548	0. 101	209999	26224	0. 125	29. 9	21
1. 2	75	16875	6676	0. 396	207194	23342	0. 113	224069	30018	0. 134	34. 2	3816
1. 3	75	16875	6676	0. 396	190133	22175	0. 117	207008	28851	0. 139	32. 9	2649

9. 布井界限厚度

利用油藏数值模拟方法计算了不同厚度下蒸汽吞吐的开发效果：随着储层有效厚度的增加，净产油均增加，但有效厚度大于4m，净产油大于0，才产生经济效益(图9－21)，因此，布井厚度界限大于4m。

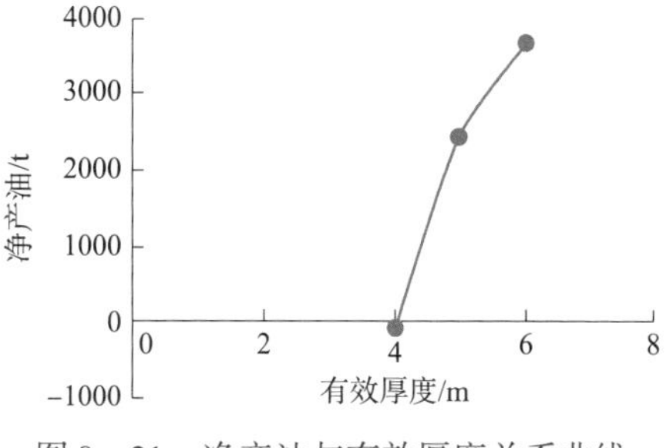

图9－21　净产油与有效厚度关系曲线

三、油藏工程设计

(一)开发原则

(1)在排609、排609－14两个砂体布井；

(2)整体部署，滚动实施；

(3)采用直井井网形式开发；

(4)以蒸汽吞吐为主。

(二)开发方式

采用 VDNS 方式吞吐。

(三)开发层系

沙湾组一段一砂体。

(四)井位部署

1. 布井原则

①排 609、排 609 - 14 砂体在有效厚度 4m 以上范围内布井；②距离内油水边界距离 200m 以上；③排 609 砂体、排 609 - 14 砂体井距 130m。

2. 井位部署

2018 年实施春风油田排 609 块产能建设方案，实施过程中紧密跟踪完钻井情况，排 609 砂体绝大部分井储层变化不大，含油情况良好，在完钻排 609 - 21 井后，发现该井储层下部分电性下滑，为了避免钻遇底水，取消了排 609 - 21 东面排 609 - 20、排 609 - 22、排 609 - 23、排 609 - 24 四口井。排 609 砂体南部油水界面附近，取消了排 609 - 55 井。变更了排 609 - 59、排 609 - 60 两口井井位，排 609 - 59、排 609 - 60 移至排 609 砂体东北部。排 609 - 14 砂体实际完钻下来，整体物性差，含油性差，取消了排 609 - 61、排 609 - 62、排 609 - 65、排 609 - 66、排 609 - 69、排 609 - 76、排 609 - 79、排 609 - 80、排 609 - 82、排 609 - 83，排 609 块产能建设方案合计取消井位 15 口。部署总井数 53 口，其中新部署 50 口，利用老井 3 口(2 口直井、1 口水平井)，动用储量 134×10^4t。

(五)指标预测

1. 日产油能力

统计该区块新井投产井第 1 年的日产油数据，平均单井日产油 2.8t，第 1 年直井日产油能力取 2.8t。

2. 吞吐阶段注采参数

1)注汽强度

根据数值模拟优化结果，直井注汽强度 200 ~ 250t/m。

2)综合时率

根据本块结合排 601 块投产一年以上的水平井年生产时间统计结果，年生产时间 320d，本块年生产取 270d，综合时率为 0.75。排 609 砂体 2 口直井平均周期生产时间为 108d，预计一年生产 2.5 周期。

3)递减率

综合数值模拟预测结果和排 601 中区蒸汽吞吐开发实际，蒸汽吞吐第 1 年递减率为 15%(图 9 - 22)，第 2 年以后递减率为 10%。

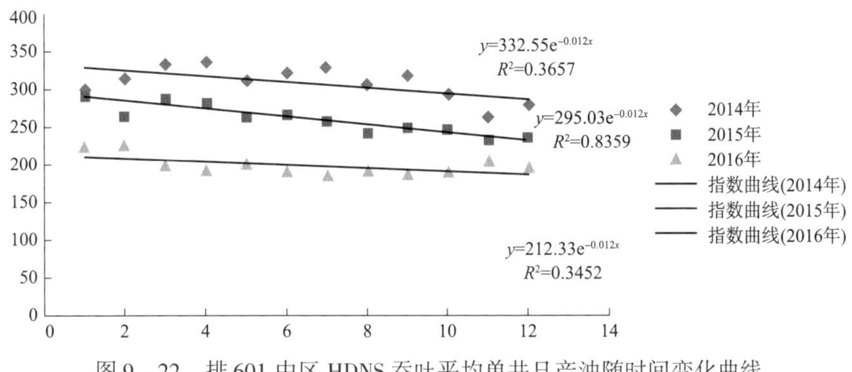

图 9-22 排 601 中区 HDNS 吞吐平均单井日产油随时间变化曲线

3. 汽驱阶段注采参数

根据数值模拟优化结果，汽驱阶段直井注汽速度为 3t/h，注汽井生产时率 0.8，生产井时率 0.8。

由于排 601 北区蒸汽驱时间短，效果有待进一步评价。因此利用数值模拟预测蒸汽驱的递减规律(图 9-23)。蒸汽驱第 1 年油汽比取值 0.11t/t，第 2、第 3 年汽驱见效并稳产，油汽比 0.18t/t，后期递减率 10%。

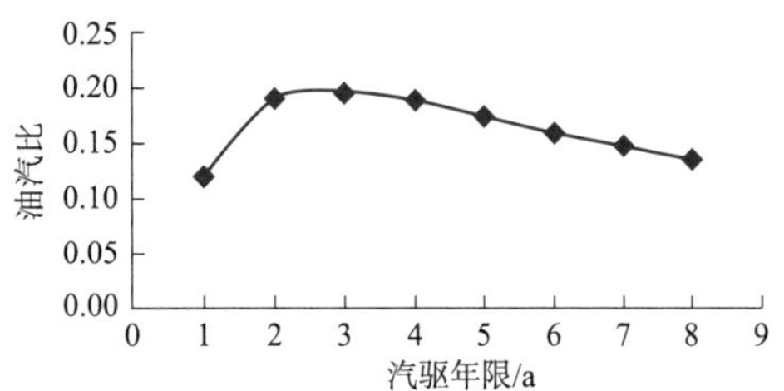

图 9-23 数值模拟计算蒸汽驱分年油汽比曲线

4. 指标预测

排 609 块部署总井数 53 口，预计方案实施后吞吐到底第 1 年产油 3.76×10^4t，前 3 年平均新建产能 4.03×10^4t，累计产油 27.89×10^4t，采出程度 20.81%(表 9-45)。

表 9-45 春风油田排 609 块吞吐到底指标预测表

时间/a	开发方式	井数/口	降黏剂/t	注氮量/Nm^3	年注汽/10^4t	年产油/10^4t	含水率/%	油汽比	日产油/t	累计产油/10^4t	采油速度/%	采出程度/%
1	吞吐	48	384	144	11.5	3.76	70.7	0.327	2.80	3.76	2.81	2.81
2		53		318	14.3	4.01	77.8	0.280	2.70	7.77	2.99	5.80
3		53		477	15.1	4.33	76.8	0.287	2.92	12.10	3.23	9.03
4		53		477	15.9	3.81	81.9	0.240	2.57	15.92	2.85	11.88
5		53		477	15.9	3.43	85.1	0.216	2.31	19.35	2.56	14.44
6		53		477	15.9	3.09	87.4	0.194	2.08	22.44	2.30	16.74
7		53		477	15.9	2.84	87.8	0.179	1.91	25.28	2.12	18.86
8		53		477	15.9	2.61	89.0	0.164	1.76	27.89	1.95	20.81

排 609 区块通过地质-工程一体化研究，加强了储层精细描述，明确了油水关系，精准预测了地质甜点，部署 53 口直井，动用面积 $2.4km^2$，动用储量 165×10^4t，新建产能 3.76×10^4t，百万吨产能建设投资 35.4 亿元，原油价格 50 美元/桶时内部收益率为 8%。

第三节 排 634 区块

一、地质基础研究

(一)油藏基本概况

1. 构造位置

排 634 块位于春风油田北部，南邻排 609 块(图 9－24)，区域上属于准噶尔盆地西部隆起的次一级构造单元，该块 2020 年上报探明含油面积 13.41km^2，石油探明储量 1391.21×10^{4}t。

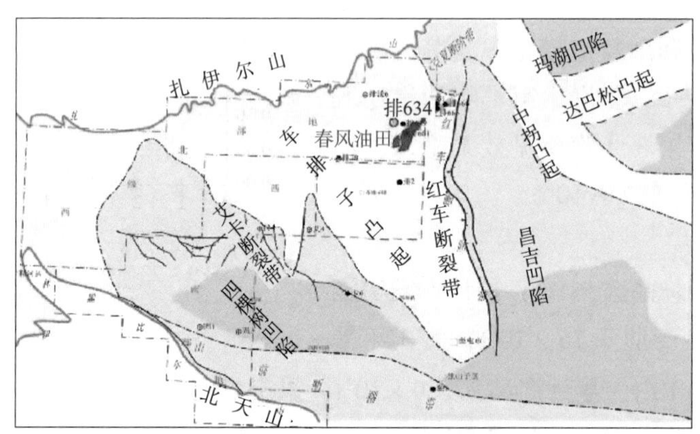

图 9－24 春风油田排 634 块地理位置图

2. 地层划分对比的方法和原则

其方法与原则参考前文。

(二)构造特征

根据三维地震资料，结合钻井及测井资料，编绘了排 634 块新近系沙湾组砂体顶面构造图(图 9－25)。

排 634 块 N_1s 砂体顶面构造形态整体西北高东南低，向南东倾没的单斜构造，构造整体比较平缓，构造倾角 1°～2°，排 634 块沙湾组砂体构造顶面埋深 166～186m(图 9－25)。

(三)储层特征

1. 岩性特征

春风油田排 634 块砂体储层岩性主要分为三类，即砾岩及砾状砂岩、灰质砂砾岩、含砾砂岩。

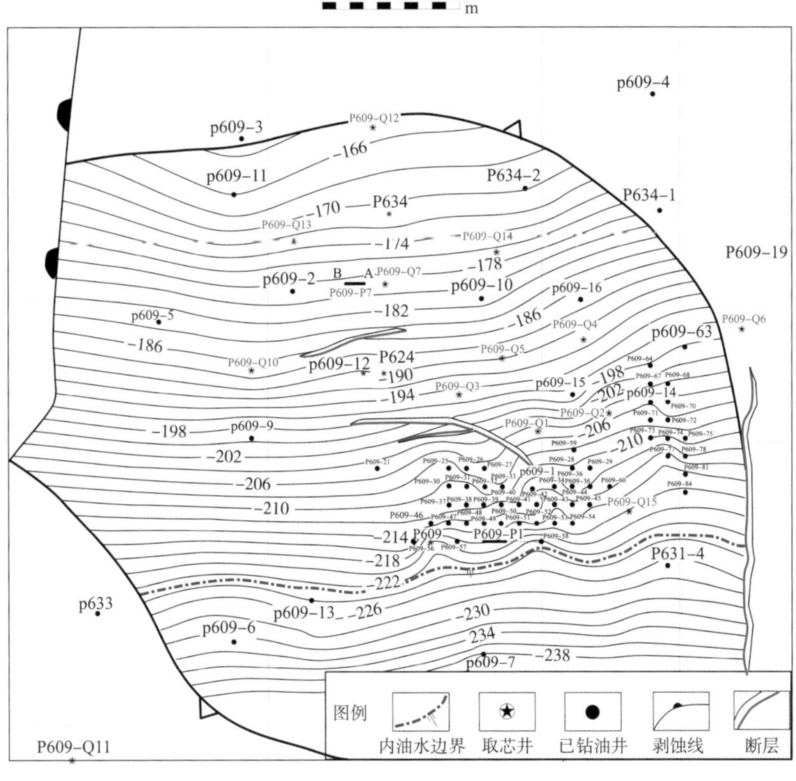

图 9－25 排 634 块沙湾组构造顶面等值图

2. *岩矿特征*

根据排 634 块及邻块取芯井资料，灰质长石岩屑砂岩其矿物成分石英占 37.3%，长石占 24.1%，岩屑含量 38.5%，填隙物为方解石胶结物含量 24.3%；长石岩屑砂岩其矿物成分石英占 37.7%，长石占 22.7%，岩屑含量 39.7%，填隙物为泥质杂基含量 11.3%，岩石成分成熟度低(表 9－46)。

表 9－46 排 634 块及邻块沙湾组储层岩石成分结构组分表 %

层位	岩石类型	样品块数	石英			长石			岩屑			填隙物						分选	磨圆	支撑方式	接触关系	胶结类型
												泥质杂基			方解石胶结物							
			最大	最小	平均	最大	最小	平均	最大	最小	平均	最大	最小	平均	最大	最小	平均					
沙湾组	灰质长石岩屑砂岩	9	46	30	37.3	26	24	24.1	48	28	38.5	无			25	19	24.3	中等中偏差	次棱	颗粒	点	孔隙连晶
	长石岩屑砂岩	3	48	32	37.7	27	19	22.7	48	25	39.7	18	6	11.3	无			中等中偏差	次棱	颗粒	点	接－孔、孔隙
	合计	12	48	30	37.4	27	19	23.8	48	25	38.8							中等中偏差	次棱	颗粒	点	

3. 粒度特征

排634块 N_1s 分选系数平均1.55，分选较好，粒度中值平均为0.415mm，岩性以长石砂岩为主。

粒度特征是水动力条件的物质表现，不同沉积环境，其粒度特征不同，借此可以进行沉积环境的分析及其相带的展布规律研究。

1)概率累计曲线图

综合排609井5块样品的概率累计曲线特点，跳跃次总体和悬浮次总体明显，曲线大部分以两段式为主，具有牵引流特征，跳跃组分含量一般在85%左右，斜率较大。也有部分曲线具有不明显的三段式，滚动次总体数据点少。概率累计曲线反映三角洲沉积的特征。

2)C－M图：该块排609井 N_1s C－M图上反映以PQ段为主，表明沉积作用以悬浮搬运沉积为主。

4. 测井相特征

排634块 N_1s 自然电位曲线多为箱形、钟形，具正韵律特征。根据取芯井资料，不同岩性对应的测井响应特征不同。

5. 沉积相

砾石发育特征是主要相标志，岩芯资料表明，砾石成分主要为石炭－二叠系火成岩和再旋回沉积岩，排634块砾石粒径较大，一般大于0.5cm，排634块四口取芯井中，排609－12、排624井两口井砾石粒径最大，排634次之，排609最小，结合古地貌特征，判定排634块物源来自西北方向。砾石的磨圆为棱角状－次圆状，表明排634块沉积为近源沉积。

通过地震资料，提取均方根振幅属性，发现在砂体平面上呈扇形分布。结合测井钻井资料，春风油田排634块砂体根据物源方向、沉积背景、岩性组合、粒度概率、电性特征及砂体形态等要素，判断该块为扇三角洲沉积(图9－26)。

6. 储层展布特征

1)砂体描述

通过对三维地震数据体进行频谱分析，春风油田排634块目的层频率12～80Hz，主频50Hz。砂体描述方法及地震品质参照前文。

根据分频属性和三维精细地震解释砂体地震轴反射反映砂体的横向变化和边界(图9－27)。

2)储层展布特征

参考地震属性提取的砂体边界，重点解剖地震剖面，结合实际钻井，编制了排634块 N_1s 砂体厚度等值图。以沉积相模式为指导，结合地震属性结果，利用已完钻井钻遇砂体厚度，最终确定该块 N_1s 储层展布规律。砂体连片分布，西厚东薄，一般厚度为5～12m，厚度中心在排609－浅10、排634井附近，厚度12m。

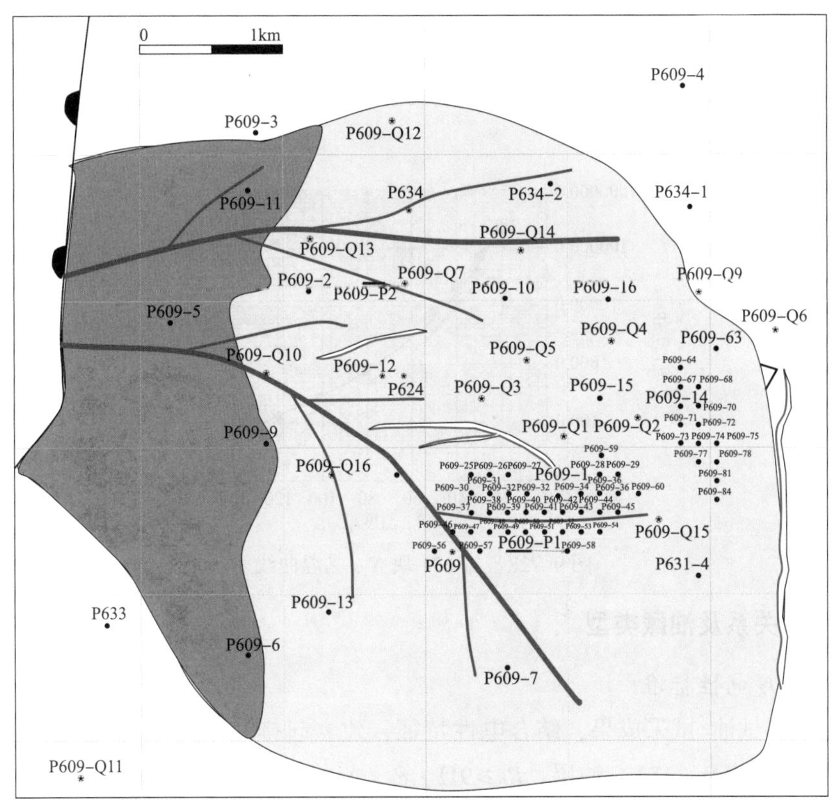

图 9-26　排 634 块沉积相图

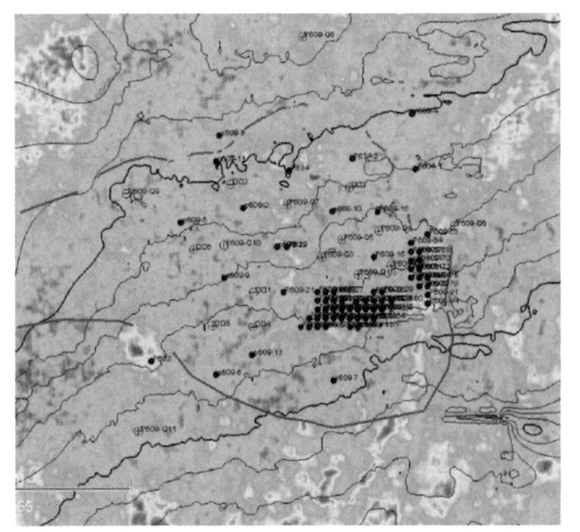

图 9-27　排 634 块均方根振幅属性图

(四)黏土矿物分析

据排634块及邻块4块样品X衍射黏土矿物分析结果统计，储层中高岭石含量较低，一般为15%～21%，伊/蒙间层一般为19%～46%，伊/蒙间层比一般40%～75%，N_1s 砂体黏土矿物含量3.3%，黏土矿物含量较低。

(五)敏感性评价

据排634井敏感性试验结果表明，该块 N_1s 储层具无速敏、强水敏。排624井做了速敏、碱敏试验，岩样为灰质砾状砂岩，中途压力大于15MPa，流动仍未稳定，压力继续上升，终止试验。

(六)岩石润湿性

根据排634块及邻块取芯井5块样品润湿性分析报告，该块 N_1s 油藏岩石润湿性测试结果为中性。

（七）流体性质

排634块原油密度为0.94～0.97g/cm³；排634块地层温度下脱气原油黏度88740～141300mPa·s（图9－28）。

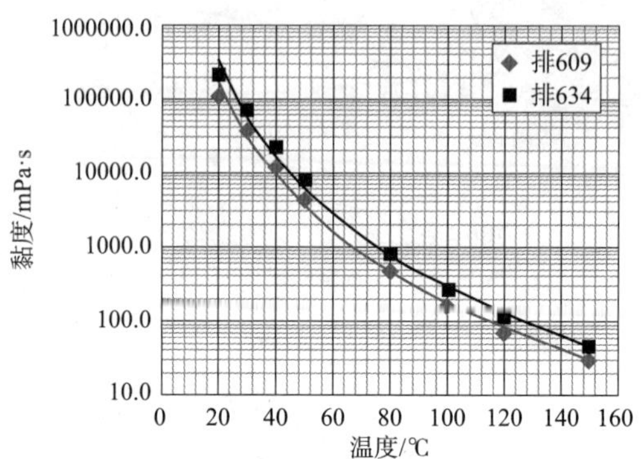

图9－28　排634块N_1s黏温曲线

（八）油水关系及油藏类型

1. 有效厚度电性标准

根据方案区试油/试采成果，结合电性特征，建立起排634块沙湾组稠油油层的有效厚度的电性标准（表9－47），油层：$Rt \geq 9\Omega \cdot m$，$\Delta t \geq 92\mu s/ft$。

表9－47　排634块N_1s稠油油藏有效厚度电性标准

储层性质	有效厚度电性标准		
	含油性	电性下限标准	
		Δt/（μs/ft）	Rt/Ω·m
油层	油斑以上	≥92	≥9.0
干层	油迹以下	<92	<5

结合钻井、测井，试油试采分析，研究了排634块油水关系，排634块和排609块为一套油水系统，油水界面－232m，排634块位于纯油区。

2. 油层平面展布特征

排634块N_1s砂体有效厚度2～5.5m，边部薄，排634井、排609－浅13、排609－浅14附近最厚，有效厚度大于5.5m。

3. 油藏类型

排634块N_1s砂体油藏埋深－186～－166m，邻块排609－13井钻遇油水界面，排634块油藏类型为具有边底水的浅薄层构造－岩性超稠油油藏（图9－29）。

（九）储量计算

1. 计算单元及计算方法

本次储量计算采用容积法。

2. 参数取值

(1)含油面积圈定。以有效厚度零线和断层线共同圈定含油范围。

(2)有效厚度取值。根据该块各井砂体有效厚度等值图，采用面积权衡法计算各砂体有效厚度。

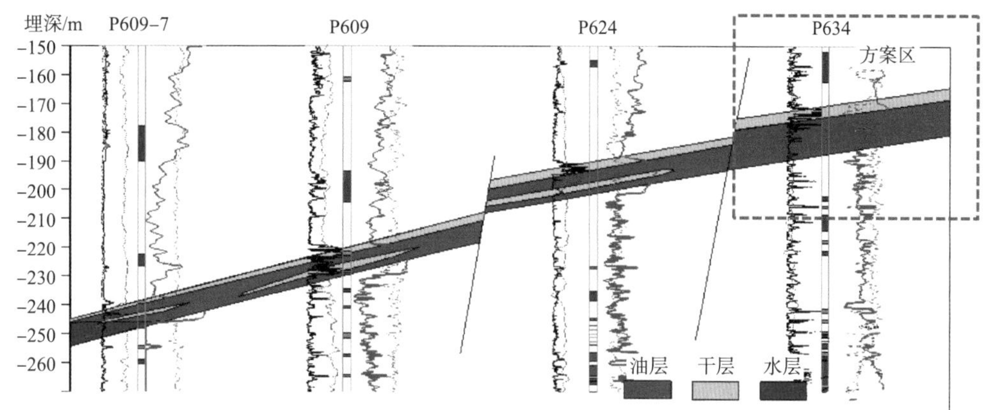

图 9－29　春风油田排 634 块南北向油藏对比剖面图

(3)孔隙度取值。采用该块 N_1s 储层测井二次解释数据，孔隙度取值为 32%。

(4)原油密度。根据试采井所取油样的分析化验原油密度 0.953g/cm^3。

(5)体积系数采用 2020 年储量报告，为 1.025。

3. 储量计算

在油水关系分析、砂体预测的基础上，对排 634 块进行了储量计算。排 634 块圈定含油面积 0.92km^2，石油地质储量 97.85 ×10^{4}t(表 9－48)。

表 9－48　春风油田排 634 块石油地质储量表

区块	面积/km^2	有效厚度/m	孔隙度/%	含油饱和度/%	密度/(g/cm^3)	体积系数	单储系数/[10^{4}t/(km^2·m)]	储量/10^{4}t
排 609 块	13.5	3	32	65	0.953	1.025	19.34	783.23
排 634 块	0.92	5.5	32	65	0.953	1.025	19.34	97.85

二、热采开发技术界限研究

(一)三维油藏模型建立

选取排 634 砂体作为研究对象，建立排 609－2 单井数值模拟模型。采用组分模型，九点中心差分计算方法。平面上 X 方向 11 个网格，Y 方向 11 个网格，网格步长都是 10m/个；垂向上根据排 609－2 块目的层钻遇砂体的实际情况分为 10 个层，总节点数 1210 个。

输入轨迹、射孔数据，热传导、体积热容量物性参数、高温油水相渗。输入排 609－2 井 2013 年 6 月至 2021 年 8 月 8 年多的日度数据和射孔资料建立动态模型。

（二）生产动态历史拟合

数值模拟过程中，采用定液生产的方式作为油井的控制条件，采用定注汽量的方式作为注汽井的控制条件。累计产油和累计产水的拟合误差小于 5%（表 9－49），在拟合误差允许范围内；含水率曲线拟合趋势与实际相吻合，拟合程度较高。数值模拟的最终拟合结果（图 9－30）总体上与该油藏的开发实际吻合，以此为基础开展技术界限优化研究。

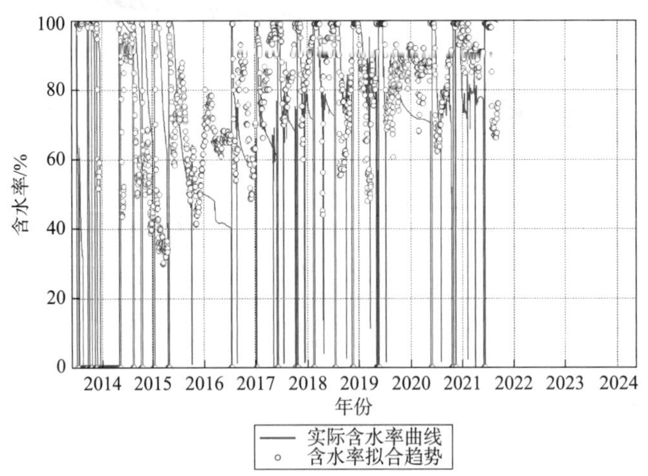

图 9－30　排 609－2 井含水拟合曲线

表 9－49　排 609 块拟合误差统计表

	累计产油/t	累计产水/t
实际	5935	23417.6
计算	5979	23052
误差/%	0.74	－1.6

（三）开发技术界限优化

1. 井型选择

排 609 砂体投产的直井和水平井生产动态表明，直井平均周期生产时间 182d，平均单井日产油 6.0t，累计产油 8765t，累计油汽比 0.884，回采水率 254.5%；水平井平均周期生产时间 135d，平均单井日产油 6.8t/d，累计产油 6395t，累计油汽比 0.537，回采水率 86.9%。由于水平井生产时间短，累计产量低，但是水平井单井日产油高，回采水率低，可以减缓边底水的推进速度（图 9－31、图 9－32），改善开发效果。

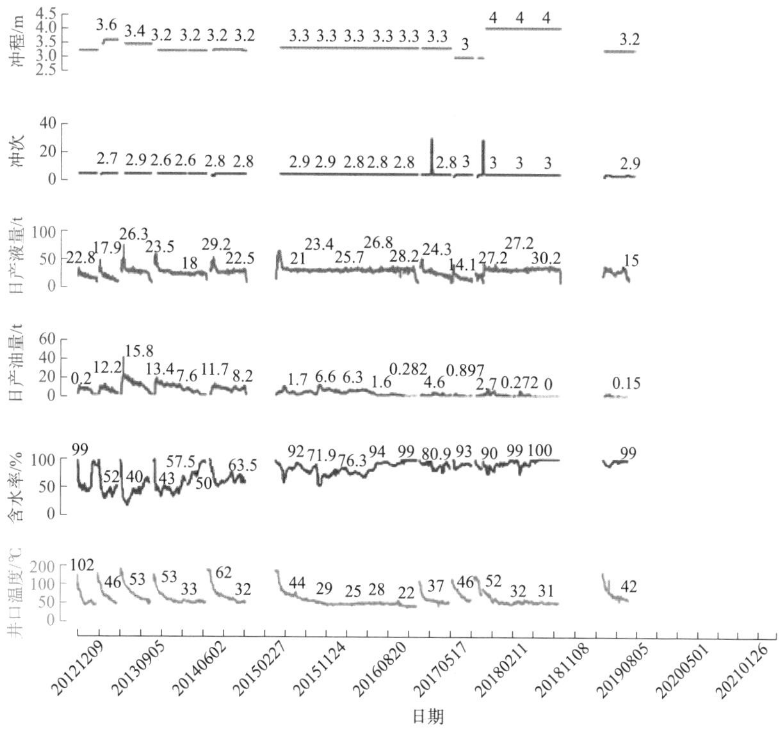

图 9-31 排 609 井采油曲线

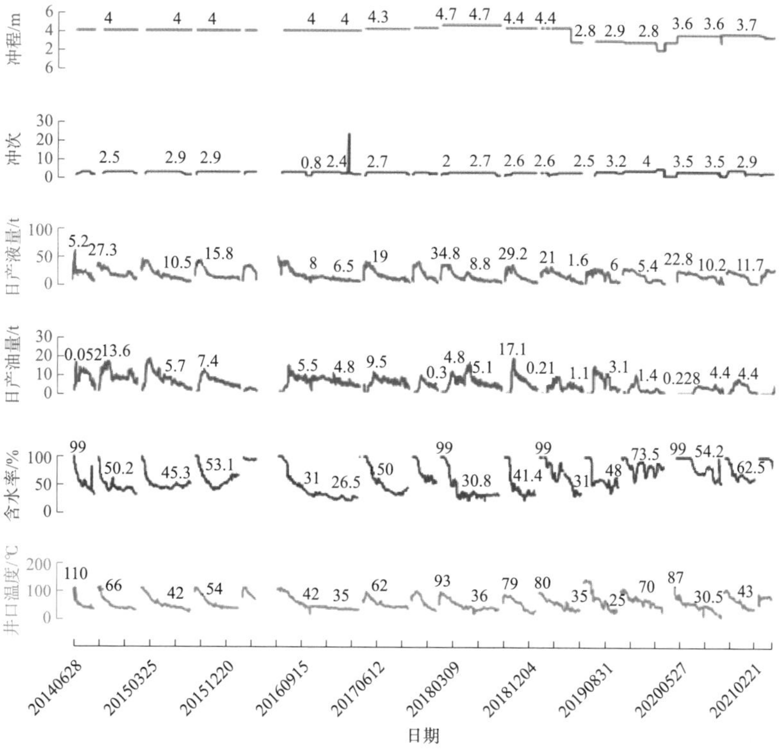

图 9-32 排 609-平 1 井采油曲线

因此，该块选择利用水平井进行开发。

2. 井距优化

利用油藏数值模拟方法计算了水平井间距离分别为100m、110m、130m、150m共4个方案的开发效果。综合分析认为井距130m时采出程度较高，单储净产油最高，推荐井距为130m(表9－50)。

表9－50　不同井距生产效果对比表

井距/m	累计产油/t	累计注汽/t	累计油汽比	采出程度/%	单储净产油量/($t/10^4t$)
100	6283	25410	0.247	23.4	23
110	7293	25410	0.287	21.5	315
130	7694	25410	0.303	18.4	351
150	7963	25410	0.313	15.8	345

利用油藏工程方法对井距也进行了计算。

应用原石油天然气总公司计划局与石油规划设计总院编写的《石油工业建设项目经济评价方法与参数》一书规定的方法。

极限井网密度(f_{min})计算公式与合理井网密度(f_a)计算公式分别参照式(9－8)和式(9－9)。该方法计算合理井距为140m左右。

由于该方法未考虑油藏的原油黏度和渗透率等地质参数对井距的影响，因此采用式(9－10)进行井距的计算。

计算的合理井距为128m。综合以上考虑，最终井距确定为130m。

3. 排距优化

利用油藏数值模拟方法计算了排距分别为100m、110m、130m下的开发效果：随着排距的增大，采出程度和净产油先增加后降低(表9－51)。分析认为，排距太小，容易形成井间热干扰，排距过大，井间存在大量剩余油，采出程度降低，经济效益变差。

表9－51　不同排距生产效果对比表

排距/m	累计产油/t	累计注汽/t	累计油汽比	采出程度/%	净产油/t
100	7632	25410	0.300	18.2	1478
110	7694	25410	0.303	18.4	1539
130	7571	25410	0.298	18.1	1417

4. 水平井纵向位置

利用油藏数值模拟方法计算了水平井纵向上无因次距离分别为0.21、0.28、0.36、0.50、0.60、0.69、0.78下的开发效果：随着纵向无因次位置的增加，采出程度和净产油先增加后降低，分析认为：生产效果与纵向位置的储层物性和含油性有关，中上部储层物性、含油性优化下部(表9－52)。因此推荐水平井钻井轨迹位于油层中上部。

表 9－52 水平井不同纵向上无因次距离生产效果对比表

纵向上无因次距离	累计产油/t	累计注汽/t	累计油汽比	采出程度/%	净产油/ t
0.21	7524	25410	0.296	18.0	1370
0.28	7549	25410	0.297	18.0	1395
0.36	7694	25410	0.303	18.4	1539
0.50	7227	25410	0.284	17.2	1073
0.60	6878	25410	0.271	16.4	723
0.69	6681	25410	0.263	15.9	526
0.78	6598	25410	0.260	15.7	444

5. 降黏剂注入量

利用油藏数值模拟方法计算了周期注降黏剂量分别为 0、5t、10t、15t、20t 共 5 个方案。计算结果表明，是否注降黏剂对生产效果有较大影响，采出程度和净产油增幅较大。随着降黏剂注入量的增大，采出程度逐渐增加，净产油先增加后降低，降黏剂注入量大于 15t 之后，采出程度增幅变缓，净产油开始降低(表 9－53)。因此推荐周期注降黏剂量为 10～15t。

表 9－53 不同降黏剂注入量生产效果对比表

降黏剂/t	累计产油/t	累计注汽/t	累计油汽比	采出程度/%	净产油/t
0	5052	25410	0.20	12.1	－196
5	6680	25410	0.26	15.9	979
10	7694	25410	0.30	18.4	1539
15	8309	25410	0.33	19.8	1701
20	8501	25410	0.33	20.3	1440

6. 周期注氮量

利用油藏数值模拟方法计算了周期注氮量分别为 0、10000Nm^3、20000Nm^3、30000Nm^3、40000Nm^3、50000Nm^3 共 6 个方案。计算结果表明，是否注氮气对生产效果影响较大。随着周期注氮量的增加，采出程度逐渐增加，但增加幅度不明显。周期注氮量超过 20000Nm^3 之后，采出程度变化不大，净产油却开始显著降低，经济效益变差。说明注入氮气达到一定量之后，其增能助排的作用不再显著增大(表 9－54)。因此推荐周期注氮量为 20000Nm^3。

统计现场周期产油与周期注氮量的数据绘制关系曲线表明，注氮量为 15000～20000Nm^3 时，周期产量较高(图 9－33)，综合考虑推荐周期注氮量为 20000Nm^3。

表 9－54 不同氮气注入量生产效果对比表

氮气量/Nm^3	累计产油/t	累计注汽/t	累计油汽比	采出程度/%	净产油/t
0	7342	25410	0.29	17.5	1641

续表

氮气量/Nm^3	累计产油/t	累计注汽/t	累计油汽比	采出程度/%	净产油/t
10000	7755	25410	0.31	18.5	1828
20000	8304	25410	0.33	19.8	2150
30000	8301	25410	0.33	19.8	1920
40000	8309	25410	0.33	19.8	1701
50000	8261	25410	0.33	19.7	1426

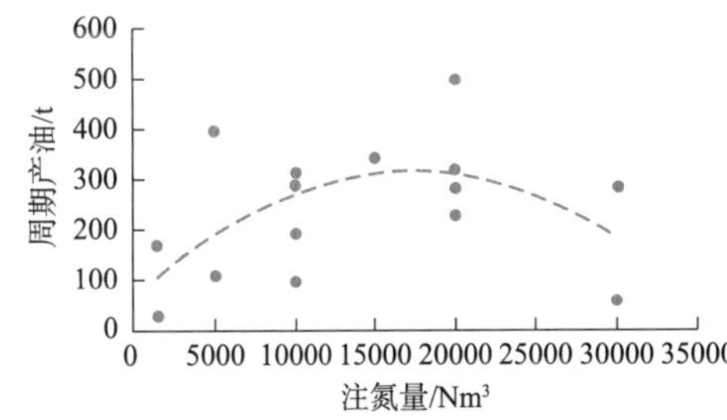

图 9－33　周期产油与注氮量关系曲线

7. 周期注汽强度

利用油藏数值模拟方法计算了水平井注汽强度分别为 8t/m、10t/m、12t/m 下的开发效果：随着水平井注汽强度的增大，采出程度逐渐增加，净产油先增大后降低，水平井注汽强度大于 10t/m 之后，增油增注比小于经济极限油汽比，无经济效益(表 9－55)。因此推荐水平井注汽强度为 10t/m。

表 9－55　不同注汽强度生产效果对比表

注汽强度/t/m	累计产油/t	累计注汽/t	累计油汽比	采出程度/%	净产油/t	增油增注比
8	7257	20400	0.36	17.3	1831	
10	8304	25410	0.33	19.8	2376	0.21
12	8723	30600	0.29	20.8	2276	0.08

8. 布井界限厚度

利用油藏数值模拟方法计算了不同厚度下蒸汽吞吐的开发效果：随着储层有效厚度的增加，净产油均增加，但有效厚度大于 3.6m、净产油大于 0，才产生经济效益，因此，布井厚度界限大于 4m(图 9－34)。

三、油藏工程设计

(一)开发原则

(1)在优选的甜点区布井。

(2)整体部署，滚动实施。

(3)采用水平井井网形式开发。

(4)以蒸汽吞吐开发为主。

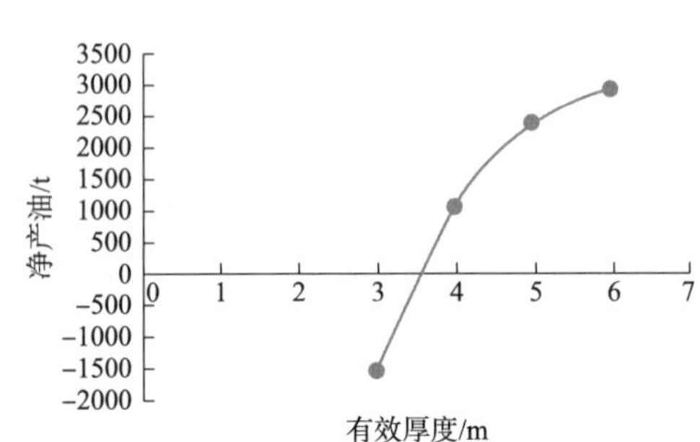

图 9－34　净产油与有效厚度关系曲线

(二)开发方式

采用 HDNS 方式吞吐。

(三)开发层系

沙湾组一段一砂体。

(四)井位部署

1. 布井原则

①在有效厚度 4m 以上、扇中部位布井;

②距离断层至少 100m;

③井距 130m,排距 130m。

2. 井位部署

根据以上布井原则,对排 634 砂体进行井位部署。部署总井数 25 口,其中部署新井 23 口,利用老井 2 口(排 609－平 2、排 634),动用储量 97.85×10^4t,根据储层的落实程度、产能大小对生产井进行星级评定。

(五)指标预测

1. 日产油能力

目前方案区内水平井试采时间短,排 609 砂体投产井的注汽量和注氮量较低,无法参考。因此参考排 609－1 井情况进行折算,考虑流动系数和整体投产后压降影响,方案区部署直井折算第一年日产油能力为 3.68t(表 9－56)。考虑一般情况下水平井产量为直井产量的 1.5～2 倍,折算超短半径水平井第一年日产油取 5.2t。

表 9－56　排 634 砂体产能指标折算表

	渗透率/$10^{-3}\mu m^2$	原油黏度/mPa·s	厚度/m	第一年日产油/t
排 609－1	1962	90000	6	5.2
方案区	1962	95000	5	3.7

2. 吞吐阶段注采参数

1)注入参数

根据数值模拟优化结果,水平井注汽强度 10t/m,周期注氮量 20000Nm^3,注降黏剂 10～15t。

2)综合时率

根据已投产井的生产实际,年生产时间取 280d,综合时率 0.78。

3)递减率

参考排 609 井区油井实际递减率及数值模拟结果确定前期递减率取值 15%,后期递减减缓，取 10%（图 9－35）。

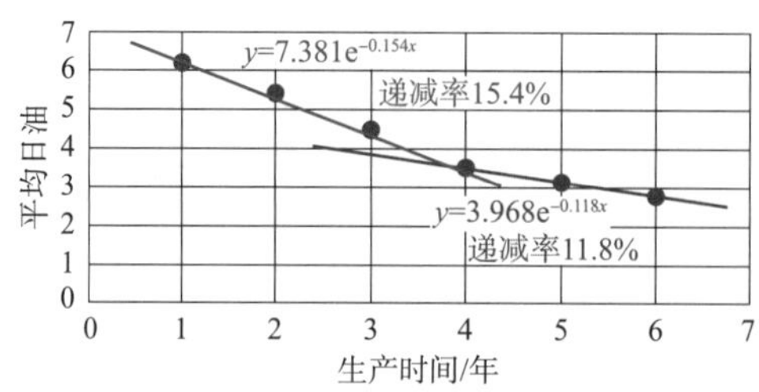

图 9－35　排 609 块直井平均单井日产油随时间变化曲线

3. 指标预测

排 634 块部署总井数 25 口，预计方案实施后吞吐到底第一年产油 3.84×10^4t，前三年平均新建产能 3.42×10^4t，累计产油 24.42×10^4t，采出程度 24.8%（表 9－57）。

表 9－57　春风油田排 634 块吞吐到底指标预测表

时间/a	井数/口	注降黏剂量/t	年注氮气/(10^4Nm^3/a)	年注汽/10^4t	年产油/10^4t	含水率/%	单井日产油/t	油汽比	累计产油/10^4t	采油速度/%	采出程度/%
1	25	250	91.0	7.50	3.84	57.0	5.5	0.51	3.84	3.92	3.92
2	25		157.2	8.19	3.38	65.6	4.8	0.41	7.22	3.46	7.38
3	25		300.0	8.95	3.04	70.9	4.3	0.34	10.26	3.11	10.49
4	25		300.0	10.26	2.77	77.2	3.9	0.27	13.03	2.8	13.29
5	25		300.0	10.26	2.54	78.7	3.6	0.25	15.57	2.57	15.86
6	25		300.0	10.26	2.41	79.8	3.4	0.23	17.98	2.44	18.30
7	25		300.0	10.26	2.26	81.1	3.2	0.22	20.24	2.28	20.58
8	25		300.0	10.26	2.14	82.0	3.0	0.21	22.38	2.17	22.75
9	25		300.0	10.26	2.04	83.0	2.9	0.20	24.42	2.05	24.80

（六）工程优化

1. 攻关短半径水平井工艺

开展大尺寸三开短半径水平井攻关试验，储层埋深 203m，一开套管下深 28m，二开设计造斜率 11.39°/30m，设计靶前位移 169m，水平段长 156m。

模拟一开 241.3mm 井眼加压，垂深 200m 的井水平段长 450m，垂深 150m 的井水平段长 200m（图 9－36）。

垂深 200m 模拟条件：①导管 339.7mm × 29m；②钻具组合：241.3mm 钻头 + 197mm 螺杆 + 127mm 无磁承压 + 127mm 钻杆若干 + 127mm 加重钻杆 15 根；③钻井液性能：密度 1.10g/cm^3，黏度 45s；裸眼摩阻系数 0.3～0.5。

垂深 150m 模拟条件：①导管 339.7mm × 18m；②钻具组合：241.3mm 钻头 + 197mm

螺杆 +127mm 无磁承压 +127mm 钻杆若干 + 127mm 加重钻杆 15 根；③钻井液性能：密度 1.10g/cm^3，黏度 45s；裸眼摩阻系数 0.3 ~0.50。

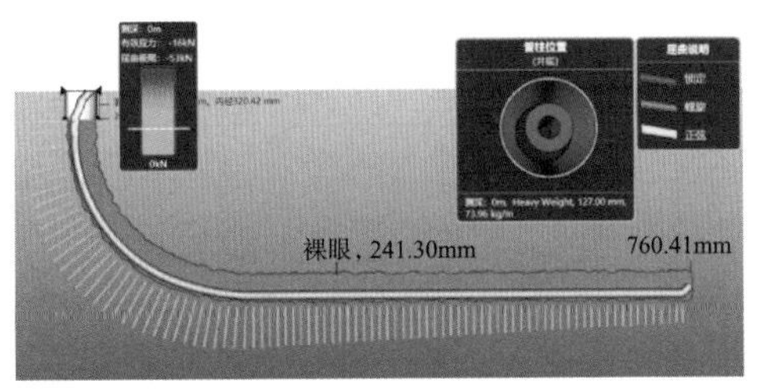

(a)垂深200，水平段机械延伸极限450

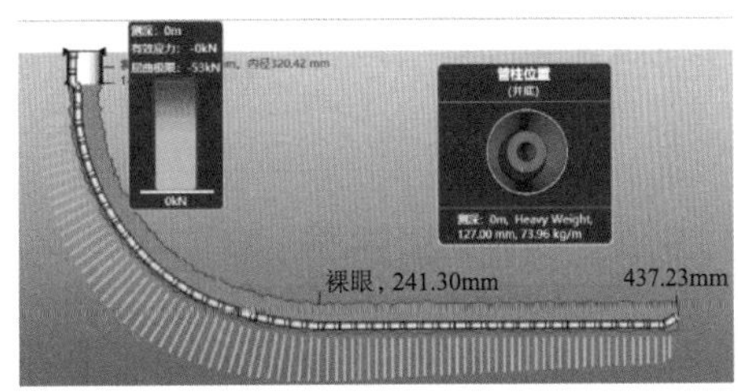

(b)垂深150，水平段机械延伸极限200

图 9 –36　不同垂深水平段机械延伸极限

2. 试验无黏土相润滑暂堵钻井液，强化储层保护措施

探索和试验无黏土相钻井液体系，进一步提升储层保护，释放产能(表 9 –58)。

表 9 –58　钻井液体系优化

开次	密度/(g/cm^3)	漏斗黏度/s	API 滤失量/mL	滤饼厚度/mm	静切力/Pa 初切	静切力/Pa 终切	pH 值	含砂率/%	固含率/%	*Kf*	动切力/Pa	塑性黏度/mPa·s
三开	1.05 ~1.13	40 ~50	≤5	≤0.5	2 ~4	3 ~8	8 ~9	0.3	≤5	≤0.05	5 ~10	10 ~20

钻井液类型	钻井液配方	钻井液维护处理措施
有机盐无黏土相润滑暂堵钻井液	清水(0.2 ~0.3)% 工业用氢氧化钠 +(1.5 ~2)% 钻井液用天然高分子降滤失剂 +(0.5 ~0.7)% 钻井液用低黏聚阴离子纤维素 +(0.3 ~0.4)% 钻井液用黄原胶 +(0.3 ~0.5)% 钻井液用胺基聚醇 +(2 ~4)% 钻井液用润滑剂(液体类) +(3 ~4)% 钻井液用超微细碳酸钙 +3% 氯化钾其他：甲酸钠等	(1)注意保护好储层，本段重点是防止固、液相损害油层，防止井壁不稳定造成井下复杂，防止油层段冲蚀扩径。(2)三开前清罐，按照配方配无黏土相钻井液。使用黄原胶调整黏切、用甲酸钠调整密度至设计范围内，加入各种处理剂，把 API 滤失量控制在 5mL 以内，控制钻井液性能达到设计要求，方可进行三开作业。(3)用新配无黏土相钻井液扫塞。刚配制的无黏土储层钻开液由于未经充分剪切，易糊筛跑浆，在顶替新浆后应选用较粗的筛布(API60 - 100 目)，等经过几个循环周后，新浆得到充分剪切后，再逐渐更换为高目数筛布(AP120 ~140 目)。在顶替新浆过程中以大排量进行，中途不停泵，减少混浆。扫塞期间密切关注钻井液性能，根据实际情况及时调整，钻塞完后加入纯碱，清除钙离子，防止与碳酸氢型地层水形成沉淀，堵塞孔喉，以最优质性能钻开储层，以便于充分发现和保护油气层。(4)钻进过程中，加入适量润滑剂，降摩减扭，防止黏附卡钻。钻进中及时补充胺基聚醇和氯化钾，增加钻井液的抑制性。(5)启动固控设备，及时清除钻屑和有害固相，严格控制钻井液中的劣质固相含量，并最大限度保护储层。(6)钻进中如遇到扭矩增加、接单根拉力增大等情况，在检查泥浆性能的同时，考虑采取适当工程措施修整井眼，如短起下等。(7)如需加重，加重剂选用甲酸钠。(8)进尺完后、下入筛管前，替入新配制干净无劣质固相无黏土储层液于筛管段，以达到对油气层的最佳保护

3. 引进和试验过热蒸汽锅炉提升注汽质量

引进过热蒸汽锅炉一台，锅炉出口蒸汽质量显著提升(出口干度 100%，蒸汽过热 15℃以上)，目前已试验 3 口井，注汽 3400t，效果正在进一步跟进中(图 9 –37)。

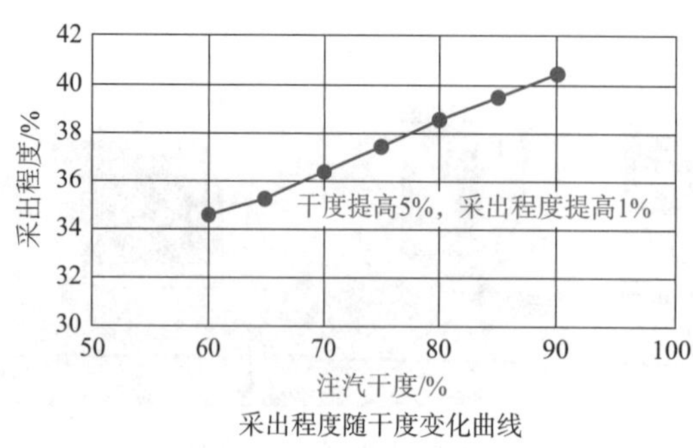

采出程度随干度变化曲线

1.额定蒸发量：	15.0t/h
2.额定工作压力：	17.2MPa
3.过热蒸汽温度：	370~390℃
4.热效率：	≥90%
5.燃烧方式：	燃气
6.控制方式：	PAC+触摸屏+工控机
7.装载方式：	活动+橇装

图 9－37　高干注汽锅炉

排 634 北区块通过地质－工程一体化研究，实现了方案迭代优化，由初代的储层精细描述，到地质－地震精细甜点描述，到地质工程一体化，实现了全方位的提升，部署 25 口井，采用 HDNS 开发技术，动用面积 0.92km^2，动用储量 97.85 $\times 10^4$t，新建产能 3.42 $\times 10^4$t，百万吨产能建设投资 30.4 亿元，原油价格 50 美元/桶时内部收益率为 11.4%。

第十章 >>>
春风油田一体化高效建产模式认识与探索

中石化新疆新春石油开发有限责任公司在勘探开发进程中，不断进行科学探索一体化高效建产模式。随着准噶尔盆地春风油田开发的不断深入，已成为胜利油田稳产 2340×10^4t 现实接替区。稠油开发高投入、低产出，用常规手段和方法难以实现有效开发。但在新春的努力下，勘探开发一体化，浅薄层超稠油油藏实现了低投入下的高产出，突破了有效开发的“瓶颈”，实现了利益的最大化。

第一节　春风油田一体化高效建产模式认识

一、始终坚持“七个一体化”，奋力谱写胜利西部高质量发展新篇章

一是持续推进七个一体化。充分考虑区域、层系和井网的差异，方案部署和井位优选统筹兼顾，实现整体评价、规模探明、整体开发。持续推进七个一体化，做到新区增储建产地震地质一体化、老区效益开发油藏工艺一体化、钻井工程效率提速提效一体化、注采完井举升均衡动用一体化、地面系统“五化”工程工厂一体化、智能油田建设发展数字一体化、安全生产全过程管理一体化。

二是坚持目标一致。以实现胜利西部油气储量产量为共同目标，还要考虑胜利西部的总体规划，以及储量的可接替性、产量的可持续性，兼顾储量与产量、当前目标与长远目标的统一，这体现了公司最终目标与部门的小目标的协调统一。其次，要实现“十四五”“十五五”的总体目标，需要勘探和开发的共同努力，缺少任何一方都不可能，因此在实际工作中，需要储量目标和产量目标的相互配合。

三是着重强化地质研究与技术攻关。勘探、评价阶段油藏富集规律、储层预测及技术

攻关成果及时应用于规模开发，提高油田整体开发效益。地质理论的不断突破，开辟了勘探评价的大场面；如准中侏罗系齐古组高强度生烃，大面积运聚，具备形成大油田的资源基础；科研立项统筹安排，形成良好的研究序列。勘探、评价、开发在科研项目设置上按照“目前与长远目标的结合、科研与生产的结合、地质与工艺的结合”的原则，形成了从有利目标区、含油富集区到高产高渗区逐步快速落实的良好研究序列；科技创新是实现勘探开发一体化的有效手段；按照“围绕目标，夯实基础，集成创新，重点突破”的原则，不断提高勘探开发的技术含量。地质理论的不断创新，开拓了勘探评价找油大场面，新层系、新领域不断取得新发现；储层预测、油藏精细描述、测井综合解释新技术的应用有效提高了储层预测及含油性评价的精度，含油富集区得到不断的扩大和落实；稠油降黏通过新工艺的试验应用、参数的不断优化，单井产量得到显著提高。

四是持续推进资料录取、信息共享。根据储量提交、规模开发的需要，取全取准资料，实现资源共享，加快产建步伐。

二、始终坚持“技术创新”与“管理创新”，着力打造勘探开发配套创新集群

工艺技术创新集群打造了公司勘探开发的配套技术。多年来，始终坚持技术创新与管理创新两条腿走路，经过多年探索，已经形成了勘探开发的技术创新集群。

在勘探开发工程工艺关键核心技术取得新突破。建立了以断层－毯砂输导、毯尖聚集成藏为核心的压扭性盆缘隆起区大规模油气成藏等理论认识，形成了西部浅层超剥带复杂储层描述等关键技术。开发上准西稠油创新形成了浅薄层超稠油 HDNS + HDNCS 等技术序列，实现了厚度 4 ~6m、黏度 9×10^4mPa · s 超稠油的效益建产，建成百万吨产能，保持七年稳产 100×10^4t 以上，产量箭头持续向上。准西超浅层强化勘探开发一体化、地质工程一体化，深化产能主控因素等地质认识，攻关突破浅薄层优快钻井技术，短半径水平、分支井、均匀注汽等工艺配套，实现了建成 10×10^4t 产能示范区。

聚焦信息化智能化发展步伐，逐步实现智能油田建设。通过建立以油气藏为中心，油气开发全流程全要素为主线，全生命周期为核心，在数字化油田的基础上深化拓展，借助先进信息技术和专业技术，全面实时感知油田动态，自动操作、智能处理，预测预警油田变化趋势，持续优化油田开发，推动增储上产，高效运营，科学决策，安全环保，精益管理，达到资产价值链最大化，推进两化融合技术走在前，加快油田智能化升级。“春风油田智能化建设”以“完善前端数据采集、强化中端自动控制、深化后端智能应用”三个层面为主要内容，开展油藏管理、注采管理、集输管理、安全环保管控四个方面智能化应用，打造“地下透明化、地上精简化、运行精准化、决策科学化”油田开发管理新模式。准中地区信息化建设主要分为现场通信自控建设、生产智能管理平台模块建设。在实现生产数据全、准、稳的基础上，通过数据治理 + 分析服务，实现数据深化应用服务生产管理。

三、始终坚持“两个延伸”，实现快速、高效、规模开发

勘探向后延伸，延伸到开发实施、信息反馈阶段，以便及时了解勘探部署方案实施的实际效果，根据差异分析及时总结经验教训，指导下一步勘探；开发向前延伸，延伸到工业评价勘探阶段，甚至可以到圈闭评价阶段，以便及时对勘探领域有无商业价值进行评价。坚持早期介入，及时部署滚动勘探方案，扩大勘探成果。坚持“两个延伸”，“准西稳、准中进、准北快、探外围”四大格局基本形成。通过勘探开发一体化的探索和实施，新春公司在石油勘探方面不断取得重大突破。新增探明储量实现大跨越，10 年提交探明储量达 2 亿 t。先后发现了春风、春晖、阿拉德等上亿吨的大油田。勘探开发一体化，让新春公司储量从平稳增长步入跨越式增长轨道。着眼于落实探明储量、控制储量规模、寻找油气富集区，全面推行勘探开发一体化战略，油气勘探呈现出“发现整装”“扩大连片”的增长效应。勘探、评价通过加强开发前期资料录取及开发试验，结合常规油藏工程研究，确定了相应的井网形式、压力系统及注汽参数优化等开发技术政策实现了油田快速、规模、高效开发，实现了五年上产 100 万 t，连续稳产生产 8 年。

第二节　春风油田一体化高效建产模式改革方向的探索

新春公司通过春风油田一体化高效建产模式，取得了较好的勘探开发效果，但是面对开发过程中难点更大，如何能够更快地推进、实现增储上产，实现提升效益的实质性成果，进一步提升一体化的步伐。

一、如何进一步扩大应用领域和规模

目前春风油田一体化高效建产模式在浅薄层超稠油的开发领域取得了一定成果，同时也得到同行业的认可，但是如何应用胜利西部的非常规油气田勘探开发区域，至今为止，应用领域及应用规模有限，下一步要在各类复杂油气藏，以及复杂油气藏的各个阶段、各个领域扩大应用，力争产生规模效应，促进行业技术及实质性成果的不断获取。同时，也摸索在一些高含水等常规老油田开发中的应用，以及探索在深层、异常压力等新领域勘探开发中的应用。通过扩大领域和规模，依托一体化方法，逐步实现一定程度的批量化、标准化，从而实现工厂化模式的高速开发，以及综合成本控制，整体效益提升。

二、如何进一步提升技术水平和工艺

技术发展永无止境，不断在实践中摸索最具有实用性的技术系列组合，依托于深入地质工程一体化的工作，摸索、甄选、开发具有油气藏实用性、经济实用性的技术工艺，从而最大限度地提高单井产能，取得不断提升的综合效益。

三、如何进一步探索创新管理模式

地质工程一体化，绝不仅仅是技术领域的话题，它同样是管理领域的关键课题。管理创新也是生产力，而且有时管理体制机制的创新比技术或设备创新更困难。针对在中国开展地质工程一体化的实际情况，我们可以毫不犹豫提出，要想获取油气产出上的成果，首先必须克服管理上的一系列挑战。因此、通过项目管理体制机制的创新，降低项目运行过程中的各种“内耗”，是地质工程一体化的必备条件。油公司需要加强前期规划、动态实施、绩效考核等不同管理工作，到各个参与方具有统一的目标，以及有针对性地考量要求，依靠管理手段，实现项目的高效性。

四、如何进一步完善共建信息一体化共享平台

随着数字化管理平台的运行，勘探开发一体化下一步的工作是坚持大力建设和开发管理信息系统，力争在融合传统管理方式优势的基础上，借助油田数字化建设平台实现三个飞跃：从人工收集信息到计算机辅助处理；从提供选择结果到自动生成分析报告、应急处置方案；从打造信息组合到提供连续的信息流。而这三个飞跃，必将引发减少用工总量、优化劳动组织结构、提高员工素质、降低生产成本等综合效应。

参考文献

[1]柴琳．春风油田沙湾组储层沉积微相特征及非均质性研究[D]．荆州：长江大学，2017.

[2]樊晓伊，姚光庆，岳欣欣，等．基于现代沉积的车排子凸起春光区块沙二段沉积相研究[J]．新疆石油地质，2017，38(2)：155－160.

[3]侯庆杰，金强，李伟忠，等．春风油田沙湾组砾岩层特征及测井定量识别[J]．断块油气田，2017，24(2)：174－179.

[4]肖大坤，王晖，范廷恩，等．基于地震属性的扇三角洲边界不确定性定量表征方法[J]．中国海上油气，2016，28(4)：63－69.

[5]张东军．车排子地区地震储层预测方法研究[D]．荆州：长江大学，2016.

[6]王晓辉．准噶尔盆地玛湖凹陷三叠系百口泉组储层特征研究[D]．成都：西南石油大学，2016.

[7]王学忠，席伟军，周晋科．准噶尔盆地 S1－2 井沙湾组油藏发现的启示[J]．复杂油气藏，2015，8(3)：17－21.

[8]潘建国，王国栋，曲永强，等．砂砾岩成岩圈闭形成与特征——以准噶尔盆地玛湖凹陷三叠系百口泉组为例[J]．天然气地球科学，2015，26(S1)：41－49.

[9]温雅茹，杨少春，赵晓东，等．砂岩储层中碳酸盐胶结物定量识别及对含油性影响——以准噶尔盆地车北地区新近系沙湾组为例[J]．地质论评，2015，61(5)：1099－1106.

[10]关键，贾春明，支东明，等．准噶尔盆地南缘前陆斜坡区新近系沙湾组油气成藏特征[J]．新疆地质，2015，33(3)：378－381.

[11]陈祥，王敏，王勇，等．准噶尔盆地西缘春光油田地层－岩性油气藏特征[J]．石油与天然气地质，2015，36(3)：356－361.

[12]王有涛，陈学国，郝志伟，等．高分辨率反演在春风油田储层预测中的应用[J]．断块油气田，2013，20(3)：293－295.

[13]穆玉庆．车排子地区沙一段 1 砂组储层参数分析[J]．内江科技，2013，34(4)：18.

[14]孙永涛，付朝阳，杨秀兰．高温多元热流体注采中管材腐蚀分析[J]．石油与天然气化工，2012，41(4)：408－410.

[15]赵利昌，马增华，孙永涛，等．高温多元热流体注采缓蚀剂的性能[J]．腐蚀与防护，2013，34(1)：64－66.

[16]姜杰，李敬松，祁成祥，等．海上稠油多元热流体吞吐开采技术研究[J]．油气藏评价与开发，2012，(4)：38－40.

[17]刘东，胡廷惠，潘广明，等．海上多元热流体吞吐与蒸汽吞吐开采效果对比[J]．特种油气藏，2015，22(4)：118－120.

[18]林学强．碳钢和低合金钢在含 O_2 高温高压 CO_2 油气田环境中腐蚀行为研究[D]．北京：北京科技大学，2015.

[19]朱信刚，龙媛媛，杨为刚，等．多元热流体对油气采输管线的腐蚀[J]．腐蚀与防护，2009，30(5)：

316 - 317.

[20]刘海涛，孙永涛，马增华，等. 高温 CO_2/O_2 体系中 P110 钢的腐蚀与防护研究[J]. 钻采工艺，2013，36(1)：85 - 87.

[21]冯蓓，杨敏，李秉风，等. 二氧化碳腐蚀机理及影响因素[J]. 辽宁化工，2010，39(9)：976 - 979.

[22]朱世东，刘会，白真权，等. CO_2 腐蚀机理及其预测防护[J]. 热处理技术与装备，2008，29(6)：37 - 41.

[23]Palacios C A，Shadley J R. CO_2 corrosion of N - 80 steel at 71℃ in a two - phase flow system [J]. Corrosion - Houston Tx - ，1993，49(8)：686.

[24]Schmitt G. Fundamental aspects of CO_2 metal loss corrosion. Part II：Influence of different parameters on CO_2 corrosion mechanism[C]/ 2015.

[25]Bockris J O，Drazic D，Despic A R. The electrode kinetics of the deposition and dissolution of iron [J]. Electrochimica Acta，1961，4(2/4)：325 - 361.

[26]Zhao J，Rong L，Hu Z，et al. Corrosion mechanism and indicator control for CO_2 in injection waters of jianghan oil region[J]. Journal of Jianghan Petroleum University of Staff & Workers，2005.

[27]Silva L M，Duran R，Mendoza J，et al. Effect of flow on the corrosion mechanism of different API pipeline steel grades in Na Cl solutions containing CO_2[J]. 2004.

[28]焦卫东，张清，张耀宗. CO_2/H_2S 对油气管材的腐蚀规律[J]. 全面腐蚀控制，2003，30(4)：250 - 253.

[29]Nyborg R，Loeland T，Nisancioglu K，et al. Effect of steel microstructure and composition on inhibition of CO_2 corrosion[J]. Journal of Catalysis，2000，311(311)：153 - 160.

[30]郭志军，陈东风，李亚军，等. 油气田高含 H_2S、CO_2 和 Cl^- 环境下压力容器腐蚀机理研究进展[J]. 石油化工设备，2008，37(5)：53 - 58.

[31]陈长风，侯建国，常炜，等. 环境因素对 CO_2 均匀腐蚀速率的影响及腐蚀速率预测模型的建立[J]. 中国海上油气：工程，2004，16(5)：337 - 341.

[32]林冠发，白真权，赵国仙，等. CO_2 压力对金属腐蚀产物膜形貌结构的影响[J]. 中国腐蚀与防护学报，2004，24(5)：284 - 288.

[33]林冠发，郑茂盛，白真权，等. P110 钢 CO_2 腐蚀产物膜的 XPS 分析[J]. 光谱学与光谱分析，2005，41(11)：1875 - 1879.

[34]Van Hunnik E W J，Pots B F M，Hendriksen E L J A. The formation of protective $FeCO_3$ corrosion product layers in CO_2 corrosion[C]. Houston：NACE International，1996.

[35]林学强，李效波，张海龙，等. 温度对 N80 钢在 CO_2/O_2 共存环境中腐蚀行为的影响[J]. 腐蚀与防护，2014，35(1)：56 - 59.

[36]Mcintire G，Lippert J，Yudelson J. The Effect of Dissolved CO_2 and O_2 on the Corrosion Rate of Iron[J]. Corrosion - Houston Tx - ，1990，46(2)：91 - 95.

[37]Nyborg R. Overview of CO_2 Corrosion Models for Wells and Pipelines[J]. Nace International，2002.

[37]Song F M，Kirk D W，Graydon J W，et al. CO_2 corrosion of bare steel under an aqueous boundary layer with oxygen[J]. Cheric，2002，49(11)：479 - 486.

[38]杨小平，贺泽元，向伟. 磨溪气田的腐蚀与防腐[J]. 天然气工业，1998，18(5)：68 - 72.

[39]陈洪，范晓静，景洪信. 沉降型油井缓蚀剂 IMC - 3 的研究与运用[J]. 断块油气田，1998，5(5)：

67 - 72.

[40]Bernardus A. Preparation of dihydrothiazoles：US，4477674[P]. 1984 - 12 - 2.

[41]傅朝阳，赵景茂. 中原油川气井油管腐蚀因素灰关联分析[J]. 天然气工业，2000，20(1)：74 - 77.

[42]Bhuvaneswaran B , Rajeswarai S , Ramadas K . Synergistic effect of thiourea derivatives and nonionic surfactants on inhibition of corrosion of carbonsteel in acid environments[J]. Anti - corrosion，2000，47(6)：332 - 338.

[43]Abdel Z，Soror T，Dahan A，et al. New cationic surfactant as corrosion inhibitor for mild steel in hydrochloric acid solutions[J]. Anti - corrosion，1998，45(4)：306 - 311.

[44]李志远，咪唑啉化合物的合成与缓蚀性能研究[D]. 北京：北京化工大学，2004.

[45]周学厚. 气田开发中的 CO_2 腐蚀问题[J]. 天然气工业，1989，9(4)：48 - 54.

[46]周仕明，丁士东，马开华. 中国石化固井技术进展[C]//2012 年固井技术研讨会论文集. 北京：石油工业出版社，2012.

[47]丁士东，桑来玉，周仕明. 中国石化复杂地层深井超深井固井技术[C]//2008 年全国固井技术研讨会论文集. 北京：石油工业出版社，2008.

[48]韩福彬，孔凡军，姜宏图，等. 微膨增韧胶乳防汽窜水泥浆的实验研究[J]. 钻井液与完井液，2008，25(5)：52 - 56.

[49]郑永刚. 偏心环空注水泥顶替机理研究[J]. 天然气工业，1995，15(3)：46 - 50.

[50]万发明，吴广兴，高大勇. 小井眼固井顶替效率研究[J]. 石油学报，2000，21(5)：72，76.

[51]刘爱萍，郑毅，杨华，等. 环空流动的壁面剪应力对提高顶替效率的影响[C]// 石油工程学会. 2001 年度技术文集. 北京：石油工业出版社，2002.

[52]郑毅，刘爱萍. 环空流动壁面剪应力对固井质量的影响[J]. 探矿工程：岩土钻掘工程，2003，8(3)：38 - 41.

[53]丁士东. 塔河油田紊流、塞流复合顶替固井技术[J]. 石油钻采工艺，2003，24(1)：20 - 22.

[54]李早元，杨绪华，郭小阳，等. 固井前钻井液地面调整及前置液紊流低返速顶替固井技术[J]. 天然气工业，2005，24(1)：95 - 97.

[55]郭朝晖. 尾管顶部封隔器技术现状与发展趋势[J]. 石油机械，2011，6：75 - 79.

[56]张庆豫，张绍先，郑殿富，等. 旋转尾管固井工艺技术现状[J]. 钻采工艺，2007，30(4)：35 - 37.

[57]王建全，李建业. 南堡油田封隔式尾管回接工艺的应用与认识[J]. 石油钻采工艺，2015，37(2)：107 - 110.

[58]姚晓. 油井水泥纤维增韧材料的研究与应用[J]. 西安石油大学学报(自然科学版)，2005(2)：39 - 41.

[59]华苏东，姚晓. 纤粒复合型油井水泥石增韧剂的性能及机理研究[J]. 石油天然气学报，2006(2)：88 - 91.

[60]张峰. 纤维材料在固井领域中应用的尝试[J]. 混凝土与水泥制品，2010(5)：53 - 54.

[61]代红涛，郑杜建，邹传元，等. 单胶筒封隔式回接插头应用与分析[J]. 石油矿场机械，2016，45(1)：77 - 81.

[62]阮臣良，王小勇，张瑞，等. 大斜度井旋转尾管下入关键技术[J]. 石油钻探技术，2016，44(4)：53 - 57.

[63]王鸿勋，张琪. 采油工艺原理[M]. 北京：石油工业出版社，1989.

[64]邹艳霞. 采油工艺技术[M]. 北京：石油工业出版社，2006.
[65]万仁溥. 采油工程手册[M]. 北京：石油工业出版社，2000.
[66]陈涛平，胡靖邦. 石油工程[M]. 北京：石油工业出版社，2000.
[67]徐福军. 有杆泵举升模拟试验系统研制及试验研究[D]. 大庆：大庆石油学院，2007.
[68]王金法，郭景芳. 冷热结合开采稠油[N]. 中国石化报，2006.
[69]安九泉. 齐40块蒸汽驱配套工艺[J]. 石油钻采工艺，2004，26(B10)：9－11.
[70]罗文莉，徐文庆. 抽油泵柱塞旋转及参数设计[J]. 油气地质与采收率，2004，11(1)：73－74.
[71]沈迪成，艾万成，盛曾顺，等. 有杆抽油设备与技术：抽油泵[M]. 石油工业出版社，1994.
[72]尤洪军，蒋生健，王铁强. 耐高温防砂抽油泵在汽驱井组中的应用[J]. 钻采工艺，2008，31(3)：143－145.
[73]刘忠海，单以银，王仪康，等. 汽驱井抽油泵卡死原因分析[J]. 石油矿场机械，2000，29(1)：40－43.
[74]马春宝. 锦45蒸汽驱适度排砂防砂技术研究[J]. 中国石油和化工标准与质量，2012，33(11)：118－118.
[75]卢明昌. 胜利油田采出水处理技术的现状与发展[J]. 石油机械，2003，31(5)：59－61.
[76]孙希明，陈艳英，赵秉英，等. 稠油污水深度处理技术研究[J]. 工业水处理，2002，22(4)：22－23.
[77]Zaltoun A. Stabilization of montmorillonite clay in porous media by high－molecular－weight polymers [J]. SPE Prodn. Engng. ，1992，7(2)：160－166.
[78]Yim J H，Kim S J，Ahn S H，et a1. Characterization of a novel bio]floeculant，P— KG03，from a marine dinoflagellate，gyrodinium impudicum KG03 [J]. Bioresource Technology，2007，98 (2)：361－367.
[79]姜翠玉，宋林花，朱成军. 壳聚糖羟丙基三甲基季铵盐的合成及絮凝净水性能[J]，工业水处理，2005，25(9)：40－42.
[80]Menezes F M，Amal R，Luketina D. Removal of particles using coagulationand flocculation in a dynamic separator[J]. Powder Technol，1996，88：27－31.
[81]Duan J，Gregory J. Coagulation by hydrolyzing metal salts[J]. Advances in Colloid and Interface Science，2003，102：475－502.
[82]谷庆宝，李发生，解建伟，等. 铁－镁－铝无机复合脱色絮凝剂的制备与应用研究[J]. 化工环保，2004，24(4)：301－304.
[83] Boho B. Gregory J. Organic polyelectrolytes in water treatment [J]. Water Research，2OO7，41：2301－2324.
[84]Hulten F，Sivertsson G. Method for water treatment. US5916447[P]. 1999.
[85]龙凤乐，杜灿敏，周海刚，等. 胜利油田注聚采出液含油污水处理技术研究[J]. 工业水处理，2005，25(8)：30－32.
[86]张群正. 聚硅氯化铝的研制及对油田污水的絮凝性能[J]. 油田化学，2004，21(3)：241－243.
[87]郝红英，崔子文. 新型絮凝剂碱式聚硅硫酸铝的制备[J]. 华北工学院学报，2000，21(1)：37－40.
[88]高宝玉，岳钦艳，王占生，等. 聚硅氯化铝混凝剂的混凝性能[J]. 环境科学，2000，21(2)：46－49.